QUANTUM
量子文库

量子克隆
及其应用

张文海 著

北京师范大学出版集团
BEIJING NORMAL UNIVERSITY PUBLISHING GROUP
安徽大学出版社

本书出版得到安徽省高校自然科学基金项目（KJ2016A672）资助

量子克隆及其应用

QUANTUM CLONING AND ITS APPLICATION

张文海 著

北京师范大学出版集团
BEIJING NORMAL UNIVERSITY PUBLISHING GROUP
安徽大学出版社

图书在版编目(CIP)数据

量子克隆及其应用/张文海著. —合肥:安徽大学出版社,2020.11
ISBN 978-7-5664-2130-2

Ⅰ.①量… Ⅱ.①张… Ⅲ.①量子力学－信息学 Ⅳ.①O413.1

中国版本图书馆 CIP 数据核字(2020)第 216023 号

量子克隆及其应用   张文海 著

出版发行:北京师范大学出版集团
　　　　　安 徽 大 学 出 版 社
　　　　　(安徽省合肥市肥西路 3 号 邮编 230039)
　　　　　www. bnupg. com. cn
　　　　　www. ahupress. com. cn
印　　刷:合肥远东印务有限责任公司
经　　销:全国新华书店
开　　本:170 mm×240 mm
印　　张:17.25
字　　数:282 千字
版　　次:2020 年 11 月第 1 版
印　　次:2020 年 11 月第 1 次印刷
定　　价:59.00 元
ISBN 978-7-5664-2130-2

策划编辑:刘中飞　　　　　　　装帧设计:李　军　孟献辉
责任编辑:刘中飞　　　　　　　美术编辑:李　军
责任校对:陈玉婷　　　　　　　责任印制:赵明炎

前　言

　　量子信息学是量子力学与信息科学相结合的产物,是以量子力学的叠加原理为基础,研究信息处理的一门新兴前沿科学.量子不可克隆定理是量子态叠加原理的一个具体表现,这与经典复制有本质的区别.由于任意量子态不可精确地复制,因此以量子态作为量子密码术中的量子密钥不可能被窃听者获取,这从物理原理上保证了量子密码术的绝对安全性.

　　2005年底,我国将量子调控列为《国家中长期科学和技术发展规划纲要(2006—2020年)》中四项重大科学研究计划之一.2016年启动的国家重点研发计划把"量子调控与量子信息"列为首批九大重点研发专项之一.在此领域,我国与西方国家在同一起跑线上,而且在某些方面的研究拥有世界领先的成就和地位.2013年"京沪干线"量子通信工程立项,2016年上海至合肥段开通,2017年全网正式开通,推动量子通信技术在金融、政务、国防、电子信息等领域的大规模应用.2018年,中国科学院与奥地利科学院合作,利用"墨子号"量子科学实验卫星首次实现洲际量子密钥分发,并利用共享密钥实现加密数据传输和视频通信.该成果标志着"墨子号"已具备实现洲际量子保密通信的能力,为未来构建全球化量子通信网络奠定了坚实基础.

　　未知量子态不可精确复制,但在一定程度上可以通过物理原理所允许的方法获取未知量子态的信息.因此,窃听者在一定程度上可以获取量子密钥的信息.为了能够检测窃听者的存在,量子克隆为量子密码术提供了安全性阈值.当量子密钥出错率达到窃听者利用量子克隆复制量子密钥的某个阈值以上时,量子通信就终止.

对未知量子态进行复制有两种方法.第一种可以确定性地得到拷贝,但是拷贝与需要复制的未知量子态不完全相同,只是在一定程度上近似,这称为确定性量子克隆.第二种可以得到与未知量子态完全相同的拷贝,但是得到的方式是概率性的,这称为概率量子克隆.本书主要介绍量子克隆理论,核心内容包括离散变量确定性量子克隆、离散变量概率量子克隆、连续变量量子克隆,以及不同类型量子克隆的实验方案和实验实现等;同时,还介绍了量子克隆理论在量子信息学中的一些应用,如量子密码术、量子态分辨和量子态估测等.

此外,从量子力学的角度如何最大限度获取未知量子系统的信息,是一个在理论和实践上都有意义的基本问题,这个基本问题是量子克隆的研究内容.

本书是量子克隆理论研究的入门书籍,希望对研究或学习量子力学和量子信息学的广大科研人员、研究生和高年级本科生能起到重要的帮助作用.

张文海

2020 年 6 月

目 录

第 1 章　量子信息学基础

量子克隆理论研究需要用到量子力学的相关知识. 量子力学是对已知世界最精确、最完整的描述,也是理解量子信息学基本理论的基础. 本章只介绍量子力学的一些公式和一些基本概念,以及研究量子克隆理论所必备的数学和物理知识,并未对量子力学和量子世界做深层次和透彻的阐释. 同时,在介绍一些基本概念时,我们尽量避开抽象严谨的数学定义,使具有量子力学基础知识的读者能够理解给出的基本概念和定义. 读者可以快速浏览整章的内容,熟悉研究量子克隆理论的数学工具. 熟悉量子力学的读者可以跳过这一章而学习下一章内容.

1.1　状态空间和狄拉克表示法

一个物理系统的量子状态由构成系统的粒子的位置、动量、能量、偏振和自旋等物理性质组成,其随时间演化的规律由**薛定谔方程**(Schrödinger equation)确定. 量子态的数学形式为**波函数**,其状态空间用**希尔伯特空间**(Hilbert space)来描述.

1.1.1　状态空间

粒子的状态可以用矢量来表示,称为**矢量空间**(vector space). 矢量空间就是一组元素的集合,即 $L = \{u, v, w, \cdots\}$,并且满足:

① L 对加法运算是封闭的;

② 域 F 中任意一个数与 L 中任一元素相乘,结果仍是 L 中元素;

③ 对于元素 $u, v \in L$ 和数 $a, b \in F$,满足

$$a(u + v) = au + av \in L,$$
$$(a + b)u = au + bu \in L,$$
$$a(bu) = abu \in L. \tag{1.1.1}$$

L 为域 F 上的矢量空间. 当 F 为复数域时,相应的矢量空间就是复矢量空间. 式(1.1.1)给出了线性空间的定义.

定义内积的矢量空间为**准希尔伯特空间**(pre-Hilbert space),又称**内积空间**(inner-product space). 内积的定义如下:对于每一对元素 $u,v \in L$,都有域 F 中一个数与之对应,记为 (u,v),称为 u 和 v 的内积. 内积具有如下性质:

$$(u,v) \in F,$$
$$(u,v) = (v,u)^*,$$
$$(w, au + bv) = a(w,u) + b(w,v). \tag{1.1.2}$$

其中符号"$*$"表示复共轭. 矢量 u 的内积为非负平方根,即 $(u,u) = \sqrt{|u|^2} = |u| > 0$,称为矢量 u 的**模**(norm)或矢量**长度**(length).

一个完备的内积空间就是一个 Hilbert 空间. 在 Hilbert 空间中取 n 个矢量 $u_1, u_2, \cdots, u_n$,同时在域 F 中取 n 个系数 $a_1, a_2, \cdots, a_n$,如果当且仅当所有系数 $a_i = 0 (i = 1,2,\cdots,n)$ 时 $a_1 u_1 + a_2 u_2 + \cdots + a_n u_n = 0$ 才成立,那么称矢量 $u_1, u_2, \cdots, u_n$ **线性无关**(linear independent);否则为**线性相关**(linear dependent). 在一个 Hilbert 空间中,如果最多只有 N 个线性无关的矢量,则称该矢量空间是一个 N 维 Hilbert 空间.

需要特别指出的是,**欧几里得空间**(Euclidean space)的数域为实数集 **R**,Hilbert 空间的数域为复数集 **C**. 尽管数域的不同会使两种空间的性质有很大不同,但是对于本书的量子克隆研究成果而言却没有本质的区别. 因此,可以直接将欧几里得空间的一些概念推广到 Hilbert 空间中.

1.1.2　狄拉克表示法

量子力学系统由 Hilbert 空间中的矢量表示,表示量子态的矢量称为**状态矢量**(state vector). Hilbert 空间就是状态矢量**张起**(span)的矢量空间,在量子力学中称为**状态矢量空间**或**态矢空间**(state vector space). 通常情况下,量子状态空间和作用在其上的变换可以使用 Hilbert 空间中的矢量、矩阵等来表示,但是物理学家狄拉克提出一套更为简洁的符号:**右矢**(ket vector)的符号"$|\psi\rangle$"表示量子态,**左矢**(bra vector)的符号"$\langle\psi|$"表示右矢"$|\psi\rangle$"的**共轭转置矢量**(conjugate transpose vector),右矢和左矢互为共轭转置. 一些教材中用符号"$\dagger$"表示共轭转置,如 $(A^*)^T = (A^T)^* = A^\dagger$. Dirac 符号使得量子力学中运算的描述更为简洁方便.

量子力学中的**本征态**(eigenstate)可以用**正交归一基**(orthonormal basis)表示. 例如,两个二维复矢量空间正交基可以表示为

$$u_e = (1,0), v_e = (0,1). \tag{1.1.3}$$

由正交归一基 u_e 和 v_e 可以构成另外两个矢量

$$w = u_e + \mathrm{i} v_e = (1, \mathrm{i}), z = u_e - \mathrm{i} v_e = (1, -\mathrm{i}). \tag{1.1.4}$$

在量子力学中,正交态可以被确定性地测量(将在后文中介绍),测量概率为 $p = 1$. 对于由正交态线性叠加的一般量子态,测量本征态的概率是其振幅的模平方. 由于概率之和必须为 1,因此需要对量子态进行**归一化**(normalization). 于是,正交基 w 和 z 归一化后成为正交归一基,即

$$w_e = \frac{1}{\sqrt{2}}(1, \mathrm{i}), z_e = \frac{1}{\sqrt{2}}(1, -\mathrm{i}). \tag{1.1.5}$$

一般地,N 维空间的量子态总可以表示归一化的矢量,即

$$X_e = \frac{1}{\sqrt{\sum\limits_{i=1}^{N} |x_i|^2}} (x_1, x_2, \cdots, x_N). \tag{1.1.6}$$

使用 Dirac 符号可以简便地进行量子力学中的许多运算,运算遵从矩阵运算法则,称为**矩阵表示**(matrix representation). 正交基 u_e 和 v_e 的右矢和左矢可分别用矩阵表示为

$$| u_e \rangle = \begin{bmatrix} 1 \\ 0 \end{bmatrix}, | v_e \rangle = \begin{bmatrix} 0 \\ 1 \end{bmatrix},$$

$$\langle u_e | = (| u_e \rangle)^{\dagger} = \begin{bmatrix} 1 & 0 \end{bmatrix},$$

$$\langle v_e | = (| v_e \rangle)^{\dagger} = \begin{bmatrix} 0 & 1 \end{bmatrix}. \tag{1.1.7}$$

另一组正交基 w_e 和 z_e 的右矢和左矢可分别表示为

$$| w_e \rangle = \frac{1}{\sqrt{2}} \begin{bmatrix} 1 \\ \mathrm{i} \end{bmatrix}, | z_e \rangle = \frac{1}{\sqrt{2}} \begin{bmatrix} 1 \\ -\mathrm{i} \end{bmatrix},$$

$$\langle w_e | = (| w_e \rangle)^{\dagger} = \frac{1}{\sqrt{2}} \begin{bmatrix} 1 & -\mathrm{i} \end{bmatrix},$$

$$\langle z_e | = (| z_e \rangle)^{\dagger} = \frac{1}{\sqrt{2}} \begin{bmatrix} 1 & \mathrm{i} \end{bmatrix}. \tag{1.1.8}$$

量子力学规定内积的写法为

$$\langle u_e | v_e \rangle = (u_e, v_e). \tag{1.1.9}$$

利用矩阵运算法则,可以很容易地计算量子态之间的内积. 正交态之间的内积显然为 0,如

$$\langle u_e \mid v_e \rangle = \begin{bmatrix} 1 & 0 \end{bmatrix} \begin{bmatrix} 0 \\ 1 \end{bmatrix} = 0,$$

$$\langle v_e \mid u_e \rangle = \begin{bmatrix} 0 & 1 \end{bmatrix} \begin{bmatrix} 1 \\ 0 \end{bmatrix} = 0,$$

$$\langle w_e \mid z_e \rangle = \left(\frac{1}{\sqrt{2}} \begin{bmatrix} 1 & -\mathrm{i} \end{bmatrix} \right) \left(\frac{1}{\sqrt{2}} \begin{bmatrix} 1 \\ -\mathrm{i} \end{bmatrix} \right) = 0,$$

$$\langle z_e \mid w_e \rangle = \left(\frac{1}{\sqrt{2}} \begin{bmatrix} 1 & \mathrm{i} \end{bmatrix} \right) \left(\frac{1}{\sqrt{2}} \begin{bmatrix} 1 \\ \mathrm{i} \end{bmatrix} \right) = 0. \tag{1.1.10}$$

非正交态之间的内积为复数,如

$$\langle u_e \mid w_e \rangle = \begin{bmatrix} 1 & 0 \end{bmatrix} \left(\frac{1}{\sqrt{2}} \begin{bmatrix} 1 \\ \mathrm{i} \end{bmatrix} \right) = \frac{1}{\sqrt{2}},$$

$$\langle u_e \mid z_e \rangle = \begin{bmatrix} 1 & 0 \end{bmatrix} \left(\frac{1}{\sqrt{2}} \begin{bmatrix} 1 \\ -\mathrm{i} \end{bmatrix} \right) = \frac{1}{\sqrt{2}},$$

$$\langle v_e \mid w_e \rangle = \begin{bmatrix} 0 & 1 \end{bmatrix} \left(\frac{1}{\sqrt{2}} \begin{bmatrix} 1 \\ \mathrm{i} \end{bmatrix} \right) = \frac{\mathrm{i}}{\sqrt{2}} = \frac{1}{\sqrt{2}} \mathrm{e}^{\mathrm{i}\frac{\pi}{2}},$$

$$\langle v_e \mid z_e \rangle = \begin{bmatrix} 0 & 1 \end{bmatrix} \left(\frac{1}{\sqrt{2}} \begin{bmatrix} 1 \\ -\mathrm{i} \end{bmatrix} \right) = \frac{-\mathrm{i}}{\sqrt{2}} = \frac{1}{\sqrt{2}} \mathrm{e}^{\mathrm{i}\frac{3\pi}{2}}. \tag{1.1.11}$$

一般地,两个非正交态之间的内积可以写为

$$\langle \psi \mid \xi \rangle = s \mathrm{e}^{\mathrm{i}\varphi}, \tag{1.1.12}$$

其中 $s \in (0,1)$,$\varphi \in [0,2\pi)$. 利用 Dirac 符号的定义可以证明上述四个量子态是归一的,即

$$\langle u_e \mid u_e \rangle = \langle v_e \mid v_e \rangle = \langle w_e \mid w_e \rangle = \langle z_e \mid z_e \rangle = 1. \tag{1.1.13}$$

1.2   直积态和纠缠态

一个物理系统不会只包含一个粒子,还可能会包含许多粒子,称为**多粒子体系**. 为了描述多粒子体系的量子状态,需要定义**直积**(direct product)的概念.

1.2.1　直积态

已知一个物理系统包含两个粒子,设粒子 1 的量子态是二维空间的,可以表示为 $|\psi\rangle_1 = X = [x_1 \quad x_2]^T$,设粒子 2 的量子态是三维空间的,可以表示为 $|\xi\rangle_2 = Y = [y_1 \quad y_2 \quad y_3]^T$,则该物理系统的量子态可以写为

$$|\psi\rangle_1 \otimes |\xi\rangle_2 = |\psi\rangle_1 |\xi\rangle_2 = |\psi\xi\rangle_{12}, \tag{1.2.1}$$

其中"$\otimes$"为直积符号.式(1.2.1)定义了**直积态**(product state).有些文献也称直积为**张量积**(tensor product).直积的定义可用矩阵表示为

$$|\psi\xi\rangle_{12} = \begin{bmatrix} x_1 \\ x_2 \end{bmatrix} \otimes \begin{bmatrix} y_1 \\ y_2 \\ y_3 \end{bmatrix} = \begin{bmatrix} x_1 Y \\ x_2 Y \end{bmatrix} = [x_1 y_1 \quad x_1 y_2 \quad x_1 y_3 \quad x_2 y_1 \quad x_2 y_2 \quad x_2 y_3]^T.$$

$$\tag{1.2.2}$$

一般地,一个 $k \times l$ 矩阵 $A_{k \times l}$ 和一个 $m \times n$ 矩阵 $B_{m \times n}$ 的直积是一个 $(km) \times (ln)$ 矩阵,即

$$A_{k \times l} \otimes B_{m \times n} = C_{(km) \times (ln)}. \tag{1.2.3}$$

例如,矩阵 $A_{2 \times 2}$ 和 $B_{3 \times 3}$ 的直积为

$$
\begin{aligned}
A_{2 \times 2} \otimes B_{3 \times 3} &= \begin{bmatrix} a_{11} & a_{12} \\ a_{21} & a_{22} \end{bmatrix} \otimes \begin{bmatrix} b_{11} & b_{12} & b_{13} \\ b_{21} & b_{22} & b_{23} \\ b_{31} & b_{32} & b_{33} \end{bmatrix} \\
&= \begin{bmatrix}
a_{11}b_{11} & a_{11}b_{12} & a_{11}b_{13} & a_{12}b_{11} & a_{12}b_{12} & a_{12}b_{13} \\
a_{11}b_{21} & a_{11}b_{22} & a_{11}b_{23} & a_{12}b_{21} & a_{12}b_{22} & a_{12}b_{23} \\
a_{11}b_{31} & a_{11}b_{32} & a_{11}b_{33} & a_{12}b_{31} & a_{12}b_{32} & a_{12}b_{33} \\
a_{21}b_{11} & a_{21}b_{12} & a_{21}b_{13} & a_{22}b_{11} & a_{22}b_{12} & a_{22}b_{13} \\
a_{21}b_{21} & a_{21}b_{22} & a_{21}b_{23} & a_{22}b_{21} & a_{22}b_{22} & a_{22}b_{23} \\
a_{21}b_{31} & a_{21}b_{32} & a_{21}b_{33} & a_{22}b_{31} & a_{22}b_{32} & a_{22}b_{33}
\end{bmatrix}. \tag{1.2.4}
\end{aligned}
$$

1.2.2　纠缠态

量子纠缠态(quantum entangled state)和**量子不可克隆定理**(quantum no-cloning theorem)是构成量子信息科学的两块基石.对于多粒子纠缠态,

性质研究是复杂困难的. 这里为了避免复杂的数学形式, 我们采用比较通俗的定义. 对于 N 维 Hilbert 空间, 我们对正交态采用**自然基底**(natural basis), 即

$$| 0\rangle = [1 \; 0 \; \cdots \; 0], \cdots, | 1\rangle = [0 \; 1 \; \cdots \; 0], \cdots, | N-1\rangle = [0 \; 0 \; \cdots \; 1].$$

$$(1.2.5)$$

对于量子态 $|+\rangle = \dfrac{1}{\sqrt{2}}(| 0\rangle + | 1\rangle)$ 和 $|-\rangle = \dfrac{1}{\sqrt{2}}(| 0\rangle - | 1\rangle)$, 可以用 $|+\rangle$ 和 $|-\rangle$ 作为正交基. 自然基底的正交基和一般基底的正交基(如量子态 $|+\rangle$ 和 $|-\rangle$)都是可以被测量和分辨的.

对于直积态, 对其中一个粒子的测量不会影响另一个粒子. 例如, 两粒子系统的直积态

$$\begin{aligned} | \Phi\rangle_{12} &= | \psi\rangle_1 \otimes | \xi\rangle_2 = (a_1 | 0\rangle_1 + a_2 | 1\rangle_1)(b_1 | 0\rangle_2 + b_2 | 1\rangle_2) \\ &= a_1 | 0\rangle_1 (b_1 | 0\rangle_2 + b_2 | 1\rangle_2) + a_2 | 1\rangle_1 (b_1 | 0\rangle_2 + b_2 | 1\rangle_2), \end{aligned}$$

$$(1.2.6)$$

其中 $\sum_{i=1}^{2} | x_i|^2 = 1 \; (x = a, b)$. 当测量粒子 1 时, 测量到粒子 1 的正交态 $| 0\rangle_1$ 的概率为 $| a_1|^2$, 测量到粒子 1 的正交态 $| 1\rangle_1$ 的概率为 $| a_2|^2$, 此时粒子 1 被破坏掉, 系统变为 $| \xi\rangle_2 = b_1 | 0\rangle_2 + b_2 | 1\rangle_2$, 这称为**量子坍缩**(quantum collapse). 但是, 经过对粒子 1 的测量后, 粒子 2 的状态仍然保持不变.

量子纠缠态在任何基底下都不能写为直积态的量子态. 例如, 著名的四个正交 Bell 基定义为

$$| \Psi^+\rangle = \frac{1}{\sqrt{2}}(| 00\rangle + | 11\rangle), \quad | \Psi^-\rangle = \frac{1}{\sqrt{2}}(| 00\rangle - | 11\rangle),$$

$$| \Phi^+\rangle = \frac{1}{\sqrt{2}}(| 01\rangle + | 10\rangle), \quad | \Phi^-\rangle = \frac{1}{\sqrt{2}}(| 01\rangle - | 10\rangle). \quad (1.2.7)$$

式(1.2.7)省略了下标"12". 在以后的行文中, 除非特别需要使用, 我们一般省略上下标. 很容易验证这四个 Bell 基是正交的. 因此, 在二维两粒子体系中, 四维矢量可以采用自然基底 $\langle | 00\rangle, | 01\rangle, | 10\rangle, | 11\rangle$ 作为正交基, 也可以采用 $\langle | \Psi^\pm\rangle, | \Phi^\pm\rangle$ 作为正交基, 它们之间互为表示. 例如,

$$| 00\rangle = \frac{1}{\sqrt{2}}(| \Psi^+\rangle + | \Psi^-\rangle). \quad (1.2.8)$$

如测量量子态 $| \Psi^+\rangle$ 的粒子 1, 当测得粒子 1 的量子态 $| 0\rangle$ 的概率为 50%

时,粒子 2 会坍缩到 $|0\rangle$ 态;当测得粒子 1 的量子态 $|1\rangle$ 的概率为 50% 时,粒子 2 会坍缩到 $|1\rangle$ 态.这说明对粒子 1 的测量会影响粒子 2 的状态.显然,对直积态和纠缠态中某一个粒子测量,得到的结果会有所不同.

1.3　外积和密度矩阵

为了完整地描述系统状态,需要引入**密度矩阵**(density matrix)的概念,描述密度矩阵又必须定义量子态的**外积**(exterior product).

1.3.1　外积

定义量子态 $|\psi\rangle$ 和 $|\xi\rangle$ 的外积为 $|\psi\rangle\langle\xi|$ 或 $|\xi\rangle\langle\psi|$,运算法则遵从矩阵乘法.例如,量子态 $|0\rangle$ 和 $|1\rangle$ 的外积为

$$|0\rangle\langle 0| = \begin{bmatrix} 1 \\ 0 \end{bmatrix}\begin{bmatrix} 1 & 0 \end{bmatrix} = \begin{bmatrix} 1 & 0 \\ 0 & 0 \end{bmatrix}, \quad |1\rangle\langle 1| = \begin{bmatrix} 0 \\ 1 \end{bmatrix}\begin{bmatrix} 0 & 1 \end{bmatrix} = \begin{bmatrix} 0 & 0 \\ 0 & 1 \end{bmatrix},$$

$$|0\rangle\langle 1| = \begin{bmatrix} 1 \\ 0 \end{bmatrix}\begin{bmatrix} 0 & 1 \end{bmatrix} = \begin{bmatrix} 0 & 1 \\ 0 & 0 \end{bmatrix}, \quad |1\rangle\langle 0| = \begin{bmatrix} 0 \\ 1 \end{bmatrix}\begin{bmatrix} 1 & 0 \end{bmatrix} = \begin{bmatrix} 0 & 0 \\ 1 & 0 \end{bmatrix}.$$

$$(1.3.1)$$

在插入完备性关系的运算、约化密度矩阵的运算和测量算符的运算等其他运算中,外积符号使用极为广泛,可简化运算过程.

1.3.2　密度矩阵

定义量子态的外积后,可以随之引入量子态的密度矩阵.例如,量子态 $|\alpha\rangle = |0\rangle$ 的密度矩阵表示为

$$\rho_\alpha = |\alpha\rangle\langle\alpha| = \begin{bmatrix} 1 \\ 0 \end{bmatrix}\begin{bmatrix} 1 & 0 \end{bmatrix} = \begin{bmatrix} 1 & 0 \\ 0 & 0 \end{bmatrix}. \qquad (1.3.2)$$

量子态 $|\beta\rangle = a|0\rangle + b|1\rangle$ 的密度矩阵表示为

$$\begin{aligned} \rho_\beta &= |\beta\rangle\langle\beta| = (a|0\rangle + b|1\rangle)(a^*\langle 0| + b^*\langle 1|) \\ &= a^2|0\rangle\langle 0| + ab^*|0\rangle\langle 1| + ba^*|1\rangle\langle 0| + b^2|1\rangle\langle 1| \\ &= \begin{bmatrix} a^2 & ab^* \\ ba^* & b^2 \end{bmatrix}. \end{aligned}$$

$$(1.3.3)$$

量子态 $|\beta\rangle = a|0\rangle + b|1\rangle$ 称为**纯态**(pure state)，密度矩阵满足 $(\rho_\beta)^2 = \rho_\beta$，因为

$$\rho_\beta^2 = (|\beta\rangle\langle\beta|)(|\beta\rangle\langle\beta|) = |\beta\rangle(\langle\beta|\beta\rangle)\langle\beta| = |\beta\rangle\langle\beta| = \rho_\beta. \quad (1.3.4)$$

式中用到量子态的模为 1 的性质，即 $\langle\beta|\beta\rangle = 1$.

给定一个纯态，则这个量子态是完全已知的，其密度矩阵也随之确定了. 对于**混合态**(mixed state)，如系统可能是概率为 η_1 的量子态 $|\beta\rangle = a|0\rangle + b|1\rangle$，也可能是概率为 η_2 的量子态 $|\gamma\rangle = c|0\rangle + d|1\rangle$，其中 $\eta_1 + \eta_2 = 1$，系统的密度矩阵写为

$$\rho = \eta_1\rho_\beta + \eta_2\rho_\gamma, \quad (1.3.5)$$

其中

$$\rho_\beta = |\beta\rangle\langle\beta|, \rho_\gamma = |\gamma\rangle\langle\gamma|. \quad (1.3.6)$$

显然，混合态有性质

$$\rho^2 \neq \rho. \quad (1.3.7)$$

式(1.3.4)和式(1.3.7)可以作为纯态和混合态的判据. 从纯态和混合态的密度矩阵可以看出，量子态的密度矩阵完全描述量子系统.

从以上应用情况可以看出，Dirac 符号极大地方便了运算. 在下文中，我们将不再使用具体的矩阵表示来进行 Dirac 符号的运算，而是直接用 Dirac 符号表示概念或运算.

1.4 迹、完备性和分迹

1.4.1 迹

为了便于表示和简化运算过程，可以用数值代替矩阵表示式(1.3.4)，例如使用**迹**(trace)表示. 矩阵 $A = [a_{ij}]_{n\times n}$ 的迹是对角元之和，定义为

$$\mathrm{Tr}(A) = \sum_{i=1}^n a_{ii}. \quad (1.4.1)$$

这样，纯态的性质可以用迹表示为

$$\mathrm{Tr}(\rho_\beta^2) = \mathrm{Tr}(\rho_\beta) = 1, \quad (1.4.2)$$

而混合态的性质表示为

$$\mathrm{Tr}(\rho^2) < \mathrm{Tr}(\rho) = 1. \tag{1.4.3}$$

迹有如下性质:如果 A 和 B 是方阵(线性算子),z 为任意复数,则

$$\mathrm{Tr}(AB) = \mathrm{Tr}(BA), \tag{1.4.4}$$

$$\mathrm{Tr}(A+B) = \mathrm{Tr}(A) + \mathrm{Tr}(B), \tag{1.4.5}$$

$$\mathrm{Tr}(zA) = z\mathrm{Tr}(A). \tag{1.4.6}$$

在量子力学中,量子系统演化的过程可以分为可逆过程和不可逆过程. 可逆过程可以用**幺正变换**(unitary transformation)表示,有性质 $UU^{\dagger} = U^{\dagger}U = I$. 幺正变换是保迹的,矩阵 A 的迹在幺正变换下保持不变,即

$$\mathrm{Tr}(UAU^{\dagger}) = \mathrm{Tr}(U^{\dagger}UA) = \mathrm{Tr}(A). \tag{1.4.7}$$

在计算相位协变量子克隆拷贝的**保真度**(fidelity)时,利用保迹运算也很方便.

1.4.2　完备性

已知一个 N 维 Hilbert 空间,可以认为自然基底是 $\{|0\rangle, |1\rangle, \cdots, |N-1\rangle\}$,则对于每一个自然基底的外积 $\{|i\rangle\langle i|\}_{i=0}^{N-1}$,显然有

$$\sum_{i=0}^{N-1} |i\rangle\langle i| = I, \tag{1.4.8}$$

其中 I 为单位矩阵. 对于 N 个线性无关的矢量集合 $\{|\psi_i\rangle\}_{i=0}^{N-1}$,即使它们不是正交的,也可以通过 Gram-Schmidt 过程,把矢量集合 $\{|\psi_i\rangle\}_{i=0}^{N-1}$ 扩展为以 $|\psi_0\rangle$ 为首个元的标准正交基 $\{|\tilde{i}\rangle\}_{i=0}^{N-1}$. 因此,也会有性质

$$\sum_{i=0}^{N-1} |\tilde{i}\rangle\langle\tilde{i}| = I. \tag{1.4.9}$$

在量子力学中,本征态用正交基来表示.本征态可以被准确地测量,因此,在不考虑简并的情况下,一个系统张开一个 N 维 Hilbert 空间,就有 N 个本征态. 这 N 个正交基可以完整地表示一个 N 维 Hilbert 空间中的所有矢量,此性质称为**完备性**(completeness).换言之,量子系统的全部本征矢量 $\{|i\rangle\langle i|\}_{i=0}^{N-1}$ 构成了正交完备集 $\sum_{i=0}^{N-1} |i\rangle\langle i| = I$.

1.4.3 分迹

对一个粒子的系统,无论是纯态还是混合态,都可以用密度矩阵表示,如式(1.3.3)和式(1.3.5).当然,对于多粒子纠缠态[式(1.2.7)],整个系统也可以用密度矩阵表示,如

$$\rho_{12} = |\Psi^+\rangle_{12}\langle\Psi^+| = \frac{|00\rangle\langle00| + |00\rangle\langle11| + |11\rangle\langle00| + |11\rangle\langle11|}{2}.$$

$$(1.4.10)$$

然而,这里出现一个问题:如何描述粒子1或者粒子2的状态?这就需要使用**分迹**(partial trace)的概念来描述.我们需要对整个系统 ρ_{12} 约去粒子2,最后得到粒子1的**约化密度矩阵**(reduced density matrix).定义分迹为

$$\mathrm{Tr}_A\left(\sum_{i=0}^{N}|i\rangle_A\langle i|\right),\qquad (1.4.11)$$

其中 $|i\rangle_A$ 是粒子 A 的正交基(本征态).例如,在系统 ρ_{12} 中,可以通过约化粒子2而得到粒子1的约化密度矩阵 ρ_1. 式(1.4.10)可以写为

$$\rho_{12} = \frac{|0\rangle_1\langle0\|0\rangle_2\langle0| + |0\rangle_1\langle1\|0\rangle_2\langle1| + |1\rangle_1\langle0\|1\rangle_2\langle0| + |1\rangle_1\langle1\|1\rangle_2\langle1|}{2}.$$

$$(1.4.12)$$

因此,粒子1的约化密度矩阵为

$$\rho_1 = \mathrm{Tr}_2(\rho_{12})$$

$$= \frac{1}{2}\left\{|0\rangle_1\langle0|\,\mathrm{Tr}_2\left(\sum_{i=0}^{1}|i\rangle_2\langle i\|0\rangle_2\langle0|\right) + |0\rangle_1\langle1|\,\mathrm{Tr}_2\left(\sum_{i=0}^{1}|i\rangle_2\langle i\|0\rangle_2\langle1|\right) + \right.$$

$$\left. |1\rangle_1\langle0|\,\mathrm{Tr}_2\left(\sum_{i=0}^{1}|i\rangle_2\langle i\|1\rangle_2\langle0|\right) + |1\rangle_1\langle1|\,\mathrm{Tr}_2\left(\sum_{i=0}^{1}|i\rangle_2\langle i|\right)|1\rangle_2\langle1|\right\}$$

$$= \frac{1}{2}(|0\rangle_1\langle0|\times1 + |0\rangle_1\langle1|\times0 + |1\rangle_1\langle0|\times0 + |1\rangle_1\langle1|\times1)$$

$$= \frac{|0\rangle_1\langle0| + |1\rangle_1\langle1|}{2} = \frac{I}{2}.\qquad (1.4.13)$$

ρ_{12} 具有对称性,即互换粒子1和粒子2的位置,ρ_{12} 的表达式不变.因此,粒子2的约化密度矩阵为

$$\rho_2 = \mathrm{Tr}_1(\rho_{12}) = \frac{I}{2}.\qquad (1.4.14)$$

在计算量子克隆中拷贝的保真度时,需要计算拷贝的约化密度矩阵.

1.5　保真度

1.5.1　拷贝的保真度

考察两个单位矢量 $\vec{a}$ 和 $\vec{b}$ 的关系,对它们作点积"·"运算.若 $\vec{a}\cdot\vec{b}=0$,则两个矢量垂直,即 $\vec{a}\perp\vec{b}$,可以称为正交关系;若 $\vec{a}\cdot\vec{b}=1$,则两个矢量相等,即 $\vec{a}=\vec{b}$.矢量的点积运用到线性空间中称为内积,两个量子态表示矢量的内积参看式(1.1.9):$\langle u_e\mid v_e\rangle=(u_e,v_e)$.由于量子态由 Hilbert 空间表示,其内积是复数,参看式(1.1.12):$\langle\psi\mid\xi\rangle=se^{i\varphi}$,其中 $s\in(0,1)$,$\varphi\in[0,2\pi)$.为了比较大小,我们取内积的共轭平方 $|\langle\psi\mid\xi\rangle|^2=|se^{i\varphi}|^2=s^2$,由于 $s\in(0,1)$,因此 $s^2\in(0,1)$.这样,我们定义纯态 $|\psi\rangle$ 和 $|\xi\rangle$ 的保真度为

$$F=|\langle\psi\mid\xi\rangle|^2=\langle\psi\mid\xi\rangle\langle\xi\mid\psi\rangle=s^2. \tag{1.5.1}$$

由于非纯态不能写为单个粒子的纯态形式,而只能写为约化密度形式[式(1.4.13)].于是,利用迹运算 Tr(),保真度可以写为

$$F=\mathrm{Tr}(\langle\psi\mid\rho_\xi\mid\psi\rangle)=\mathrm{Tr}(\mid\psi\rangle\langle\psi\mid\rho_\xi)=\mathrm{Tr}(\rho_\psi\rho_\xi). \tag{1.5.2}$$

上式中利用了迹运算的性质,即 $\mathrm{Tr}(AB)=\mathrm{Tr}(BA)$.

量子克隆理论中,寻找最优的拷贝保真度是一个关键点.拷贝保真度的计算由式(1.5.2)给出.

1.5.2　两个算符距离的比较

在 Hilbert 空间中,算符 A 可以用矩阵表示.定义它的模长为

$$\|A\|=[\mathrm{Tr}(A^\dagger A)]^{1/2}. \tag{1.5.3}$$

对另一算符 B,两个算符间存在关系:

$$|\mathrm{Tr}(A^\dagger B)|\leqslant\|A\|\|B\|. \tag{1.5.4}$$

为了比较两个算符的距离,定义**距离**(distance)为

$$D=(\|\rho_A-\rho_B\|)^2, \tag{1.5.5}$$

式中 ρ_A 和 ρ_B 为算符 A 和 B 的矩阵表示.由此,引入矩阵 ρ_A 和 ρ_B 保真度的定义

$$F=\mathrm{Tr}(\rho_A^{1/2}\rho_B\rho_A^{1/2})^{1/2}. \tag{1.5.6}$$

由于量子态的模长为1,有时去掉了平方根,而采用式(1.5.2).

1.6　量子叠加原理和量子不可克隆定理

1.6.1　量子叠加原理

量子系统的本征态是正交的,若给定一组正交态,可以被确定性地**分辨**(discrimination).例如,光子有两种偏振:水平偏振,记为 $|\leftrightarrow\rangle$ 或 $|0\rangle$;垂直偏振,记为 $|\updownarrow\rangle$ 或 $|1\rangle$.因此,光子偏振的正交完全集为 $\{|0\rangle,|1\rangle\}$,且满足完全性关系 $\sum_{i=0}^{1}|i\rangle\langle i|=I$.假如给定量子态 $|0\rangle$ 或 $|1\rangle$,这些本征态是可以通过实验装置进行测量而被确定性地分辨的.本征态是量子态,然而还存在另外一种量子态,即本征态的线性叠加,如量子叠加态 $|\psi\rangle=a|0\rangle+b|1\rangle$,其中 $|a|^2+|b|^2=1$.量子叠加态不同于本征态,是一个新的量子态.例如,当测量 $|\psi\rangle$ 时,有 $|a|^2$ 的概率可以测量到 $|0\rangle$ 态,也有 $|b|^2$ 的概率可以测量到 $|1\rangle$ 态.这个现象很奇怪,但它确实存在着,这是量子性的本质,目前的研究还不足以弄清楚原因.以上现象遵循**量子叠加原理**(principle of quantum superposition),可表述为:若一个 N 维 Hilbert 空间中的量子系统的本征态为 $\{|i\rangle\}_{i=0}^{N-1}$,则由本征态线性叠加的量子态

$$|\zeta\rangle=\sum_{i=0}^{N-1}c_i|i\rangle, \tag{1.6.1}$$

其中 c_i 称为**概率幅**(probability amplitude)且满足归一化条件

$$\sum_{i=0}^{N-1}|c_i|^2=1, \tag{1.6.2}$$

也是这个量子系统的量子态,测量到本征态 $|i\rangle$ 的概率为 $p_i=|c_i|^2$.

由于量子叠加态的存在,非正交量子态不能被确定性地分辨.例如,给定两个非正交量子态

$$|\alpha\rangle=|0\rangle,\ |\beta\rangle=\sqrt{\frac{1}{4}}|0\rangle+\sqrt{\frac{3}{4}}\mathrm{e}^{\frac{\pi}{2}\mathrm{i}}|1\rangle, \tag{1.6.3}$$

可以用完备正交集 $\{|0\rangle,|1\rangle\}$ 来分辨.如果正交基 $|1\rangle$ 被测量到,毫无疑问,这个被测量的输入态是 $|\beta\rangle$,因为 $|\alpha\rangle$ 没有正交基 $|0\rangle$.然而,如果 $|0\rangle$ 被测量到,我们无法分辨所给的量子态是 $|\alpha\rangle$ 还是 $|\beta\rangle$,因为 $|\alpha\rangle$ 和 $|\beta\rangle$ 都

含有正交基 $|0\rangle$. 由于非正交态集合不能被确定性地分辨,因此**量子密码术**(quantum cryptography)中使用非正交态集合作为**量子密钥**(quantum key). 窃听者可能会截获量子密钥,然后复制无穷多非正交态的拷贝,通过测量拷贝,可以准确地知道作为量子密钥的非正交态. 不过,量子不可克隆定理可以制约窃听者精确地复制量子密钥,这就从物理原理上保证了**量子通信安全的绝对性**(absolute security of quantum communication). 量子克隆理论可以应用于量子密码术的窃听和非正交态的分辨等方面,这将在量子克隆理论应用中详细阐述.

1.6.2　量子不可克隆定理

1982 年,Wootters 和 Zurek 在 Nature 上撰文指出,任意未知量子态不能被精确地复制,后来被人们称为**量子不可克隆定理**. 这个定理的实质已经蕴含量子力学的最基本原理之一,即**量子叠加原理**,也被认为是量子叠加原理的一个推论. 这个推论的证明简单明了.

假设有一个量子过程,它能对任意未知量子态进行精确的克隆,即任意未知量子态均可被精确克隆,这个量子过程可以用幺正变换 U 描述. 对于正交态 $|0\rangle$ 和 $|1\rangle$,幺正变换 U 可以进行复制,即

$$|0\rangle|\Xi\rangle \xrightarrow{U} |0\rangle|0\rangle, \quad |1\rangle|\Xi\rangle \xrightarrow{U} |1\rangle|1\rangle, \tag{1.6.4}$$

其中 $|\Xi\rangle$ 是空白态,类似于复印用的白纸. 假设对这两个正交基的叠加态 $|\zeta\rangle = \alpha|0\rangle + \beta|1\rangle$,其中 $\alpha,\beta \neq 0,1$,幺正变换 U 也能够进行复制,即

$$|\zeta\rangle|\Xi\rangle \xrightarrow{U} |\zeta\rangle|\zeta\rangle = \alpha^2|0\rangle|0\rangle + \alpha\beta(|0\rangle|1\rangle + |1\rangle|0\rangle) + \beta^2|1\rangle|1\rangle. \tag{1.6.5}$$

利用式(1.6.4),上面的复制过程又可以写为

$$(\alpha|0\rangle + \beta|1\rangle)|\Xi\rangle = \alpha|0\rangle|\Xi\rangle + \beta|1\rangle|\Xi\rangle \xrightarrow{U} \alpha|0\rangle|0\rangle + \beta|1\rangle|1\rangle. \tag{1.6.6}$$

由于叠加态 $|\zeta\rangle$ 的系数是任意的,通过比较式(1.6.5)和式(1.6.6)右边的系数可知 α 和 β 中必有一个是 0,这与量子态叠加的假设相矛盾. 因此,精确克隆任意未知量子态是不可能的.

Yuen 等进一步发展了量子不可克隆定理的内容:假定复制过程可以用

一个幺正变换来描述,当且仅当两个量子态正交时,它们才可能被统一的复制装置量子克隆.

量子克隆过程可以含有辅助系统. 设两个量子态 $|\psi\rangle$ 和 $|\xi\rangle$ 可以被由幺正变换 U 所描述的装置精确地克隆,则

$$|\psi\rangle|\Xi\rangle|A\rangle \xrightarrow{U} |\psi\rangle|\psi\rangle|A_\psi\rangle, \quad |\xi\rangle|\Xi\rangle|A\rangle \xrightarrow{U} |\xi\rangle|\xi\rangle|A_\xi\rangle,$$
$$(1.6.7)$$

其中 $|A\rangle$ 为辅助系统. 由于幺正变换保内积,$U^\dagger U = UU^\dagger = I$,式 (1.6.7) 得到的内积为

$$\langle\psi\mid\xi\rangle = \langle\psi\mid\xi\rangle^2 \langle A_\psi\mid A_\xi\rangle. \qquad (1.6.8)$$

由于 $|\langle A_\psi\mid A_\xi\rangle| \leqslant 1$,因此要求

$$|\langle\psi\mid\xi\rangle| \leqslant |\langle\psi\mid\xi\rangle^2|. \qquad (1.6.9)$$

当且仅当 $\langle\psi\mid\xi\rangle = 0, 1$ 时,上式成立. 显然,$\langle\psi\mid\xi\rangle = 1$ 表示两个量子态相同,这没有意义. 当 $\langle\psi\mid\xi\rangle = 0$ 时,两个量子态正交,这说明正交态是可以被精确地复制的. 因此,在量子密码术中,量子密钥是非正交态的;否则,窃听者可以精确地复制作为量子密钥的正交态而达到窃听的目的.

1.7 量子态演化和量子门

1.7.1 量子态演化

量子态演化(evolution of quantum states) 是指量子态经过作用后,演化为另一个量子态,或者没有变化. 一个封闭量子系统的演化可以由幺正变换表示,即系统在时刻 t_1 的状态 $|\psi\rangle$ 和系统在时刻 t_2 的状态 $|\psi'\rangle$ 可以通过一个仅依赖时间的幺正变换相联系,即

$$U|\psi\rangle = |\psi'\rangle. \qquad (1.7.1)$$

封闭量子系统的演化可用 Schrödinger 方程描述,即

$$i\hbar \frac{\partial}{\partial t} |\psi\rangle = H|\psi\rangle. \qquad (1.7.2)$$

这个方程中 $\hbar = h/2\pi$,h 称为 Planck 常数,H 是一个称为系统 Hamilton 量的**厄米变换**(Hermitian transformation).

在量子信息科学中,二维 Hilbert 空间的量子态 $\{|0\rangle, |1\rangle\}$ 称为**量子比特**(qubit). Pauli 矩阵可以描述量子比特的演化,其矩阵形式为

$$\sigma_0 = I = \begin{bmatrix} 1 & 0 \\ 0 & 1 \end{bmatrix}, \quad \sigma_x = X = \begin{bmatrix} 0 & 1 \\ 1 & 0 \end{bmatrix},$$

$$\sigma_y = Y = \begin{bmatrix} 0 & -i \\ i & 0 \end{bmatrix}, \quad \sigma_z = Z = \begin{bmatrix} 1 & 0 \\ 0 & -1 \end{bmatrix}. \tag{1.7.3}$$

利用 Dirac 符号,Pauli 矩阵可以写为

$$I = |0\rangle\langle 0| + |1\rangle\langle 1|, \quad X = |0\rangle\langle 1| + |1\rangle\langle 0|,$$

$$Y = i(-|0\rangle\langle 1| + |1\rangle\langle 0|), \quad Z = |0\rangle\langle 0| - |1\rangle\langle 1|. \tag{1.7.4}$$

例如,变换 X 作用在量子比特 $\{|0\rangle, |1\rangle\}$ 上时,

$$X|0\rangle = (|0\rangle\langle 1| + |1\rangle\langle 0|)|0\rangle = |1\rangle,$$

$$X|1\rangle = (|0\rangle\langle 1| + |1\rangle\langle 0|)|1\rangle = |0\rangle. \tag{1.7.5}$$

因此,变换 X 有时又称为**比特翻转**(bit flip). 显然,变换 I 作用在量子比特 $\{|0\rangle, |1\rangle\}$ 上时,量子比特保持不变.

Hadamard 变换是另一种幺正变换,记为 H,矩阵形式为

$$H = \frac{1}{\sqrt{2}} \begin{bmatrix} 1 & 1 \\ 1 & -1 \end{bmatrix}, \tag{1.7.6}$$

作用在量子比特 $\{|0\rangle, |1\rangle\}$ 上时,有性质

$$H|0\rangle = \frac{1}{\sqrt{2}}(|0\rangle + |1\rangle), \quad H|1\rangle = \frac{1}{\sqrt{2}}(|0\rangle - |1\rangle). \tag{1.7.7}$$

相位变换(phase transformation)记为 S,矩阵形式为

$$S = \begin{bmatrix} 1 & 0 \\ 0 & i \end{bmatrix}, \tag{1.7.8}$$

作用在量子比特 $\{|0\rangle, |1\rangle\}$ 上时,有性质

$$S|0\rangle = |0\rangle, \quad S|1\rangle = e^{i\frac{\pi}{2}}|1\rangle. \tag{1.7.9}$$

它对 $|1\rangle$ 的作用引入了一个 $\pi/2$ 相位.

$\pi/8$ 变换记为 T,矩阵形式为

$$T = \exp(i\pi/8) \begin{bmatrix} \exp(-i\pi/8) & 0 \\ 0 & \exp(i\pi/8) \end{bmatrix} = \begin{bmatrix} 1 & 0 \\ 0 & \exp(i\pi/4) \end{bmatrix}. \tag{1.7.10}$$

任意单量子比特的幺正变换都可以通过上述幺正变换组合构成,而且单量子比特的情形下,所有的幺正变换都可以在实际的物理系统中实现.

1.7.2　量子门

为了进行**量子计算**(quantum computation)或者实现量子态的某种演化,可以设计**量子门路**(quantum circuit). 量子门路可以用一些**通用逻辑门**(universal logic gate)组成,通用逻辑门又称为**量子门**(quantum gate). 上述单量子比特的幺正变化可以用如图 1.1 所示的量子门符号表示.

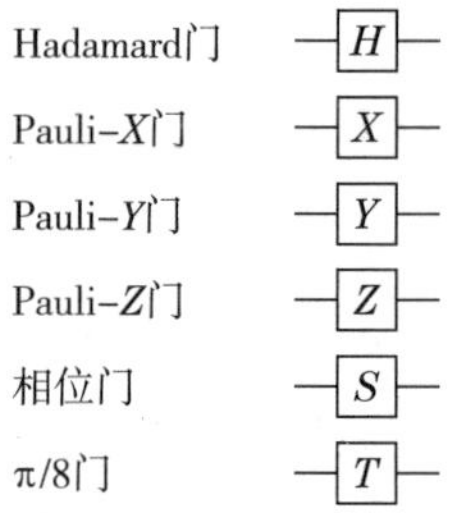

Hadamard门	H
Pauli-X门	X
Pauli-Y门	Y
Pauli-Z门	Z
相位门	S
$\pi/8$门	T

图 1.1　常用单量子门

双量子比特门中,常用的是**受控非门**(controlled-NOT gate,CNOT gate),矩阵表示为

$$CNOT = \begin{bmatrix} 1 & 0 & 0 & 0 \\ 0 & 1 & 0 & 0 \\ 0 & 0 & 0 & 1 \\ 0 & 0 & 1 & 0 \end{bmatrix}. \tag{1.7.11}$$

受控非门的作用为

$$|c\rangle_1 |t\rangle_2 \rightarrow |c\rangle_1 |t \oplus c\rangle_2, \tag{1.7.12}$$

其中 $c,t = 0,1$,运算符号"$\oplus$"是模 2 加法. 具体可写为

$$|0\rangle_1 |0\rangle_2 \rightarrow |0\rangle_1 |0\rangle_2, \quad |0\rangle_1 |1\rangle_2 \rightarrow |0\rangle_1 |1\rangle_2,$$
$$|1\rangle_1 |0\rangle_2 \rightarrow |1\rangle_1 |1\rangle_2, \quad |1\rangle_1 |1\rangle_2 \rightarrow |1\rangle_1 |0\rangle_2. \tag{1.7.13}$$

当粒子 1 处在 $|0\rangle_1$ 态时,不对粒子 2 控制;当粒子 1 处在 $|1\rangle_1$ 态时,使粒子 2 的态翻转. 所以,粒子 1 称为**控制量子比特**(control qubit),粒子 2 称为**目标量子比特**(target qubit),如图 1.2 所示.

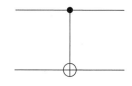

● 表示控制量子比特,⊕ 表示目标量子比特

图 1.2　受控非门的线路表示

此外,双量子比特门还有受控 Z 门等,三量子比特门有 Toffoli 门和 Fredkin 门等. 由于本书中没有用到这些量子门,故此处不再赘述,感兴趣的读者可以查阅相关文献.

1.8　量子测量

1.8.1　量子测量假设

量子测量(quantum measurement)假设是指量子测量由一组**测量算子** (measuring operator) $\{M_m\}$ 作用在被测量系统状态空间上,其中 m 表示实验中可能的测量结果. 若在测量前,量子系统的状态是 $|\psi\rangle$(密度矩阵表示为 ρ_ψ),则结果 m 发生的概率为

$$p(m) = \langle \psi \mid M_m \mid \psi \rangle = \mathrm{Tr}(M_m \rho_\psi), \tag{1.8.1}$$

测量后系统的状态为

$$|\psi'\rangle = \frac{M_m \mid \psi \rangle}{\sqrt{\langle \psi \mid M_m \mid \psi \rangle}}, \tag{1.8.2}$$

测量算子满足完备性方程

$$\sum_m M_m = I. \tag{1.8.3}$$

测量算子必须是厄米算子(Hermitian operator). 厄米算子有性质 $M^\dagger = M$. 由于量子测量的值必为实数,而厄米矩阵(Hermitian matrix)的本征值(或对角元)为实数的这一性质恰好满足量子测量的要求,因此,量子力学中可测量的算子必为厄米算子. 完备性方程由概率和为 1 的要求给出,即

$$1 = \sum_m p(m) = \sum_m \langle \psi \mid M_m \mid \psi \rangle. \tag{1.8.4}$$

上式用到了性质 $1 = \langle \psi \mid \psi \rangle = \langle \psi \mid I \mid \psi \rangle = \langle \psi \mid \sum_m M_m \mid \psi \rangle = \sum_m \langle \psi \mid M_m \mid \psi \rangle$.

如果取某个测量算子为 $M = |\alpha\rangle\langle\alpha|$,可以得到下列性质:

$$M^\dagger = M = M^\dagger M = MM^\dagger, \quad M^2 = M. \tag{1.8.5}$$

在这里,需要指出的是,使用纯态 $|\psi\rangle$(密度矩阵表示为 ρ_ψ)表示量子系统. 一般情况下,量子系统可能是混合态构成,如 $S = \{\eta_m, |\psi_m\rangle\}$ $\left(\sum_m \eta_m = 1\right)$

表示 $|\psi_m\rangle$ 态以概率 η_m 存在于混合态中,量子系统可以表示为 $\rho = \sum_m \eta_m \rho_m$,其中 $\rho_m = |\psi_m\rangle\langle\psi_m|$,上述测量假设仍然成立.

1.8.2 von Neumann 测量

von Neumann 测量称为**投影测量**(projection measurement,PM). **投影算子**(projection operator) M_m 有四个重要的数学性质:

(1)投影算子是**厄米算子**,$M_m^\dagger = M_m$; $\qquad\qquad$ (1.8.6-a)

(2)投影算子是**正定的**(positive,非负的),$\langle\psi|M_m|\psi\rangle \geqslant 0$; $\quad$ (1.8.6-b)

(3)投影算子是**完备的**,$\sum_m M_m = I$; $\qquad\qquad$ (1.8.6-c)

(4)投影算子是**正交的**,当 $m \neq n$ 时,有 $M_m M_n = 0$. $\qquad$ (1.8.6-d)

由于存在式(1.8.6-d)的要求,有时投影测量又称为正交测量. 下面,用投影测量来说明量子测量假设.

对一个二维空间的量子系统,本征态为 $|0\rangle$ 和 $|1\rangle$,投影算子分别为

$$M_0 = |0\rangle\langle0|, \ M_1 = |1\rangle\langle1|. \qquad (1.8.7)$$

投影算子满足式(1.8.6-a)至式(1.8.6-d)的要求. 设被测量的量子态为 $|\psi\rangle = \alpha|0\rangle + \beta|1\rangle$,则测量到 $|0\rangle$ 和 $|1\rangle$ 的概率分别为

$$p(|0\rangle) = \langle\psi|M_0|\psi\rangle = |\alpha|^2, \ p(|1\rangle) = \langle\psi|M_1|\psi\rangle = |\beta|^2.$$
$$(1.8.8)$$

由于 $|\psi\rangle$ 是单粒子量子态,经测量后完全被破坏,故不再有量子态存在.

对一个双量子比特系统,它的四个本征态分别为 $|0\rangle_1|0\rangle_2$,$|0\rangle_1|1\rangle_2$,$|1\rangle_1|0\rangle_2$ 和 $|1\rangle_1|1\rangle_2$. 因此,投影算子可以写为

$$M_1 = (|0\rangle_1|0\rangle_2)(_2\langle0|_1\langle0|) = |0\rangle_1|0\rangle_2\langle0|_1\langle0|,$$
$$M_2 = |0\rangle_1|1\rangle_2\langle1|_1\langle0|,$$
$$M_3 = |1\rangle_1|0\rangle_2\langle0|_1\langle1|,$$
$$M_4 = |1\rangle_1|1\rangle_2\langle1|_1\langle1|. \qquad (1.8.9)$$

设被测量的纠缠态为 $|\xi\rangle = \alpha|0\rangle_1|1\rangle_2 + \beta|1\rangle_1|0\rangle_2$,则测量到本征态为 $|0\rangle_1|0\rangle_2$,$|0\rangle_1|1\rangle_2$,$|1\rangle_1|0\rangle_2$ 和 $|1\rangle_1|1\rangle_2$ 的概率分别为

$$p(|0\rangle_1|0\rangle_2) = \langle\xi|M_1|\xi\rangle = 0, \ p(|0\rangle_1|1\rangle_2) = \langle\xi|M_2|\xi\rangle = |\alpha|^2,$$
$$p(|1\rangle_1|0\rangle_2) = \langle\xi|M_3|\xi\rangle = |\beta|^2, \ p(|1\rangle_1|1\rangle_2) = \langle\xi|M_4|\xi\rangle = 0.$$
$$(1.8.10)$$

经测量后纠缠态完全被破坏, 不再有量子态存在.

　　上面两个例子都是经过量子测量后, 物理系统完全被破坏, 不再有量子态存在. 实践中, 有时只需要对系统的子系统进行测量, 这也是实验的需要. 当然, 物理系统的子系统可以用约化密度矩阵表示, 如式 (1.4.13) 和式 (1.4.14) 所示. 例如, 对纠缠态 $|\xi\rangle = \alpha|0\rangle_1|1\rangle_2 + \beta|1\rangle_1|0\rangle_2$ 中粒子 1 进行测量. 投影算子分别为 $M_0 = |0\rangle_1\langle 0|$ 和 $M_1 = |1\rangle_1\langle 1|$, 参看式 (1.8.7). 于是, 测量到 $|0\rangle_1$ 的概率为

$$p(|0\rangle_1) = \langle\xi|M_0|\xi\rangle = |\alpha|^2. \tag{1.8.11}$$

测量后量子系统状态为

$$|\xi_0'\rangle = \frac{M_0|\xi\rangle}{\sqrt{\langle\xi|M_0|\xi\rangle}} = \frac{\alpha}{|\alpha|}|1\rangle_2 = \mathrm{e}^{\mathrm{i}\varphi_0}|1\rangle_2. \tag{1.8.12}$$

相位因子 $\mathrm{e}^{\mathrm{i}\varphi_0}$ 称为**全局相位** (global phase), 对量子态无关紧要. 类似地, 测量到 $|1\rangle_1$ 的概率为 $p(|1\rangle_1) = \langle\xi|M_1|\xi\rangle = |\beta|^2$, 测量后量子系统状态为 $|\xi_1'\rangle = \frac{M_1|\xi\rangle}{\sqrt{\langle\xi|M_1|\xi\rangle}} = \mathrm{e}^{\mathrm{i}\varphi_1}|1\rangle_2$. 对系统中粒子 1 进行测量后, 粒子 1 被破坏掉, 只剩下粒子 2 的态, 有时称测量后的量子态 $|\xi_0'\rangle$ 或 $|\xi_1'\rangle$ 为**坍缩态** (collapsed state). 可以说, 所有实验的真实测量, 包括经典的和量子的, 都是 von Neumann 测量, 所以投影测量具有重要的实践意义.

1.8.3　广义测量

　　投影测量是正交测量, 要求测量算子必须是正交的. 有时, 为了方便理论计算, 就去掉这一项要求. 这种测量称为**广义测量** (generalized measurement), 又称为**半正定算子测量** (positive-operator-valued measurement, POVM 测量). **概率算子** (probability operator) M_m 有三个重要的数学性质:

　　(1) 概率算子是**厄米算子**, $M_m^\dagger = M_m$; 　　　　　　　　　(1.8.13-a)

　　(2) 概率算子是**正定的** (positive, 非负的), $\langle\psi|M_m|\psi\rangle \geqslant 0$; 　　(1.8.13-b)

　　(3) 概率算子是**完备的**, $\sum_m M_m = I$. 　　　　　　　　　　(1.8.13-c)

　　在**量子态分辨** (quantum state discrimination) 理论研究中, POVM 测量提供了一个便利的理论研究工具 (第 7 章将详细阐述).

1.8.4　平方根测量

对于量子系统 $\rho = \sum_m \eta_m \rho_m$，其中 $\sum_m \eta_m = 1$ 和 $\rho_m = |\psi_m\rangle\langle\psi_m|$，可以构建测量算符 $\{M_m\}$，即

$$M_m = \eta_m \rho^{-1/2} \rho_m \rho^{-1/2}. \tag{1.8.14}$$

这被称为**平方根测量**（square-root measurement，SRM）. 显然，$\{M_m\}$ 是正定的，且满足完备性

$$\sum_m M_m = I. \tag{1.8.15}$$

测量到 $|\psi_m\rangle$ 的概率为

$$p(m) = \mathrm{Tr}(M_m \rho), \tag{1.8.16}$$

与式(1.8.1)的形式一样.

1.9　光子偏振的量子性

1.9.1　光子的偏振

光子具有**偏振性**（polarization），表现为**水平偏振**（horizontal polarization，记为 $|H\rangle$）和**垂直偏振**（vertical polarization，记为 $|V\rangle$）. 常用三种基本线性光学元件来说明单光子的量子性.

第一种光学元件称为**半波片**（half-wave plate，HWP），其主轴与水平方向夹角为 θ，对 $|H\rangle$ 和 $|V\rangle$ 的作用为

$$|H\rangle \rightarrow \cos 2\theta |H\rangle + \sin 2\theta |V\rangle, \quad |V\rangle \rightarrow \sin 2\theta |H\rangle - \cos 2\theta |V\rangle. \tag{1.9.1}$$

第二种光学元件称为**移相器**（phase shift，PS），为 $|H\rangle$ 和 $|V\rangle$ 引入了附加相位，作用为

$$|H\rangle \rightarrow e^{i\varphi} |H\rangle, \quad |V\rangle \rightarrow e^{i\varphi} |V\rangle. \tag{1.9.2}$$

第三种光学元件称为**偏振分束器**（polarizing beam splitter，PBS），能通过 $|H\rangle$ 而反射 $|V\rangle$.

这三种光学元件的功能如图 1.3 所示.

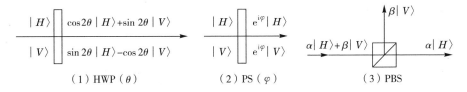

（1）HWP（θ）　　　　（2）PS（φ）　　　　（3）PBS

图 1.3　三种基本线性光学元件的功能

半波片就是平常所说的偏振片,只是改变了与水平(垂直)方向的夹角.
移相器加在同样的几何路程上,引入了附加相位.

1.9.2　偏振的量子性

虽然三种基本线性光学元件比较简单,但是可以表现令人惊奇的光子的
量子性.下面,我们详细地说明.

1. 本征态

光子有两种偏振,即水平偏振和垂直偏振,可以表示为 $|H\rangle$ 和 $|V\rangle$,则
$|H\rangle$ 和 $|V\rangle$ 就是光子偏振的本征态.

2. 量子本征态

如图 1.4 所示,在输出端上端分别放置垂直偏振片和光子探测器(记为
M_V)就能记录到垂直偏振的光子;在输出端右端分别放置水平偏振片和光
子探测器(记为 M_H)就能记录到水平偏振的光子.因此,无论输入端给出的
是 $|H\rangle$ 还是 $|V\rangle$,输入端的量子本征态都能被准确地确定.因此,一组本征
态集可以被确定性地分辨.

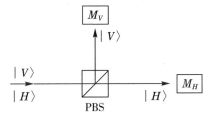

图 1.4　本征态被准确地测量的装置

3. 完备集

光子的偏振态为 $|H\rangle$ 和 $|V\rangle$,单光子系统的完备集 $S = \{|H\rangle, |V\rangle\}$

为测量集. 假如只取集 $S' = \{|H\rangle\}$ 为测量集, 显然, 当输入态为 $|V\rangle$ 时不能被测量到, 如图 1.5 所示.

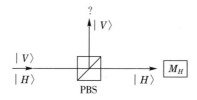

图 1.5 完备集的说明

4. 量子叠加原理

偏振态的本征态为 $|H\rangle$ 和 $|V\rangle$, 经过一个半波片后, 会产生一个由本征态线性叠加的新的偏振态, 即 $|\psi\rangle = \cos 2\theta |H\rangle + \sin 2\theta |V\rangle$, 如图 1.6 所示.

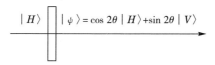

图 1.6 量子态线性叠加的装置

5. 量子态归一化

量子态归一化的要求来自于概率之和必为 1. 例如, $|\psi\rangle = \cos 2\theta |H\rangle + \sin 2\theta |V\rangle$ 是归一化的, 即概率幅的模平方之和为 1, 即 $\cos^2 2\theta + \sin^2 2\theta = 1$.

6. 正交态

本征态是正交态, 可以被准确地分辨. 那么, 这里出现一个问题: 不是本征态的正交态, 是否可以被准确地分辨? 答案是肯定的. 例如, 对于两个非本征态的正交态 $|\psi\rangle = \cos \varphi |H\rangle + \sin \varphi |V\rangle$ 和 $|\xi\rangle = \sin \varphi |H\rangle - \cos \varphi |V\rangle$, 可以通过合适的变换, 确定性地将它们分辨, 如图 1.7 所示.

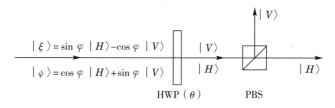

图 1.7 正交态被准确地分辨的装置

图 1.7 是将非本征态的正交态经过合适的变换而转化为本征态, 然后通过测量本征态, 可以将非本征态的正交态确定性地分辨.

7. 非正交态

设想一对非正交的量子态 $|\psi\rangle$ 和 $|\xi\rangle$，有 $\langle\psi|\xi\rangle\neq 0$. 无论通过任何幺正变换 U，都不能把它们转化为本征态 $|\psi'\rangle$ 和 $|\xi'\rangle$. 例如，通过一个幺正变换 U，使得

$$|\psi'\rangle=U|\psi\rangle,\ |\xi'\rangle=U|\xi\rangle. \tag{1.9.3}$$

对新的量子态作内积，有

$$\langle\psi'|\xi'\rangle=\langle\psi|UU^{\dagger}|\xi\rangle=\langle\psi|\xi\rangle\neq 0. \tag{1.9.4}$$

上式用到性质 $UU^{\dagger}=U^{\dagger}U=I$，即幺正变换保内积. 因此，$|\psi'\rangle$ 和 $|\xi'\rangle$ 不可能是一对本征态.

非正交的量子态不可以被确定性地分辨，但是并不排除概率性的分辨. 对于线性无关的非正交态，可以以一定的概率确定性地分辨，即利用**确定性分辨**（unambiguous state discrimination，USD）；对于线性相关的非正交态，可以利用**最小错误分辨**（minimum error discrimination，MED）. 本书第 7 章将对 USD 和 MED 作细致的阐述.

8. 单比特量子门的实现

利用三种基本线性光学元件，可以实现正交态中单比特量子门（单粒子幺正变换），详见 1.7.2 节中图 1.1.

利用半波片 $\mathrm{HWP}(\theta)$，选择不同的 θ 角可以实现 X 门、Z 门和 Hadamard 门. 参照式（1.9.1），半波片的演化为

$$|H\rangle\rightarrow\cos 2\theta|H\rangle+\sin 2\theta|V\rangle,\ |V\rangle\rightarrow\sin 2\theta|H\rangle-\cos 2\theta|V\rangle.$$

令 $\theta=\pi/4$，就有 $|H\rangle\rightarrow|V\rangle$ 和 $|V\rangle\rightarrow|H\rangle$，即 X 门；令 $\theta=0$，就有 $|H\rangle\rightarrow|H\rangle$ 和 $|V\rangle\rightarrow-|V\rangle$，即 Z 门；令 $\theta=\pi/8$，就有 $|H\rangle\rightarrow\dfrac{1}{\sqrt{2}}(|H\rangle+|V\rangle)$ 和 $|V\rangle\rightarrow\dfrac{1}{\sqrt{2}}(|H\rangle-|V\rangle)$，即 Hadamard 门.

利用半波片 $\mathrm{HWP}(\theta)$ 和移相器 $\mathrm{PS}(\varphi)$ 的组合，可以实现 Y 门，如图1.8 所示. 令 $\varphi=3\pi/2$ 和 $\theta=\pi/4$，就有 $|H\rangle\rightarrow-i|V\rangle$ 和 $|V\rangle\rightarrow i|H\rangle$，即 Y 门.

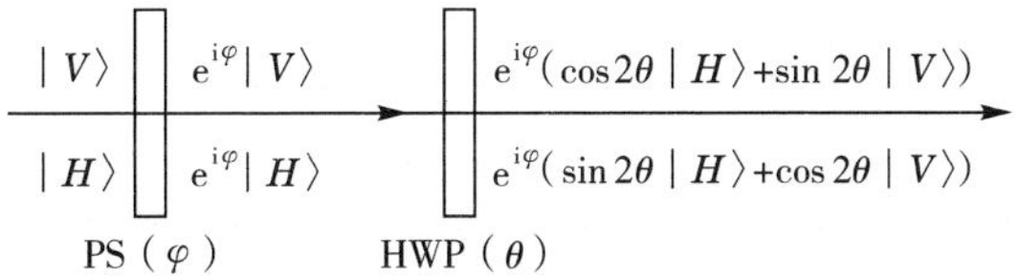

图 1.8　利用 HWP(θ)和 PS(φ)的组合实现 Y 门

利用偏振分束器 PBS 和移相器 PS(φ)的组合,S 门和 T 门可以由图 1.9 实现.

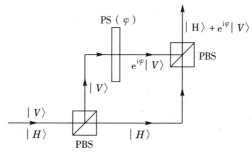

图 1.9　利用 PBS 和 PS(φ)的组合实现 S 门和 T 门

令 $\varphi = \pi/2$,有 $|H\rangle \rightarrow |H\rangle$ 和 $|V\rangle \rightarrow i|V\rangle$,即 S 门;令 $\varphi = \pi/4$,有 $|H\rangle \rightarrow |H\rangle$ 和 $|V\rangle \rightarrow e^{i\pi/4}|V\rangle$,即 T 门.

本章重点介绍了量子力学的一些基本假设和量子系统的描述.同时还介绍了光子偏振状态及三种基本线性光学元件,有助于读者直观地理解量子力学的一些基本特性.

▌参考文献

[1] Michael A. Nielsen, Isaac L. Chuang 著,赵千川译. 量子计算和量子信息(一)——量子计算部分 [M]. 北京:清华大学出版社,2004 年.

[2] Michael A. Nielsen, Isaac L. Chuang 著,郑大钟,赵千川译. 量子计算和量子信息(二)——量子信息部分 [M]. 北京:清华大学出版社,2005 年.

[3] 张永德著. 量子信息物理原理 [M]. 北京:科学出版社,2006 年.

[4] 张永德著. 量子力学(第 2 版) [M]. 北京:科学出版社,2008 年.

[5] 喀兴林著. 高等量子力学(第 2 版) [M]. 北京:高等教育出版社,2001 年.

[6] 曾谨言著. 量子力学卷 I (第 4 版) [M]. 北京:科学出版社,2007 年.

[7] 曾谨言著. 量子力学卷 II (第 4 版) [M]. 北京:科学出版社,2007 年.

[8] Masahito Hayashi, Satoshi Ishizaka, Akinori Kawachi, Gen Kimura, Tomohiro Ogawa. Introduction to quantum information science [M]. Springer 2014.

[9] János A. Bergou, Mark Hillery. Introduction to the theory of quantum information processing [M]. Springer 2013.

[10] Daniel R. Bes. Quantum mechanics: a modern and concise introductory course [M]. Springer 2004.

[11] Dénes Petz. Quantum information theory and quantum statistics [M]. Springer 2007.

[12] Alexander Sergienko, Saverio Pascazio, Paolo Villoresi. Quantum communication and quantum networking [M]. Springer 2010.

[13] Gianfranco Cariolaro. Quantum communications [M]. Springer 2015.

第 2 章　离散变量量子克隆

本章内容主要包括普适量子克隆、相位协变量子克隆和实数态量子克隆,以及远程量子克隆.介绍每种类型的量子克隆之后,将给出目前尚需要进一步深入研究的相关课题,这有助于对量子克隆理论感兴趣的读者明确研究内容和研究方法.

2.1　单量子纯态的量子克隆

量子不可克隆定理[1]是根据量子力学中的基本假设(量子力学完全由希尔伯特空间描述)和量子叠加原理得到的一个结论.它指出:对任意一个未知量子纯态的拷贝(复制或制备),不可能得到精确的拷贝.此后,量子力学的线性运算限制了正交量子混合态及量子纠缠态的克隆,从而得到正交量子混合态不可克隆定理[2]和量子纠缠态不可克隆定理[3].三个定理指出量子力学线性性限制对未知初态物理系统的精确拷贝获得,同时指出量子力学的线性运算限制对未知初态物理系统的完全擦除的绝对不可能,此即为量子不可删除定理[4].目前,量子克隆理论已经得到广泛的研究并在量子信息科学中得到应用[5,6].由于完美拷贝不可获得,研究内容转向确定性量子克隆——终态物理系统对初态物理系统的拷贝可以达到的最优近似.

离散变量单量子纯态可以表示为

$$|\psi\rangle = \alpha |0\rangle + \beta e^{i\varphi} |1\rangle, \qquad (2.1.1)$$

式中,振幅 α 和 β 为实数,且满足 $\alpha^2 + \beta^2 = 1$;相位 $\varphi \in [0, 2\pi)$.从输入量子态的信息来看,可以分为三种情况:

(1)振幅和相位完全未知.这样的量子态称为普适量子态,复制普适量子态的量子克隆机称为普适量子克隆机.

(2)振幅已知,如 $\alpha = \beta = 1/\sqrt{2}$,而相位完全未知.这样的量子态称为相位态,复制相位态的量子克隆机称为相位协变量子克隆机.

(3)振幅未知而相位已知,如 $\varphi = 0$. 这样的量子态称为实数态,复制实数态的量子克隆机称为实数态量子克隆机.

本章首先介绍三种单量子纯态的量子克隆,然后再较为细致地介绍每一种量子克隆目前的研究成果.

2.1.1　普适量子克隆

既然不可能精确地克隆任意未知量子态,那么研究确定性量子克隆就十分有必要. 对离散变量输入纯态,若输入态的信息完全未知,则量子克隆机称为**普适量子克隆机**(universal quantum cloning machine, UQCM) [5],即需要克隆的输入量子态为 $|\psi\rangle_1 = \alpha |0\rangle_1 + \beta e^{i\varphi} |1\rangle_1$,其中 α 和 β 为实数且满足 $\alpha^2 + \beta^2 = 1$,相位 $\varphi \in [0, 2\pi)$,振幅和相位是完全未知的.

二维空间最优对称性 $1 \rightarrow 2$ 普适量子克隆(SUQ)的幺正变换为[7]

$$|0\rangle_1 |0\rangle_2 |0\rangle_x \rightarrow \sqrt{2/3} |0\rangle_1 |0\rangle_2 |0\rangle_x + \sqrt{1/6} (|01\rangle + |10\rangle)_{1,2} |1\rangle_x = |\Psi_1\rangle_{1,2,x}^{\langle\text{out}\rangle},$$

$$|1\rangle_1 |0\rangle_2 |0\rangle_x \rightarrow \sqrt{2/3} |1\rangle_1 |1\rangle_2 |1\rangle_x + \sqrt{1/6} (|10\rangle + |01\rangle)_{1,2} |0\rangle_x = |\Psi_2\rangle_{1,2,x}^{\langle\text{out}\rangle},$$
$$\tag{2.1.2}$$

式中,量子态 2 为空白态,量子态 x 是辅助粒子或称复制机器系统. 显然,在量子克隆机的输出端,两个拷贝的量子态系统为

$$|\Psi\rangle_{1,2,x}^{\langle\text{out}\rangle} = \alpha |\Psi_1\rangle_{1,2,x}^{\langle\text{out}\rangle} + \beta e^{i\varphi} |\Psi_2\rangle_{1,2,x}^{\langle\text{out}\rangle}. \tag{2.1.3}$$

下面,我们计算每一个拷贝的保真度. 为了能让读者对量子克隆的概念有所理解,帮助对量子克隆理论感兴趣的读者进行量子克隆理论研究,我们将详细地给出计算保真度的过程.

输出端量子态系统可用密度矩阵表示为

$$\rho_{1,2,x}^{\langle\text{out}\rangle} = |\Psi\rangle_{1,2,x}^{\langle\text{out}\rangle} \langle\Psi|. \tag{2.1.4}$$

每一个拷贝的特征可以用拷贝的约化密度矩阵 $\rho_1^{\langle\text{out}\rangle}$ 和 $\rho_2^{\langle\text{out}\rangle}$ 表示,即

$$\rho_1^{\langle\text{out}\rangle} = \text{Tr}_{2,x}[\rho_{1,2,x}^{\langle\text{out}\rangle}], \quad \rho_2^{\langle\text{out}\rangle} = \text{Tr}_{1,x}[\rho_{1,2,x}^{\langle\text{out}\rangle}]. \tag{2.1.5}$$

为了考察所得到的拷贝和原来要复制的输入态之间的关系,根据 1.5 节定义的保真度,可知

$$F_1^{\langle\text{UQ}\rangle} = {}_1\langle\psi| \rho_1^{\langle\text{out}\rangle} |\psi\rangle_1, \quad F_2^{\langle\text{UQ}\rangle} = {}_1\langle\psi| \rho_2^{\langle\text{out}\rangle} |\psi\rangle_1. \tag{2.1.6}$$

由于幺正变换是**对称的**(symmetric),即互换两个拷贝的下标,幺正变换的表

示形式不变. 因此,这种量子克隆机被称为**对称性普适量子克隆机**(symmetric universal quantum cloning machine,SUQCM). 显然,两个拷贝的保真度是相同的,即

$$F_1^{(\text{SUQ})} = F_2^{(\text{SUQ})} = F_{1 \to 2}^{(\text{SUQ})}(2). \qquad (2.1.7)$$

这就是所谓的对称性量子克隆. 由于两个拷贝的保真度一样,因此求出任何一个拷贝的保真度即可.

首先,求出粒子 1 的约化密度矩阵. 根据 1.4.3 节分迹的定义及计算,要约化粒子 2 和辅助粒子 x 系统的四个正交基 $S_{2,x} = \{|00\rangle_{2,x}, |01\rangle_{2,x}, |10\rangle_{2,x}, |11\rangle_{2,x}\}$. 约化粒子 2 和辅助粒子 x 的运算为

$$\text{Tr}_{2,x}\left(\sum_{i,j=0}^{1} |ij\rangle_{2,x}\langle ij|\right). \qquad (2.1.8)$$

约去 $|00\rangle_{2,x}\langle 00|$ 基后,可得

$$\left(\alpha\sqrt{\frac{2}{3}}|0\rangle + \beta e^{i\varphi}\sqrt{\frac{1}{6}}|1\rangle\right) \otimes \left(\alpha\sqrt{\frac{2}{3}}\langle 0| + \beta e^{-i\varphi}\sqrt{\frac{1}{6}}\langle 1|\right)$$

$$= \begin{bmatrix} \frac{2}{3}\alpha^2 & \frac{1}{3}\alpha\beta\,e^{-i\varphi} \\ \frac{1}{3}\alpha\beta\,e^{i\varphi} & \frac{1}{6}\beta^2 \end{bmatrix}, \qquad (2.1.9)$$

约去 $|01\rangle_{2,x}\langle 01|$ 基后,可得

$$\left(\alpha\sqrt{\frac{1}{6}}|1\rangle\right) \otimes \left(\alpha\sqrt{\frac{1}{6}}\langle 1|\right) = \begin{bmatrix} 0 & 0 \\ 0 & \frac{1}{6}\alpha^2 \end{bmatrix}, \qquad (2.1.10)$$

约去 $|10\rangle_{2,x}\langle 10|$ 基后,可得

$$\left(\beta e^{i\varphi}\sqrt{\frac{1}{6}}|0\rangle\right) \otimes \left(\beta e^{-i\varphi}\sqrt{\frac{1}{6}}\langle 0|\right) = \begin{bmatrix} \frac{1}{6}\beta^2 & 0 \\ 0 & 0 \end{bmatrix}, \qquad (2.1.11)$$

约去 $|11\rangle_{2,x}\langle 11|$ 基后,可得

$$\left(\alpha\sqrt{\frac{1}{6}}|0\rangle + \beta e^{i\varphi}\sqrt{\frac{2}{3}}|1\rangle\right) \otimes \left(\alpha\sqrt{\frac{1}{6}}\langle 0| + \beta e^{-i\varphi}\sqrt{\frac{2}{3}}\langle 1|\right)$$

$$= \begin{bmatrix} \frac{1}{6}\alpha^2 & \frac{1}{3}\alpha\beta\,e^{-i\varphi} \\ \frac{1}{3}\alpha\beta\,e^{i\varphi} & \frac{2}{3}\beta^2 \end{bmatrix}, \qquad (2.1.12)$$

于是,粒子 1 的约化密度矩阵为

$$\rho_1^{(out)} = \begin{bmatrix} \frac{2}{3}\alpha^2 & \frac{1}{3}\alpha\beta\,e^{-i\varphi} \\ \frac{1}{3}\alpha\beta\,e^{i\varphi} & \frac{1}{6}\beta^2 \end{bmatrix} + \begin{bmatrix} 0 & 0 \\ 0 & \frac{1}{6}\alpha^2 \end{bmatrix} + \begin{bmatrix} \frac{1}{6}\beta^2 & 0 \\ 0 & 0 \end{bmatrix} + \begin{bmatrix} \frac{1}{6}\alpha^2 & \frac{1}{3}\alpha\beta\,e^{-i\varphi} \\ \frac{1}{3}\alpha\beta\,e^{i\varphi} & \frac{2}{3}\beta^2 \end{bmatrix}$$

$$= \begin{bmatrix} \frac{2}{3}\alpha^2 + \frac{1}{6} & \frac{2}{3}\alpha\beta\,e^{-i\varphi} \\ \frac{2}{3}\alpha\beta\,e^{i\varphi} & \frac{2}{3}\beta^2 + \frac{1}{6} \end{bmatrix}. \tag{2.1.13}$$

因此,二维空间最优对称性 1→2 普适量子克隆(SUQ)两个拷贝的保真度为

$$F_{1\to2}^{(SUQ)}(2) = {}_1\langle\psi\mid\rho_1^{(out)}\mid\psi\rangle_1$$

$$= \begin{bmatrix} \alpha & \beta\,e^{-i\varphi} \end{bmatrix} \begin{bmatrix} \frac{2}{3}\alpha^2 + \frac{1}{6} & \frac{2}{3}\alpha\beta\,e^{-i\varphi} \\ \frac{2}{3}\alpha\beta\,e^{i\varphi} & \frac{2}{3}\beta^2 + \frac{1}{6} \end{bmatrix} \begin{bmatrix} \alpha \\ \beta \end{bmatrix} = \frac{5}{6}. \tag{2.1.14}$$

它的幺正变换是对称的,拷贝保真度数值最大且相同,所以是最优的. 这种类型的量子克隆机[8,9]得到拷贝的保真度与量子态的复系数完全无关,所以称为普适量子克隆机.

2.1.2　相位协变量子克隆

相位协变量子克隆机(phase covariant quantum cloning machine,PCQCM)可以分为两类:需要辅助粒子的相位协变量子克隆机和不需要辅助粒子的**经济型相位协变量子克隆机**(economic phase covariant quantum cloning machine,EPCQCM).

在输入态的信息部分未知的情况下,例如需要量子克隆的输入态为

$$|\xi\rangle_1 = \frac{1}{\sqrt{2}}(|0\rangle_1 + e^{i\varphi}|1\rangle_1), \tag{2.1.15}$$

其中相位 $\varphi \in [0,2\pi)$ 是未知的,对这种量子态的量子克隆被认为是对目前量子信息较完善并成功应用的量子密码术[10]中的 BB84 量子密码术方案[11]的个体量子窃听攻击.

二维空间最优对称性 1→2 相位协变量子克隆(SPC)幺正变换为[12]

$$|0\rangle_1\,|00\rangle_{2,x} \to \frac{1}{\sqrt{2}}\Big[|000\rangle_{1,2,x} + \frac{1}{\sqrt{2}}(|01\rangle + |10\rangle)_{1,2}\,|1\rangle_x\Big],$$

$$|1\rangle_1 |00\rangle_{2,x} \rightarrow \frac{1}{\sqrt{2}}\Big[|111\rangle_{1,2,x} + \frac{1}{\sqrt{2}} (|10\rangle + |01\rangle)_{1,2} |0\rangle_x \Big].$$

$$\text{(2.1.16)}$$

确定了量子克隆机的幺正变换,根据 2.1.1 节计算粒子约化密度矩阵的方法,可以容易地计算拷贝的保真度.两个拷贝的保真度为

$$F_{1\to 2}^{\langle \text{SPC}\rangle}(2) = \frac{1}{\sqrt{2}}\Big(\frac{1}{2} + \frac{1}{\sqrt{2}}\Big). \qquad \text{(2.1.17)}$$

另一种相位协变量子克隆不需要辅助粒子,因而称为经济型相位协变量子克隆.最初,经济型相位协变量子克隆是在量子窃听研究中提出来的[13],但并未给出具体的幺正变换和保真度.而文献[14]把这种窃听方案作为量子克隆的应用,给出二维空间最优对称性 1→2 经济型相位协变量子克隆(SEPC)的幺正变换为

$$|0\rangle_1 |0\rangle_2 \rightarrow |00\rangle_{1,2}, \quad |1\rangle_1 |0\rangle_2 \rightarrow \frac{1}{\sqrt{2}}(|10\rangle_{1,2} + |01\rangle_{1,2}).$$

$$\text{(2.1.18)}$$

此外,还有一种幺正变换

$$|0\rangle_1 |0\rangle_2 \rightarrow \frac{1}{\sqrt{2}}(|10\rangle_{1,2} + |01\rangle_{1,2}), |1\rangle_1 |0\rangle_2 \rightarrow |11\rangle_{1,2}.$$

$$\text{(2.1.19)}$$

这里,幺正变换中没有辅助系统(粒子).由两种幺正变换得到两个拷贝的保真度都为

$$F_{1\to 2}^{\langle \text{SEPC}\rangle}(2) = \frac{1}{\sqrt{2}}\Big(\frac{1}{2} + \frac{1}{\sqrt{2}}\Big). \qquad \text{(2.1.20)}$$

这种类型的量子克隆机产生拷贝的保真度与输入态的相位无关,所以称为相位协变量子克隆机.

2.1.3　实数态量子克隆

如果输入态的振幅未知而相位已知,如 $\varphi = 0$. 设需要克隆的输入态为

$$|\zeta\rangle_1 = \alpha |0\rangle_1 + \beta |1\rangle_1, \qquad \text{(2.1.21)}$$

式中,振幅 α 和 β 是未知实数.实现这种量子克隆的量子克隆机称为**实数态量子克隆机**(real state quantum cloning machine,RSQCM).

二维空间最优对称性 $1 \to 2$ 实数态量子克隆(SRS)的幺正变换为[15]

$$| 0 \rangle_1 | 00 \rangle_{2,x} \to a | 000 \rangle_{1,2,x} + b (| 01 \rangle + | 10 \rangle)_{1,2} | 1 \rangle_x + c | 11 \rangle_{1,2} | 0 \rangle_x,$$

$$| 1 \rangle_1 | 00 \rangle_{2,x} \to a | 111 \rangle_{1,2,x} + b (| 10 \rangle + | 01 \rangle)_{1,2} | 1 \rangle_x + c | 00 \rangle_{1,2} | 1 \rangle_x,$$

$$(2.1.22)$$

其中克隆系数为

$$a = \frac{1}{2} + \sqrt{\frac{1}{8}}, b = \sqrt{\frac{1}{8}}, c = \frac{1}{2} - \sqrt{\frac{1}{8}}. \qquad (2.1.23)$$

相应的保真度为

$$F_{1 \to 2}^{\langle SRS \rangle} (2) = \frac{1}{\sqrt{2}} \left(\frac{1}{2} + \frac{1}{\sqrt{2}} \right). \qquad (2.1.24)$$

在量子密码术中,著名的方案是 BB84 方案[11].该方案使用了两组非正交量子态作为量子密钥.非正交量子态集合为

$$S_1 = \left\{ | 0 \rangle, \frac{1}{\sqrt{2}} (| 0 \rangle + | 1 \rangle) \right\}, S_2 = \left\{ | 1 \rangle, \frac{1}{\sqrt{2}} (| 0 \rangle - | 1 \rangle) \right\}.$$

$$(2.1.25)$$

由于非正交量子态不能被确定性地分辨,窃听者可以使用实数态量子克隆机复制两个量子密钥.一个拷贝发送给合法通信者,另一个拷贝留给自己.当然,窃听者和合法接收者的拷贝保真度为 $F_{1 \to 2}^{\langle SRS \rangle} (2) = \frac{1}{\sqrt{2}} \left(\frac{1}{2} + \frac{1}{\sqrt{2}} \right)$.合法接收者可以通过测量接收到的粒子,判断有无窃听者存在.如果保真度低于 $F_{1 \to 2}^{\langle SRS \rangle} (2)$,就能判断有窃听者存在,于是该次通信终止.这样,窃听者的量子克隆计划就会无效,并且不会对合法的量子密钥分配产生影响.因此,量子克隆理论为量子密码术的安全性检查提供了依据.

2.2   普适量子克隆

三种单量子纯态的量子克隆都是二维空间的,并且是对称性的.这一节将具体介绍普适量子克隆的最新研究成果.

2.2.1   二维空间对称性多拷贝普适量子克隆

N 个输入态经过普适量子克隆后产生 M 个拷贝,我们记为 $N \to M$.

二维空间最优对称性 $1 \rightarrow M$ 普适量子克隆的幺正变换为[8]

$$U_{1,M} \mid 0\rangle \bigotimes R = \sum_{j=0}^{M-1} \alpha_j \mid (M-j)0, j1\rangle \bigotimes R_j,$$

$$U_{1,M} \mid 1\rangle \bigotimes R = \sum_{j=0}^{M-1} \alpha_{M-1-j} \mid (M-1-j)0, (j+1)1\rangle \bigotimes R_j.$$

$$(2.2.1)$$

式中,克隆系数为

$$\alpha_j = \sqrt{\frac{2(M-j)}{M(M+1)}}; \qquad (2.2.2)$$

量子态 R_j 是辅助系统(未定);符号 $\mid (M-j)0, j1\rangle$ 表示完全对称且归一化的量子态,共有 $(M-j)$ 个 $\mid 0\rangle$ 态和 j 个 $\mid 1\rangle$ 态的直积态. 例如,量子态表示为

$$\mid 20, 11\rangle = \frac{1}{\sqrt{3}}(\mid 001\rangle + \mid 010\rangle + \mid 100\rangle). \qquad (2.2.3)$$

最优保真度为

$$F_{1 \to M}^{\langle \mathrm{SUQ}\rangle}(2) = \frac{2M+1}{3M}. \qquad (2.2.4)$$

幺正变换表达式(2.2.1)可以用更为简洁的形式[8]给出,具体写为

$$U_{1,M} \mid \psi\rangle \bigotimes R = \sum_{j=0}^{M-1} \alpha_j \mid (M-j)\psi, j\psi^{\perp}\rangle \bigotimes R_j(\psi). \qquad (2.2.5)$$

式中, $\mid \psi\rangle$ 是需要量子克隆的输入态, $\mid \psi^{\perp}\rangle$ 是与 $\mid \psi\rangle$ 正交的量子态,即 $\langle \psi \mid \psi^{\perp}\rangle = 0$. 由于这个幺正变换在量子克隆后有与需要克隆量子态正交的量子态,后来提出了正交态量子克隆方案.

由 N 个输入态输出 M 个拷贝的情况下,二维空间最优对称性 $N \to M$ 普适量子克隆的幺正变换[8, 16]为

$$U_{N,M} \mid N\psi\rangle \bigotimes R = \sum_{j=0}^{M-N} \alpha_j \mid (M-j)\psi, j\psi^{\perp}\rangle \bigotimes R_j(\psi). \qquad (2.2.6)$$

式中,量子克隆系数为

$$\alpha_j = \sqrt{\frac{N+1}{M+1}} \sqrt{\frac{(M-N)!(M-j)!}{(M-N-j)!M!}}, \qquad (2.2.7)$$

量子态 $R_j(\psi)$ 是辅助系统(未定),最优保真度为

$$F_{N \to M}^{\langle \mathrm{SUQ}\rangle}(2) = \frac{M(N+1)+N}{M(N+2)}. \qquad (2.2.8)$$

显然,当 $N=1$ 时,式(2.2.8)包含式(2.2.1).

2.2.2　多维空间对称性两拷贝普适量子克隆

量子克隆机被推广到 d 维空间时,输入量子态为

$$| \psi \rangle_1 = \sum_{i=0}^{d-1} a_i \mathrm{e}^{i\varphi} | i \rangle_1, \qquad (2.2.9)$$

式中 a_i 是实数且满足 $\sum_{i=0}^{d-1} a_i^2 = 1$ 和 $\varphi \in [0, 2\pi)$,输入量子态的振幅和相位完全未知. d 维空间最优对称性 $1 \to 2$ 普适量子克隆的幺正变换为[17]

$$| i \rangle_1 | 0 \rangle_2 | 0 \rangle_x \to \alpha | ii \rangle_{1,2} | i \rangle_x + \beta \sum_{\substack{i,j=0 \\ i \neq j}}^{d-1} (| ij \rangle + | ji \rangle)_{1,2} | j \rangle_x,$$
$$(2.2.10)$$

$i = 0, 1, \cdots, d-1$. 终态的归一化条件为

$$\alpha^2 + 2(M-1)\beta^2 = 1. \qquad (2.2.11)$$

输出态拷贝的约化密度矩阵为

$$\rho_1^{\langle \text{out} \rangle} = \rho_2^{\langle \text{out} \rangle} = \sum_{i=1}^{M} [\alpha^2 + (M-2)\beta^2](a_i^2 | i \rangle\langle i |)$$
$$+ \sum_{\substack{i,j=1 \\ i \neq j}}^{M} a_i a_j \mathrm{e}^{i\langle \varphi_i - \varphi_j \rangle} [2\alpha\beta + (M-2)\beta^2] | i \rangle\langle i | + d^2 I. \qquad (2.2.12)$$

经理论计算,输出态最优拷贝保真度依赖于拷贝的约化密度矩阵,满足关系式

$$\rho_i^{\langle \text{out} \rangle} = s\rho_i^{\langle \text{id} \rangle} + \frac{1-s}{M} I. \qquad (2.2.13)$$

式中, $\rho_i^{\langle \text{id} \rangle} = | \psi \rangle_1 \langle \psi |$ 是理想拷贝(id 表示 identical 相等,与需要克隆的量子态相等的拷贝,其保真度为 1), s 为收缩因子, I 为单位算符. 于是,要求矩阵非对角项为 0,即式(2.2.11)中第二项系数为 0,这里给出条件

$$2\alpha\beta + (M-2)\beta^2 = 0. \qquad (2.2.14)$$

根据式(2.2.11)和式(2.2.14),可以得到量子克隆系数为

$$\alpha = \sqrt{\frac{2}{d+1}}, \ \beta = \sqrt{\frac{1}{2(d+1)}}. \qquad (2.2.15)$$

两个拷贝的保真度为

$$F_{1 \to 2}^{\langle \text{SUQ} \rangle}(d) = \frac{d+3}{2(d+1)}. \qquad (2.2.16)$$

显然,保真度表达式(2.2.8)包含了所有前面保真度表达式. 对于 d 维空间的普适量子克隆,文献[18—20]给出具体的保真度表达式,但是未能给出具体的幺正变换. 经理论计算, d 维空间最优对称性 $N \to M$ 普适量子克隆的保真度[18]为

$$F_{N \to M}^{\langle \text{SUQ} \rangle}(d) = \frac{M - N + N(M + d)}{M(N + d)}. \tag{2.2.17}$$

二维空间最优对称性 $N \to M$ 普适量子克隆的幺正变换为[20]

$$U_{NM} \mid (N - k)0, k1 \rangle \otimes R = \sum_{j=0}^{M-N} \alpha_{kj} \mid (M - k - j)0, (k + j)1 \rangle \otimes R_j, \tag{2.2.18}$$

量子克隆系数为

$$\alpha_{kj} = \sqrt{\frac{(M - N)!(N + 1)!}{k!(N - k)!(M + 1)!}} \sqrt{\frac{(k + j)!(M - k - j)!}{j!(M - N - j)!}}, \tag{2.2.19}$$

保真度为

$$F_{N \to M}^{\langle \text{SUQ} \rangle}(2) = \frac{MN + M + N}{M(N + 2)}. \tag{2.2.20}$$

目前,具体的 d 维空间最优对称性 $N \to M$ 普适量子克隆的幺正变换暂未确定.

2.2.3 最优非对称性普适量子克隆

前面提到的普适量子克隆都是对称性的,即拷贝的保真度都一样. 如果考虑拷贝的保真度不必相同,就称为**非对称性的**(asymmetric). 二维空间最优非对称性 $1 \to 2$ 普适量子克隆(AUQ)的幺正变换[21,22]为

$$\mid 0 \rangle_1 \mid 00 \rangle_{2,x} \to \frac{1}{\sqrt{N}} (\mid 000 \rangle + p \mid 011 \rangle + q \mid 101 \rangle)_{1,2,x},$$

$$\mid 1 \rangle_1 \mid 00 \rangle_{2,x} \to \frac{1}{\sqrt{N}} (\mid 111 \rangle + p \mid 100 \rangle + q \mid 010 \rangle)_{1,2,x}. \tag{2.2.21}$$

归一化条件为

$$N^2 = 1 + p^2 + q^2, \tag{2.2.22}$$

$1/\sqrt{N}$ 是归一化因子，$p,q \geq 0$ 且满足关系

$$p + q = 1. \tag{2.2.23}$$

相应的两个保真度为

$$F_1^{\langle AUQ \rangle}(2) = \frac{1+p^2}{\sqrt{1+p^2+q^2}}, \quad F_2^{\langle AUQ \rangle}(2) = \frac{1+q^2}{\sqrt{1+p^2+q^2}}. \tag{2.2.24}$$

两个拷贝保真度是最优的，即确定一个拷贝的保真度，在数群 (p,q) 中有唯一的一组值使得另一个拷贝的保真度最大.

d 维空间最优非对称性 $1 \to 2$ 普适量子克隆的幺正变换为[21]

$$| \psi \rangle \to \alpha | \psi \rangle_A | \Phi^+ \rangle_{BE} + \beta | \psi \rangle_B | \Phi^+ \rangle_{AE}. \tag{2.2.25}$$

式中，A 和 B 是两个拷贝粒子，E 是辅助粒子，量子克隆系数满足关系式

$$\alpha^2 + \beta^2 + \frac{2\alpha\beta}{d} = 1, \tag{2.2.26}$$

量子态

$$| \Phi^+ \rangle = d^{-1/2} \sum_{i=0}^{d-1} | ii \rangle \tag{2.2.27}$$

是 d 维空间 Bell 基. 相应两个拷贝的保真度为

$$F_1^{\langle AUQ \rangle}(d) = 1 - \frac{d-1}{d}\beta^2, \quad F_2^{\langle AUQ \rangle}(d) = 1 - \frac{d-1}{d}\alpha^2. \tag{2.2.28}$$

幺正变换(2.2.18)不是一个显式，后期给出具体的幺正变换为[23]

$$U | i00 \rangle_{1,2,A} = \frac{1}{\sqrt{N}} \Big(| iii \rangle + p\sum_{r=1}^{d-1} | i \rangle_1 | i \oplus r \rangle_2 | i \oplus r \rangle_A +$$

$$q\sum_{r=1}^{d-1} | i \oplus r \rangle_1 | i \rangle_2 | i \oplus r \rangle_A \Big). \tag{2.2.29}$$

式中，$N^2 = 1 + (d-1)(p^2+q^2)$ 是归一化系数，$p,q \geq 0$ 且满足条件 $p+q=1$，符号 "$\oplus$" 表示模 d 加. 拷贝的保真度分别为

$$F_1^{\langle AUQ \rangle}(d) = \frac{1+(d-1)p^2}{N}, \quad F_2^{\langle AUQ \rangle}(d) = \frac{1+(d-1)q^2}{N}. \tag{2.2.30}$$

显然，最优非对称性普适量子克隆包含最优对称性普适量子克隆，最优对称性普适量子克隆是最优非对称性普适量子克隆的特例(令拷贝的保真度数值相同即可).

目前,d 维空间最优非对称性 $1 \rightarrow 3$ 普适量子克隆的幺正变换为[24]

$$
\begin{aligned}
| \psi \rangle \rightarrow P [& \alpha | \psi \rangle_A (| \Phi^+ \rangle_{BE} | \Phi^+ \rangle_{CF} + | \Phi^+ \rangle_{BF} | \Phi^+ \rangle_{CE}) + \\
& \beta | \psi \rangle_B (| \Phi^+ \rangle_{AE} | \Phi^+ \rangle_{CF} + | \Phi^+ \rangle_{AF} | \Phi^+ \rangle_{CE}) + \\
& \gamma | \psi \rangle_C (| \Phi^+ \rangle_{AE} | \Phi^+ \rangle_{BF} + | \Phi^+ \rangle_{AF} | \Phi^+ \rangle_{BE})].
\end{aligned} \quad (2.2.31)
$$

式中,系数

$$
P = \sqrt{d/2(d-1)} \quad (2.2.32)
$$

是归一化因子,克隆系数 $\alpha, \beta, \gamma \geqslant 0$ 满足限制条件

$$
\alpha^2 + \beta^2 + \gamma^2 + 2(\alpha\beta + \alpha\gamma + \beta\gamma)/d = 1. \quad (2.2.33)
$$

相应拷贝的保真度为

$$
F_1^{(\text{AUQ})}(d) = 1 - \frac{d-1}{d} \left(\beta^2 + \gamma^2 + \frac{2\beta\gamma}{d+1} \right),
$$

$$
F_2^{(\text{AUQ})}(d) = 1 - \frac{d-1}{d} \left(\alpha^2 + \gamma^2 + \frac{2\alpha\gamma}{d+1} \right),
$$

$$
F_3^{(\text{AUQ})}(d) = 1 - \frac{d-1}{d} \left(\alpha^2 + \beta^2 + \frac{2\alpha\beta}{d+1} \right). \quad (2.2.34)
$$

对于非对称性普适量子克隆,幺正变换(2.2.31)是目前最好的结果. 对于普适量子克隆,还有工作待完成,即 d 维空间最优非对称性 $N \rightarrow M$ 普适量子克隆具体的幺正变换及其保真度计算.

普适量子克隆的一些特性研究可参考文献[25-28].

2.3 相位协变量子克隆

本节先介绍对称性相位协变量子克隆,然后再介绍非对称性相位协变量子克隆.

2.3.1 二维空间最优对称性相位协变量子克隆

在 2.1.2 节中,我们介绍了二维空间最优对称性 $1 \rightarrow 2$ 相位协变量子克隆,这里给出二维空间最优对称性 $1 \rightarrow M$ 相位协变量子克隆.

以密度矩阵表示的任意输入量子系统的迹恒为 1,幺正变换作用于输入量子系统后,以密度矩阵表示的输入量子系统的迹也恒为 1,因而幺正变换

是保迹的,具体参见 1.4.4 节.考虑到相位协变量子克隆输入态的特性,即振幅为 $1/\sqrt{2}$,在计算保真度的时候,利用幺正变换保迹性可方便计算,这里先做一个说明.输入态为

$$|\psi\rangle = \frac{1}{\sqrt{d}}\sum_{i=0}^{d-1}\mathrm{e}^{\mathrm{i}\varphi_i}\mid i\rangle = \frac{1}{\sqrt{d}}\begin{bmatrix}\mathrm{e}^{\mathrm{i}\varphi_0}\\\mathrm{e}^{\mathrm{i}\varphi_1}\\\vdots\\\mathrm{e}^{\mathrm{i}\varphi_{d-1}}\end{bmatrix}, \qquad (2.3.1)$$

经过幺正变换后,单个拷贝的约化密度矩阵 $\rho = (A)_{ij}$ 总可以写为

$$A_{ii} = a_{ii}, A_{ij} = a_{ij}\,\mathrm{e}^{\mathrm{i}\langle\varphi_i - \varphi_j\rangle}, \; i \neq j. \qquad (2.3.2)$$

相应的保真度为

$$F = \langle\psi\mid\rho\mid\psi\rangle = \frac{1}{d}\sum_{i,j=0}^{d-1}a_{ij}. \qquad (2.3.3)$$

由于幺正变换是保迹的,即

$$\sum_{i=0}^{d-1}a_{ii} = 1, \qquad (2.3.4)$$

因此式(2.3.3)可以写为

$$F = \frac{1}{d}\sum_{i,j=0}^{d-1}a_{ij} = \frac{1}{d}\Big(1 + \sum_{\substack{i,j=0\\i\neq j}}^{d-1}a_{ij}\Big). \qquad (2.3.5)$$

由于幺正变换是对称的,因此约化密度矩阵的 $d(d-1)$ 非对角项相等.这样保真度可以表示为

$$F = \frac{1}{d}\big[1 + d(d-1)a_{ij}\big]. \qquad (2.3.6)$$

这说明,约化密度矩阵的非对角项越大,保真度就越大.所以,在计算保真度时,只要计算出一个非对角项即可,而不需要像计算普适量子克隆保真度时那样,计算约化每个正交基后约化密度矩阵,然后求和得到拷贝的约化密度矩阵.

此外,引入一些符号

$$|(2,0);(1,1)\rangle = |(001)\rangle = |001\rangle + |010\rangle + |100\rangle, \qquad (2.3.7)$$

$$|\{2,0\};\{1,1\}\rangle = |\{001\}\rangle = \frac{1}{\sqrt{3}}(|001\rangle + |010\rangle + |100\rangle). \qquad (2.3.8)$$

量子态 $|(2,0);(1,1)\rangle$ 表示完全对称,系数为 1,但没有归一化;量子态 $|\{2,0\};\{1,1\}\rangle$ 表示完全对称归一化的量子态.

文献[29,30]对相位协变量子克隆给出某情况下的保真度,但没能给出具体的幺正变换. 文献[31]完整地给出二维空间最优对称性 $1 \to M$ 相位协变量子克隆的保真度. 当拷贝数目为奇数 $M = 2k+1$ 时,保真度的理论数值为

$$F_{1 \to M=2k+1}^{\langle SPC \rangle}(2) = \frac{1}{2} + \frac{M+1}{4M}; \tag{2.3.9}$$

当拷贝数目为偶数 $M = 2k$ 时,保真度的理论数值为

$$F_{1 \to M=2k}^{\langle SPC \rangle}(2) = \frac{1}{2} + \frac{\sqrt{M(M+2)}}{4M}. \tag{2.3.10}$$

但是,文献[31]并未给出这种相位协变量子克隆的类型,即未指出是否需要辅助系统.

本课题研究组[32]给出二维空间最优对称性 $1 \to M = 2k+1$ 相位协变量子克隆(SEPC)的幺正变换

$$|0\rangle_1 \to |\{k+1,0\},\{k,1\}\rangle, |1\rangle_1 \to |\{k+1,1\},\{k,0\}\rangle. \tag{2.3.11}$$

由于幺正变换是对称的,只要计算第一个粒子的保真度即可. 把粒子 1 放在首位,式(2.3.11)可以改写为

$$|0\rangle_1 \to |\{k+1,0\};\{k,1\}\rangle$$
$$= \frac{1}{\sqrt{C_{2k+1}^k}}[|0\rangle_1 |(k,0);(k,1)\rangle + |1\rangle_1 |(k+1,0);(k-1,1)\rangle],$$
$$|1\rangle_1 \to |\{k+1,1\},\{k,0\}\rangle$$
$$= \frac{1}{\sqrt{C_{2k+1}^k}}[|1\rangle_1 |(k,0);(k,1)\rangle + |0\rangle_1 |(k+1,1);(k-1,0)\rangle].$$

$$\tag{2.3.12}$$

集合 $\{|(k+1,0);(k,1)\rangle\}$ 共有 C_{2k+1}^k 个量子态,$\frac{1}{\sqrt{C_{2k+1}^k}}$ 作为归一化系数,约去 $|(k,0);(k,1)\rangle$ 后,就能产生非对角项,数值为 $\frac{1}{2C_{2k+1}^k}$. 由于集合 $\{|(k,0);(k,1)\rangle\}$ 有 C_{2k}^k 个量子态可以约化,因此保真度为

$$F_{1 \to M=2k+1}^{\langle SEPC \rangle}(2) = \frac{1}{d}[1 + d(d-1)a_{ij}] = \frac{1}{2}\left[1 + 2(2-1)\frac{C_{2k}^k}{2C_{2k+1}^k}\right]$$
$$= \frac{1}{2}\left(1 + \frac{k+1}{2k+1}\right). \tag{2.3.13}$$

这个保真度符合式(2.3.9).

二维空间最优对称性 $1 \to M = 2k$ 相位协变量子克隆的幺正变换为[32]

$$| 0\rangle_1 \to | \{k+1,0\}, \{k-1,1\}\rangle = \frac{1}{\sqrt{C_{2k}^{k-1}}}[| 0\rangle_1 | (k,0); (k-1,1)\rangle + | \text{other}\rangle],$$

$$| 1\rangle_1 \to | \{k,1\}, \{k,0\}\rangle = \frac{1}{\sqrt{C_{2k}^{k}}}[| 0\rangle_1 | (k,0); (k-1,1)\rangle + | \text{other}\rangle].$$

$$(2.3.14)$$

非对角项的数值为 $\frac{1}{2\sqrt{C_{2k}^{k-1}C_{2k}^{k}}}$，可约化的集合 $\{| (k,0); (k-1,1)\rangle\}$ 有 C_{2k-1}^{k} 个量子态，所以保真度为

$$F_{1 \to M=2k}^{\langle \text{SEPC}\rangle}(2) = \frac{1}{2}\Big[1 + \frac{C_{2k-1}^{k}}{\sqrt{C_{2k}^{k-1}C_{2k}^{k}}}\Big] = \frac{1}{2}\Big(1 + \frac{\sqrt{k(k+1)}}{2k}\Big). \quad (2.3.15)$$

这个保真度符合式(2.3.10).

2.3.2　三维空间最优对称性相位协变量子克隆

在三维空间中，$1 \to M$ 拷贝的情况可以分为三种：$M = 3n$，$M = 3n+1$ 和 $M = 3n+2$. 文献[33,34]给出了相应的幺正变换，这种量子克隆需要辅助系统. 三维相位量子态可以写为

$$| \psi\rangle_1 = (\mathrm{e}^{\mathrm{i}\varphi_0} | 0\rangle + \mathrm{e}^{\mathrm{i}\varphi_1} | 1\rangle + \mathrm{e}^{\mathrm{i}\varphi_2} | 2\rangle)/\sqrt{3}, \quad (2.3.16)$$

其中 $\varphi_0, \varphi_1, \varphi_2 \in [0, 2\pi)$ 未知.

首先给出三维空间最优对称性 $1 \to 3$ 相位协变量子克隆的幺正变换，即

$$| i\rangle_1 \to x_1 \sum_{\substack{j=0 \\ i \neq j}}^{2} | (iij)\rangle | i \oplus j\rangle_x + y_1 | (ijk)\rangle | j \oplus k\rangle_x. \quad (2.3.17)$$

式中，$i, j, k = 0, 1, 2$ 且 $i \neq j \neq k$；符号"$\oplus$"表示模3加；$| (ijk)\rangle$ 表示完全对称，但没有归一化的量子态，如

$$| (012)\rangle = | 012\rangle + | 021\rangle + | 102\rangle + | 120\rangle + | 201\rangle + | 201\rangle. \quad (2.3.18)$$

显然，归一化系数为

$$N_{x_1}[iij] = C_3^2 C_1^1 C_0^0 = 3, \quad N_{y_1}[ijk] = C_3^1 C_2^1 C_1^1 = 6. \quad (2.3.19)$$

式(2.3.17)的归一化条件为

$$6x_1^2 + 6y_1^2 = 1 \ \text{或} \ 2N_{x_1}x_1^2 + N_{y_1}y_1^2 = 1. \quad (2.3.20)$$

当克隆系数为

$$x_1 = \frac{1}{2}\sqrt{\frac{1}{15}(5+\sqrt{5})}, y_1 = \frac{1}{2}\sqrt{\frac{1}{15}(5-\sqrt{5})} \qquad (2.3.21)$$

时，拷贝保真度为

$$F_{1\to3}^{(\mathrm{SPC})}(3) = \frac{1}{9}(4+\sqrt{5}). \qquad (2.3.22)$$

幺正变换[式(2.3.17)]可以直接推广到 $1\to M=3n$ 的情况，即

$$|i\rangle_1 \to X_1\sum_{\substack{j=0\\j\neq i}}^{2}|(iij\,(012)^{\otimes(n-1)})\rangle|i\oplus j\rangle +$$
$$Y_1\sum_{\substack{j,k=0\\i\neq j\neq k}}^{2}|(ijk\,(012)^{\otimes(n-1)})\rangle|j\oplus k\rangle. \qquad (2.3.23)$$

当克隆系数为

$$X_1 = \frac{1}{2\sqrt{N_{X_1}}}\sqrt{1+\sqrt{\frac{1+n}{1+9n}}},$$

$$Y_1 = \frac{(\sqrt{1+9n}-\sqrt{1+n})\sqrt{1+9n+\sqrt{(1+n)(1+9n)}}}{4\sqrt{n(1+9n)}\sqrt{N_{Y_1}}}$$

$$(2.3.24)$$

时，拷贝保真度为

$$F_{1\to M=3n}^{(\mathrm{SPC})}(3) = \frac{1+7n+\sqrt{(1+n)(1+9n)}}{18n}. \qquad (2.3.25)$$

当 $M=3n+1$ 时，这类量子克隆是经济型的，三维空间对称性 $1\to M=3n+1$ 相位协变量子克隆的幺正变换为

$$|i\rangle_1 \to X_2|(i\,(012)^{\otimes n})\rangle, \qquad (2.3.26)$$

克隆系数为

$$X_2 = \frac{1}{\sqrt{N_{X_2}[i\,(012)^{\otimes n}]}} = \frac{1}{\sqrt{C_{3n+1}^n C_{2n}^n C_n^n}}, \qquad (2.3.27)$$

拷贝的保真度为

$$F_{1\to M=3n+1}^{(\mathrm{SEPC})}(3) = \frac{1}{3}\left(1+\frac{2n+2}{3n+1}\right). \qquad (2.3.28)$$

同理，三维空间对称性 $1\to M=3n+2$ 相位协变量子克隆的幺正变换为

$$|i\rangle_1 \to X_3\sum_{\substack{j=0\\j\neq i}}^{2}|(ij\,(012)^{\otimes n})\rangle|j\rangle_a + Y_3|(ii\,(012)^{\otimes n})\rangle|i\rangle_a. \quad (2.3.29)$$

克隆系数为

$$X_3 = \frac{1}{2\sqrt{N_{X_3}}}\sqrt{1+\frac{1+n}{\sqrt{(1+n)(17+9n)}}},$$

$$Y_3 = \frac{\left[\sqrt{(1+n)(17+9n)}-1-n\right]\sqrt{17+9n+\sqrt{(1+n)(17+9n)}}}{4\sqrt{N_{Y_3}}\sqrt{(17+9n)(1+n)(2+n)}},$$

$$(2.3.30)$$

拷贝的保真度为

$$F_{1\to M=3n+2}^{\langle \mathrm{SPC}\rangle}(3) = \frac{5+7n+\sqrt{(1+n)(17+9n)}}{18n+12}. \qquad (2.3.31)$$

2.3.3　多维空间最优对称性相位协变量子克隆

这里给出 d 维空间最优对称性 $1\to2$ 相位协变量子克隆. 推广相位协变量子克隆到 d 维空间时,输入态为 $|\psi\rangle_1 = \frac{1}{\sqrt{d}}\sum_{i=0}^{d-1}\mathrm{e}^{\mathrm{i}\varphi_i}|i\rangle$,其中相位 $\varphi_i \in [0,2\pi)$ 未知, d 维空间最优对称性 $1\to2$ 相位协变量子克隆的幺正变换为[35]

$$|i00\rangle_{1,2,x} \to \alpha\,|ii\rangle_{1,2}\,|i\rangle_x + \frac{\beta}{\sqrt{2(d-1)}}\sum_{\substack{j=0 \\ j\neq i}}^{d-1}(|ij\rangle+|ji\rangle)_{1,2}\,|j\rangle_x,$$

$$(2.3.32)$$

克隆系数 α 和 β 满足 $\alpha^2+\beta^2=1$. 拷贝的约化密度矩阵为

$$\rho_{\mathrm{red}}^{\langle \mathrm{out}\rangle} = \frac{1}{d}\sum_j|j\rangle\langle j| + \left(\frac{\alpha\beta}{d}\sqrt{\frac{2}{d-1}}+\frac{\beta^2(-2)}{2d(-1)}\right)\sum_{j\neq k}\mathrm{e}^{\mathrm{i}\langle\varphi_j-\varphi_k\rangle}|j\rangle\langle k|,$$

$$(2.3.33)$$

拷贝的保真度为

$$F = \frac{1}{d} + \alpha\beta\frac{\sqrt{2(d-1)}}{d} + \beta^2\frac{d-2}{2d}. \qquad (2.3.34)$$

在 $\alpha^2+\beta^2=1$ 的条件下求保真度的极值,可以容易地求得克隆系数为

$$\alpha = \sqrt{\frac{1}{2}-\frac{d-2}{2\sqrt{d^2+4d-4}}}, \quad \beta = \sqrt{\frac{1}{2}+\frac{d-2}{2\sqrt{d^2+4d-4}}}. \quad (2.3.35)$$

相应的保真度为

$$F_{1\to2}^{\langle \mathrm{SPC}\rangle}(d) = \frac{1}{d} + \frac{1}{4d}(d-2+\sqrt{d^2+4d-4}). \qquad (2.3.36)$$

有趣的是,对于二维空间 $1 \to 2$ 相位协变量子克隆,无论是经济型还是非经济型,其保真度都是 $F_{1 \to 2}^{\langle \text{SPC} \rangle}(2) = F_{1 \to 2}^{\langle \text{SEPC} \rangle}(2) = (1 + 1/\sqrt{2})/2$. 然而,$d$ 维空间对称性 $1 \to 2$ 相位协变量子克隆(SEPC)经济型的保真度却小于非经济型的保真度[式(2.3.34)],其幺正变换为[36,37]

$$| i0 \rangle_{1,2} \to | ii \rangle_{1,2}, \quad | j0 \rangle_{1,2} \to \frac{1}{\sqrt{2}} (| ji \rangle + | ij \rangle)_{1,2}, \quad (2.3.37)$$

其中 $i, j = 0, 1, \cdots, d-1 \; (i \neq j)$. 拷贝的保真度为

$$F_{1 \to 2}^{\langle \text{SEPC} \rangle}(d) = \frac{1}{2d^2} \big[d - 1 + (d - 1 + \sqrt{2})^2 \big]. \quad (2.3.38)$$

对于任意维数 d, 有 $F_{1 \to 2}^{\langle \text{SPC} \rangle}(d) - F_{1 \to 2}^{\langle \text{SEPC} \rangle}(d) \leqslant 0.0045$. 这种量子克隆称为**亚最优**(suboptimal),它有 d 个不同的幺正变换,但是拷贝的保真度都是一样的.

2.3.4 非对称性相位协变量子克隆

二维空间最优非对称性 $1 \to 2$ 相位协变量子克隆的幺正变换为[22]

$| 000 \rangle_{1,2,x} \to | 000 \rangle_{1,2,x}, \quad | 011 \rangle_{1,2,x} \to (\cos \eta \, | 01 \rangle_{1,2} + \sin \eta \, | 10 \rangle_{1,2}) \, | 1 \rangle_x,$
$| 100 \rangle_{1,2,3} \to (\cos \eta \, | 10 \rangle_{1,2} + \sin \eta \, | 01 \rangle_{1,2}) \, | 0 \rangle_3, \quad | 111 \rangle_{1,2,x} \to | 111 \rangle_{1,2,x}.$

$$(2.3.39)$$

这个幺正变换的输入态系统是先经过式(2.3.40)的幺正变换

$$| \psi \rangle_1 \, | 00 \rangle_{2,x} = \frac{1}{\sqrt{2}} (| 0 \rangle_1 + \mathrm{e}^{\mathrm{i}\varphi} | 1 \rangle_1) \, | 00 \rangle_{2,x}$$

$$\to \frac{1}{\sqrt{2}} \big[| 000 \rangle_{1,2,x} + \mathrm{e}^{\mathrm{i}\varphi} (| 011 \rangle_{1,2,x} + | 100 \rangle_{1,2,x}) + | 111 \rangle_{1,2,x} \big],$$

$$(2.3.40)$$

然后再经过式(2.3.29)的幺正变换,对四个正交基 $\{ | 000 \rangle_{1,2,x}, | 011 \rangle_{1,2,x}, | 100 \rangle_{1,2,x}, | 111 \rangle_{1,2,x} \}$ 进行变换. 拷贝的保真度分别为

$$F_1^{\langle \text{APC} \rangle}(2) = \frac{1 + \cos \eta}{2}, \quad F_2^{\langle \text{APC} \rangle}(2) = \frac{1 + \sin \eta}{2}. \quad (2.3.41)$$

2.1.1 节详细介绍了求解最优普适量子克隆保真度的过程,但并没有给出寻找最优幺正变换的方法. 实际上,非对称性量子克隆包括对称性量子克

隆.当设置拷贝保真度相等时,非对称性量子克隆就退化为对称性量子克隆.下面给出寻找最优非对称性量子克隆的方法.

设二维空间最优非对称性 $1 \to 2$ 普适量子克隆的幺正变换为

$$|0\rangle_1 |00\rangle_{2,3} \to \frac{1}{\sqrt{N}}(a|000\rangle + b|011\rangle + c|101\rangle)_{1,2,3},$$

$$|1\rangle_1 |00\rangle_{2,3} \to \frac{1}{\sqrt{N}}(a|111\rangle + b|100\rangle + c|010\rangle)_{1,2,3}, \tag{2.3.42}$$

其中 $N^2 = a^2 + b^2 + c^2$ 是归一化系数且 $a,b,c \geqslant 0$. 当输入态为 $|\psi\rangle = \alpha|0\rangle + \beta e^{i\varphi}|1\rangle$ 时,相应的保真度为

$$f_1 = \frac{1}{\sqrt{N}}\{a^2 + b^2 + 2\alpha^2\beta^2[c^2 - (a-b)^2]\},$$

$$f_2 = \frac{1}{\sqrt{N}}\{a^2 + c^2 + 2\alpha^2\beta^2[b^2 - (a-c)^2]\}. \tag{2.3.43}$$

下面对拷贝的保真度最优化.由于是普适量子克隆,保真度与 α 和 β 无关,这就要求

$$c^2 - (a-b)^2 = 0, b^2 - (a-c)^2 = 0, \tag{2.3.44}$$

于是得到

$$b + c = a. \tag{2.3.45}$$

假设

$$p = b/a, q = c/a, \tag{2.3.46}$$

则有

$$p + q = 1. \tag{2.3.47}$$

式(2.3.42)的幺正变换可写为

$$|0\rangle_1 |00\rangle_{2,3} \to \frac{1}{\sqrt{1+p^2+q^2}}(|000\rangle + p|011\rangle + q|101\rangle)_{1,2,3},$$

$$|1\rangle_1 |00\rangle_{2,3} \to \frac{1}{\sqrt{1+p^2+q^2}}(|111\rangle + p|100\rangle + q|010\rangle)_{1,2,3}.$$

$$\tag{2.3.48}$$

由此可以得到非对称性普适量子克隆的保真度,参见式(2.2.24).显然,当 $p = q = 1/2$ 时,非对称性普适量子克隆就退化为对称性普适量子克隆.

类似地,设二维空间最优非对称性 $1 \rightarrow 2$ 相位协变量子克隆的幺正变换为

$$|0\rangle_1 |00\rangle_{2,3} \rightarrow \frac{1}{\sqrt{2}} (|000\rangle + p |011\rangle + q |101\rangle)_{1,2,3},$$

$$|1\rangle_1 |00\rangle_{2,3} \rightarrow \frac{1}{\sqrt{2}} (|111\rangle + p |100\rangle + q |010\rangle)_{1,2,3}, \quad (2.3.49)$$

其中 $p, q \geqslant 0$,归一化条件显然为

$$p^2 + q^2 = 1. \quad (2.3.50)$$

由此,可以得到非对称性相位协变量子克隆拷贝的保真度,参见式(2.3.41).

二维空间最优非对称性 $1 \rightarrow 2$ 经济型相位协变量子克隆有两种,其拷贝的保真度与非经济型相位协变量子克隆一致.一个幺正变换[38]为

$$|00\rangle_{1,2} \rightarrow |00\rangle_{1,2}, |10\rangle_{1,2} \rightarrow p |10\rangle_{1,2} + q |01\rangle_{1,2}, \quad (2.3.51)$$

另一个幺正变换为

$$|00\rangle_{1,2} \rightarrow p |01\rangle_{1,2} + q |10\rangle_{1,2}, |10\rangle_{1,2} \rightarrow |11\rangle_{1,2}. \quad (2.3.52)$$

归一化条件为 $p^2 + q^2 = 1$,拷贝的保真度分别为

$$F_1^{(\mathrm{AEPC})}(2) = \frac{1+p}{2}, F_2^{(\mathrm{AEPC})}(2) = \frac{1+q}{2}. \quad (2.3.53)$$

显然,当 $p = q = 1/\sqrt{2}$ 时,非对称性相位协变量子克隆就退化为对称性相位协变量子克隆.

有趣的是,非对称性 $1 \rightarrow 3$ 相位协变量子克隆是经济型的,其幺正变换为[37]

$$|0\rangle_1 |00\rangle_{2,3} \rightarrow \frac{1}{\sqrt{3}} (b |001\rangle + c |010\rangle + d |100\rangle)_{1,2,3},$$

$$|1\rangle_1 |00\rangle_{2,3} \rightarrow \frac{1}{\sqrt{3}} (b |110\rangle + c |101\rangle + d |011\rangle)_{1,2,3}, \quad (2.3.54)$$

其中 $b, c, d \geqslant 0$ 且满足归一化条件 $b^2 + c^2 + d^2 = 3$. 每个拷贝的保真度为

$$F_1^{(\mathrm{AEPC})}(2) = \frac{1}{2} + \frac{bc}{3}, F_2^{(\mathrm{AEPC})}(2) = \frac{1}{2} + \frac{bd}{3},$$

$$F_3^{(\mathrm{AEPC})}(2) = \frac{1}{2} + \frac{cd}{3}. \quad (2.3.55)$$

显然,当 $b = c = d = 1$ 时,非对称性相位协变量子克隆退化为对称性经济型相位协变量子克隆,$F_{1 \rightarrow 3}^{(\mathrm{SEPC})}(2) = 5/6$.

d 维空间最优非对称性 p 相位协变量子克隆的幺正变换为[39]

$$| i \rangle_1 | 0 \rangle_2 | 0 \rangle_x \rightarrow P \Big[| \ddot{u} \rangle_{1,2} | i \rangle_x + Q \sum_{\substack{j=0 \\ j \neq i}}^{d-1} (\cos \theta | ij \rangle + \sin \theta | ji \rangle)_{1,2} | j \rangle_x \Big],$$

$$(2.3.56)$$

相应的参数 P 和 Q 分别为

$$P = \left(\frac{\sqrt{d^2 + 4d - 4} - d + 2}{2 \sqrt{d^2 + 4d - 4}} \right)^{1/2},$$

$$Q = \left(\frac{\sqrt{d^2 + 4d - 4} + d - 2}{(-1)(2 - d + \sqrt{d^2 + 4d - 4})} \right)^{1/2}. \qquad (2.3.57)$$

两个拷贝的保真度为

$$F_1^{(\mathrm{APC})}(d) = \frac{P^2}{d} \{ (d-1)Q[(d-1)Q \cos^2\theta + 2\cos\theta + Q \sin^2\theta] \},$$

$$F_2^{(\mathrm{APC})}(d) = \frac{P^2}{d} \{ (d-1)Q[(d-1)Q \sin^2\theta + 2\sin\theta + Q \cos^2\theta] \}.$$

$$(2.3.58)$$

当 $d = 2$ 时,幺正变换[式(2.3.56)]退化为二维空间非对称性 $1 \rightarrow 2$ 相位协变量子克隆,涵盖式(2.3.39). 当 $\theta = \pi/4$ 时,幺正变换[式(2.3.56)]退化为 d 维空间最优对称性 $1 \rightarrow 2$ 相位协变量子克隆[式(2.3.32)].

类似地,d 维空间也有非对称性相位协变量子克隆,但是,它不像二维空间的情况,经济型和非经济型的保真度都一样. d 维空间最优非对称性 d 经济型相位协变量子克隆的幺正变换为[39]

$$| i \rangle_1 | 0 \rangle_2 \rightarrow | i \rangle_1 | i \rangle_2, | j \rangle_1 | 0 \rangle_2 \rightarrow (\cos\theta | ji \rangle + \sin\theta | ij \rangle)_{1,2},$$

$$(2.3.59)$$

其中 $j = 0, 1, \cdots, i-1, i+1, \cdots, d-1$.

需要说明一下,式(2.3.59)有 d 个不同的幺正变换.

当 $i = 0$ 时,幺正变换为

$$| 0 \rangle_1 | 0 \rangle_2 \rightarrow | 00 \rangle_{1,2}, | j \rangle_1 | 0 \rangle_2 \rightarrow (\cos\theta | j0 \rangle + \sin\theta | 0j \rangle)_{1,2}, \quad (2.3.60)$$

其中 $j = 1, 2, \cdots, d-1$.

当 $i = 1$ 时,幺正变换为

$$| 00 \rangle_{1,2} \rightarrow (\cos\theta | 01 \rangle + \sin\theta | 10 \rangle)_{1,2},$$

$$| 11 \rangle_{1,2} \rightarrow | 11 \rangle_{1,2}, | j0 \rangle_{1,2} \rightarrow (\cos\theta | j1 \rangle + \sin\theta | 1j \rangle)_{1,2}, \quad (2.3.61)$$

其中 $j = 0, 2, \cdots, d-1$. 两个拷贝的保真度为

$$F_1^{(\mathrm{AEPC})}(d) = \frac{1}{d^2}[d + 2\cos\theta(d-1) + \cos^2\theta(d^2 - 3d + 2)],$$

$$F_2^{(\mathrm{AEPC})}(d) = \frac{1}{d^2}[d + 2\sin\theta(d-1) + \sin^2\theta(d^2 - 3d + 2)],$$

$$(2.3.62)$$

其中 $\theta \in [0, \pi/2]$. 当 $d = 2$ 时,幺正变换[式(2.3.59)]涵盖二维最优非对称性经济型相位协变量子克隆[式(2.3.51)和式(2.3.52)];当 $\theta = \pi/4$ 时,退化为对称性经济型相位协变量子克隆[式(2.3.37)]. 比较这两种量子克隆拷贝的保真度,当 $F_1^{(\mathrm{AEPC})}(d) = F_1^{(\mathrm{APC})}(d)$ 时,有 $F_2^{(\mathrm{AEPC})}(d) \leqslant F_2^{(\mathrm{APC})}(d)$,当且仅当 $d = 2$ 时等号成立.

2.3.5　一般对称性相位协变量子克隆

相位协变量子克隆是对振幅为 $1/\sqrt{d}$ 而相位 $\varphi \in [0, 2\pi)$ 未知的量子态. 推广到一般情况下,定义量子态为

$$| \psi \rangle_1 = \cos\frac{\theta}{2} | 0 \rangle_1 + \mathrm{e}^{\mathrm{i}\varphi}\sin\frac{\theta}{2} | 1 \rangle_1, \tag{2.3.63}$$

其中 $\theta \in [0, \pi]$ 已知,而 $\varphi \in [0, 2\pi)$ 未知,称为**一般相位态**(general phase-covariant state,GPC).

二维空间最优对称性 $1 \rightarrow 2$ 一般相位协变量子克隆的幺正变换为[40,41]

$$| 0 \rangle_1 | 00 \rangle_{2,x} \rightarrow A(\theta) | 00 \rangle_{1,2} | 0 \rangle_x + B(\theta)(| 01 \rangle + | 10 \rangle)_{1,2} | 1 \rangle_x,$$

$$| 1 \rangle_1 | 00 \rangle_{2,x} \rightarrow A(\theta) | 11 \rangle_{1,2} | 1 \rangle_x + B(\theta)(| 10 \rangle + | 01 \rangle)_{1,2} | 0 \rangle_x,$$

$$(2.3.64)$$

克隆系数为

$$A(\theta) = \frac{1}{\sqrt{2}}\left(1 + \frac{1}{\sqrt{1 + 2\tan^4\theta}}\right)^{\frac{1}{2}}, \quad B(\theta) = \frac{1}{2}\left(1 - \frac{1}{\sqrt{1 + 2\tan^4\theta}}\right)^{\frac{1}{2}},$$

$$(2.3.65)$$

拷贝的保真度为

$$F_{1 \rightarrow 2}^{(\mathrm{SGP})}(2) = \frac{1}{2} + \frac{1}{2\sqrt{2}}\left(1 - \frac{1}{1 + 2\tan^4\theta}\right)^{\frac{1}{2}}\sin^2\theta + \frac{1}{4}\left(1 + \frac{1}{\sqrt{1 + 2\tan^4\theta}}\right)\cos^2\theta.$$

$$(2.3.66)$$

可以用图 2.1 表示拷贝的保真度随振幅 θ 变化的曲线,其中横坐标为 θ,纵坐标为 $F_{1 \to 2}^{(\text{SGP})}$.

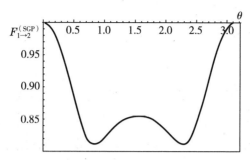

图 2.1 一般相位协变量子克隆拷贝的保真度随振幅变化的曲线

此外,还有对称性经济型相位协变量子克隆. 输入态在 Bloch 球的上半球时,输入态定义为[42]

$$| \psi \rangle_1 = \cos \frac{\theta}{2} | 0 \rangle + e^{i\varphi} \sin \frac{\theta}{2} | 1 \rangle, \tag{2.3.67}$$

其中 $\theta \in [0, \pi/2]$ 已知,而 $\varphi \in [0, 2\pi)$ 未知,幺正变换为[42]

$$| 0 \rangle_1 | 0 \rangle_2 \to | 00 \rangle_{1,2}, \quad | 1 \rangle_1 | 0 \rangle_2 \to \frac{1}{\sqrt{2}} (| 10 \rangle + | 01 \rangle)_{1,2}, \tag{2.3.68}$$

相应的保真度为

$$F_{1 \to 2}^{(\text{SEGP})}(2) = \frac{1}{2} \sin^2 \frac{\theta}{2} + \cos^4 \frac{\theta}{2} + \frac{\sqrt{2}}{4} \sin^2 \theta. \tag{2.3.69}$$

输入态在 Bloch 球的下半球时,输入态定义为 $| \psi \rangle_1 = \cos \theta/2 | 0 \rangle + e^{i\varphi} \sin \theta/2 | 1 \rangle$,其中 $\theta \in [\pi/2, \pi]$ 已知,而 $\varphi \in [0, 2\pi)$ 未知,幺正变换为[42]

$$| 0 \rangle_1 | 0 \rangle_2 \to \frac{1}{\sqrt{2}} (| 10 \rangle + | 01 \rangle)_{1,2}, | 1 \rangle_1 | 0 \rangle_2 \to | 11 \rangle_{1,2}, \tag{2.3.70}$$

相应的保真度为

$$F_{1 \to 2}^{(\text{SEGP})}(2) = \frac{1}{2} \cos^2 \frac{\theta}{2} + \sin^4 \frac{\theta}{2} + \frac{\sqrt{2}}{4} \sin^2 \theta. \tag{2.3.71}$$

从式(2.3.68)和式(2.3.70)可以看出,幺正变换是不对称的,但两个保真度却相等. 可以用图 2.2 表示两种量子克隆的保真度随 θ 变化的曲线,其中横坐标为 θ,纵坐标为 F.

目前,对于多维空间对称性 $N \to M$ 相位协变量子克隆的研究还在继续,具体内容参见文献[43,44].

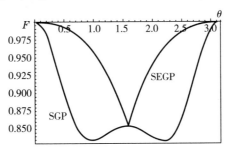

图 2.2　两种一般相位协变量子克隆拷贝的保真度随振幅变化的曲线

2.4　实数态量子克隆

2.1.3 节介绍了二维空间最优对称性 $1 \to 2$ 实数态量子克隆,这里给出 d 维空间对称性实数态量子克隆,然后再给出 d 维空间非对称性实数态量子克隆.

2.4.1　多维空间对称性实数态量子克隆

d 维空间最优对称性 $1 \to 2$ 实数态量子克隆的幺正变换[45]为

$$| i00 \rangle_{1,2,A} \to (\alpha | ii \rangle + \beta \sum_{\substack{j=0 \\ j \neq i}}^{d-1} | jj \rangle)_{1,2} | i \rangle_A + \gamma \sum_{\substack{j=0 \\ j \neq i}}^{d-1} (| ji \rangle + | ij \rangle)_{1,2} | j \rangle_A,$$

$$(2.4.1)$$

$i = 0, 1, \cdots, d-1$, 克隆系数为

$$\alpha = (4 + d + \sqrt{d^2 + 4d + 20}) \times [20 + 24d + 5d^2 + d^3 +$$
$$(6 + 3d + d^2) \sqrt{d^2 + 4d + 20}]^{1/2},$$

$$\beta = 2 [20 + 24d + 5d^2 + d^3 + (6 + 3d + d^2) \sqrt{d^2 + 4d + 20}]^{1/2},$$

$$\gamma = \frac{1}{2} (2 + d + \sqrt{d^2 + 4d + 20}) \times [20 + 24d + 5d^2 + d^3 +$$
$$(6 + 3d + d^2) \sqrt{d^2 + 4d + 20}]^{1/2},$$

$$(2.4.2)$$

相应的保真度为

$$F_{1 \to 2}^{(SRS)}(d) = F_{max} = \frac{1}{2} + \frac{\sqrt{d^2 + 4d + 20} - d + 2}{4(d+2)}. \qquad (2.4.3)$$

这与以往理论计算所得到的数值完全相同[46],保真度达到了最大值.

2.4.2 多维空间非对称性实数态量子克隆

对于二维空间最优非对称性 $1 \to 2$ 实数态量子克隆,在这里给出较为详细的推导过程.设幺正变换为[45]

$$| 000 \rangle_{1,2,A} \to a | 000 \rangle_{1,2,A} + (b | 01 \rangle + c | 10 \rangle)_{1,2} | 1 \rangle_A + d | 110 \rangle_{1,2,A},$$
$$| 100 \rangle_{1,2,A} \to a | 111 \rangle_{1,2,A} + (b | 10 \rangle + c | 01 \rangle)_{1,2} | 0 \rangle_A + d | 001 \rangle_{1,2,A},$$

$$(2.4.4)$$

其中 $a, b, c, d \geqslant 0$ 满足归一化条件

$$a^2 + b^2 + c^2 + d^2 = 1. \tag{2.4.5}$$

经过计算,可以得到保真度为

$$F_1^{\langle \text{ARS} \rangle}(2) = a^2 + b^2 + 2\alpha^2 \beta^2 (d^2 + c^2 + 2ab + 2cd - a^2 - b^2),$$
$$F_2^{\langle \text{ARS} \rangle}(2) = a^2 + c^2 + 2\alpha^2 \beta^2 (b^2 + d^2 + 2ac + 2bd - a^2 - c^2).$$

$$(2.4.6)$$

显然,保真度与输入态振幅 α 和 β 无关.因此,式(2.4.6)中 $2\alpha^2 \beta^2$ 项的系数为0,即

$$d^2 + c^2 + 2ab + 2cd - a^2 - b^2 = 0, \ b^2 + d^2 + 2ac + 2bd - a^2 - c^2 = 0.$$

$$(2.4.7)$$

由归一化条件[式(2.4.5)和式(2.4.7)]可以求保真度的最大值.求解后,相应的量子克隆系数为

$$a = \frac{1 + \cos\theta + \sin\theta}{2\sqrt{2}}, \ b = \frac{1 + \cos\theta - \sin\theta}{2\sqrt{2}},$$
$$c = \frac{1 - \cos\theta + \sin\theta}{2\sqrt{2}}, \ d = \frac{-1 + \cos\theta + \sin\theta}{2\sqrt{2}}, \tag{2.4.8}$$

其中 $\theta \in [0, \pi/2]$.拷贝的保真度为

$$F_1^{\langle \text{ARS} \rangle}(2) = (1 + \cos\theta)/2, \ F_2^{\langle \text{ARS} \rangle}(2) = (1 + \sin\theta)/2. \tag{2.4.9}$$

在二维空间时,实数态保真度分布与相位协变量子克隆的保真度分布完全相同.

d 维空间最优非对称性 $1 \to 2$ 实数态量子克隆幺正变换[39]为

$$| i00 \rangle_{1,2,A} \to (\alpha | ii \rangle + \beta \sum_{\substack{j=0 \\ j \neq i}}^{d-1} | jj \rangle)_{1,2} | i \rangle_A + \sum_{\substack{j=0 \\ j \neq i}}^{d-1} (\gamma | ji \rangle + \chi | ij \rangle)_{1,2} | j \rangle_A.$$

$$(2.4.10)$$

在这里,引入常数

$$\Delta = (d+2+\sqrt{d^2+4d+20}) \times [d^3+5d^2+24d+20+$$

$$(d^2+3d+6)\sqrt{d^2+4d+20}]^{-1/2},$$

$$a = [\sqrt{2}d+\sqrt{d(2d-1)}] \times \left(\Delta-\frac{1}{\sqrt{d}}\right), \quad b = a+\frac{\Delta}{\sqrt{2}}. \qquad (2.4.11)$$

克隆系数可以表示为

$$\gamma = \frac{(a^2+1)\chi-\sqrt{2}b+\sqrt{2a^2-2a^4+2a^2b^2-4\sqrt{2}a^2b\chi+4a^2\chi^2}}{a^2-1},$$

$$\alpha = \left[(d-1)(\gamma+\chi)+\sqrt{(\gamma+\chi)^2-d(d\gamma^2+2\gamma\chi+d\chi^2-1)}\right]/d,$$

$$\beta = \left[\sqrt{(\gamma+\chi)^2-d(d\gamma^2+d\chi^2+2\gamma\chi-1)}-\gamma-\chi\right]/d, \qquad (2.4.12)$$

其中 $\chi \in [0,1/\sqrt{d}]$. 拷贝的保真度为

$$F_1^{(\mathrm{ARS})}(d) = \beta^2+\gamma^2+(d-2)\chi^2+2(\alpha\chi+\beta\gamma),$$

$$F_2^{(\mathrm{ARS})}(d) = \beta^2+\chi^2+(d-2)\gamma^2+2(\alpha\gamma+\beta\chi). \qquad (2.4.13)$$

在参数

$$\gamma = \chi = \frac{1}{2}(2+d+\sqrt{d^2+4d+20}) \times [20+24d+5d^2+d^3+$$

$$(6+3d+d^2)\sqrt{d^2+4d+20}]^{-1/2} \qquad (2.4.14)$$

时,最优非对称性[式(2.4.10)]可以退化为最优对称性[式(2.4.1)].

2.5　远程量子克隆

远程量子克隆(quantum telecloning)[47]是量子克隆和**量子隐形传态**(quantum teleportation)[48−53]的结合,依靠纠缠可以更好地节省资源. 为了能较为清楚地介绍远程量子克隆,首先介绍量子隐形传态. 量子隐形传态是量子纠缠的一个重要应用,完全不同于经典通信. 量子不可克隆定理和量子纠缠是量子信息科学的基石,本书已对量子不可克隆定理做了较为详细的介绍,下面将对量子纠缠的应用——量子隐形传态的基本理论和实现过程进行介绍.

2.5.1   量子隐形传态

量子隐形传态是量子力学非局域性最明显的验证,是量子信息学中最引人注目的一个研究进展,它是量子信息理论的重要组成部分,也是量子计算的基础.自 1993 年 Bennett 等人的开创性论文[48]——《由经典和 EPR[54] 通道传送未知量子态》发表之后,关于量子隐形传态的方案相继出现.所有的方案都是在发送者和接受者之间建立一条量子信道和一条经典信道,但是在隐形传态过程中量子态的携带者(信息的载体)可以不同.这里将介绍量子隐形传态的基本理论和相关概念,并给出某些量子态隐形传态的具体过程.

习惯上,在量子隐形传态中,称发送者为 Alice,接受者为 Bob.量子隐形传态过程就是允许 Alice 和 Bob 之间进行一个未知量子态的传送.为了实现这个隐形传态,Alice 和 Bob 必须事先共同分享一个纠缠的量子信道,即 EPR 粒子对.其基本思想就是将原物的信息分为经典信息和量子信息,分别经由经典信道和量子信道传送给接收者.其中,经典信息是发送者对原物进行某种测量而获得的,量子信息是发送者在测量中未提取的其余信息.接收者在获得这两种信息后,就可以制造出原物的完美的复制品.在此过程中,原物留在发送者处,并未被传送给接收者,被传送的仅仅是原物的量子态,发送者甚至可以对这个量子态一无所知,而接收者是使别的物质单元(如粒子)处于与原物完全相同的量子态,原物的量子态在发送者进行测量与提取经典信息时已遭破坏.

量子隐形传态是移动量子态,甚至可以在发送和接收者没有量子信道连接的情况下进行.

下面是量子隐形传态的工作原理.

Alice 和 Bob 很久以前相遇过,但现在住得很远.在一起时,他们产生了一个 EPR 对;分开时,每人带走 EPR 对中的一个量子比特.许多年后,Bob 躲起来.设想 Alice 有一项使命——向 Bob 发送一个量子比特 $|\Phi\rangle_1$,但她不知道该量子比特的状态,而且只能给 Bob 发送经典信息.Alice 应该接受这项使命吗?

直观上看来,Alice 的情况很糟糕.她不知道发送给 Bob 的量子比特的状态 $|\Phi\rangle_1$,而量子力学定律使她不能利用 $|\Phi\rangle_1$ 仅有的一个拷贝去确定这个状态.更糟糕的是,即便她知道状态 $|\Phi\rangle_1$,描述它也需要无穷多的经典信

息,因为 $|\Phi\rangle_1$ 取值于一个连续空间. 如此看来,即使知道 $|\Phi\rangle_1$, Alice 也要花无限长时间向 Bob 描述这个状态,情况看来对 Alice 不妙. 对 Alice 来说,幸运的是,量子隐形传态提供了利用 EPR 对向 Bob 发送 $|\Phi\rangle_1$ 的一条途径,只需要比经典通信多做一点工作.

概括起来,具体步骤如下:Alice 让 $|\Phi\rangle_1$ 和 EPR 对在她那里的一半相互作用,并测量她拥有的两个量子比特,以得到四个可能结果 00,01,10 和 11 中的一个;然后,把这个信息发给 Bob;根据 Alice 的经典信息,Bob 可以对他拥有的那一半 EPR 对完成四个操作中的一种. 令人吃惊的是,这样他就可以恢复原始 $|\Phi\rangle_1$.

综上所述,量子隐形传态的基本原理就是对传送的未知量子态与 EPR 对的其中一个粒子施行联合 Bell 基测量. 由于 EPR 对的量子非局域关联特性,此时未知量子态的全部量子信息将会"转移"到 EPR 对的第二个粒子上. 只要根据经典通道传送的 Bell 基测量结果,对第二个粒子的量子态实施适当的幺正变换,就可使这个粒子处于与待传送的未知量子态完全相同的量子态,从而在第二个粒子上实现对未知量子态的重现. 具体过程如下:

制备粒子 1,让它处于一个未知的量子态,即

$$|\Phi\rangle_1 = a|0\rangle_1 + b|1\rangle_1, \quad |a|^2 + |b|^2 = 1. \tag{2.5.1}$$

$|\Phi\rangle_1$ 是 Alice 要传递给 Bob 的量子态,但粒子 1 始终要留在 Alice 这里. 现在通过下面步骤可以实现 $|\Phi\rangle_1$ 这个未知量子态的隐形传送.

(1)建立量子信道,即制备 EPR 源. 为了传送量子态,除粒子 1 外,还需要另外两个粒子,分别称为"粒子 2"和"粒子 3",粒子 2 和粒子 3 必须是关联的. 可以预先将粒子 2 和粒子 3 制备到 EPR 态上,即

$$|\Psi_{123}\rangle = \frac{1}{\sqrt{2}}(|0\rangle_2|1\rangle_3 - |1\rangle_2|0\rangle_3). \tag{2.5.2}$$

这个时候,粒子 1 并没有与粒子 2 和粒子 3 发生关联. 因此,由粒子 1 和这个 EPR 对构成的量子体系的复合波函数(量子态 $|\Psi\rangle_{123}$)可以写成 $|\Phi\rangle_1$ 与 $|\Psi\rangle_{123}$ 的直积状态,即

$$|\Psi\rangle_{123} = |\Phi\rangle_1 \otimes |\Psi\rangle_{23}$$

$$= (a|0\rangle_1 + b|1\rangle_1) \otimes \frac{1}{\sqrt{2}}(|0\rangle_2|1\rangle_3 - |1\rangle_2|0\rangle_3)$$

$$= \frac{1}{\sqrt{2}}(a|0\rangle_1|0\rangle_2|1\rangle_3 + b|1\rangle_1|0\rangle_2|1\rangle_3 - a|0\rangle_1|1\rangle_2|0\rangle_3 - b|1\rangle_1|1\rangle_2|0\rangle_3)$$

$$= \frac{a}{\sqrt{2}}(|0\rangle_1|0\rangle_2|1\rangle_3 - |0\rangle_1|1\rangle_2|0\rangle_3) + \frac{b}{\sqrt{2}}(|1\rangle_1|0\rangle_2|1\rangle_3 - |1\rangle_1|1\rangle_2|0\rangle_3),$$

$$(2.5.3)$$

Alice 持有粒子 2,同时将粒子 3 发送给 Bob. 为了完成量子隐形传态,Alice 必须对粒子 1 和粒子 2 进行测量. 粒子 1 和粒子 2 构成的量子系统可以使用 Bell 基表示. 于是,3 个粒子系统的波函数可表示为

$$|\Psi\rangle_{123} = \frac{1}{2}\left[|\Psi^-\rangle_{12}(-a|0\rangle_3 - b|1\rangle_3) + |\Psi^+\rangle_{12}(-a|0\rangle_3 + b|1\rangle_3) + \right.$$

$$\left. |\Phi^-\rangle_{12}(a|1\rangle_3 + b|0\rangle_3) + |\Phi^+\rangle_{12}(a|1\rangle_3 - b|0\rangle_3)\right]. \quad (2.5.4)$$

式中,态 $|\Psi^\pm\rangle_{12}$ 和 $|\Phi^\pm\rangle_{12}$ 就是粒子 1 和粒子 2 所在的四维希尔伯特空间的 Bell 基.

(2)将测量结果传给 Bob. 假设 Alice 欲将粒子 1 所处的未知量子态传送给 Bob,传送过程如图 2.3 所示,BS 表示 Bell 基态测量,U 表示幺正操作. 传送之前,两者之间共享纠缠对(由 Einstein、Podolsky、Rosen 提出的处于最大纠缠态的两个粒子组成的对,亦即前面提到的 EPR 对). Alice 采用能识别 Bell 基的分析仪对粒子 1 和她拥有的 EPR 粒子 2 进行联合测量(BS),测量的结果将是四种可能的量子态中的任意一个,其概率是 1/4. 当然,Alice 进行一次测量只能得到一个结果,亦即粒子 1 和粒子 2 的子系统在测量之后将坍缩到其中一个 Bell 基上,并与粒子 3 相纠缠. 基于量子非局域性,Alice 的测量结果将使得粒子 3 由原来的纠缠态坍缩到相应的量子态上. 其对应关系见表 2.1.

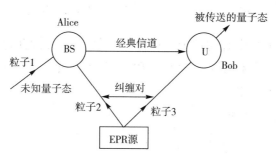

图 2.3 量子隐形传态原理图

表 2.1　Alice 的测量结果和 Bob 相对应的操作

Alice 对粒子 1 和 2 的 Bell 基测量结果	测量后粒子 3 可能的量子态	Bob 恢复粒子时的幺正操作
$\|\Psi^-\rangle_{12}$	$-a\|0\rangle_3 - b\|1\rangle_3 = \|1\rangle_3$	$\begin{bmatrix} -1 & 0 \\ 0 & -1 \end{bmatrix}$
$\|\Psi^+\rangle_{12}$	$-a\|0\rangle_3 + b\|1\rangle_3 = \|2\rangle_3$	$\begin{bmatrix} -1 & 0 \\ 0 & 1 \end{bmatrix}$
$\|\Phi^-\rangle_{12}$	$a\|1\rangle_3 + b\|0\rangle_3 = \|3\rangle_3$	$\begin{bmatrix} 1 & 0 \\ 0 & 1 \end{bmatrix}$
$\|\Phi^+\rangle_{12}$	$a\|1\rangle_3 - b\|0\rangle_3 = \|4\rangle_3$	$\begin{bmatrix} 0 & -1 \\ 1 & 0 \end{bmatrix}$

量子隐形传态的目的是将粒子 3 制备在粒子 1 原先的量子态上,即 $\|\Phi\rangle_3 = a\|0\rangle_3 + b\|1\rangle_3$.

在表 2.1 中,我们用 $\begin{bmatrix} 1 \\ 0 \end{bmatrix}$ 表示态 $\|0\rangle$,用 $\begin{bmatrix} 0 \\ 1 \end{bmatrix}$ 表示态 $\|1\rangle$,测量后粒子 3 所处的量子态与欲传送的量子态之间的关系可表示为

$$\|1\rangle_3 = -\begin{bmatrix} 1 & 0 \\ 0 & 1 \end{bmatrix}\begin{bmatrix} a \\ b \end{bmatrix} = U_1\|\Phi\rangle_3, \quad U_1 = -\begin{bmatrix} 1 & 0 \\ 0 & 1 \end{bmatrix}; \quad (2.5.5)$$

$$\|2\rangle_3 = \begin{bmatrix} -1 & 0 \\ 0 & 1 \end{bmatrix}\begin{bmatrix} a \\ b \end{bmatrix} = U_2\|\Phi\rangle_3, \quad U_2 = \begin{bmatrix} -1 & 0 \\ 0 & 1 \end{bmatrix}; \quad (2.5.6)$$

$$\|3\rangle_3 = \begin{bmatrix} 0 & 1 \\ 1 & 0 \end{bmatrix}\begin{bmatrix} a \\ b \end{bmatrix} = U_3\|\Phi\rangle_3, \quad U_3 = \begin{bmatrix} 0 & 1 \\ 1 & 0 \end{bmatrix}; \quad (2.5.7)$$

$$\|4\rangle_3 = \begin{bmatrix} 0 & -1 \\ 1 & 0 \end{bmatrix}\begin{bmatrix} a \\ b \end{bmatrix} = U_4\|\Phi\rangle_3, \quad U_4 = \begin{bmatrix} 0 & -1 \\ 1 & 0 \end{bmatrix}. \quad (2.5.8)$$

(3)Alice 经由经典信道将她对粒子 1 和粒子 2 的测量结果告诉 Bob,Bob 根据这个结果对粒子 3 实施相应的幺正变换 U(见表 2.1 第 3 列),就可以使粒子 3 变换到粒子 1 的精确复制态 $\|\Phi\rangle_3$,即恢复到原有的状态,从而实现量子隐形传态.

比如,当 Alice 测得粒子 1 和粒子 2 的量子态为 $\|\Phi^+\rangle_{12}$ 时,粒子 3 将处于 $\|4\rangle_3$ 上,Bob 只要对其实施幺正变换 U_4^{-1},便可使得粒子 3 处于欲传送的

量子态 $|\Phi\rangle_3$ 上;而联合测量之后,留在 Alice 处的粒子 1 的原始态 $|\Phi\rangle_1$ 已被破坏掉了,这样就实现了将未知量子态从 Alice 处的粒子 1 传送到 Bob 处的粒子 3. 上述方法的结果是 $|\Phi\rangle_1$ 态从 Alice 那里消失,并经过一个滞后的时间(经典通信及 Bob 的操作时间)出现在 Bob 那里,用 $|\Phi\rangle_3$ 表示(与 $|\Phi\rangle_1$ 完全相同).

这是一种量子态的隐形传送,最终恢复原物量子态的粒子也可以不必与原物同类,只要它们满足相同的量子代数即可. 由于经典信息对量子态的隐形传送是必不可少的(否则将违背量子不可克隆定理),而经典信息传递速度不可能快于光速,因此,量子隐形传态也不会违背相对论的光速不变原理(光速是最大传播速度).

2.5.2 对称性幺正变换的远程量子克隆

1999 年,Murao 等人首次提出二维空间最优对称性 $1 \to M$ 普适量子克隆拷贝的远程传送,即远程量子克隆[47],而后又给出二维和 d 维空间最优非对称性 $1 \to 2$ 普适远程量子克隆[55,56]. 二维空间的远程量子克隆不同于 d 维空间远程量子克隆. 下面,首先介绍二维空间的情况. 对于输入需要克隆的量子态 $|\varphi\rangle_X = a|0\rangle_X + b|1\rangle_X$,有幺正变换[47]

$$U_{1M}|0\rangle_X|0\cdots0\rangle_A|0\cdots0\rangle_B = \sum_{j=0}^{M-1}\alpha_j|A_j\rangle_A \otimes |\{0,M-j\},\{1,j\}\rangle_C$$
$$= |\varphi_0\rangle_{AC},$$
$$U_{1M}|1\rangle_X|0\cdots0\rangle_A|0\cdots0\rangle_B = \sum_{j=0}^{M-1}\alpha_j|A_{M-1-j}\rangle_A \otimes |\{0,j\},\{1,M-j\}\rangle_C$$
$$= |\varphi_1\rangle_{AC}, \tag{2.5.9}$$

其中归一化克隆系数为

$$\alpha_j = \sqrt{\frac{2(M-j)}{M(M+1)}}. \tag{2.5.10}$$

显然,输出的拷贝态为

$$|\Psi\rangle^{(out)} = a|\varphi_0\rangle_{AC} + b|\varphi_1\rangle_{AC}. \tag{2.5.11}$$

定义量子态 $|A_j\rangle_A$ 是归一化对称的态,即

$$|A_j\rangle_A \equiv |\{0,M-1-j\},\{1,j\}\rangle_A. \tag{2.5.12}$$

当 $M = 4, j = 1$ 时,有

$$| \{0,2\}; \{1,1\} \rangle = \frac{1}{\sqrt{3}} (| 001 \rangle + | 010 \rangle + | 100 \rangle). \quad (2.5.13)$$

由于幺正变换是对称的,满足关系

$$\sigma_z \otimes \cdots \otimes \sigma_z | \varphi_0 \rangle_{AC} = | \varphi_0 \rangle_{AC}, \quad (2.5.14)$$

$$\sigma_z \otimes \cdots \otimes \sigma_z | \varphi_1 \rangle_{AC} = - | \varphi_1 \rangle_{AC}, \quad (2.5.15)$$

$$\sigma_x \otimes \cdots \otimes \sigma_x | \varphi_{0(1)} \rangle_{AC} = | \varphi_{1(0)} \rangle_{AC}, \quad (2.5.16)$$

其中 σ_z 和 σ_x 是 Pauli 矩阵.式(2.5.15)和式(2.5.16)在远程量子克隆中起着极为重要的作用.

远程量子克隆可由三个步骤来完成.

(1)制备量子信道.选择最大纠缠作为量子信道,可以表示为

$$| \psi_{TC} \rangle = \frac{1}{\sqrt{2}} (| 0 \rangle_P \otimes | \varphi_0 \rangle_{AC} + | 1 \rangle_P \otimes | \varphi_1 \rangle_{AC}). \quad (2.5.17)$$

制备后,Alice 将粒子分别分发给 Bob 和 Claire 等.

(2)测量 Bell 基.需要进行克隆时,Alice 对要克隆的态 X 与手头的 P 粒子进行 Bell 基测量.系统可分解为

$$\begin{aligned}| \psi \rangle_{XPAC} = \frac{1}{2} \big[& | \Phi^+ \rangle_{XP} \otimes (a | \varphi_0 \rangle_{AC} + b | \varphi_1 \rangle_{AC}) + \\ & | \Phi^- \rangle_{XP} \otimes (a | \varphi_0 \rangle_{AC} - b | \varphi_1 \rangle_{AC}) + \\ & | \Psi^+ \rangle_{XP} \otimes (b | \varphi_0 \rangle_{AC} + a | \varphi_1 \rangle_{AC}) + \\ & | \Psi^- \rangle_{XP} \otimes (b | \varphi_0 \rangle_{AC} - a | \varphi_1 \rangle_{AC}), \quad (2.5.18) \end{aligned}$$

其中 Bell 基定义为

$$| \Phi^\pm \rangle = (| 00 \rangle \pm | 11 \rangle) / \sqrt{2}, \quad | \Psi^\pm \rangle = (| 01 \rangle \pm | 10 \rangle) / \sqrt{2}. \quad (2.5.19)$$

(3)恢复过程.Alice 完成 Bell 基测量后,将结果通知其他人.其他人就可以用局域操作将手头的粒子转化为拷贝.下面具体说明四个 Bell 基测量后的局域操作.

①若测量结果是 $| \Phi^+ \rangle_{XP}$,大家什么也不做,因为与测量的量子态 $| \Phi^+ \rangle_{XP}$ 对应的量子态正是需要传送的量子态 $| \Psi \rangle^{\langle out \rangle} = a | \varphi_0 \rangle_{AC} + b | \varphi_1 \rangle_{AC}$;

②若测量结果是 $| \Phi^- \rangle_{XP}$,利用式(2.5.15),有

$$(\sigma_z \otimes \cdots \otimes \sigma_z)(a | \varphi_0 \rangle_{AC} - b | \varphi_1 \rangle_{AC}) = a | \varphi_0 \rangle_{AC} + b | \varphi_1 \rangle_{AC} = | \Psi \rangle^{\langle out \rangle};$$

$$(2.5.20)$$

③若干测量结果是 $|\Psi^+\rangle_{XP}$,利用式(2.5.16),有

$$(\sigma_x \otimes \cdots \otimes \sigma_x)(b|\varphi_0\rangle_{AC} + a|\varphi_1\rangle_{AC}) = a|\varphi_0\rangle_{AC} + b|\varphi_1\rangle_{AC} = |\Psi\rangle^{\langle out \rangle};$$

$$(2.5.21)$$

④若测量结果是 $|\Psi^-\rangle_{XP}$,利用式(2.5.16),有

$$(\sigma_z \otimes \cdots \otimes \sigma_z)(\sigma_x \otimes \cdots \otimes \sigma_x)(b|\varphi_0\rangle_{AC} - a|\varphi_1\rangle_{AC}) = a|\varphi_0\rangle_{AC} + b|\varphi_1\rangle_{AC}$$
$$= |\Psi\rangle^{\langle out \rangle}. \qquad (2.5.22)$$

d 维空间最优对称性 $1\to 2$ 普适远程量子克隆[56]对于输入态 $|\psi\rangle_0^{\langle UQ \rangle} = \sum_{i=0}^{d-1} \alpha_i |i\rangle_0$ ($\sum_{i=0}^{d-1} |\alpha_i|^2 = 1$ 且 α_i 未知)有式(2.2.10)所确定的幺正变换

$$|i\rangle_1 |0\rangle_2 |0\rangle_3 \to a|ii\rangle_{1,2} |i\rangle_3 + b\sum_{\substack{j=0 \\ i\neq j}}^{d-1} (|ij\rangle + |ji\rangle)_{1,2} |j\rangle_3 = |\varphi_i\rangle_{1,2,3},$$

$i = 0,1,\cdots,d-1.$ 经过克隆后,包括拷贝的量子态为

$$|\Psi\rangle^{\langle out \rangle} = \sum_{i=0}^{d-1} \alpha_i |\varphi_i\rangle_{1,2,3}. \qquad (2.5.23)$$

如果直接使用式(2.5.23)得到拷贝,这就是所谓的**量子局域克隆**. 对于远程量子克隆,如果发送者 Alice 想将这个拷贝发送给远方的接收者 Bob 和 Charlie 等人,就需要经过下列步骤.

第一步,制备一个纠缠通道的量子态.

$$|\xi\rangle_{P,1,2,3} = \frac{1}{\sqrt{d}} \sum_{i=0}^{d-1} |i\rangle_P |\varphi_i\rangle_{1,2,3}. \qquad (2.5.24)$$

式中,P 为支持粒子. 这个通道制备后,Alice 将粒子 1 和粒子 2 发送到远方的接收者. 注意:这时的粒子 1 和粒子 2 并不是想要的拷贝.

第二步,将要拷贝的量子态 $|\psi\rangle_0^{\langle UQ \rangle} = \sum_{i=0}^{d-1} \alpha_i |i\rangle_0$ 和纠缠通道量子态放在一起,形成直积态系统,对粒子 0 和 P 做类 Bell 基测量. 类 Bell 基定义为

$$|\Phi_{m,n}\rangle = \frac{1}{\sqrt{d}} \sum_{k=0}^{d-1} \exp\left(\mathrm{i}\frac{2\pi kn}{d}\right) |k\rangle |k \oplus m\rangle, \qquad (2.5.25)$$

式中 $k \oplus m$ 为模 d 加法. 这样,总的量子态可表示为

$$|\psi\rangle_0^{\langle UQ \rangle} \otimes |\xi\rangle_{P,1,2,3} = \frac{1}{d} \sum_{n,m=0}^{d-1} |\Phi_{m,n}\rangle_{0,P} \otimes \sum_{i=0}^{d-1} \exp\left(-\mathrm{i}\frac{2\pi in}{d}\right) \alpha_i |\varphi_{i+m}\rangle_{1,2,3}.$$

$$(2.5.26)$$

经过测量后,总的量子态就坍缩到量子态

$$\sum_{i=0}^{d-1} \exp\left(-\mathrm{i}\,\frac{2\pi in}{d}\right)\alpha_i \mid \varphi_{i+m}\rangle_{1,2,3}. \tag{2.5.27}$$

注意:这还不是真正的拷贝.

Alice 将测量结果通过经典信道传给接收者,接收者就能用局域操作获得拷贝.局域操作定义为

$$V_{m;n} = \nu_{m,n}^{(1)} \bigotimes \nu_{m,n}^{(2)} \bigotimes \nu_{m,n}^{\langle 3\rangle}, \tag{2.5.28}$$

其中

$$\nu_{m,n}^{\langle X\rangle} = \sum_{j=0}^{d-1} \exp\left(-\mathrm{i}\,\frac{2\pi jn}{d}\right) \mid j\rangle\langle j+m \mid, X = 1,2, \tag{2.5.29}$$

$$\nu_{m,n}^{\langle 3\rangle} = \sum_{j=0}^{d-1} \exp\left(-\mathrm{i}\,\frac{2\pi jn}{d}\right) \mid j\rangle\langle j+m \mid. \tag{2.5.30}$$

式(2.5.28)至式(2.5.30)的作用,与式(2.5.14)至式(2.5.16)一样.

第三步,恢复,过程如下:

$$V_{m;n} \bigotimes \sum_{i=0}^{d-1} \exp\left(-\mathrm{i}\,\frac{2\pi in}{d}\right)\alpha_i \mid \varphi_{i+m}\rangle_{1,2,3} \rightarrow \sum_{j=0}^{d-1} \alpha_i \mid \varphi_i\rangle_{1,2,3} = \mid \Psi\rangle^{\langle \mathrm{out}\rangle}.$$

$$\tag{2.5.31}$$

从上述过程可以看出,幺正变换的对称性是至关重要的.因为幺正变换是对称的,所以在 d 维时,幺正变换对每个计算基作用都是类似的.可以在使用 d 维 Bell 基测量后,利用局域操作来完成恢复过程.

对于幺正变换,如果互换拷贝的下标,即 $i \leftrightarrow j$,这个幺正变换的具体形式不变,显然保真度也将不变,即 $F_i^{\langle \mathrm{Symmetric}\rangle} = F_j^{\langle \mathrm{Symmetric}\rangle}$,那么称这种量子克隆是对称性的;如果互换拷贝的下标,这个幺正变换的具体形式变化了,显然保真度也将随之变化,即 $F_i^{\langle \mathrm{Asymmetric}\rangle} \neq F_j^{\langle \mathrm{Asymmetric}\rangle}$,那么称这种量子克隆是非对称的.对于一个幺正变换,如 $U \mid i\rangle_1 \mid 0,\cdots,0\rangle_{2,\cdots,M} \mid 0\rangle_x = \mid \Psi^{(i)}\rangle_{1,2,\cdots,M,x}$,如果在输出态 $\mid \Psi^{(i)}\rangle_{1,2,\cdots,M,x}$ 和 $\mid \Psi^{(j)}\rangle_{1,2,\cdots,M,x}$ 互换拷贝和辅助系统 $k = 1,2,\cdots,M,x$ 的基,即 $\mid \Psi^{(i)}\rangle_{1,2,\cdots,M,x} \leftrightarrow \mid \Psi^{(j)}\rangle_{1,2,\cdots,M,x}$,幺正变换的具体形式不变,则称它是对称的.正是因为这个独特的性质,远程量子克隆才成为可能.这也要求具体的幺正变换中,辅助系统也是对称的;即便拷贝的基是对称的,只要辅助系统的基不对称,也不能进行远程量子克隆.上面所列出的量

子克隆幺正变换中,只有经济型量子克隆的幺正变换不是对称的,其他量子克隆幺正变换都能实现远程量子克隆.上述方法对于 d 维空间对称性和非对称性 $1 \rightarrow 2$ 普适远程量子克隆都适用.

2.5.3 非对称性幺正变换的远程量子克隆

如前所述,如果量子克隆幺正变换是非对称的,就不可能实现远程量子克隆.下面我们以二维空间最优非对称性 $1 \rightarrow 2$ 经济型相位协变量子克隆的幺正变换为例来说明幺正变换的对称性.此例中幺正变换是非对称的,单靠一个幺正变换不能实现远程量子克隆.其幺正变换为

$$U_1 \mid 0 \rangle_a \mid 0 \rangle_b \rightarrow \mid 00 \rangle_{a,b} = \mid \psi_0 \rangle_{1,2}^{(1)},$$
$$U_1 \mid 1 \rangle_a \mid 0 \rangle_b \rightarrow p \mid 10 \rangle_{a,b} + q \mid 01 \rangle_{a,b} = \mid \psi_1 \rangle_{1,2}^{(1)}, \quad (2.5.32)$$

其中 $p^2 + q^2 = 1$ 且 $p, q \geqslant 0$. 输出态为

$$\mid \Psi \rangle_{1,2}^{(1)} = \frac{1}{\sqrt{2}} (\mid \psi_0 \rangle_{1,2}^{(1)} + \mathrm{e}^{\mathrm{i}\varphi} \mid \psi_1 \rangle_{1,2}^{(1)}), \quad (2.5.33)$$

拷贝的保真度为

$$F_1^{\langle \text{AEPC} \rangle} = \frac{1+p}{2}, \quad F_2^{\langle \text{AEPC} \rangle} = \frac{1+q}{2}. \quad (2.5.34)$$

如果对粒子 a 的基作互换,即对 $\mid \psi_0 \rangle_{1,2}^{(1)}$ 态中 $\mid 0 \rangle_a$ 和 $\mid \psi_1 \rangle_{1,2}^{(1)}$ 态中 $\mid 0 \rangle_a$ 作互换,幺正变换变化为

$$\mid 0 \rangle_a \mid 0 \rangle_b \rightarrow \mid 10 \rangle_{a,b} = \mid \psi_0 \rangle_{1,2}^{(1)},$$
$$\mid 1 \rangle_a \mid 0 \rangle_b \rightarrow p \mid 00 \rangle_{a,b} + q \mid 11 \rangle_{a,b} = \mid \tilde{\psi}_1 \rangle_{1,2}^{(1)}, \quad (2.5.35)$$

输出态为

$$\mid \widetilde{\Psi} \rangle_{1,2}^{(1)} = \frac{1}{\sqrt{2}} (\mid \tilde{\psi}_0 \rangle_{1,2}^{(1)} + \mathrm{e}^{\mathrm{i}\varphi} \mid \tilde{\psi}_1 \rangle_{1,2}^{(1)}), \quad (2.5.36)$$

两个拷贝的保真度一定不是式(2.5.34).

幸运的是,二维空间最优非对称性 $1 \rightarrow 2$ 经济型相位协变量子克隆的幺正变换有两个幺正变换,可以利用两个幺正变换来弥补其单个幺正变换的非对称性.另一个幺正变换为

$$U_2 \mid 0 \rangle_a \mid 0 \rangle_b \rightarrow p \mid 01 \rangle_{a,b} + q \mid 10 \rangle_{a,b} = \mid \psi_0 \rangle_{1,2}^{(2)}$$
$$U_2 \mid 1 \rangle_a \mid 0 \rangle_b \rightarrow \mid 11 \rangle_{a,b} = \mid \psi_1 \rangle_{1,2}^{(2)}. \quad (2.5.37)$$

可以看出,对输出态

$$| \Psi \rangle_{1,2}^{(1)} = \frac{1}{\sqrt{2}} (| \psi_0 \rangle_{1,2}^{(1)} + \mathrm{e}^{\mathrm{i}\varphi} | \psi_1 \rangle_{1,2}^{(1)}) \qquad (2.5.38)$$

和

$$| \Psi \rangle_{1,2}^{(2)} = \frac{1}{\sqrt{2}} (| \psi_0 \rangle_{1,2}^{(2)} + \mathrm{e}^{\mathrm{i}\varphi} | \psi_1 \rangle_{1,2}^{(2)}), \qquad (2.5.39)$$

拷贝保真度具有同样的表达式. 只要恢复过程中局域变换最终能恢复上述两个态中的任意一个,都能得到最好的拷贝.

首先,选择最大纠缠通道为

$$| \Psi_1 \rangle_{P,1,2} = \frac{1}{\sqrt{2}} (| 0 \rangle_P | \psi_0 \rangle_{1,2}^{(1)} + | 1 \rangle_P | \psi_1 \rangle_{1,2}^{(1)}). \qquad (2.5.40)$$

然后,Alice 将粒子 1 和粒子 2 分发给 Bob 和 Claire. 在需要拷贝时,Alice 对赤道态粒子 0 和手头的粒子 P 进行 Bell 基测量,四粒子态可以分解为

$$
\begin{aligned}
| \Psi \rangle_{0,P,1,2}^{\langle \text{total} \rangle} &= | \psi \rangle_0^{\langle \text{in} \rangle} \otimes | \psi_1 \rangle_{P,1,2} \\
&= \frac{1}{2} | \Phi^+ \rangle_{0,P} (| \psi_0 \rangle_{1,2}^{(1)} + \mathrm{e}^{\mathrm{i}\varphi} | \psi_1 \rangle_{1,2}^{(1)}) / \sqrt{2} + \\
&\quad \frac{1}{2} | \Phi^- \rangle_{0,P} (| \psi_0 \rangle_{1,2}^{(1)} - \mathrm{e}^{\mathrm{i}\varphi} | \psi_1 \rangle_{1,2}^{(1)}) / \sqrt{2} + \\
&\quad \frac{1}{2} | \Psi^+ \rangle_{0,P} (\mathrm{e}^{\mathrm{i}\varphi} | \psi_0 \rangle_{1,2}^{(1)} + | \psi_1 \rangle_{1,2}^{(1)}) / \sqrt{2} + \\
&\quad \frac{1}{2} | \Psi^- \rangle_{0,P} (\mathrm{e}^{\mathrm{i}\varphi} | \psi_0 \rangle_{1,2}^{(1)} - | \psi_1 \rangle_{1,2}^{(1)}) / \sqrt{2}.
\end{aligned}
\qquad (2.5.41)
$$

可以发现,局域变换能使下列各式成立:

$$\hat{\sigma}_z^{(1)} \otimes \hat{\sigma}_z^{(2)} \frac{1}{\sqrt{2}} (| \psi_0 \rangle_{1,2}^{(1)} - \mathrm{e}^{\mathrm{i}\varphi} | \psi_1 \rangle_{1,2}^{(1)})$$

$$= \frac{1}{\sqrt{2}} (| \psi_0 \rangle_{1,2}^{(1)} + \mathrm{e}^{\mathrm{i}\varphi} | \psi_1 \rangle_{1,2}^{(1)}) = | \Psi \rangle_{1,2}^{(1)}, \qquad (2.5.42\text{-}a)$$

$$\hat{\sigma}_x^{(1)} \otimes \hat{\sigma}_x^{(2)} \frac{1}{\sqrt{2}} (\mathrm{e}^{\mathrm{i}\varphi} | \psi_0 \rangle_{1,2}^{(1)} + | \psi_1 \rangle_{1,2}^{(1)})$$

$$= \frac{1}{\sqrt{2}} (\mathrm{e}^{\mathrm{i}\varphi} | \psi_1 \rangle_{1,2}^{(1)} + | \psi_0 \rangle_{1,2}^{(2)}) = | \Psi \rangle_{1,2}^{(2)}, \qquad (2.5.42\text{-}b)$$

$$\hat{\sigma}_x^{(1)} \bigotimes \hat{\sigma}_x^{(2)} \bigotimes \sigma_z^{(1)} \bigotimes \hat{\sigma}_z^{(2)} \frac{1}{\sqrt{2}} (\mathrm{e}^{\mathrm{i}\varphi} \mid \psi_0 \rangle_{1,2}^{(1)} - \mid \psi_1 \rangle_{1,2}^{(1)})$$

$$= \frac{1}{\sqrt{2}} (\mathrm{e}^{\mathrm{i}\varphi} \mid \psi_1 \rangle_{1,2}^{(2)} + \mid \psi_0 \rangle_{1,2}^{(2)}) = \mid \Psi \rangle_{1,2}^{(2)}. \qquad (2.5.42\text{-c})$$

式中 $\hat{\sigma}_j^{(i)} (i = 1,2, j = x,z)$ 是 Pauli 算符,对粒子 i 进行 j 操作. 完成 Bell 基测量后,Alice 将测量结果告之 Bob 和 Claire. 两个合作者就可以用局域操作[式(2.5.42)]将手中的粒子转化为最好拷贝. 具体来说,当输入拷贝系统为 $\mid \Psi \rangle_{1,2}^{(1)}$ 时,经过量子隐形传态过程式(2.5.42-a)可以得到 $\mid \Psi \rangle_{1,2}^{(1)}$;经过量子隐形传态过程式(2.5.42-b)和式(2.5.42-c)可以得到 $\mid \Psi \rangle_{1,2}^{(2)}$. 假如 $\mid \Psi \rangle_{1,2}^{(1)}$ 态和 $\mid \Psi \rangle_{1,2}^{(2)}$ 态的拷贝保真度不同,那么这种远程量子克隆就是无效的. 所以,二维空间最优非对称性 $1 \to 2$ 经济型相位协变量子克隆有两个幺正变换,以弥补其单个幺正变换的非对称性,实现远程量子克隆.

下面推广到 d 维空间亚最优非对称性 $1 \to 2$ 经济型相位协变远程量子克隆. 这种情况下,量子克隆的幺正变换是不对称的,但是有 d 个不同的幺正变换,因此可以按上述方案实现远程量子克隆[37]. 幺正变换为

$$\mid i0 \rangle_{1,2} \to \mid ii \rangle_{1,2} = \mid \psi_i \rangle_{1,2},$$
$$\mid j0 \rangle_{1,2} \to (p \mid ji \rangle + q \mid ij \rangle)_{1,2} = \mid \psi_j \rangle_{1,2}, \qquad (2.5.43)$$

其中 $i,j = 0,1,\cdots,d-1, j \neq i, i$ 是某一个确定的整数. 对于要拷贝量子态

$$\mid \psi \rangle = \frac{1}{\sqrt{d}} \sum_{j=0}^{d-1} \mathrm{e}^{\mathrm{i}\varphi_j} \mid j \rangle, \qquad (2.5.44)$$

其中 φ_j 未知,得到的拷贝态为

$$\mid \psi \rangle^{\langle \mathrm{out} \rangle} = \frac{1}{\sqrt{d}} \Big(\sum_{j=0}^{d-1} \mathrm{e}^{\mathrm{i}\varphi_j} \mid \psi_j \rangle_{1,2} + \mathrm{e}^{\mathrm{i}\varphi_i} \mid \psi_i \rangle_{1,2} \Big). \qquad (2.5.45)$$

Alice 要远程传送这两个拷贝,首先需要制备一个纠缠通道

$$\mid \xi \rangle_{P,1,2} = \frac{1}{\sqrt{d}} \sum_{j=0}^{d-1} \mid j \rangle_P \mid \psi_j \rangle_{1,2}. \qquad (2.5.46)$$

纠缠通道制备完毕,Alice 将粒子 1 和粒子 2 分发给远方的接收者. 当需要远程量子克隆相位态

$$\mid \psi \rangle_0 = \frac{1}{\sqrt{d}} \sum_{j=0}^{d-1} \mathrm{e}^{\mathrm{i}\varphi_j} \mid j \rangle_0 \qquad (2.5.47)$$

(φ_j 未知)时,她就将要拷贝的态和纠缠通道放在一起,对两个粒子 0 和 P 进

行 Bell 基测量. 因此, 总的量子态可以分解为

$$| \psi \rangle_0 \bigotimes | \xi \rangle_{P,1,2} = \frac{1}{d} \sum_{n,m}^{d-1} | \Phi_{n,m} \rangle_{0,P} \bigotimes \frac{1}{\sqrt{d}} \sum_{j=0}^{d-1} \exp\left(-\mathrm{i}\frac{2\pi jn}{d}\right) \mathrm{e}^{\mathrm{i}\varphi_j} | \varphi_{j+m} \rangle_{1,2}.$$

(2.5.48)

Alice 经过测量后会得到具体的 n,m 值(i 是已知的某个数值). 这时, 总的量子态就会坍缩到 $\frac{1}{\sqrt{d}} \sum_{j=0}^{d-1} \exp\left(-\mathrm{i}\frac{2\pi jn}{d}\right) \mathrm{e}^{\mathrm{i}\varphi_j} | \varphi_{j+m} \rangle_{1,2}$ 态上, 接收者可以利用如下局域操作来完成恢复过程. 局域操作定义为

$$V_{n,m} = V_{n,m}^{(1)} \bigotimes V_{n,m}^{(2)},$$

(2.5.49)

其中

$$V_{n,m}^{(1)} = \sum_{j=0}^{d-1} \exp\left(\mathrm{i}\frac{2\pi jn}{d}\right) | j \rangle_1 \langle j+m |,$$

(2.5.50)

$$V_{n,m}^{(2)} = \sum_{j=0}^{d-1} \exp\left\{\mathrm{i}\frac{2\pi}{d}\left[jn + (l+kj)\right]\right\} | j \rangle_2 \langle j+m |,$$

(2.5.51)

$l, k = 0, \pm 1, \pm 2, \cdots.$

为了能够确定 l,k 的具体值, 我们写出具体坍缩态

$$\frac{1}{\sqrt{d}} \sum_{j=0}^{d-1} \exp\left(-\mathrm{i}\frac{2\pi jn}{d}\right) \mathrm{e}^{\mathrm{i}\varphi_j} | \varphi_{j+m} \rangle_{1,2} = \frac{1}{\sqrt{d}} \{ \mathrm{e}^{\mathrm{i}\varphi_0} \left(p | m,i\rangle + q | i,m\rangle\right) + \cdots +$$

$$\mathrm{e}^{\mathrm{i}\varphi_j} \mathrm{e}^{-\mathrm{i}\frac{2\pi jn}{d}} \left(p | j+m,i\rangle + q | i,j+m\rangle\right) + \cdots + \mathrm{e}^{\mathrm{i}\varphi_{i-m}} \mathrm{e}^{-\mathrm{i}\frac{2\pi(i-m)n}{d}} | i,i\rangle_{1,2} + \cdots +$$

$$\mathrm{e}^{\mathrm{i}\varphi_{d-1}} \mathrm{e}^{-\mathrm{i}\frac{2\pi(d-1)n}{d}} \left(p | m-1,i\rangle + q | i,m-1\rangle\right) \}.$$

(2.5.52)

两个恢复算符可以写为

$$V_{n,m}^{(1)} = \sum_{j=0}^{d-1} \exp\left(\mathrm{i}\frac{2\pi jn}{d}\right) | j \rangle_1 \langle j+m | = | 0 \rangle_1 \langle m | + \cdots +$$

$$\mathrm{e}^{\mathrm{i}\frac{2\pi jn}{d}} | j \rangle_1 \langle j+m | + \cdots + \mathrm{e}^{\mathrm{i}\frac{2\pi(i-m)n}{d}} | i-m \rangle_1 \langle i | + \cdots +$$

$$\mathrm{e}^{\mathrm{i}\frac{2\pi(d-1)n}{d}} | d-1 \rangle_1 \langle m-1 |$$

(2.5.53)

和

$$V_{n,m}^{(2)} = \sum_{j=0}^{d-1} \exp\left\{\mathrm{i}\frac{2\pi}{d}\left[jn + (l+kj)\right]\right\} | j \rangle_2 \langle j+m |$$

$$= \mathrm{e}^{\mathrm{i}\frac{2\pi}{d}(l+kj)} | 0 \rangle_2 \langle m | + \cdots + \mathrm{e}^{\mathrm{i}\frac{2\pi}{d}\left[jn+(l+kj)\right]} | j \rangle_2 \langle j+m | + \cdots +$$

$$\mathrm{e}^{\mathrm{i}\frac{2\pi}{d}\left[(i-m)n+(l+k(i-m))\right]} | i-m \rangle_2 \langle i | + \cdots +$$

$$\mathrm{e}^{\mathrm{i}\frac{2\pi}{d}\left[(d-1)n+(l+k(d-1))\right]} | d-1 \rangle_2 \langle m-1 |.$$

(2.5.54)

局域恢复算符要满足我们的要求,即

$$V_{n,m} \otimes \mathrm{e}^{\mathrm{i}\varphi_j} \mathrm{e}^{-\mathrm{i}\frac{2\pi jn}{d}} \ (p \mid j+m,i\rangle + q \mid i,j+m\rangle)_{1,2} \to$$
$$\mathrm{e}^{\mathrm{i}\varphi_j} \ (p \mid j,i-m\rangle + q \mid i-m,j\rangle)_{1,2} \qquad (2.5.55)$$

和

$$V_{n,m} \otimes \mathrm{e}^{\mathrm{i}\varphi_{i-m}} \mathrm{e}^{-\mathrm{i}\frac{2\pi(i-m)n}{d}} \mid i,i\rangle \to \mathrm{e}^{\mathrm{i}\varphi_{i-m}} \mid i-m,i-m\rangle_{1,2}. \qquad (2.5.56)$$

局域恢复算符 $V_{n,m}$ 作用在克隆基

$$\mathrm{e}^{\mathrm{i}\varphi_j} \mathrm{e}^{-\mathrm{i}\frac{2\pi jn}{d}} \ (p \mid j+m,i\rangle + q \mid i,j+m\rangle)_{1,2} \qquad (2.5.57)$$

和

$$\mathrm{e}^{\mathrm{i}\varphi_{d-m}} \mathrm{e}^{-\mathrm{i}\frac{2\pi(d-m)n}{d}} \mid i,i\rangle \qquad (2.5.58)$$

上,恢复过程为

$$V_{n,m} \mathrm{e}^{\mathrm{i}\varphi_j} \mathrm{e}^{-\mathrm{i}\frac{2\pi jn}{d}} \ (p \mid j+m,i\rangle + q \mid i,j+m\rangle)_{1,2} \to$$
$$\mathrm{e}^{\mathrm{i}\varphi_j} \ (p\mathrm{e}^{-\mathrm{i}\frac{2\pi}{d}[(i-m)n+l+k(i-m)]} \mid j,i-m\rangle + q\mathrm{e}^{-\mathrm{i}\frac{2\pi}{d}[(i-m)n+l+kj]} \mid i-m,j\rangle)_{1,2}$$
$$(2.5.59)$$

和

$$V_{n,m} \mathrm{e}^{\mathrm{i}\varphi_{i-m}} \mathrm{e}^{-\mathrm{i}\frac{2\pi(i-m)n}{d}} \mid i,i\rangle_{1,2} \to \mathrm{e}^{\mathrm{i}\varphi_{i-m}} \mathrm{e}^{-\mathrm{i}\frac{2\pi}{d}[(i-m)n+l+k(i-m)]} \mid i-m,i-m\rangle_{1,2}.$$
$$(2.5.60)$$

l 和 k 要满足方程

$$\left.\begin{array}{l}(i-m)n+l+k(i-m)=0, \\ (i-m)n+l+kj=0, \\ (i-m)n+l+k(i-m)=0,\end{array}\right\} \Rightarrow \begin{cases} l=(m-i)n, \\ k=0. \end{cases} \qquad (2.5.61)$$

这样,局域恢复算符可写为

$$V_{n,m}^{(1)} = \sum_{j=0}^{d-1} \exp\left(\mathrm{i}\frac{2\pi jn}{d}\right) \mid j\rangle_1 \langle j+m \mid,$$
$$V_{n,m}^{(2)} = \sum_{j=0}^{d-1} \exp\left\{\mathrm{i}\frac{2\pi}{d}[(j+m-i)n]\right\} \mid j\rangle_2 \langle j+m \mid. \qquad (2.5.62)$$

具体恢复过程为

$$V_{n,m} \frac{1}{\sqrt{d}} \sum_{j=0}^{d-1} \exp\left(-\mathrm{i}\frac{2\pi jn}{d}\right) \mathrm{e}^{\mathrm{i}\varphi_j} \mid \varphi_{j+m}\rangle_{1,2} \to$$
$$\frac{1}{\sqrt{d}} \left(\sum_{\substack{j=0 \\ j \neq i-m}}^{d-1} \mathrm{e}^{\mathrm{i}\varphi_j} \mid \varphi_j'\rangle_{1,2} + \mathrm{e}^{\mathrm{i}\varphi_{i-m}} \mid \varphi_{i-m}'\rangle_{1,2}\right), \qquad (2.5.63)$$

其中

$$| \varphi'_{i-m} \rangle_{1,2} = | i-m, i-m \rangle_{1,2}, \quad | \varphi'_j \rangle_{1,2} = p | j, i-m \rangle_{1,2} + q | i-m, j \rangle_{1,2}.$$

$$(2.5.64)$$

注意:上式仍然是最优幺正变换. 这种远程量子克隆不同于对称性幺正变换,它不可能将坍缩态直接恢复为原有的幺正变换所需要的拷贝,即

$$\sum_{j=0}^{d-1} e^{-i\frac{2\pi jn}{d}} \alpha_j | \varphi_{j+m} \rangle_{1,2,3} \rightarrow \sum_{j=0}^{d-1} \alpha_j | \varphi_j \rangle_{1,2,3}. \qquad (2.5.65)$$

但是,利用这种量子克隆有 d 个独立的最优幺正变换的特点,我们可以将坍缩态转变为另一种幺正变换的克隆态,即

$$\frac{1}{\sqrt{d}} \sum_{j=0}^{d-1} \exp\left(-i\frac{2\pi jn}{d}\right) e^{i\varphi_j} | \varphi_{j+m} \rangle_{1,2} \rightarrow \frac{1}{\sqrt{d}} \sum_{\substack{j=0 \\ j \neq i-m}}^{d-1} e^{i\varphi_j} | \varphi'_j \rangle_{1,2}.$$

$$(2.5.66)$$

这样,通过局域操作得到的拷贝保真度仍然是最优的.

如果只使用一个幺正变换,那么经济型相位协变远程量子克隆是概率性的;如果使用多粒子纠缠态,并选择合适的系数,那么在拷贝与辅助粒子纠缠下,亚最优保真度可以以一定概率达到最优保真度,这可以参考文献[57,58].

2.5.4　非对称性量子纠缠通道的远程量子克隆

一般的远程量子克隆的纠缠通道是对称的,参见式(2.5.46). 但是,也可以选择非对称性纠缠态作为量子纠缠通道. 文献[57]采用文献[58]给出的 GHZ-W 型纠缠态作为纠缠通道实现混合式的二维空间经济型 $1 \rightarrow n$ 相位协变远程量子克隆. 下面介绍这种远程量子克隆的性质.

设需要远程量子克隆的相位态记为

$$| \varphi^\delta \rangle = \frac{1}{\sqrt{2}} (| 0 \rangle + e^{i\delta} | 1 \rangle), \qquad (2.5.67)$$

其中相位 $\delta \in [0, 2\pi]$ 是未知的,集合 $[| 0 \rangle, | 1 \rangle]$ 表示二维空间的计算基. 与相位态对应的正交态定义为

$$| \varphi^\delta \rangle^\perp = \frac{1}{\sqrt{2}} (| 0 \rangle - e^{i\delta} | 1 \rangle), \qquad (2.5.68)$$

可以称为**反拷贝**（anticlone）. 发送者 Alice 想把拷贝 $|\varphi^\delta\rangle$ 发送给接收者 Bob, 而其他接收者接收到反拷贝 $|\varphi^\delta\rangle^\perp$. 这里需要注意的是, 拷贝的保真度和反拷贝的保真度不一定要相同.

首先, 发送者和接收者共享一个 GHZ-W 型纠缠态[58], 作为纠缠通道.

$$|W_{n+1}\rangle = x_0|1_A\rangle\prod_{j=1}^{n}|0_{B_j}\rangle + |0_A\rangle\sum_{j=1}^{n}\left(x_j|1_{B_j}\rangle\prod_{k=1,k\neq j}^{n}|0_{B_k}\rangle\right),$$

$$(2.5.69)$$

其中系数为 $x_0 = |x_0|\mathrm{e}^{\mathrm{i}\theta}$ 和 $x_j = |x_j|\mathrm{e}^{\mathrm{i}\theta_j}$, 且满足归一化条件

$$|x_0|^2 + \sum_{j}^{N}|x_j|^2 = 1.\qquad(2.5.70)$$

粒子 A 属于 Alice, 其他的粒子分别由 Alice 发送给接收者. 当 Alice 需要远程量子克隆量子态 $|\varphi^\delta\rangle_T = (|0\rangle - \mathrm{e}^{\mathrm{i}\delta}|1\rangle)_T/\sqrt{2}$ 时, 整个系统量子态可以分解为

$$
\begin{aligned}
|\psi\rangle_{\text{total}} &= |\varphi^\delta\rangle_T|W_{n+1}\rangle\\
&= \frac{1}{2}\Big\{|\Psi^+\rangle_{TA}\Big[x_0\prod_{j=1}^{n}|0_{B_j}\rangle + \mathrm{e}^{\mathrm{i}\delta}\sum_{j=1}^{n}\Big(x_j|1_{B_j}\rangle\prod_{k=1,k\neq j}^{n}|0_{B_k}\rangle\Big)\Big] +\\
&\quad |\Psi^-\rangle_{TA}\Big[x_0\prod_{j=1}^{n}|0_{B_j}\rangle - \mathrm{e}^{\mathrm{i}\delta}\sum_{j=1}^{n}\Big(x_j|1_{B_j}\rangle\prod_{k=1,k\neq j}^{n}|0_{B_k}\rangle\Big)\Big] +\\
&\quad |\Phi^+\rangle_{TA}\Big[\sum_{j=1}^{n}\Big(x_j|1_{B_j}\rangle\prod_{k=1,k\neq j}^{n}|0_{B_k}\rangle\Big) + \mathrm{e}^{\mathrm{i}\delta}x_0\prod_{j=1}^{n}|0_{B_j}\rangle\Big] +\\
&\quad |\Phi^-\rangle_{TA}\Big[\sum_{j=1}^{n}\Big(x_j|1_{B_j}\rangle\prod_{k=1,k\neq j}^{n}|0_{B_k}\rangle\Big) - \mathrm{e}^{\mathrm{i}\delta}x_0\prod_{j=1}^{n}|0_{B_j}\rangle\Big]\Big\},
\end{aligned}
$$

$$(2.5.71)$$

其中 Bell 基分别为

$$|\Psi^\pm\rangle_{TA} = \frac{1}{\sqrt{2}}(|01\rangle\pm|10\rangle),\quad |\Phi^\pm\rangle_{TA} = \frac{1}{\sqrt{2}}(|00\rangle\pm|11\rangle).\quad(2.5.72)$$

与标准的量子隐形传态的过程一样, 混合式经济型相位协变远程量子克隆过程包括: ①Alice 对粒子 A 和 T 进行 Bell 基测量; ②根据 Alice 的测量结果, 接收者采取相应的局域操作. 下面主要考虑第二个步骤.

假如 Alice 的测量结果是 $|\Psi^+\rangle_{TA}$, 接收者的量子态为

$$|\varphi\rangle_{\text{out}} = x_0\prod_{j=1}^{n}|0_{B_j}\rangle + \mathrm{e}^{\mathrm{i}\delta}\sum_{j=1}^{n}\Big(x_j|1_{B_j}\rangle\prod_{k=1,k\neq j}^{n}|0_{B_k}\rangle\Big).\quad(2.5.73)$$

约化掉其他粒子, 第 j 个拷贝的密度算符为

$$\rho_j = \Big(\sum_{k=0, k \neq j}^{n} |x_k|^2 \Big) |0_{B_j}\rangle\langle 0_{B_j}| + |x_j|^2 |1_{B_j}\rangle\langle 1_{B_j}| +$$
$$\mathrm{e}^{\mathrm{i}\delta} x_j x_0^* |1_{B_j}\rangle\langle 0_{B_j}| + \mathrm{e}^{-\mathrm{i}\delta} x_j^* x_0 |0_{B_j}\rangle\langle 1_{B_j}|. \tag{2.5.74}$$

显然, 第 j 个拷贝的密度算符依赖于纠缠通道 GHZ-W 型纠缠态 $|W_{n+1}\rangle$ 的叠加系数 x_0 和 x_j. 第 j 个拷贝与拷贝 $|\varphi^\delta\rangle$ 和反拷贝 $|\varphi^\delta\rangle^\perp$ 的保真度分别为

$$F_j = {}_j\langle \varphi^\delta | \rho_j | \varphi^\delta \rangle = \frac{1}{2} + |x_0 x_j| \cos(\theta_0 - \theta_j),$$
$$F_j^\perp = {}_j^\perp\langle \varphi^\delta | \rho_j | \varphi^\delta \rangle_j^\perp = \frac{1}{2} - |x_0 x_j| \cos(\theta_0 - \theta_j). \tag{2.5.75}$$

两个保真度满足

$$F_j + F_j^\perp = 1. \tag{2.5.76}$$

这个关系很明显, 因为 $|\varphi^\delta\rangle\langle \varphi^\delta| + |\varphi^\delta\rangle^\perp\langle \varphi^\delta| = I$.

要使拷贝保真度 F_j 取最大值, 就要确定纠缠通道 GHZ-W 型纠缠态 $|W_{n+1}\rangle$ 的叠加系数 x_0 和 x_j 以及相位因子 θ_0 和 θ_j. 首先, 确定相位因子 θ_0 和 θ_j. 接收者根据 Alice 的 $|\Psi^+\rangle_{TA}$ 态测量结果, 可以选择局域操作

$$U_{\vartheta_j} = \exp\Big(-\mathrm{i} \frac{\vartheta_j}{2} \sigma_j^z \Big), \tag{2.5.77}$$

其中 $\sigma^{x,y,z}$ 是 Pauli 矩阵. 接收者接收由式 (2.5.73) 给出的量子态后, 对其施加式 (2.5.77) 的局域操作, 就对由式 (2.5.73) 给出的量子态附加了一个相位 ϑ_j, 于是相应的拷贝保真度变为

$$F_j = {}_j\langle \varphi^\delta | \rho_j | \varphi^\delta \rangle = \frac{1}{2} + |x_0 x_j| \cos(\theta_0 - \theta_j - \vartheta_j),$$
$$F_j^\perp = {}_j^\perp\langle \varphi^\delta | \rho_j | \varphi^\delta \rangle_j^\perp = \frac{1}{2} - |x_0 x_j| \cos(\theta_0 - \theta_j - \vartheta_j). \tag{2.5.78}$$

如果取 $\theta_0 - \theta_j - \vartheta_j = 2m\pi$, 则 F_j 为最大值; 如果取 $\theta_0 - \theta_j - \vartheta_j = (2m+1)\pi$, 则 $F_j^\perp$ 为最大值, 即

$$\widetilde{F}_j = \frac{1}{2} + |x_0 x_j|. \tag{2.5.79}$$

这样, 两个拷贝的保真度满足

$$\widetilde{F}_j - \widetilde{F}_k = |x_0|(|x_j| - |x_k|). \tag{2.5.80}$$

利用 GHZ-W 型纠缠态 $|W_{n+1}\rangle$ 的归一化条件, 可以很容易求出式 (2.5.79)

的最大保真度. 当

$$|x_0| = \frac{1}{\sqrt{2}}, |x_1| = |x_2| = \cdots = |x_n| = \frac{1}{\sqrt{2n}}, \qquad (2.5.81)$$

最大保真度为

$$F = \frac{1}{2}\left(1 + \frac{1}{\sqrt{n}}\right). \qquad (2.5.82)$$

这就确定了 (GHZ)-W 型纠缠态 $|W'_{n+1}\rangle$ 为

$$|W'_{n+1}\rangle = \frac{1}{\sqrt{2}}\left[e^{i\theta_0}|1_A\rangle\prod_{j=1}^{n}|0_{B_j}\rangle + \frac{1}{\sqrt{n}}|0_A\rangle\sum_{j=1}^{n}\left(e^{i\theta_j}|1_{B_j}\rangle\prod_{k=1,k\neq j}^{n}|0_{B_k}\rangle\right)\right].$$

$$(2.5.83)$$

因此,

$$\rho_A = \mathrm{Tr}_{B_1\cdots B_n}(|W'_{n+1}\rangle\langle W'_{n+1}|) = \frac{I}{2}. \qquad (2.5.84)$$

这说明这个纠缠通道对于发送者和接收者而言, von Neumann 熵是 1, 即纠缠度是 1 量子比特.

对于其他三种可能的测量结果, 接收者可以通过合适的局域操作获得相应的拷贝. 具体的四种局域操作由表 2.2 给出.

表 2.2　接收者根据 Alice 的测量结果所采用的局域操作

Bell 基	拷贝	反拷贝
$|\Psi^+\rangle_{TA}$	$U_{\theta_0-\theta_j-2m\pi}$	$U_{\theta_0-\theta_j-(2m+1)\pi}$
$|\Psi^-\rangle_{TA}$	$U_{\theta_0-\theta_j-(2m+1)\pi}$	$U_{\theta_0-\theta_j-2m\pi}$
$|\Phi^+\rangle_{TA}$	$U_{\theta_0-\theta_j-2m\pi}\bigotimes\sigma_j^x$	$U_{\theta_0-\theta_j-(2m+1)\pi}\bigotimes\sigma_j^x$
$|\Phi^-\rangle_{TA}$	$U_{\theta_0-\theta_j-(2m+1)\pi}\bigotimes\sigma_j^x$	$U_{\theta_0-\theta_j-2m\pi}\bigotimes\sigma_j^x$

上面证明了使用 GHZ-W 型纠缠态 $|W'_{n+1}\rangle$ 作为纠缠通道, 测量时需要使用 Bell 基测量. 下面证明使用一般的 GHZ-W 型纠缠态 $|W''_{n+1}\rangle$ 作为纠缠通道, 测量时需要使用一般 Bell 基测量. 定义一般的 GHZ-W 型纠缠态 $|W''_{n+1}\rangle$ 为

$$|W''_{n+1}\rangle = \frac{1}{Q}\left[qe^{i\theta_0}|1_A\rangle\prod_{j=1}^{n}|0_{B_j}\rangle + |0_A\rangle\sum_{j=1}^{n}\left(e^{i\theta_j}|1_{B_j}\rangle\prod_{k=1,k\neq j}^{n}|0_{B_k}\rangle\right)\right],$$

$$(2.5.85)$$

其中系数表示为

$$q = \frac{|x_0|}{|x_1|} = \frac{|x_0|}{|x_2|} = \cdots = \frac{|x_0|}{|x_n|}, Q = \sqrt{n+q^2}. \quad (2.5.86)$$

定义一般 Bell 基为

$$|\Psi_h^+\rangle = \frac{1}{H}(|01\rangle + h|10\rangle), \quad |\Psi_h^-\rangle = \frac{1}{H}(h|01\rangle - |10\rangle),$$

$$|\Phi_h^+\rangle = \frac{1}{H}(|00\rangle + h|11\rangle), \quad |\Phi_h^-\rangle = \frac{1}{H}(h|00\rangle - |11\rangle), \quad (2.5.87)$$

其中 $H = \sqrt{1+h^2}$. 整个系统可以分解为

$$|\psi\rangle_{\text{total}} = |\varphi^\delta\rangle_T |W_{n+1}\rangle$$

$$= \frac{1}{QH}\Big\{ |\Psi_h^+\rangle_{TA} \frac{1}{\sqrt{2}}\Big[qe^{i\theta_0}\prod_{j=1}^n |0_{B_j}\rangle + he^{i\delta}\sum_{j=1}^n \big(e^{i\theta_j}|1_{B_j}\rangle \prod_{k=1,k\neq j}^n |0_{B_k}\rangle\big)\Big] +$$

$$|\Psi_h^-\rangle_{TA} \frac{1}{\sqrt{2}}\Big[qhe^{i\theta_0}\prod_{j=1}^n |0_{B_j}\rangle - e^{i\delta}\sum_{j=1}^n \big(e^{i\theta_j}|1_{B_j}\rangle \prod_{k=1,k\neq j}^n |0_{B_k}\rangle\big)\Big] +$$

$$|\Phi_h^+\rangle_{TA} \frac{1}{\sqrt{2}}\Big[\sum_{j=1}^n \big(e^{i\theta_j}|1_{B_j}\rangle \prod_{k=1,k\neq j}^n |0_{B_k}\rangle\big) + qhe^{i\delta}e^{i\theta_0}\prod_{j=1}^n |0_{B_j}\rangle\Big] +$$

$$|\Phi_h^-\rangle_{TA} \frac{1}{\sqrt{2}}\Big[h\sum_{j=1}^n \big(e^{i\theta_j}|1_{B_j}\rangle \prod_{k=1,k\neq j}^n |0_{B_k}\rangle\big) - qe^{i\delta}e^{i\theta_0}\prod_{j=1}^n |0_{B_j}\rangle\Big].$$

$$(2.5.88)$$

经过一般 Bell 基测量, Alice 可以得到四个输出态, 但是接收方却不可能通过局域操作把四个输出态都转化为需要的拷贝. 因此, 这种量子克隆是概率性的. 这可以分为两种情况:

(1) 选取 $h = q/\sqrt{n}$, 当 Alice 测量结果为 $|\Psi_h^+\rangle_{TA}$ 和 $|\Phi_h^-\rangle_{TA}$ 时, 接收者可以根据表 2.1 将坍缩态恢复到拷贝态; 当 Alice 测量结果为 $|\Psi_h^-\rangle_{TA}$ 和 $|\Phi_h^+\rangle_{TA}$ 时, 接收者不能利用表 2.1 将坍缩态恢复到拷贝态.

(2) 选取 $h = \sqrt{n}/q$, 当 Alice 测量结果为 $|\Psi_h^-\rangle_{TA}$ 和 $|\Phi_h^+\rangle_{TA}$ 时, 接收者可以根据表 2.1 将坍缩态恢复到拷贝态; 当 Alice 测量结果为 $|\Psi_h^+\rangle_{TA}$ 和 $|\Phi_h^-\rangle_{TA}$ 时, 接收者不能利用表 2.1 将坍缩态恢复到拷贝态.

因此, 远程量子克隆成功的概率为

$$P = \frac{2nq^2}{(n+q^2)^2}. \quad (2.5.89)$$

当然, 如果取 $h = \sqrt{n}/q = 1$, 则 $|W'_{n+1}\rangle = |W''_{n+1}\rangle$.

下面介绍可控经济型相位协变远程量子克隆. GHZ-W 型纠缠通道的形式为

$$|\Omega_m\rangle = x_0 \left(\prod_{k=1}^{m} |0_{C_k}\rangle\right) |1_A\rangle \left(\prod_{j=1}^{n} |0_{B_j}\rangle\right) +$$

$$\left(\prod_{k=1}^{m} |1_{C_k}\rangle\right) |0_A\rangle \sum_{j=1}^{n} x_j \left(|1_{B_j}\rangle \prod_{l=1,l\neq j}^{n} |0_{B_l}\rangle\right). \qquad (2.5.90)$$

式中, m 个粒子 C_k 由 m 个监控方持有, 单个粒子 A 由 Alice 持有, n 个粒子 $B_j(B_l)$ 由 n 个接收者持有. 从纠缠通道的表达式可以看出, 如果接收者需要获得 Alice 发送给他们的拷贝, 不仅需要 Alice 的操作, 也需要 m 个监控方同时完成操作, 这样才能通过局域操作获得想要的拷贝. 这如同打开一扇门, 需要监控方同意并共同操作才能打开. 一般地, 监控方的单粒子局域操作可以写为

$$|+_{C_k}\rangle = \frac{1}{R} \left(|0\rangle + r_k |1\rangle\right)_{C_k}, \quad |-_{C_k}\rangle = \frac{1}{R} \left(r_k |0\rangle - |1\rangle\right)_{C_k}. \quad (2.5.91)$$

式中, 归一化系数 $R = \sqrt{1+r_k^2}$, r_k 是实数.

如果考虑整个测量基, Alice 和监控方共有 $m+2$ 个二维空间的粒子, 测量基的个数为 2^{m+2}. 为了方便分析, 设 $m=1$, 即只有一个监控方. 这时只有 Alice 的 4 个测量基 $[|\Psi_h^{\pm}\rangle_{TA}, |\Phi_h^{\pm}\rangle_{TA}]$ 以及一个监控方的 2 个测量基 $[|\pm_{C_k}\rangle]$. 在需要远程量子克隆时, 整个系统分解为

$$|\tilde{\psi}\rangle_{\text{total}} = |\varphi^\delta\rangle_T |\Omega_1\rangle$$

$$= \frac{1}{\sqrt{2}H} \Big\{ |\Psi_h^+\rangle_{TA} \frac{1}{R} \big[|+_{C_1}\rangle(|\varphi_0\rangle + e^{i\delta}hr_1 |\varphi_1\rangle) + |-_{C_1}\rangle(r_1 |\varphi_0\rangle - e^{i\delta}h |\varphi_1\rangle)\big] +$$

$$|\Psi_h^-\rangle_{TA} \frac{1}{R} \big[|+_{C_1}\rangle(h |\varphi_0\rangle - e^{i\delta}r_1 |\varphi_1\rangle) + |-_{C_1}\rangle(hr_1 |\varphi_0\rangle + e^{i\delta} |\varphi_1\rangle)\big] |$$

$$|\Phi_h^+\rangle_{TA} \frac{1}{R} \big[|+_{C_1}\rangle(e^{i\delta}h |\varphi_0\rangle + r_1 |\varphi_1\rangle) + |-_{C_1}\rangle(e^{i\delta}hr_1 |\varphi_0\rangle - |\varphi_1\rangle)\big] +$$

$$|\Phi_h^-\rangle_{TA} \frac{1}{R} \big[|+_{C_1}\rangle(-e^{i\delta} |\varphi_0\rangle + hr_1 |\varphi_1\rangle) - |-_{C_1}\rangle(e^{i\delta}r_1 |\varphi_0\rangle + h |\varphi_1\rangle)\big] \Big\},$$

$$(2.5.92)$$

其中

$$|\varphi_0\rangle = x_0 \prod_{j=1}^{n} |0_{B_j}\rangle, \quad |\varphi_1\rangle = \sum_{j=1}^{n} \left(x_j |1_{B_j}\rangle \prod_{l=1,l\neq j}^{n} |0_{B_l}\rangle\right). \quad (2.5.93)$$

经过 Alice 的 Bell 基测量和监控方的单粒子测量, 可以获得不同的坍缩态. 根据式 (2.5.92), 若测量结果是 $|\Psi_h^+\rangle_{TA} |+_{C_1}\rangle$, 最终的坍缩态为 $|\varphi_0\rangle + e^{i\delta}hr_1 |\varphi_1\rangle$, 接收者能否将坍缩态恢复成拷贝态, 取决于系数 (h, r_1).

若选用式(2.5.81)给出的系数,则式(2.5.90)变为

$$|\Omega_1'\rangle = \frac{e^{i\theta_0}}{\sqrt{2}} \left(\prod_{k=1}^{m} |0_{C_k}\rangle \right) |1_A\rangle \left(\prod_{j=1}^{n} |0_{B_j}\rangle \right) +$$

$$\frac{1}{\sqrt{2n}} \left(\prod_{k=1}^{m} |1_{C_k}\rangle \right) |0_A\rangle \sum_{j=1}^{n} e^{i\theta_j} \left(|1_{B_j}\rangle \prod_{l=1, l\neq j}^{n} |0_{B_l}\rangle \right). \quad (2.5.94)$$

整个系统 $|\tilde{\psi}\rangle_{\text{total}} = |\varphi^\delta\rangle_T |\Omega_1'\rangle$ 的分解类似于式(2.5.92). 此外,通过表 2.1 给出的操作可以恢复成拷贝态的坍缩态为

$$|\varphi\rangle_{\text{out}}' = \frac{1}{\sqrt{2}} e^{i\theta_0} \left(\prod_{j=1}^{n} |0_{B_j}\rangle \right) \pm \frac{e^{i\delta}}{\sqrt{2n}} \sum_{j=1}^{n} \left(e^{i\theta_j} |1_{B_j}\rangle \prod_{l=1, l\neq j}^{n} |0_{B_l}\rangle \right),$$

$$|\varphi\rangle_{\text{out}}' = \frac{1}{\sqrt{2n}} \sum_{j=1}^{n} \left(e^{i\theta_j} |1_{B_j}\rangle \prod_{l=1, l\neq j}^{n} |0_{B_l}\rangle \right) \pm \frac{e^{i\delta} e^{i\theta_0}}{\sqrt{2}} \left(\prod_{j=1}^{n} |0_{B_j}\rangle \right).$$

$$(2.5.95)$$

与式(2.5.92)中坍缩态相比较,可以得到监控方测量态的系数为

$$h = r_1 = 1. \quad (2.5.96)$$

在式(2.5.81)给出的系数 $|x_0| = 1/\sqrt{2}$ 和 $|x_1| = |x_2| = \cdots = |x_n| = 1/\sqrt{2n}$ 以及式(2.5.96)给出的系数 $h = r_1 = 1$ 情况下,可控经济型相位协变远程量子克隆以 100% 的成功概率得到保真度为 $F = (1 + 1/\sqrt{n})/2$ 的拷贝.

如果考虑更一般的情况,GHZ-W 型纠缠通道的形式为

$$|\Omega_1''\rangle = \frac{1}{Q} \Big[\left(q e^{i\theta_0} \prod_{k=1}^{m} |0_{C_k}\rangle \right) |1_A\rangle \left(\prod_{j=1}^{n} |0_{B_j}\rangle \right) +$$

$$\left(\prod_{k=1}^{m} |1_{C_k}\rangle \right) |0_A\rangle \sum_{j=1}^{n} \left(e^{i\theta_j} |1_{B_j}\rangle \prod_{l=1, l\neq j}^{n} |0_{B_l}\rangle \right) \Big], \quad (2.5.97)$$

其中系数 Q 和 q 参见式(2.5.86). 整个系统可以分解为

$$|\tilde{\psi}'\rangle_{\text{total}} = |\varphi^\delta\rangle_T |\Omega_1''\rangle$$

$$= \frac{1}{HQ} \Big\{ |\Psi_h^+\rangle_{TA} \frac{1}{R} \Big[|+_{C_1}\rangle \frac{1}{\sqrt{2}} (q|\varphi_0'\rangle + e^{i\delta} h r_1 |\varphi_1'\rangle) + |-_{C_1}\rangle \frac{1}{\sqrt{2}} (r_1 q |\varphi_0'\rangle - e^{i\delta} h |\varphi_1'\rangle) \Big] +$$

$$|\Psi_h^-\rangle_{TA} \frac{1}{R} \Big[|+_{C_1}\rangle \frac{1}{\sqrt{2}} (hq|\varphi_0'\rangle - e^{i\delta} r_1 |\varphi_1'\rangle) + |-_{C_1}\rangle \frac{1}{\sqrt{2}} (h r_1 q |\varphi_0'\rangle + e^{i\delta} |\varphi_1'\rangle) \Big] +$$

$$|\Phi_h^+\rangle_{TA} \frac{1}{R} \Big[|+_{C_1}\rangle \frac{1}{\sqrt{2}} (e^{i\delta} hq |\varphi_0'\rangle + r_1 |\varphi_1'\rangle) + |-_{C_1}\rangle \frac{1}{\sqrt{2}} (e^{i\delta} h r_1 q |\varphi_0'\rangle - |\varphi_1'\rangle) \Big] +$$

$$|\Phi_h^-\rangle_{TA} \frac{1}{R} \Big[|+_{C_1}\rangle \frac{1}{\sqrt{2}} (-e^{i\delta} q |\varphi_0'\rangle + h r_1 |\varphi_1'\rangle) - |-_{C_1}\rangle \frac{1}{\sqrt{2}} (e^{i\delta} r_1 q |\varphi_0'\rangle + h |\varphi_1'\rangle) \Big] \Big\},$$

$$(2.5.98)$$

其中

$$| \varphi_0' \rangle = \mathrm{e}^{\mathrm{i}\theta_0} \prod_{j=1}^{n} | 0_{B_j} \rangle, \; | \varphi_1' \rangle = \sum_{j=1}^{n} \left(\mathrm{e}^{\mathrm{i}\theta_j} | 1_{B_j} \rangle \prod_{l=1, l \neq j}^{n} | 0_{B_l} \rangle \right). \quad (2.5.99)$$

再进一步,可以推广到 m 个监控方的情况. 这些计算是繁杂的,但是并不复杂.

在本节中,文献[57]使用了非对称性量子纠缠通道完成远程量子克隆,获得拷贝的保真度不是最优的. 这似乎暗示非对称性量子纠缠通道在进行远程量子克隆时并不理想. 但是,使用非对称性量子纠缠通道可以提高拷贝的保真度. 当然,由于利用了非对称性量子纠缠通道,这种远程量子克隆是概率性的. 文献[59]通过非对称性量子纠缠通道以一定的成功概率将经济型相位协变量子克隆的亚最优保真度提高到非经济型相位协变量子克隆的最优保真度.

首先,简要介绍 d 维空间经济型 $1 \to 2$ 对称性相位协变局域量子克隆. d 维空间的相位态表示为

$$| \psi^{\mathrm{in}} \rangle_1 = \frac{1}{\sqrt{d}} \sum_{j=0}^{d-1} \mathrm{e}^{\mathrm{i}\theta_j} | j_1 \rangle, \quad (2.5.100)$$

相位 $\theta_j \in [0, 2\pi)$ 是未知的. 定义幺正变换[35]为

$$| j_1 0_2 \rangle \to | \varphi^{(j)} \rangle_{12}, \quad (2.5.101)$$

其中

$$| \varphi^{(0)} \rangle_{12} = | 0_1 0_2 \rangle, | \varphi^{(j)} \rangle_{12} = \frac{1}{\sqrt{2}} (| j_1 0_2 \rangle + | 0_1 j_2 \rangle), j \neq 0. \quad (2.5.102)$$

第一个粒子是需要克隆的原拷贝,第二个粒子是空白态. 未知相位态[式(2.5.100)]经过幺正变换[式(2.5.102)]后给出输出态

$$| \psi^{\mathrm{out}} \rangle_{12} = \frac{1}{\sqrt{d}} \sum_{j=0}^{d-1} \mathrm{e}^{\mathrm{i}\theta_j} | \varphi^{(j)} \rangle_{12}, \quad (2.5.103)$$

两个拷贝的保真度[36]为

$$F_{\mathrm{econ}}(d) = \frac{1}{2d^2} \left[(d-1)^2 + (1+2\sqrt{2})(d-1) + 2 \right]. \quad (2.5.104)$$

如果未知相位态经过幺正变换[35]为

$$| i00 \rangle_{1,2,x} \to \alpha | i\, i \rangle_{1,2} | i \rangle_x + \frac{\beta}{\sqrt{2(d-1)}} \sum_{\substack{j=0 \\ i \neq j}}^{d-1} (| ij \rangle + | ji \rangle)_{1,2} | j \rangle_x,$$

$$(2.5.105)$$

其中粒子 x 是辅助粒子,且克隆系数 α 和 β 满足

$$\alpha^2 = \frac{1}{2} - \frac{d-2}{2\sqrt{d^2+4d-4}}, \quad \beta^2 = \frac{1}{2} + \frac{d-2}{2\sqrt{d^2+4d-4}}, \quad (2.5.106)$$

则相应的保真度[35]为

$$F_{\text{opt}}(d) = \frac{1}{4d}(d+2+\sqrt{d^2+4d-4}). \quad (2.5.107)$$

当 $d=2$ 时,有 $F_{\text{econ}}(d) = F_{\text{opt}}(d)$;但当 $d>2$ 时,有 $F_{\text{econ}}(d) < F_{\text{opt}}(d)$. 这种现象说明辅助系统确实能够提高拷贝的保真度. 文献[59]提出一种远程量子克隆方案,可以将其中一个拷贝的保真度由亚最优提高到最优. 当然,这个过程一定是概率性的;否则,两个经济型的拷贝都可以提高到最优,那么亚最优就不是最优了.

三粒子纠缠通道为

$$|\Psi\rangle_{A_2BC} = \sum_{j=0}^{d-1} x_j \, |j_{A_2}\rangle \, |\varphi^{(j)}\rangle_{BC}, \quad (2.5.108)$$

其中系数满足归一化条件 $\sum_{j=0}^{d-1} |x_j|^2 = 1$. 粒子 A_2 由 Alice 持有,粒子 B 和 C 由 Alice 发送给接收者. Alice 和接收者之间的 von Neumann 熵为

$$S(\rho_{A_2}) = -\sum_{j=0}^{d-1} x_j^2 \log_2 x_j^2, \quad (2.5.109)$$

其中 Alice 所持有粒子的约化密度算子为

$$\rho_{A_2} = \text{Tr}_{BC}(|\Psi\rangle_{A_2BC}\langle\Psi|). \quad (2.5.110)$$

当 Alice 需要远程量子克隆时,需要量子克隆的量子态和纠缠通道所构成的整个量子态可以分解为

$$|\Psi\rangle_{\text{total}} = |\psi^{\text{in}}\rangle_{A_1} \otimes |\Psi\rangle_{A_2BC}$$
$$= \frac{1}{d}\sum_{l=0}^{d-1}\sum_{k=0}^{d-1} |\Phi\rangle_{A_1A_2}^{lk} \sum_{j=0}^{d-1} e^{-i2\pi jk/d} x_j e^{i\theta_j} \, |j_{A_2}\rangle \, |\varphi^{(j\oplus l)}\rangle_{BC}. \quad (2.5.111)$$

式中,$j\oplus l$ 表示 $j+l$ 模 d 加法,$|\Phi\rangle_{A_1A_2}^{lk}$ 是广义 Bell 基,即

$$|\Phi\rangle_{A_1A_2}^{lk} = \frac{1}{\sqrt{d}}\sum_{j=0}^{d-1} \exp\left(\frac{i2\pi jk}{d}\right)|j\rangle \, |j\oplus l\rangle. \quad (2.5.112)$$

如果 Alice 以概率

$$P = \frac{1}{d} \quad (2.5.113)$$

测量到 $|\Phi\rangle^{0k}_{A_1A_2}$ 态,即 $l=0$,则接收者可以获得坍缩态为

$$|\tilde{\psi}\rangle_{BC} = \sum_{j=0}^{d-1} \mathrm{e}^{-\mathrm{i}2\pi jk/d} x_j \mathrm{e}^{\mathrm{i}\theta_j} |j_{A_2}\rangle |\varphi^{(j)}\rangle_{BC}. \qquad (2.5.114)$$

Alice 告诉接收者她的测量结果,则接收者可以利用局域操作

$$U_{A\langle B\rangle} = \sum_{j=0}^{d-1} \exp\left(\frac{\mathrm{i}2\pi jk}{d}\right) |j\rangle_{A\langle B\rangle} \langle j|. \qquad (2.5.115)$$

这样,式(2.5.114)变为

$$|\psi^{\mathrm{out}}\rangle_{BC} = \sum_{j=0}^{d-1} x_j \mathrm{e}^{\mathrm{i}\theta_j} |\varphi^{(j)}\rangle_{BC}. \qquad (2.5.116)$$

于是,接收者 Bob 和 Charlie 可以获得拷贝,保真度为

$$F^t_{\mathrm{econ}}(d) = \frac{1}{d}\Big(1 + \sqrt{2}x_0 \sum_{j=1}^{d-1} x_j + \sum_{j=1}^{d-2}\sum_{k=j+1}^{d-1} x_j x_k\Big). \qquad (2.5.117)$$

如果令 $x_j = 1/\sqrt{d}$,则有 $S(\rho_{A_2}) = \log_2 d$,这表示纠缠通道是最大纠缠态,可以得到拷贝的保真度是亚最优的,即 $F^t_{\mathrm{econ}}(d) = F_{\mathrm{econ}}(d)$,与文献[37]给出的方案一致. 如果纠缠通道系数取

$$x_0 = X(d) = \sqrt{\frac{4(d-1)}{D(D+d-2)}},$$

$$x_j = Y(d) = \sqrt{\frac{d^2 + (d-2)D}{D(D+d-2)(d-1)}}, \ j \neq 0, \qquad (2.5.118)$$

其中 $D = \sqrt{d^2 + 4d - 4}$,则拷贝的保真度为

$$F^t_{\mathrm{econ}}(d) = F_{\mathrm{opt}}(d) = \frac{1}{4d}(d + 2 + \sqrt{d^2 + 4d - 4}). \qquad (2.5.119)$$

纠缠通道式(2.5.108)具体表示为

$$|\Psi'\rangle_{A_2BC} = X(d)|0_{A_2}\rangle |\varphi^{(0)}\rangle_{BC} + Y(d)\sum_{j=1}^{d-1} x_j |j_{A_2}\rangle |\varphi^{(j)}\rangle_{BC}.$$

$$(2.5.120)$$

上文说明可以以成功概率为 $1/d$ 的远程量子克隆方式,将经济型相位协变亚最优保真度提高到最优保真度.

如果 Alice 没有测量到 $|\Phi\rangle^{0k}_{A_1A_2}$ 态,而是得到其他的广义 Bell 基,Bob 和 Charlie 也可以通过局域操作获得拷贝,不过,拷贝的保真度为

$$F^{t'}_{\mathrm{econ}}(d) = \frac{1}{\sqrt{d}}\Big[1 + (d-2+\sqrt{2})X(d)Y(d) + \frac{d-2}{2}(d-3+2\sqrt{2})Y^2(d)\Big].$$

$$(2.5.121)$$

显然,两个保真度满足

$$F'^{t}_{\text{econ}}(d) < F^{t}_{\text{econ}}. \qquad (2.5.122)$$

综上所述,使用非对称性量子纠缠通道可以提高拷贝保真度. 在量子信息科学中,我们认为最大纠缠态的性质优于非最大纠缠态. 但是,文献[59]给出的结果说明非最大纠缠态与最大纠缠态有不同的优势. 因此,研究非最大纠缠态的一些特殊性质也是非常有意义的.

▌参考文献

[1] W. K. Wootters and W. H. Zurek, A single quantum cannot be cloned [J], Nature 299:802(1982).

[2] T. Mor, No cloning of orthogonal states in composite systems [J], Physical Review Letters 80:3137(1998).

[3] M. Koashi and N. Imoto, No-cloning theorem of entangled states [J], Physical Review Letters 81:4264(1998).

[4] A. K. Pati and S. L. Braunstein, Impossibility of deleting an unknown quantum state [J], Nature 404:164(2000).

[5] V. Scarani, S. Iblisdir, N. Gisin and A. Acín, Quantum cloning [J], Reviews of Modern Physics 77:1225(2005).

[6] H. Fan, Y-N. Wang, L. Jing, J-D. Yue, H-D. Shi, Y-L. Zhang and L-Z. Mu, Quantum cloning machines and the applications [J], Physics Reports 544:241(2014).

[7] V. Bužek and M. Hillery, Quantum copying:Beyond the no-cloning theorem [J], Physical Review A 54:1844(1996).

[8] N. Gisin and S. Massar, Optimal quantum cloning machines [J], Physical Review Letters 79:2153(1997).

[9] D. Bruß, D. P. DiVincenzo, A. Ekert, C. A. Fuchs, C. Macchiavello and J. A. Smolin, Optimal universal and state-dependent quantum cloning [J], Physical Review A 57:2368(1998).

[10] N. Gisin, G. Ribordy, W. Tittel and H. Zbinden, Quantum Cryptography [J], Reviews of Modern Physics 74:145(2002).

[11] C. H. Bennett and G. Brassard, Quantum crytography: public key distribution and coin tossing [M] // Proceedings of IEEE International Conference on Computers, System and Signals Processing, Bangalore, India(IEEE, New York, 1984), p. 175.

[12] D. Bruß, M. Cinchetti, G. M. D'Ariano and C. Macchiavello, Phase-covariant quantum cloning [J], Physical Review A 62:012302(2000).

[13] C-S. Niu and R. B. Griffiths, Two-qubit copying machine for economical quantum eavesdropping [J], Physical Review A 60:2764(1999).

[14] T. Durt and J. Du, Characterization of low-cost one-to-two qubit cloning [J], Physical Review A 69:062316(2004).

[15] W. H. Zhang and L. Ye, Optimal asymmetric economical state-dependent cloners [J]. Optics Communications 282:2650 (2009).

[16] D. Bruss, A. Ekert and C. Macchiavello, Optimal universal quantum cloning and state estimation [J], Physical Review Letters 81:2598(1998).

[17] V. Bužek and M. Hillery, Universal optimal cloning of arbitrary quantum states:from qubits to quantum registers [J], Physical Review Letters 81:5003(1998).

[18] R. F. Werner, Optimal cloning of pure states [J], Physical Review A 58:1827 (1998).

[19] P. Zanardi, Quantum cloning in d dimensions [J], Physical Review A 58:3484 (1998).

[20] H. Fan, K. Matsumoto and M. Wadati, Quantum cloning machines of a d-level system [J], Physical Review A 64:064301(2001).

[21] N. J. Cerf, Pauli cloning of a quantum bit [J], Physical Review Letters 84, 4497(2000).

[22] N. J. Cerf, Asymmetric quantum cloning machines in any dimension [J], Journal of Modern Optics 47:187(2000).

[23] I. Ghiu, Asymmetric quantum telecloning of d-level systems and broadcasting of entanglement to different locations using the "many-to-many" communication protocol [J], Physical Review A 67:012323(2003).

[24] S. Iblisdir, A. Acín, N. J. Cerf, R. Filip, J. Fiurášek and N. Gisin, Multipartite asymmetric quantum cloning [J], Physical Review A 72:042328(2005).

[25] M. F. Sacchi, Characterizing a universal cloning machine by maximum-likelihood estimation [J], Physical Review A 64:022106(2001).

[26] G. Chiribella, G. M. D'Ariano, P. Perinotti and N. J. Cerf, Extremal quantum cloning machines [J], Physical Review A 72:042336(2005).

[27] Y-N. Wang, H-D. Shi, Z-X. Xiong, L. Jing, X-J. Ren, L-Z. Mu and H. Fan, Unified universal quantum cloning machine and fidelities [J], Physical Review A 84: 034302(2011).

[28] L. Jing, Y-N. Wang, H-D. Shi, L-Z. Mu and H. Fan, Minimal input sets determining phase-covariant and universal quantum cloning [J], Physical Review A 86:062315(2012).

[29] G. M. D'Ariano and P. L. Presti, Optimal nonuniversally covariant cloning [J], Physical Review A 64:042308(2001).

［30］H. Fan，K. Matsumoto，X-B. Wang and M. Wadati，Quantum cloning machines for equatorial qubits ［J］，Physical Review A 65：012304(2001).

［31］G. M. D'Ariano and C. Macchiavello，Optimal phase-covariant cloning for qubits and qutrits ［J］，Physical Review A 67：042306(2003).

［32］W-H. Zhang，L-B. Yu，L. Ye and J-L. Dai，Optimal symmetric economical phase-covariant quantum cloning ［J］，Physics Letters A 360：726(2007).

［33］W-H. Zhang，L-B. Yu，Z-L. Cao and L. Ye，Optimal Phase-covariant cloning in 3 dimensions ［J］，Communication in Theoretical Physics 57(6)：991(2012).

［34］W-H. Zhang，L-B. Yu，Z-L. Cao and L. Ye，Optimal 1→M phase-covariant cloning in three dimensions ［J］，Chinese Physics B 23：070304(2014).

［35］H. Fan，H. Imai，K. Matsumoto and X-B. Wang，Phase-covariant quantum cloning of qudits ［J］，Physical Review A 67：022317(2003).

［36］T. Durt，J. Fiurášek and N. J. Cerf，Economical quantum cloning in any dimension ［J］，Physical Review A 72：052322(2005).

［37］W-H. Zhang，J. Wang，L. Ye and J-L. Dai，Suboptimal asymmetric economical phase-covariant quantum cloning and telecloning in d-dimension ［J］，Physics Letters A 369：112(2007).

［38］T. Durt and J. Du，Characterization of low-cost one-to-two qubit cloning ［J］，Physical Review A 69：062316(2004).

［39］W-H. Zhang and L. Ye，Optimal asymmetric phase-covariant and real state cloning in d dimensions ［J］，New Journal of Physics 9：318(2007).

［40］V. Karimipour and A. T. Rezakhani，Generation of phase-covariant quantum cloning ［J］，Physical Review A 66：052111(2002).

［41］K. Bartkiewicz，A. Miranowicz and S. K. Özdemir，Optimal mirror phase-covariant cloning ［J］，Physical Review A 80：032306(2009).

［42］J. Fiurášek，Optical implementations of the optimal phase-covariant quantum cloning machine［J］，Physical Review A 67：052314(2003).

［43］F. Buscemi，G. M. D'Ariano and C. Macchiavello，Economical phase-covariant cloning of qudits ［J］，Physical Review A 71：042327(2005).

［44］G. M. D'Ariano，C. Macchiavello and M. Rossi，Quantum cloning by cellular automata ［J］，Physical Review A 87：032337(2013).

［45］W-H. Zhang，T. Wu，L. Ye and J-L. Dai，Optimal real state cloning in d dimensions ［J］，Physical Review A 75：044303(2007).

［46］P. Navez and N. J. Cerf，Cloning a real d-dimensional quantum state on the edge of the no-signaling condition ［J］，Physical Review A 68：032313(2003).

［47］M. Murao, D. Jonathan, M. B. Plenio and V. Vedral, Quantum telecloning and multiparticle entanglement ［J］, Physical Review A 59:156(1999).

［48］C. H. Bennett, G. Brassard, C. Crépeau, R. Jozsa, A. Peres and W. K. Wootters, Teleporting an unknown quantum state via dual classical and Einstein-Podolsky-Rosen channels ［J］, Physical Review Letters 70:1895-1898(1993).

［49］L. Vaidman, Teleportation of quantum states ［J］, Physical Review A 49:1473 (1994).

［50］S. L. Braunstein and H. J. Kimble, Teleportation of continuous quantum variables ［J］, Physical Review Letters 80:869(1998).

［51］S. Stenholm and P. J. Bardroff, Teleportation of N-dimensional states ［J］, Physical Review A 58:4373(1998).

［52］M. Ikram, S-Y. Zhu and M. S. Zubairy, Quantum teleportation of an entangled state ［J］, Physical Review A 62:022307(2000).

［53］郭光灿,郭涛,郑仕标和王青俊. 量子信息讲座 第六讲 量子隐形传态 ［J］. 物理 28:120(1999).

［54］A. Einstein, B. Podolsky, N. Rosen, Can quantum-mechanical description of physical reality be considered complete? ［J］, Physical Reviews 47:777(1935).

［55］M. Murao, M. B. Plenio and V. Vedral, Quantum-information distribution via entanglement ［J］, Physical Review A 61:032311(2000).

［56］I. Ghiu, Asymmetric quantum telecloning of d-level systems and broadcasting of entanglement to different locations using the "many-to-many" communication protocol ［J］, Physical Review A 67:012323(2003).

［57］X-W. Wang and G-J. Yang, Hybrid economical telecloning of equatorial qubits and generation of multipartite entanglement ［J］, Physical Review A 79:062315(2009).

［58］L. Chen and Y-X. Chen, Classification of GHZ-type, W-type, and GHZ-W-type multiqubit entanglement ［J］, Physical Review A 74:062310(2006).

［59］X-W. Wang and G-J. Yang, Probabilistic ancilla-free phase-covariant telecloning of qudits with the optimal fidelity ［J］, Physical Review A 79:064306(2009).

第3章 其他类型的离散变量量子克隆

第2章主要介绍离散变量的纯态量子克隆,根据对需要进行量子克隆的量子态信息知道的多少,可将其分为普适量子克隆、相位协变量子克隆和实数态量子克隆.本章将介绍其他形式的量子克隆,主要包括两个已知态的量子克隆、正交态量子克隆、纠缠态量子克隆、纠缠度量子克隆、Bell 基局域量子克隆和混合态量子克隆等.量子克隆的幺正变换一般是对整个系统进行作用,在具体的物理系统中是比较难实现的.但是,对于有些量子克隆过程,可以用局域操作逐步实现整个系统的幺正变换,这被称为序列量子克隆,本章也将对这种类型的量子克隆进行介绍.

3.1 两个已知态的量子克隆

在第2章所描述的量子克隆中,可以认为量子克隆的输入态集合是由无穷个未知量子态所构成的,所介绍的三种类型量子克隆都是最优的.由于量子密码术[1]中使用非正交量子态作为量子密钥,因此二维空间四态 BB84 方案[2,3]、二维空间两态 B92 方案[4,5]、二维空间三态方案[6,7]、二维空间六态方案[8]、d 维空间纯态方案[9]和 d 维空间纠缠态方案[10]等相继被提出.应用量子克隆理论可以对量子密钥进行复制窃听,因此量子克隆可作为量子密码术个体窃听的首选方案.下面,首先介绍一种最为简单的量子克隆:**两个已知态的量子克隆**(two known states quantum cloning,TKSQC),即对 B92 方案[4]中两个非正交量子态的量子克隆.

3.1.1 以局域保真度为标准的两个已知态的量子克隆

文献[11]首先提出两个已知态的克隆.设需要克隆的量子态形式为

$$|\chi_1\rangle = \cos\theta |0\rangle + \sin\theta |1\rangle, \quad |\chi_2\rangle = \sin\theta |0\rangle + \cos\theta |1\rangle,$$

$$(3.1.1)$$

为了便于研究,对角度 θ 取

$$\theta \in (0, \pi/4), \tag{3.1.2}$$

它们的内积为

$$s = \langle \chi_1 \mid \chi_2 \rangle = \sin 2\theta. \tag{3.1.3}$$

假设 Alice 以一定概率 η_i (满足概率关系 $\sum_{i=1}^{2} \eta_i = 1$) 给予 Bob 两个量子态的其中一个,但是不能确定是哪一个. Bob 可利用量子克隆来复制所给的未知量子态. 这类已知态集量子克隆后来被推广[11-16]:由 l 个已知态构成一个量子态集

$$S = \{\mid \chi_i \rangle\}_{i=1}^{l}, \tag{3.1.4}$$

先验概率 η_i 满足关系

$$\sum_{i=1}^{l} \eta_i = 1, \tag{3.1.5}$$

要求由 N 个输入态 $\mid \chi_i \rangle^{\otimes N}$ 经过量子克隆得到 M 个拷贝态,即经过幺正变换

$$U_{NM} \mid \chi_i \rangle^{\otimes N} \rightarrow \mid \Psi_i \rangle_M. \tag{3.1.6}$$

在对称性量子克隆的情况下,即拷贝保真度都一样,输出态的 M 个拷贝约化密度矩阵为

$$\rho_M^{(\text{out})} = \mid \Psi_i \rangle_M \langle \Psi_i \mid, \tag{3.1.7}$$

约化掉 $M-1$ 个拷贝后,单个拷贝的约化密度矩阵为

$$\rho = \text{Tr}_{M-1}(\mid \Psi_i \rangle_M \langle \Psi_i \mid). \tag{3.1.8}$$

这种量子克隆的特征仍然用拷贝的保真度来表示. 这里给出两种保真度标准,即全局保真度和局域保真度. **全局保真度**(global fidelity)定义为全部 M 个拷贝的密度矩阵 $\rho_M^{(\text{out})} = \mid \Psi_i \rangle_M \langle \Psi_i \mid$ 与原始 M 个理想的(ideal)输入态的密度矩阵 $\rho_M^{(\text{id})} = \mid \chi_i \rangle^{\otimes N}{}_M \langle \chi_i \mid^{\otimes N}$ 之间的关系:

$$F_g = \sum_{i=1}^{M} (\eta_i \langle \chi_i \mid^{\otimes N} \rho_M^{(\text{out})} \mid \chi_i \rangle^{\otimes N}) = \sum_{i=1}^{M} \text{Tr}(\eta_i \rho_M^{(\text{id})} \rho_M^{(\text{out})}). \tag{3.1.9}$$

局域保真度(local fidelity)定义为单个拷贝的约化密度矩阵 $\rho = \text{Tr}_{M-1}(\mid \Psi_i \rangle_M \langle \Psi_i \mid)$ 与原始单个理想的(ideal)输入态的密度矩阵 $\rho^{(\text{id})} = \mid \chi_i \rangle \langle \chi_i \mid$ 之间的关系:

$$F_l = \sum_{i=1}^{M} (\eta_i \langle \chi_i \mid \rho^{(\text{id})} \mid \chi_i \rangle) = \sum_{i=1}^{M} \text{Tr}(\eta_i \rho^{(\text{id})} \rho). \tag{3.1.10}$$

　　这里介绍两个已知态的量子克隆,并假设先验概率相同,即 $\eta_i = 1/2$,文献[11]给出幺正变换的形式为

$$|00\rangle \rightarrow a|00\rangle + b(|01\rangle + |10\rangle) + c|11\rangle,$$

$$|10\rangle \rightarrow a|11\rangle + b(|10\rangle + |01\rangle) + c|00\rangle. \qquad (3.1.11)$$

文献[11]中没有确定具体的克隆系数,但可利用最优法计算出最优局域保真度:

$$F_{l,1\rightarrow 2}^{\langle \text{TKS}\rangle} = \frac{1}{2} + \frac{\sqrt{2}}{32s}(1+s)(3 - 3s + \sqrt{1 - 2s + 9s^2}) \times$$

$$\sqrt{-1 + 2s + 3s^2 + (1-s)\sqrt{1 - 2s + 9s^2}}. \qquad (3.1.12)$$

而后,文献[16]给出求解量子克隆系数的具体过程. 根据幺正变换[式(3.1.11)],可以计算拷贝的保真度:

$$F_l^{\langle \text{TKS}\rangle} = \frac{1}{4}\{3a^2 + 2ab + 4b^2 + 2bc + c^2 + (a - 2b - c)(a + c)\cos 4\theta +$$

$$4(a+b)(b+c)\sin 2\theta\}. \qquad (3.1.13)$$

　　下面,求解最优局域保真. 幺正变换[式(3.1.11)]的归一化条件为

$$a^2 + 2b^2 + c^2 = 1, \qquad (3.1.14)$$

由于幺正变换[式(3.1.11)]是保内积的,因此

$$2ac + 2b^2 = 0. \qquad (3.1.15)$$

即在式(3.1.14)和式(3.1.15)的条件下,求保真度[式(3.1.13)]的最大值. 经过求解可以得到克隆系数为

$$b = \frac{1}{8}(1 - \csc 2\theta + \csc 2\theta \sqrt{1 - 2\sin 2\theta + 9\sin^2 2\theta}),$$

$$a = \frac{1}{2}\left(\sqrt{1 - \frac{b}{2}} + 1\right), \quad c = \frac{1}{2}\left(\sqrt{1 - \frac{b}{2}} - 1\right), \qquad (3.1.16)$$

相应的局域保真度为

$$F_{l,1\rightarrow 2}^{\langle \text{TKS}\rangle} = \frac{1}{2} + \frac{1+s}{8}[3 - 3s + \sqrt{9s^2 - 2s + 1}]\sqrt{1 - \left(\frac{s - 1 + \sqrt{9s^2 - 2s + 1}}{4s}\right)^2}.$$

$$(3.1.17)$$

通过作图验证,式(3.1.12)和式(3.1.17)是相同的,只是具体表达形式不同而已.

　　上述量子克隆是确定性地获得保真度小于 1 的拷贝. 由于两个未知量子态是线性无关的,因此又可以使用概率量子克隆以概率性的方式获得保真度为 1 的拷贝,这将在第 4 章概率量子克隆中介绍.

3.1.2 以错误为标准的两个已知态的量子克隆

文献[13]提出以错误为标准的两个已知态的量子克隆.下面,首先介绍量子克隆的相对错误和绝对错误的概念.

设输入态集为 $S=\{|\varphi\rangle,|\psi\rangle\}$,则 $N\to L$ 两个已知态的量子克隆的幺正变换可以假设为

$$\forall|s\rangle\in S:U|s^{\otimes N}\rangle\otimes|0^{\otimes M}\rangle\otimes|x\rangle=|V^{(s)}\rangle_{L,x}. \quad (3.1.18)$$

$|0\rangle$ 表示空白态,$|x\rangle$ 表示辅助系统.由于幺正变换存在保内积性,对于输入态和输出态,有

$$\langle\varphi^{\otimes N}|\psi^{\otimes N}\rangle={}_{L,x}\langle V^{(\varphi)}|V^{(\psi)}\rangle_{L,x}. \quad (3.1.19)$$

对于输出态 $|V^{(s)}\rangle_{L,x}$,可以这样理解:用投影算子 $|s^{\otimes L}\rangle\langle s^{\otimes L}|\otimes I$ 作用在输入态上,可以对分量的矢量 $|s^{\otimes L}\rangle_L\otimes|q^{(s)}\rangle_x$ 进行测量.这样,输出态 $|V^{(s)}\rangle_{L,x}$ 可以分解为两个相互垂直的矢量分量,即

$$|V^{(s)}\rangle_{L,x}=|s^{\otimes L}\rangle_L\otimes|q^{(s)}\rangle_x+|\perp^{(s)}\rangle_{L,x}. \quad (3.1.20)$$

或者,可以把 $|s^{\otimes L}\rangle_L\otimes|q^{(s)}\rangle_x$ 和 $|\perp^{(s)}\rangle_{L,x}$ 作为两个相互垂直的矢量分量,则

$$\langle s^{\otimes L}q^{(s)}|\perp^{(s)}\rangle=0. \quad (3.1.21)$$

因此,$|s^{\otimes L}\rangle_L\otimes|q^{(s)}\rangle_x$ 和 $|\perp^{(s)}\rangle_{L,x}$ 可以作为测量算符.具体内容参阅本书1.8.2 节中 von Neumann 测量,即

$$M=\frac{1}{N_1}|s^{\otimes L}q^{(s)}\rangle\otimes\langle s^{\otimes L}q^{(s)}|+\frac{1}{N_2}|\perp^{(s)}\rangle\otimes\langle\perp^{(s)}|. \quad (3.1.22)$$

式中,N_1 和 N_2 分别为归一化系数,也可以理解为模长,即

$$\|\langle s^{\otimes L}q^{(s)}|s^{\otimes L}q^{(s)}\rangle\|=\sqrt{N_1},\|\langle\perp^{(s)}|\perp^{(s)}\rangle\|=\sqrt{N_2}. \quad (3.1.23)$$

由于 $|s^{\otimes L}\rangle_L$ 是归一化的,即 $\|\langle s^{\otimes L}|s^{\otimes L}\rangle\|=1$,因此也可以认为

$$\|\langle s^{\otimes L}q^{(s)}|s^{\otimes L}q^{(s)}\rangle\|=\|\langle q^{(s)}|q^{(s)}\rangle\|. \quad (3.1.24)$$

由于输出态 $|V^{(s)}\rangle_{L,x}$ 是归一化的,因此有

$$\|\langle q^{(s)}|q^{(s)}\rangle\|^2+\|\langle\perp^{(s)}|\perp^{(s)}\rangle\|^2=1. \quad (3.1.25)$$

从量子测量角度来说,对输出态 $|V^{(s)}\rangle_{L,x}$ 用算子[式(3.1.20)]测量,测量 $|\perp^{(s)}\rangle$ 态会得到错误的结果.因此,对 $S=\{|\varphi\rangle,|\psi\rangle\}$,$N\to L$ 两个已知态的量子克隆,绝对错误定义为

$$A=\||\perp^{(\varphi)}\rangle\|+\||\perp^{(\psi)}\rangle\|. \quad (3.1.26)$$

这里简要说明绝对错误的概率. 输出态可以分为相互垂直的两个分量: 一部分含拷贝, 另一部分不含拷贝. 测得不含拷贝的分量的概率, 就是绝对错误概率.

设理想拷贝 $|\varphi^{\otimes L}\rangle$ 和 $|\psi^{\otimes L}\rangle$ 的内积的模长为

$$\cos\delta(I^{\langle\varphi\rangle}, I^{\langle\psi\rangle}) = \|\langle\varphi^{\otimes L}|\psi^{\otimes L}\rangle\|, \tag{3.1.27}$$

其中 $\delta(I^{\langle\varphi\rangle}, I^{\langle\psi\rangle})$ 为角度. 对 $S = \{|\varphi\rangle, |\psi\rangle\}$, $N \to L$ 两个已知态的量子克隆, 相对错误定义为

$$R = \frac{A}{\sin\delta(I^{\langle\varphi\rangle}, I^{\langle\psi\rangle})}. \tag{3.1.28}$$

经过具体计算, 得到绝对错误的下限为

$$A_{N\to L}^{\langle\text{TKS}\rangle} \geqslant z^N\sqrt{1-z^{2L}} - z^l\sqrt{1-z^{2N}}, \tag{3.1.29}$$

相对错误的下限为

$$R_{N\to L}^{\langle\text{TKS}\rangle} \geqslant z^N - z^l\sqrt{(1-z^{2N})/(1-z^{2L})}, \tag{3.1.30}$$

其中 $z = \|\langle\varphi|\psi\rangle\|$.

文献[13]给出一个例子. 设需要克隆的两个量子态的形式为

$$|\varphi\rangle = \cos\theta|0\rangle + \sin\theta|1\rangle, \quad |\psi\rangle = \sin\theta|0\rangle + \cos\theta|1\rangle, \tag{3.1.31}$$

其中 $\theta \in (0, \pi/4)$, 它们的内积为

$$z = \langle\varphi|\psi\rangle = \sin 2\theta. \tag{3.1.32}$$

利用 Gram-Schmidt 正交化, 可以找到一个归一化的量子态 $|\Lambda\rangle$, $|\Lambda\rangle \in \text{span}\{|\varphi\rangle|\varphi\rangle, |\psi\rangle|\psi\rangle\}$, 使得 $|\Lambda\rangle \perp |\varphi\rangle|\varphi\rangle$.

$$|\Lambda\rangle = (|\psi\psi\rangle - z^2|\varphi\varphi\rangle)/\sqrt{1-z^2}. \tag{3.1.33}$$

两个已知态 $N \to L$ 量子克隆的幺正变换为

$$U|\varphi 0\rangle = |\varphi\varphi\rangle, \quad U|\psi 0\rangle = \cos\delta_{\varphi\psi}|\varphi\varphi\rangle + e^{i\alpha}\sin\delta_{\varphi\psi}|\Lambda\rangle. \tag{3.1.34}$$

幺正变换可以具体写为

$$U|00\rangle = (\cos^3\theta + e^{i\alpha}A\sin\theta)|00\rangle + (\cos\theta\sin^2\theta - e^{i\alpha}C\sin\theta)|11\rangle +$$
$$(\cos^2\theta\sin\theta - e^{i\alpha}B\sin\theta)(|01\rangle + |10\rangle),$$

$$U|10\rangle = (\cos^2\theta\sin\theta - e^{i\alpha}A\cos\theta)|00\rangle + (\sin^3\theta + e^{i\alpha}C\cos\theta)|11\rangle +$$
$$(\cos\theta\sin^2\theta + e^{i\alpha}B\cos\theta)(|01\rangle + |10\rangle), \tag{3.1.35}$$

其中参数分别为

$$A = \frac{\sin^2\theta(2+\cos 2\theta)}{\sqrt{1+\sin^2 2\theta}}, \quad B = \frac{\cos\theta\sin\theta\cos 2\theta}{\sqrt{1+\sin^2 2\theta}}, \quad C = \frac{\cos^2\theta(2-\cos 2\theta)}{\sqrt{1+\sin^2 2\theta}}.$$

(3.1.36)

根据具体计算可以发现,这个量子克隆是满足绝对错误和相对错误关系的.

3.2   正交态量子克隆

在量子信息科学中,给定一个未知量子系统,可以通过符合量子力学原理的合法操作,来获取有关未知量子系统的信息. 文献[17,18]对一对未知的正交量子态 $|\psi\rangle \otimes |\psi_\perp\rangle$(满足 $\langle\psi|\psi_\perp\rangle = 0$)进行**量子态估测**(quantum state estimation,QSE),得到估测 $|\psi\rangle$ 量子态的保真度为

$$F_\perp^{\langle\text{esti}\rangle} = \frac{5\sqrt{3}+33}{3(3\sqrt{3}-1)^2} \approx 0.789.$$

(3.2.1)

如果使用两个相同的未知量子态 $|\psi\rangle \otimes |\psi\rangle$ 进行估测,获得的信息将小于一对正交量子态的信息,可以根据量子克隆理论得到估测保真度. 根据式(2.2.17),计算 d 维空间最优对称性 $N \to M$ 普适量子克隆的保真度

$$F_{N \to M}^{\langle\text{SUQ}\rangle}(d) = \frac{M-N+N(M+d)}{M(N+d)}.$$

(3.2.2)

当 $d-2,N-2$ 时,令 $M \to \infty$,可以得到对两个相同未知量子态的估测保真度,即

$$F_\parallel^{\langle\text{esti}\rangle} = F_{2\to\infty}^{\langle\text{SUQ}\rangle}(2) = \frac{3}{4} = 0.75.$$

(3.2.3)

式中,符号"$\parallel$"表示两个量子态相互平行,即两个量子态相同. 这就提出了**正交态量子克隆**(orthogonal state quantum cloning,OSQC)的思想[19-21].

3.2.1   二维空间对称性 1+1→M 正交态量子克隆

对于输入态 $|\psi\rangle \otimes |\psi_\perp\rangle$,通过幺正变换可获得 M 个 $|\psi\rangle$ 的拷贝,即

$$|\psi\rangle \otimes |\psi_\perp\rangle \to |\psi_{\text{out}}(\psi)\rangle.$$

(3.2.4)

二维空间的直积态 $|\psi\rangle \otimes |\psi_\perp\rangle$ 有四个正交基 $\{|ij\rangle\}_{i,j=0}^1$. 对这四个正交基

最普遍的幺正变换为

$$|i\rangle|j\rangle|R\rangle_x \rightarrow \sum_{k=0}^{M}|(M,0);(k,1)\rangle|R\rangle_{ijk}. \qquad (3.2.5)$$

式中，$|R\rangle_x$ 是初始辅助态，$|R\rangle_{ijk}$ 是量子克隆后的辅助态，$|(M,0);(k,1)\rangle$ 表示有 M 个 $|0\rangle$ 和 k 个 $|1\rangle$ 构成的对称但不归一化的量子态，参见式(2.3.7)。对于二维空间单粒子的幺正变换，存在普适幺正变换，矩阵形式为

$$d(\Omega) = \begin{bmatrix} \cos\dfrac{\vartheta}{2} & \mathrm{e}^{-\mathrm{i}\varphi}\sin\dfrac{\vartheta}{2} \\[3mm] \mathrm{e}^{\mathrm{i}\varphi}\sin\dfrac{\vartheta}{2} & \cos\dfrac{\vartheta}{2} \end{bmatrix}, \qquad (3.2.6)$$

对于任意量子态，都有

$$|\psi\rangle = d(\Omega)|0\rangle. \qquad (3.2.7)$$

因此，量子克隆后的输出态总可以写为

$$|\psi_{\mathrm{out}}(\psi)\rangle = \sum_{ijk} d_{i0}(\Omega)d_{j1}(\Omega)|(M,0);(k,1)\rangle|R\rangle_{ijk}. \qquad (3.2.8)$$

由于幺正变换存在对称性，因此在计算单个拷贝的保真度时，可以只计算第一个拷贝的保真度。第一个粒子约化密度矩阵需要约化掉其他粒子和辅助系统，记为 $\mathrm{Tr}_{1,\mathrm{anc}}[\,\bullet\,]$，即

$$\rho_1 = \mathrm{Tr}_{1,\mathrm{anc}}[|\psi_{\mathrm{out}}(\psi)\rangle\langle\psi_{\mathrm{out}}(\psi)|], \qquad (3.2.9)$$

式中，下标"anc"表示约化掉辅助系统的粒子；下标"1"表示约化掉其他 $M-1$ 个粒子，只保留粒子 1，而不是约化掉粒子 1。于是，保真度表示为

$$f^{\langle\mathrm{OSQC}\rangle}(2) = \int \mathrm{d}\Omega\langle\psi|\rho_1|\psi\rangle = \sum_{i'j'k'}\sum_{ijk}\langle R_{i'j'k'}|R_{ijk}\rangle A_{ijk}^{i'j'k'}, \qquad (3.2.10)$$

其中

$$A_{ijk}^{i'j'k'} = \sum_{n,n'}\langle n'|\mathrm{Tr}_1[|(M,0);(k,1)\rangle\langle(M,0);(k,1)|]|n\rangle\int\mathrm{d}\Omega d_{n0}(\Omega)\times$$

$$d_{n'0}^{*}(\Omega)d_{i0}(\Omega)d_{j1}(\Omega)d_{i'0}^{*}(\Omega)d_{j'1}^{*}(\Omega). \qquad (3.2.11)$$

利用幺正变换的酉性质，再对保真度表达式进行最优化计算，可以得到二维空间对称性 $1+1 \rightarrow M$ 正交态量子克隆的幺正变换为

$$|\psi_1,\psi_1^{\perp}\rangle \rightarrow \sum_{j=0}^{M}\alpha_{j,M}|\{M-j,\psi_1\},\{j,\psi_1^{\perp}\}\rangle\otimes|\{M-j,\psi_1^{\perp}\},\{j,\psi_1\}\rangle,$$

$$(3.2.12)$$

其中克隆系数为

$$\alpha_{j,M} = (-1)^j \left[\frac{1}{\sqrt{2(M+1)}} + \frac{\sqrt{3}(M-2j)}{\sqrt{2M(M+1)(M+2)}} \right], \quad (3.2.13)$$

相应的保真度为[19]

$$F_{1+1 \to M}^{\langle SOSQ \rangle}(2) = \frac{1}{2} \left[1 + \sqrt{\frac{M+2}{3M}} \right]. \quad (3.2.14)$$

考虑 $|\psi\rangle^{\otimes N} |\psi_\perp\rangle^{\otimes N'}$ 产生 M 个拷贝的情况, 即

$$|\psi\rangle^{\otimes N} |\psi_\perp\rangle^{\otimes N'} \to |\psi_{\text{out}}(\psi)\rangle. \quad (3.2.15)$$

当 $N' = 1$ 时, 二维空间对称性 $N+1 \to M$ 正交态量子克隆的保真度为

$$F_{N+1 \to M}^{\langle SOSQ \rangle}(2) = \frac{N+1}{N+3} + \frac{3(N-1) + \sqrt{P/(N+2)}}{2M(M+3)}, \quad (3.2.16)$$

其中参数

$$P = (N-1)(N^2 - 15N - 18) + 8M(N+1)(M+3-N). \quad (3.2.17)$$

3.2.2　二维空间对称性 $N_1 + N_2 \to M$ 正交态量子克隆

文献[20,21]对多输入态做了进一步研究, 设输入态为

$$|\psi\rangle = \sin\frac{\theta}{2} e^{i\nu} |0\rangle + \cos\frac{\theta}{2} e^{-i\nu} |1\rangle, \quad (3.2.18)$$

需要量子克隆的系统为

$$|\Psi\rangle = |\psi\rangle^{\otimes N_1} \bigotimes |\psi_\perp\rangle^{\otimes N_2}, \quad (3.2.19)$$

经过幺正变换后产生 M 个 $|\psi\rangle$ 态的拷贝, 输出态可以用映射 C 表示为

$$|\Psi\rangle \to |\Psi\rangle_M^{\langle \text{out} \rangle} \sim C(|\Psi\rangle\langle\Psi|), \quad (3.2.20)$$

则第 j 个拷贝的约化密度矩阵可写为

$$\rho_j = \text{Tr}_j [C(|\Psi\rangle\langle\Psi|)], \quad (3.2.21)$$

其中约化算符 $\text{Tr}_j(\ )$ 表示约去其他拷贝, 而只留下第 j 个拷贝. 拷贝的保真度可以表示为

$$f_{N_1+N_2 \to M}^{\langle SOSQ \rangle}(2) = \langle\psi| \text{Tr}_j [C(|\Psi\rangle\langle\Psi|)] |\psi\rangle, \quad (3.2.22)$$

对其求平均后取极大值

$$F_{N_1+N_2 \to M}^{\langle SOSQ \rangle}(2) = \underset{C}{\text{Max}} \left\{ \frac{1}{M} \sum_{j=1}^{M} \int d\psi \langle\psi| \text{Tr}_j [C(|\Psi\rangle\langle\Psi|)] |\psi\rangle \right\}, \quad (3.2.23)$$

其中积分表示为

$$\int \mathrm{d}\psi = \frac{1}{4\pi} \int_{-1}^{1} \mathrm{d}(\cos\theta) \int_{0}^{2\pi} \mathrm{d}\nu. \tag{3.2.24}$$

经过具体计算后,给出二维空间对称性 $N_1 + N_2 \to M$ 正交态量子克隆的保真度为

$$F_{N_1+N_2 \to M}^{\langle SOSQ \rangle}(2) = \frac{N_1! N_2!}{M!} \sum_{\eta=\frac{|N_1-N_2|}{2}}^{\frac{N_1-N_2}{2}} \left[\left(\eta + \frac{1}{2}\right) f(\eta) + g(\eta) \right]. \tag{3.2.25}$$

当 $M > N_1$ 时,函数 $f(\eta)$ 和 $g(\eta)$ 定义为

$$f(\eta) = \frac{M + \frac{N_1-N_2}{2} + \frac{(N_1-N_2)^2 \left(M - \frac{N_1-N_2}{2} + 1\right)}{4\eta(\eta+1)}}{\left(\frac{N_1+N_2}{2} + \eta + 1\right)! \left(\frac{N_1+N_2}{2} - \eta\right)!},$$

$$g(\eta) = \sqrt{\frac{\left(M - \frac{N_1-N_2}{2} + 1\right)^2 - \eta^2}{\left(\frac{N_1+N_2}{2} + 1\right)^2 - \eta^2} \frac{\eta^2 - \left(\frac{N_1-N_2}{2}\right)^2}{\left(\frac{N_1+N_2}{2} + \eta\right)! \left(\frac{N_1+N_2}{2} - \eta\right)! \eta}}.$$

$$\tag{3.2.26}$$

当 $N_1 = N_2$ 时,函数 $f(\eta)$ 和 $g(\eta)$ 在 $\eta = 0$ 处是可去奇点.

当 $N_2 = 0$ 时,$N_1 + N_2 \to M$ 正交态量子克隆退化为二维空间对称性 $N_1 \to M$ 普适量子克隆,保真度为

$$F_{N_1+0 \to M}^{\langle SOSQ \rangle}(2) = \frac{1}{2} \left[1 + \frac{N_1(M+2)}{M(N_1+2)} \right] = F_{N_1 \to M}^{\langle SUQC \rangle}(2); \tag{3.2.27}$$

当 $N_1 = N_2 = 1$ 时,退化为二维空间对称性 $1 + 1 \to M$ 正交态量子克隆,保真度为

$$F_{1+1 \to M}^{\langle SOSQ \rangle}(2) = \frac{1}{2} \left[1 + \sqrt{\frac{M+2}{3M}} \right]. \tag{3.2.28}$$

3.3　纠缠态量子克隆

3.3.1　全局保真度表示的二维空间对称性 1→2 纠缠态量子克隆

量子纠缠态最初由 Einstein 等[22]人提出,被称为 EPR 态. 量子纠缠理论是量子信息科学中另一块基石,量子纠缠理论和应用的相关内容可以参考文献[23].

文献[24]对任意二维空间的**纠缠态量子克隆**(entangled state quantum cloning，ESQC)做了研究，而后进行较为深入的研究[24-29]．首先，定义二维空间的纠缠态为

$$|\psi\rangle = \alpha \, |00\rangle_{1,2} + \sqrt{1-\alpha^2} \, |11\rangle_{1,2}, \tag{3.3.1}$$

其中参数 $\alpha \in [0,1]$ 是描述纠缠态 $|\Omega\rangle$ 的纠缠度．由于纠缠态 $|\Omega\rangle$ 具有对称性，因此可以对参数进行限制，即要求

$$0 \leqslant \alpha \leqslant \frac{1}{\sqrt{2}}. \tag{3.3.2}$$

当 $\alpha = 0$ 时，$|\Omega\rangle$ 是可以分离的直积态；当 $\alpha = 1/\sqrt{2}$ 时，$|\Omega\rangle$ 是最大纠缠态．

定义两比特纠缠态的集合为

$$\Omega_\alpha = \left\{ (U_1 \otimes U_2)(\alpha \, |00\rangle_{1,2} + \sqrt{1-\alpha^2} \, |11\rangle_{1,2}) ; \, U_1 \times U_2 \in SU(2) \right\}. \tag{3.3.3}$$

对于属于集合 Ω_α 的未知纠缠态 $|\psi\rangle$，幺正变换定义为

$$T_\alpha : \rho_0 \equiv \rho_{\text{in}} \otimes \rho_{\text{ref}} \rightarrow \rho_{\text{out}}. \tag{3.3.4}$$

式中，$\rho_{\text{in}} = |\psi\rangle\langle\psi|$ 是未知输入纠缠态的密度矩阵，ρ_{ref} 是参考态(辅助系统)的密度矩阵．

经过量子克隆后，使用全局保真度作为评判标准．全局保真度定义为

$$F_g^{(\text{ESQC})} = \langle\psi| \otimes \langle\psi| \, \rho_{\text{out}} \, |\psi\rangle \otimes |\psi\rangle = \text{Tr}[\rho_{\text{out}} \rho_{\text{in}}^{\otimes 2}]. \tag{3.3.5}$$

计算后，得到二维空间对称性 $1 \rightarrow 2$ 纠缠态量子克隆的保真度为

$$F_{g,1\rightarrow2}^{(\text{SESQ})}(2) = \frac{2}{9}[1 - 4\alpha^2(1-\alpha^2)](1+\sqrt{\nu}) + \alpha^2(1-\alpha^2)(1-\sqrt{1-\nu}), \tag{3.3.6}$$

参数为

$$\nu = 1 - \frac{81\alpha^4(1-\alpha^2)^2}{145\alpha^4(1-\alpha^2)^2 - 32\alpha^2(1-\alpha^2) + 4}. \tag{3.3.7}$$

3.3.2 局域保真度表示的二维空间对称性 1→2 纠缠态量子克隆

文献[26]对二维空间对称性 $1 \rightarrow 2$ 纠缠态量子克隆的局域保真度做了研究．设需要量子克隆的纠缠态为

$$|\Phi\rangle = U_A \otimes U_B(\alpha \, |00\rangle + \sqrt{1-\alpha^2} \, |11\rangle). \tag{3.3.8}$$

式中, U_A 和 U_B 是单比特幺正算符, $\alpha \in \left[0, 1/\sqrt{2}\right]$ 是纠缠态的纠缠度. 量子克隆变换是**完全正定映射**(completely positive map, CP), 它可以使两比特输入态

$$\rho_{\text{in}} = |\Phi\rangle\langle\Phi| \in L(H_A \otimes H_B) \qquad (3.3.9)$$

变换为四比特输出态

$$\rho_{\text{out}} \in L(H_{1A} \otimes H_{1B} \otimes H_{2A} \otimes H_{2B}). \qquad (3.3.10)$$

$L(H)$ 表示在 Hilbert 空间中所有量子态的集合, 即 Hilbert 空间中所有线性算子的集合. 两个拷贝的约化密度矩阵为

$$\rho_{1(2)} = \text{Tr}_{2A, 2B \langle 1A, 1B\rangle}(\rho_{\text{out}}). \qquad (3.3.11)$$

式中, $\text{Tr}_{2A, 2B \langle 1A, 1B\rangle}$ 约化密度算符表示作用在 $H_{2A} \otimes H_{2B} (H_{1A} \otimes H_{1B})$ 空间中. 在对称性量子克隆的情况下, 采用局域保真度, 定义为

$$F_l^{\langle \text{SES}\rangle} = \langle\Phi| \rho_{1(2)} |\Phi\rangle = \text{Tr}[\rho_{1(2)}\rho_{\text{in}}]. \qquad (3.3.12)$$

设完全正定映射 C 对于局域幺正变换 U_A 和 U_B 是协变的, 则有性质

$$C(U_A \otimes U_B \rho_{\text{in}} U_A^\dagger \otimes U_B^\dagger) = (U_A \otimes U_B)^{\otimes 2} C(\rho_{\text{in}}) (U_A^\dagger \otimes U_B^\dagger)^{\otimes 2}. \qquad (3.3.13)$$

对于正定算子 P_C,

$$P_C \in L(H_{1A} \otimes H_{1B} \otimes H_{2A} \otimes H_{2B}), \qquad (3.3.14)$$

完全正定映射 C 协变的条件为

$$[P_C, U_A \otimes U_B \otimes U_A \otimes U_B \otimes U_A^* \otimes U_B^*] = 0, \qquad (3.3.15)$$

也可写为

$$[P_C, U_A \otimes U_A \otimes U_A^* \otimes U_B \otimes U_B \otimes U_B^*] = 0. \qquad (3.3.16)$$

完全正定映射 C 的符号 P_C 可以具体写为一个 Hermitian 算子, 它的协变条件相应为

$$[A, U_A \otimes U_A \otimes U_A^*] = 0, [B, U_B \otimes U_B \otimes U_B^*] = 0. \qquad (3.3.17)$$

对于系统的全空间 $H = H_{1A} \otimes H_{2A} \otimes H_A \otimes H_{1B} \otimes H_{2B} \otimes H_B$, 在 $U_A \otimes U_A \otimes U_A^*$ 的作用下, $H_{1A} \otimes H_{2A} \otimes H_A$ 是不变子空间; 在 $U_B \otimes U_B \otimes U_B^*$ 的作用下, $H_{1B} \otimes H_{2B} \otimes H_B$ 是不变子空间.

设 T_i 是子空间的投影算子, 一般的 Hermitian 算子 T 可以写为

$$T = \sum_{i=1}^{n} a_i T_i. \qquad (3.3.18)$$

式中, a_i 是任意实参数. 在二维空间对称性 $1 \to 2$ 纠缠态量子克隆中, 若输入

纠缠态是两个粒子,则拷贝需要两个粒子,辅助系统需要 1 个粒子,即整个系统为 5 个二维空间的粒子. 于是,所需要量子克隆的一般 Hermitian 算子可以写为

$$A = \sum_{i,j=1}^{5} a_{ij} T_i \bigotimes T_j. \tag{3.3.19}$$

实参数 a_{ij} 共有 25 个. 由于完全正定映射是保迹的,即

$$\mathrm{Tr}_{1A,2A,1B,2B}(P_C) = I \in L(H_A \bigotimes H_B), \tag{3.3.20}$$

因此实参数应满足限制条件

$$a_{11} + a_{12} + 2a_{13} + a_{21} + a_{22} + 2a_{23} + 2a_{31} + 2a_{32} + 4a_{33} = 1. \tag{3.3.21}$$

经过具体计算,可以得到 25 个实参数数值. 多数参数数值为 0,数值不为 0 的参数为

$$a_{11} = \frac{1}{2} - \frac{4(1-\alpha^2+\alpha^4)}{c}, a_{22} = 1 - a_{11}, a_{44} = \frac{\sqrt{a_{11} a_{22}}}{2}, a_{55} = -a_{44}, \tag{3.3.22}$$

其中

$$c = \sqrt{73 + 16\alpha^2(1-\alpha^2)(1+40\alpha^2-40\alpha^4)}. \tag{3.3.23}$$

二维空间对称性 $1 \rightarrow 2$ 纠缠态量子克隆拷贝的局域保真度为

$$F_{l,1\rightarrow 2}^{\langle \mathrm{SES} \rangle}(2) = \frac{16 + (1-4\alpha^2)^2 - 8\alpha^4}{36} + \frac{c}{36}. \tag{3.3.24}$$

同时,文献[26]研究利用**局域操作与经典通信**(local operations and classical communication,LOCC)对上述情况进行量子克隆,得到拷贝局域保真度为

$$F_{l,1\rightarrow 2}^{\langle \mathrm{SES,LOCC} \rangle}(2) = \frac{3 + 8\alpha^2(1-\alpha^2)(2+\alpha^2-\alpha^4)}{4(1+8\alpha^2-8\alpha^4)}. \tag{3.3.25}$$

3.4　纠缠度量子克隆

上节提到的是对任意一个未知纠缠态的量子克隆,本节延伸到对最大纠缠态的**纠缠度量子克隆**(quantum entanglement cloning,QEC).

3.4.1　2×2 维空间(非)对称性 1→2 纠缠度量子克隆

文献[30]研究了二维空间的最大纠缠态的量子克隆,而后又推广到 $d \times d$

维空间[31]. 对于一个 2×2 维空间, 纠缠态可以定义为

$$|\Phi\rangle = \sum_{i=0}^{3} n_i \, |\, e_i\rangle. \tag{3.4.1}$$

式中, 四个量子态

$$|e_0\rangle = |\Phi^+\rangle, \ |e_1\rangle = |\Phi^-\rangle, \ |e_2\rangle = i\,|\Psi^+\rangle, \ |e_3\rangle = |\Psi^-\rangle, \tag{3.4.2}$$

为四个正交最大纠缠态; 叠加系数 n_i 为复数, 满足归一化条件

$$\sum_{i=0}^{3} |\, n_i\,|^2 = 1. \tag{3.4.3}$$

对于纠缠态 $|\Phi\rangle$ 而言, 生成纠缠度 (the entanglement of formation) E 定义为

$$E[C(\Phi)] = H\left[\frac{1}{2} + \frac{1}{2}\sqrt{1 - C(\Phi)^2}\,\right], \tag{3.4.4}$$

其中 H 为二元熵函数, 并且

$$C(\Phi) = \left|\sum_{i=0}^{3} n_i^2\right|. \tag{3.4.5}$$

对最大纠缠态 $|\Phi\rangle$ (纠缠态是最大的, 但是复系数 n_i 是未定的) 进行量子克隆, 需要有参考态 R 和辅助态 A, 即全部系统由克隆态 a、拷贝态 b、参考态 R 和辅助态 A 组成. 其最一般的量子态表示为

$$|S\rangle_{R,a,b,A} = \sum_{i,j,k,l=0}^{3} s_{ijkl}\,|\, l\rangle_R\,|\, i\rangle_a\,|\, j\rangle_b\,|\, k\rangle_A. \tag{3.4.6}$$

这里的量子态都是四维的, 如

$$|\, k\rangle_A = |\, 00\rangle_A, |\, 01\rangle_A, |\, 10\rangle_A, |\, 11\rangle_A. \tag{3.4.7}$$

设 2×2 维空间对称性 $1\to2$ 纠缠度量子克隆的幺正变换为

$$|\Phi\rangle \to \sum_{i,j,k,l=0}^{3} s_{ijkl} n_l\,|\, i\rangle_a\,|\, j\rangle_b\,|\, k\rangle_A, \tag{3.4.8}$$

其中系数为

$$s_{ijkl} = A\delta_{il}\delta_{jk} + B\delta_{jl}\delta_{ik} + C\delta_{kl}\delta_{ij}, \tag{3.4.9}$$

满足归一化条件

$$4(|A|^2 + |B|^2 + |C|^2) + 2\mathrm{Re}(AB^* + AC^* + BC^*) = 1. \tag{3.4.10}$$

式 (3.4.9) 中参数 A、B 和 C 是对称的. 其中, A 和 B 对应拷贝 a 和 b, 要求两个拷贝的局域保真度一样, 这就给归一化参数附加了一个条件

$$A = B. \tag{3.4.11}$$

经过计算后，局域保真度为

$$F^{\langle SEQ \rangle}(2\times 2) = \langle \Phi | \rho_{a\langle b\rangle} | \Phi \rangle = 7 |A|^2 + |C|^2 + 4\mathrm{Re}(AC^*),$$
(3.4.12)

式中，$\rho_{a\langle b\rangle}$ 是纠缠态 $a(b)$ 的约化密度矩阵.

在式(3.4.10)的条件下求保真度[式(3.4.12)]的极值，即当归一化系数为

$$A = \frac{1}{3}\left(\frac{1}{2}+\frac{1}{\sqrt{13}}\right)^{\frac{1}{2}}, B = A, C = \frac{A}{2}(\sqrt{13}-3),\quad (3.4.13)$$

保真度为

$$F_{l,1\to2}^{\langle SEQ \rangle}(2\times 2) = \frac{5+\sqrt{13}}{12}.\quad (3.4.14)$$

显然，当 $B \neq A$ 时，纠缠度量子克隆是非对称的. 两个拷贝的局域保真度分别为

$$F_a = 4 |A|^2 + |B|^2 + |C|^2 + 2\mathrm{Re}(AB^* + AC^* + BC^*),$$
$$F_b = 4 |B|^2 + |A|^2 + |C|^2 + 2\mathrm{Re}(AB^* + AC^* + BC^*),$$
(3.4.15)

两个拷贝保真度之间的关系为

$$F_a = -3B^2 + \frac{F_b+1}{2} + \frac{\sqrt{-3B^3+F_b}-B}{2}\times$$
$$(18B^2 + 18B\sqrt{-3B^3+F_b} - 15F_b + 6)^{1/2}.\quad (3.4.16)$$

日前，参数 B 还未给出.

3.4.2 $d\times d$ 维空间对称性 1→2 纠缠度量子克隆

上述推导可以直接推广到 $d\times d$ 维空间，只是正交基处在 $d\times d = d^2$ 维空间，且在量子克隆系数上稍微有差别.

设 $d\times d$ 维空间对称性 1→2 纠缠度量子克隆的幺正变换为

$$|\Phi\rangle \to \sum_{i,j,k,l=0}^{3} s_{ijkl} n_l |i\rangle_a |j\rangle_b |k\rangle_A,\quad (3.4.17)$$

其中系数为

$$s_{ijkl} = A\delta_{i_A j_A}\delta_{k_A l_A}\delta_{i_B j_B}\delta_{k_B l_B} + B\delta_{i_A j_A}\delta_{k_A l_A}\delta_{i_B k_B}\delta_{j_B l_B} +$$
$$C\delta_{i_A k_A}\delta_{j_A l_A}\delta_{i_B k_B}\delta_{j_B l_B} + D\delta_{i_A k_A}\delta_{j_A l_A}\delta_{i_B j_B}\delta_{k_B l_B}.\quad (3.4.18)$$

由于是对称性量子克隆，要求系数满足

$$A = C, B = D,\quad (3.4.19)$$

且归一化条件为

$$2(|A|^2 + |B|^2)(1+d^2) + 8d\mathrm{Re}(AB^*) = 1,\quad (3.4.20)$$

因此拷贝的局域保真度为

$$F^{\langle\mathrm{SEQ}\rangle}(d\times d)=|A|^2(d^2+3)+4|B|^2+4\mathrm{Re}(AB^*)\frac{d^2+1}{d}.$$

$$(3.4.21)$$

在式(3.4.20)的条件下求保真度［式(3.4.21)］的极值,即当归一化系数为

$$A=C=\frac{d\sqrt{1+Y(d)}-\sqrt{1-Y(d)}}{2(d^2-1)},$$

$$B=D=\frac{d\sqrt{1-Y(d)}+\sqrt{1+Y(d)}}{2(d^2-1)},\qquad(3.4.22)$$

其中

$$Y(d)=\sqrt{1-\frac{(d^2-2)^2}{d^2(d^2-1)^2+4(d^2-2)^2}},\qquad(3.4.23)$$

保真度为

$$F^{\langle\mathrm{SEQ}\rangle}_{l,1\to2}(d\times d)=\frac{1}{4}\left[\frac{d^2+1}{d^2-1}+\sqrt{1+\frac{4}{d^2}\left(\frac{d^2-2}{d^2-1}\right)^2}\right].\quad(3.4.24)$$

当纠缠度量子克隆系数为

$$A=B=C=D=\frac{1}{2(d+1)}\qquad(3.4.25)$$

时,局域纠缠度量子克隆拷贝的局域保真度为

$$F_{\mathrm{loc}}=\frac{1}{4}+\frac{d+2}{2d(d+1)}.\qquad(3.4.26)$$

上述内容以保真度作为标准考察纠缠度量子克隆,下面考虑纠缠度量子克隆后纠缠态的纠缠度.式(3.4.4)给出 2×2 维空间纠缠度的定义,对于 $d\times d$ 维空间的纠缠态 $|\Phi\rangle$,最一般的形式可写为[32-34]

$$\rho=\frac{1-F}{d^2-1}(I-|\Phi\rangle\langle\Phi|)+F|\Phi\rangle\langle\Phi|.\qquad(3.4.27)$$

这里的 F 不是拷贝的保真度而是一个参数,$F\in[0,1]$.生成纠缠度为

$$E_{F(\rho)}=\begin{cases}0,\ F\in\left[0,\dfrac{1}{d}\right],\\[2mm]R_{1,d-1}(F),\ F\in\left[\dfrac{1}{d},\dfrac{4(d-1)}{d^2}\right],\\[2mm]\dfrac{d\log_2(d-1)}{d-2}(F-1)+\log_2d,\ F\in\left[\dfrac{4(d-1)}{d^2},1\right],\end{cases}$$

$$(3.4.28)$$

其中函数为

$$R_{1,d-1}(F) = H_2(\gamma(F)) + [1 - \gamma(F)]\log_2(d-1),$$

$$\gamma(F) = \frac{1}{d}\left[\sqrt{F} + \sqrt{(d-1)(1-F)}\right]^2,$$

$$H_2(p) = -p\log_2(p) - (1-p)\log_2(1-p). \tag{3.4.29}$$

对于纠缠度量子克隆,拷贝的约化密度矩阵为

$$\rho_A = \left[(d^2+2)|A|^2 + 2|B|^2 + 4d\mathrm{Re}(A^*B)\right]|\Phi\rangle\langle\Phi| +$$

$$\left[(|A|^2 + 2|B|^2) + \frac{4}{d}\mathrm{Re}(A^*B)\right]I. \tag{3.4.30}$$

将式(3.4.22)带入式(3.4.30),对照式(3.4.27)可以得出参数 F. 对于具体的维数 d 和参数 F,可利用式(3.4.28)计算生成纠缠度.

3.5 Bell 基局域量子克隆

3.5.1 Bell 基局域量子克隆

Bell 基是纠缠度最大的纠缠态,形式为

$$|B_1\rangle = \frac{1}{\sqrt{2}}(|00\rangle + |11\rangle),\ |B_2\rangle = \frac{1}{\sqrt{2}}(|00\rangle - |11\rangle),$$

$$|B_3\rangle = \frac{1}{\sqrt{2}}(|01\rangle + |10\rangle),\ |B_4\rangle = \frac{1}{\sqrt{2}}(|01\rangle - |10\rangle). \tag{3.5.1}$$

由于它们是正交的,可以通过对某个 Bell 基(例如 $|B_1\rangle$)的局域操作而转化为其他 Bell 基,如

$$|B_1\rangle = \frac{1}{\sqrt{2}}(|00\rangle + |11\rangle),\ |B_2\rangle = (I\otimes\sigma_Z)|\Phi^+\rangle,$$

$$|B_3\rangle = (I\otimes\sigma_X)|\Phi^+\rangle,\ |B_4\rangle = (I\otimes\sigma_X\sigma_Z)|\Phi^+\rangle. \tag{3.5.2}$$

对于四个 Bell 基,如果将其中任何一个 Bell 基 $|B_i\rangle$ 给 Alice,而 Alice 不知道它具体是哪一个,那么,Alice 能否精确地克隆呢? 答案是肯定的,因为四个 Bell 基是正交的. 现在的问题是,我们只被允许使用局域操作与经典通信(LOCC),能否精确克隆任意四个 Bell 基呢? 这也是可以做到的. 这种克隆称为 **Bell 基局域量子克隆**(local quantum cloning of Bell states)[35-38].

假设 Alice(A) 和 Bob(B) 分享一个未知 Bell 基,比如 $\{|B_1\rangle,|B_3\rangle\}$,他们想通过 LOCC 复制这个态. 首先给出一些限制:

(1)通过 LOCC 操作,在 A 和 B 之间的纠缠度不能增加. 因此,局域量子克隆这个态,作为辅助粒子由 A 和 B 双方共享.

(2)用于局域克隆的纠缠资源应该是最小的;否则,利用量子隐形传态时 A 和 B 可以获得 $\{|B_1\rangle,|B_3\rangle\}$. 他们可以通过测量而准确地知道这个态,从而可以通过对辅助态的局域操作来获得拷贝,参见式(3.4.2).

在上述条件限制下,Bell 基局域量子克隆可以表述为:Alice 和 Bob 分享每一个最大纠缠态 $\{|B_1\rangle,|B_3\rangle\}$,但是他们不知道具体是哪一个. 此外,他们分享一个已知的最大纠缠态作为辅助态. 他们能否通过 LOCC 来获得 $|B_1\rangle^{\otimes 2}$ 或 $|B_3\rangle^{\otimes 2}$? 这是可以做到的. 这种方案称为 CNOT 方案[36].

由于 Bell 基局域量子克隆是精确的,因此可以对局域 Bell 克隆和量子隐形传态进行比较. 利用 $|B_1\rangle$ 作为量子隐形传态的资源,未知的 $|B_1\rangle$ 和 $|B_3\rangle$ 都可以传给 A 和 B 任意一方. 假设 Alice 接收到未知量子态,她可以通过 Bell 基测量准确地知道 Bell 基. 然后,Alice 将知道的信息通知 Bob,他们就可以复制两个未知量子态的拷贝. 这就需要三个量子态. 一个未知量子态需要经过 Bell 基测量,且 Alice 知道信息后这个态被毁掉,另两个量子态则需要用于复制. 而局域 Bell 基克隆只需要两个纠缠态.

3.5.2　局域量子克隆和局域量子态分辨

局域量子克隆和局域量子态分辨是紧密相关的. 文献[38]指出,局域量子克隆远比局域量子态分辨困难.

对于 d 维空间,假设 d 是素数,最大纠缠态集合 $\{|\Psi_j\rangle\}_{j=0}^{d-1}$ 定义为

$$|\Psi_j\rangle = (U_j \otimes I)|\Psi_0\rangle, \tag{3.5.3}$$

其中

$$U_j = \sum_{i=0}^{d-1} \omega^{jk}|k\rangle\langle k|, \quad |\Psi_0\rangle = \frac{1}{\sqrt{d}}\sum_{i=0}^{d-1}|i\rangle. \tag{3.5.4}$$

若 $\{|k\rangle\}_{j=0}^{d-1}$ 是正交归一基,则最大纠缠态集合 $\{|\Psi_j\rangle\}_{j=0}^{d-1}$ 可以被局域克隆.

应用文献[39,40]的局域量子态分辨准则,可以对上述态进行分辨. 将变

换 U_j 定义为

$$U_j = \sigma_z^j, \tag{3.5.5}$$

其中 σ_z 是广义 Pauli 矩阵,具有性质

$$\sigma_z \mid k\rangle = \omega^k \mid k\rangle. \tag{3.5.6}$$

在此,定义一类广义 Hadamard 变换

$$(H_a)_{jk} = \omega^{-jk}\omega^{-\infty_k}, \tag{3.5.7}$$

其中

$$s_k = k + \cdots + d - 1. \tag{3.5.8}$$

将广义 Hadamard 变换作用于广义 Pauli 矩阵,可以得到

$$H_a\sigma_x^m\sigma_z^n H_a^\dagger = \sigma_x^{ma+n}\sigma_z^{-m}. \tag{3.5.9}$$

由于广义 Pauli 矩阵具有性质 $\sigma_z \rightarrow \sigma_x$,因此通过上述变换,可以实现

$$U_j = \sigma_z^j \rightarrow \sigma_x^j. \tag{3.5.10}$$

由于可以实现正交基变换

$$(\sigma_x^j \otimes I) \sum \mid k\rangle \mid k\rangle = \sum \mid k+j\rangle \mid k\rangle, \tag{3.5.11}$$

因此,最大纠缠态集合 $\{\mid \Psi_j\rangle\}_{j=0}^{d-1}$ 中的量子态可以通过 LOCC 分辨.

现在说明如何局域克隆这些量子态. 定义广义 CNOT 门(变换)

$$(\mathrm{CNOT}): \mid a\rangle \mid b\rangle \rightarrow \mid a\rangle \mid b\oplus a\rangle, \tag{3.5.12}$$

其中 $\mid b\oplus a\rangle$ 表示模 d 加. 假设 Alice 和 Bob 分享辅助纠缠态 $\mid \Phi^+\rangle$,通过操作广义 CNOT 门可以获得精确拷贝 $\mid \Psi_j\rangle^{\otimes 2}$. 根据定义的广义 CNOT 门,有

$$(\mathrm{CNOT})^\dagger: \mid a\rangle \mid b\rangle \rightarrow \mid a\rangle \mid b-a\rangle. \tag{3.5.13}$$

因此,

$$\begin{aligned}
\mid \Phi^+\rangle_{12} \mid \Phi^+\rangle_{34} &= (\mathrm{CNOT})_{13}^\dagger \otimes (\mathrm{CNOT})_{24}^\dagger \mid \Phi^+\rangle_{12} \mid \Phi^+\rangle_{34}\\
&= (\mathrm{CNOT})_{13} \otimes (\mathrm{CNOT})_{24} \mid \Phi^+\rangle_{12} \mid \Phi^+\rangle_{34}.
\end{aligned}$$
$$\tag{3.5.14}$$

也可以发现

$$\begin{aligned}
&(\mathrm{CNOT})_{13} \otimes (\mathrm{CNOT})_{24} \mid \Psi_j\rangle_{12} \mid \Phi^+\rangle_{34}\\
&\quad = (\mathrm{CNOT})_{13} \otimes (\mathrm{CNOT})_{24} \otimes (U_j \otimes I)_{13} \mid \Phi^+\rangle_{12} \mid \Phi^+\rangle_{34}\\
&\quad = (\mathrm{CNOT})_{13} \otimes (U_j \otimes I)_{13} \otimes (\mathrm{CNOT})_{13}^\dagger \mid \Phi^+\rangle_{12} \mid \Phi^+\rangle_{34}.
\end{aligned}$$
$$\tag{3.5.15}$$

于是,有

$$(\text{CNOT}) \otimes (U_j \otimes I) \otimes (\text{CNOT})^\dagger = U_j \otimes U_j. \quad (3.5.16)$$

这就是说,变换 U_j 被复制了,即最大纠缠态集合 $\{|\Psi_j\rangle\}_{j=0}^{d-1}$ 被局域克隆了.

3.6 混合态量子克隆

以上量子克隆都是克隆纯态的,现推广到**混合态量子克隆**(mixed states quantum cloning,MSQ)[41~44]. 混合态量子克隆最初由文献[41,42]提出,是以全局保真度为标准的. 这里,重点介绍文献[43]的研究结果.

设未知混合态可以用混合态密度矩阵表示为

$$\rho_{\text{in}} = z_0 |0\rangle\langle 0| + z_1 |0\rangle\langle 1| + z_2 |1\rangle\langle 0| + z_3 |1\rangle\langle 1|. \quad (3.6.1)$$

$|m,n\rangle$ 表示有 m 个 $|0\rangle$ 和 n 个 $|1\rangle$ 构成的对称归一化量子态,$|\widetilde{m,n}\rangle$ 和 $|m,n\rangle$ 具有相同的正交基分布,但是附加指数因子 $\omega = \exp[2\pi i m!n!/(m!+n!)]$,变化范围从 0 到 $(m!+n!)/(m!n!)-1$. 例如,

$$|2,1\rangle = \frac{1}{\sqrt{3}}(|001\rangle + |010\rangle + |100\rangle),$$

$$|\widetilde{2,1}\rangle = \frac{1}{\sqrt{3}}(\omega^0 |001\rangle + \omega^1 |010\rangle + \omega^2 |100\rangle), \quad (3.6.2)$$

其中 $\omega = \exp[i2\pi/3]$. 显然,$|m,n\rangle$ 和 $|\widetilde{m,n}\rangle$ 是正交的. 二维空间 $2 \to 3$ 混合态量子克隆的幺正变换为

$$|2,0\rangle |R\rangle \to \sqrt{\frac{3}{4}} |3,0\rangle |R_0\rangle + \sqrt{\frac{1}{4}} |2,1\rangle |R_1\rangle,$$

$$|1,1\rangle |R\rangle \to \sqrt{\frac{1}{2}} |2,1\rangle |R_0\rangle + \sqrt{\frac{1}{2}} |1,2\rangle |R_1\rangle,$$

$$|0,2\rangle |R\rangle \to \sqrt{\frac{1}{4}} |1,2\rangle |R_0\rangle + \sqrt{\frac{3}{4}} |0,3\rangle |R_1\rangle. \quad (3.6.3)$$

拷贝的约化密度矩阵为

$$\rho = \frac{5}{6}\rho_{\text{in}} + \frac{1}{12}I, \quad (3.6.4)$$

保真度为

$$F_{2 \to 3}^{(\text{MSQ})}(2) = \frac{11}{12}. \quad (3.6.5)$$

二维空间 $2 \rightarrow M$ 混合态量子克隆的幺正变换为

$$|2,0\rangle|R\rangle \rightarrow \sum_{k=0}^{M-2} \alpha_{0k}|M-k,k\rangle|R_k\rangle,$$

$$|1,1\rangle|R\rangle \rightarrow \sum_{k=0}^{M-2} \alpha_{1k}|M-k-1,k+1\rangle|R_k\rangle,$$

$$|0,2\rangle|R\rangle \rightarrow \sum_{k=0}^{M-2} \alpha_{2k}|M-k-2,k+2\rangle|R_k\rangle. \qquad (3.6.6)$$

式中,克隆系数为

$$a_{jk} = \sqrt{\frac{6(M-2)!(M-j-k)!(j+k)!}{(2-j)!(M+1)!(M-2-j)!j!k!}}. \qquad (3.6.7)$$

二维空间 $N \rightarrow M$ 混合态量子克隆的幺正变换[44]为

$$|N-m,m\rangle|R\rangle \rightarrow \sum_{k=0}^{M-N} \beta_{mk}|M-m-k,m+k\rangle|R_k\rangle. \qquad (3.6.8)$$

式中,克隆系数为

$$\beta_{mk} = \sqrt{\frac{(M-N)!(N+1)!}{(M+1)!}} \sqrt{\frac{(M-m-k)!}{(N-m)!(M-N-k)!}} \sqrt{\frac{(m+k)!}{m!k!}}.$$
$$(3.6.9)$$

由于计算拷贝约化密度矩阵比较复杂,目前已具体的拷贝保真度还没有给出.

3.7　序列量子克隆

对于以上不同种类的量子克隆,目前已提出许多实验实现方案以及在不同物理系统中的实验实现.但是,在真实的物理系统中,多粒子的操控是非常困难的.例如,即便二维空间中 $1 \rightarrow M$ 量子克隆也是难以在真实的物理系统中实现的.目前,能够在实验中实现的只能是少数粒子的拷贝,如 $1 \rightarrow 2,3$ 量子克隆[45-61].如何在实验中实现多拷贝的量子克隆是实验研究的热点[62-67].

在量子克隆理论中,量子克隆的具体表现形式是幺正变换.根据具体的幺正变换,可以具体计算拷贝的全局保真度和局域保真度.但是,从形式上看,量子克隆幺正变换是整体性的、全局性的,即需要所有粒子同时进行操控.文献[68]在制备纠缠态的研究中提出通过局域操作完成纠缠态制备的想法.这一想法被利用到实验实现量子克隆中,即通过对一些粒子的局域操作来实现量子克隆的整个幺正变换,这被称为**序列量子克隆**(sequential quantum cloning, SQC)[69−71].

这里需要指出的是,如同纠缠态不可能分解成直积态,不是所有的量子克隆全局幺正变换都可以写成局域幺正变换的直积. 换言之,序列量子克隆并不是对所有量子克隆实现都有效. 因此,序列量子克隆本身并不是真正意义上的某种量子系统的量子克隆,只是量子克隆理论研究的一个方面.

3.7.1　$1{\to}M$ 序列普适量子克隆

文献[69]指出,量子克隆辅助系统的空间维数 D 与量子克隆的类别有关. D 与拷贝数目 M 一般是线性关系. 对于对称性 $1 \to M$ 普适量子克隆,辅助系统的维数为 $D = 2M$;对于对称性 $1 \to M$ 相位协变量子克隆,辅助系统的维数为 $D = M+1$.

H_A 表示辅助粒子的 D 维 Hilbert 空间,H_B 表示一个拷贝的二维 Hilbert 空间. 在序列量子克隆中,初始系统是由一个待克隆量子态 $|\psi\rangle_B(|\psi\rangle_B \in H_B)$ 和辅助系统量子态 $|\varphi_I\rangle_A(|\varphi_I\rangle_A \in H_A)$ 所构成的直积态. 幺正变换 V 是作用在初始系统而得到的输出系统,即

$$V|0\rangle_B|\varphi_I\rangle_A = |\psi^{(0)}\rangle_{A,B}^{\text{out}}, V|1\rangle_B|\varphi_I\rangle_A = |\psi^{(1)}\rangle_{A,B}^{\text{out}}. \quad (3.7.1)$$

为了行文方便,下面不写入最初需要拷贝的量子态 $|\psi\rangle_B$.

幺正变换 V 是一个等距变换[71],可以写为

$$V: H_A \to H_A \otimes H_B, \quad (3.7.2)$$

其中

$$V = \sum_{i,\alpha,\beta} V_{\alpha,\beta}^i |\alpha,i\rangle\langle\beta|, \quad V^i = \sum_{\alpha,\beta} V_{\alpha,\beta}^i |\alpha\rangle\langle\beta|, \quad (3.7.3)$$

V^i 是 $D \times D$ 矩阵,且满足等距条件

$$\sum_i (V^i)^\dagger (V^i) = I. \quad (3.7.4)$$

对辅助系统 $|\varphi_I\rangle_A$ 进行序列操作 $V^{[i]}$,得到辅助系统纠缠态

$$V^{[n]}\cdots V^{[2]}V^{[1]}|\varphi_I\rangle. \quad (3.7.5)$$

将辅助系统纠缠态解耦,可以得到输出态

$$|\Psi\rangle = \sum_{i_1,i_2,\cdots,i_n=0,1} \langle\varphi_F|(V^{[n]i_n}\cdots V^{[n]i_2}V^{[n]i_1}|\varphi_I\rangle)|i_1,i_2,\cdots,i_n\rangle, \quad (3.7.6)$$

其中 $|\varphi_F\rangle$ 是辅助系统终态. 辅助系统纠缠态的变换和解耦取决于具体的幺正变换.

二维空间对称性 $1 \to M$ 普适量子克隆的幺正变换为[72]

$$|0\rangle \otimes |R\rangle \to |\Psi_M^{(0)}\rangle = \sum_{j=0}^{M-1} \beta_j |(M-j)0, j1\rangle \otimes |(M-j-1)1, j0\rangle_R,$$

$$|1\rangle \otimes |R\rangle \to |\Psi_M^{(1)}\rangle = \sum_{j=0}^{M-1} \beta_{M-j-1} |(M-j-1)0, (j+1)1\rangle \otimes$$
$$|(M-j-1)1, j0\rangle_R. \qquad (3.7.7)$$

对于二维空间,正交基表示为 $|0\rangle$ 和 $|1\rangle$,辅助系统可写为 $|\varphi_I\rangle = |0\rangle_D$. 于是对应于输出态,我们要完成如下变化

$$|\Psi_M^{(0)}\rangle = \sum_{i_1, i_2, \cdots, i_n} \langle \varphi_F^{(0)} | (V_0^{[n]i_n} \cdots V_0^{[2]i_2} V_0^{[1]i_1} |0\rangle_D) |i_1, i_2, \cdots, i_n\rangle,$$

$$|\Psi_M^{(1)}\rangle = \sum_{i_1, i_2, \cdots, i_n} \langle \varphi_F^{(1)} | (V_1^{[n]i_n} \cdots V_1^{[2]i_2} V_1^{[1]i_1} |0\rangle_D) |i_1, i_2, \cdots, i_n\rangle.$$
$$(3.7.8)$$

为此,我们需要寻找合适的 $V_0^{[k]i_k}$ 和 $V_1^{[k]i_k}$. 利用 Schmidt 分解[73-75],由任何两粒子 A, B 构成的 Hilbert 空间 $H_2^{\otimes n}$ 的系统量子态可以分解为

$$|\Psi\rangle = \sum_\alpha \lambda_\alpha |\Phi_\alpha^{[A]}\rangle |\Phi_\alpha^{[B]}\rangle. \qquad (3.7.9)$$

式中,$|\Phi_\alpha^{[A]}\rangle$ ($|\Phi_\alpha^{[B]}\rangle$)是约化密度矩阵 $\rho^{[A]}$ ($\rho^{[B]}$)的本征态,本征值 $|\lambda_\alpha|^2 \geqslant 0$, Schmidt 分解系数 λ_α 满足 $\langle \Phi_\alpha^{[A]} | \Psi\rangle = \lambda_\alpha |\Phi_\alpha^{[B]}\rangle$.

具体运算过程如下:

把 n 个粒子分为 1 和 $(n-1)$ 两部分,$|\Psi\rangle$ 的 Schmidt 分解为

$$|\Psi\rangle = \sum_{\alpha_1} \lambda_{\alpha_1}^{[1]} |\Phi_{\alpha_1}^{[1]}\rangle |\Phi_{\alpha_1}^{[2,3,\cdots,n]}\rangle = \sum_{i_1, \alpha_1} \Gamma_{\alpha_1}^{[1]} \lambda_{\alpha_1}^{[1]} |i_1\rangle |\Phi_{\alpha_1}^{[2,3,\cdots,n]}\rangle.$$
$$(3.7.10)$$

其中,第二个式子用正交基 $\{|0\rangle, |1\rangle\}$ 表示 Schmidt 矢量 $|\Phi_{\alpha_1}^{[1]}\rangle$,即 $|\Phi_{\alpha_1}^{[1]}\rangle = \sum_{i_1} \Gamma_{\alpha_1}^{[1]} |i_1\rangle$.

将 $|\Phi_{\alpha_1}^{[2,3,\cdots,n]}\rangle$ 中粒子 2 和其他粒子展开为

$$|\Phi_{\alpha_1}^{[2,3,\cdots,n]}\rangle = \sum_{i_2} |i_2\rangle |T_{\alpha_1 i_2}^{[3,\cdots,n]}\rangle. \qquad (3.7.11)$$

用 Schmidt 矢量 $|\Phi_{\alpha_2}^{[3,\cdots,n]}\rangle$（$\rho_{\alpha_1 i_2}^{[3,\cdots,n]}$ 的本征矢）表示 $|T_{\alpha_1 i_2}^{[3,\cdots,n]}\rangle$，即

$$|T_{\alpha_1 i_2}^{[3,\cdots,n]}\rangle = \sum_{\alpha_2} \Gamma_{\alpha_1 \alpha_2}^{[2]i_2} \lambda_{\alpha_2}^{[2]} |\Phi_{\alpha_2}^{[3,\cdots,n]}\rangle. \qquad (3.7.12)$$

式中，$\alpha_2 \in [1,\chi]$，$\chi = \max_A \chi_A$，χ_A 是系统 AB 中约化密度矩阵 ρ_A 的秩，$\lambda_{\alpha_2}^{[2]}$ 是相应的 Schmidt 分解系数. 把式(3.7.11)和式(3.7.12)带入式(3.7.10)，可得

$$|\Psi\rangle = \sum_{i_1,\alpha_1,i_2,\alpha_2} \Gamma_{\alpha_1}^{[1]i_1} \lambda_{\alpha_1}^{[1]} \Gamma_{\alpha_2}^{[2]i_2} \lambda_{\alpha_2}^{[2]} |i_1 i_2\rangle |\Phi_{\alpha_2}^{[3,\cdots,n]}\rangle. \qquad (3.7.13)$$

重复上述步骤，可将 $|\Psi\rangle$ 完全展开为

$$|\Psi\rangle = \sum_{i_1} \cdots \sum_{i_n} c_{i_1,\cdots,i_n} |i_1\rangle \cdots |i_n\rangle, \qquad (3.7.14)$$

其中系数为

$$c_{i_1,\cdots,i_n} = \sum_{\alpha_1,\cdots,\alpha_{n-1}} \Gamma_{\alpha_1}^{[1]i_1} \lambda_{\alpha_1}^{[1]} \Gamma_{\alpha_2}^{[2]i_2} \lambda_{\alpha_2}^{[2]} \cdots \Gamma_{\alpha_{n-1}}^{[n]i_n}. \qquad (3.7.15)$$

通过比较式(3.7.6)和式(3.7.15)，可以构建 $V_0^{[k]i_k}$ 和 $V_1^{[k]i_k}$，这将在下一节具体阐述.

若需要量子克隆的任意量子态表示为 $|\psi\rangle = x_0 |0\rangle + x_1 |1\rangle$（归一条件为 $|x_0|^2 + |x_1|^2 = 1$），则量子克隆后得到的输出态为 $x_0 |\Psi_M^{(0)}\rangle + x_1 |\Psi_M^{(1)}\rangle$. 首先，把任意态 $|\psi\rangle$ 和辅助系统初态 $|0\rangle_D$ 作为一个整体量子态 $|\varphi_I\rangle = |\psi\rangle \otimes |0\rangle_D$；然后，使用量子比特 $k(k = 1,2,\cdots,n)$ 依次与辅助粒子的等距算符

$$V^{[k]i_k} = |0\rangle\langle 0| V_0^{[k]i_k} + |1\rangle\langle 1| V_1^{[k]i_k} \qquad (3.7.16)$$

相互作用. 在所有量子比特与辅助粒子相互作用后，对辅助粒子施加广义 Hadamard 变换

$$|0\rangle |\varphi_F^{(0)}\rangle \to \frac{1}{\sqrt{2}}[|0\rangle |\varphi_F^{(0)}\rangle + |1\rangle |\varphi_F^{(1)}\rangle],$$

$$|1\rangle |\varphi_F^{(1)}\rangle \to \frac{1}{\sqrt{2}}[|0\rangle |\varphi_F^{(0)}\rangle - |1\rangle |\varphi_F^{(1)}\rangle]. \qquad (3.7.17)$$

用 $\langle |0\rangle |\varphi_F^{(0)}\rangle, |1\rangle |\varphi_F^{(1)}\rangle\rangle$ 对辅助粒子进行测量，每一个结果都有 $1/2$ 的概率. 当结果是 $|0\rangle |\varphi_F^{(0)}\rangle$ 时，可以得到想要的结果，即 $x_0 |\Psi_M^{(0)}\rangle + x_1 |\Psi_M^{(1)}\rangle$；当结果是 $|1\rangle |\varphi_F^{(1)}\rangle$ 时，可以施加 π—相位门，即 $|0\rangle |\varphi_F^{(0)}\rangle - |1\rangle |\varphi_F^{(1)}\rangle \to |0\rangle |\varphi_F^{(0)}\rangle + |1\rangle |\varphi_F^{(1)}\rangle$.

要实现上述 $1 \to M$ 量子克隆，需要辅助粒子维数为 $2M$. 如果使用全局

幺正变换,变换的维数会随着 M 的增大而呈指数式增加.因此,序列量子克隆比较容易在实验中实现.

3.7.2　$N{\rightarrow}M$ 序列普适量子克隆

若需要量子克隆的任意量子态表示为 $|\psi\rangle = x_0|0\rangle + x_1|1\rangle$(归一条件为 $|x_0|^2 + |x_1|^2 = 1$),则 N 个 $|\psi\rangle$ 态可以表示为

$$|\psi\rangle^{\otimes N} = \sum_{m=0}^{N} x_0^{N-m} x_1^m \sqrt{C_N^m} |(N-m)0, m1\rangle. \qquad (3.7.18)$$

式中,$C_N^m = \dfrac{N!}{m!(N-m)!}$;$|(N-m)0, m1\rangle$ 表示完全对称归一化的量子态,有 $(N-m)$ 个粒子在 $|0\rangle$ 态,有 m 个粒子在 $|1\rangle$ 态.

二维空间对称性 $N{\rightarrow}M$ 普适量子克隆的幺正变换为[72]

$$|(N-m)0, m1\rangle \otimes |R\rangle \rightarrow |\Psi_M^{\langle m\rangle}\rangle =$$

$$\sum_{j=0}^{M-N} \beta_{mj} |(N-m-j)0, (m+j)1\rangle \otimes |R_j\rangle. \qquad (3.7.19)$$

式中,克隆系数为 $\beta_{mj} = \sqrt{C_{M-m-j}^{M-N-j} C_{m+j}^j / C_{M+1}^{N+1}}$,$|R_j\rangle$ 是辅助粒子终态.由于终态辅助系统量子态的具体形式可以选择,这里选择 $|R_j\rangle = |(N-N-j)1, j0\rangle$.根据量子力学线性特性,可以得到输出态 $|\Psi_M\rangle$ 为

$$|\psi\rangle^{\otimes N} \otimes |R\rangle \rightarrow |\Psi_M\rangle = \sum_{m=0}^{N} x_0^{N-m} x_1^m \sqrt{C_N^m} |\Psi_M^{\langle m\rangle}\rangle. \qquad (3.7.20)$$

与上述 $1{\rightarrow}M$ 普适量子克隆一样,首先应使 $|\Psi_M^{\langle m\rangle}\rangle$ 能序列地产生,它的形式为

$$|\Psi_M^{\langle m\rangle}\rangle = \sum_{i_1, i_2, \cdots, i_{2M-N}} \langle\varphi_F| (V^{[2M-N]i_{2M-N}} \cdots V^{[1]i_1}|\varphi_I\rangle) |i_1, i_2, \cdots, i_{2M-N}\rangle.$$

$$(3.7.21)$$

式中,$V^{[n]i_n} (1 \leqslant n \leqslant 2M-N)$ 是 $D \times D$ 维空间的矩阵,满足

$$\sum_{i_n} (V^{[n]i_n})^{\dagger} V^{[n]i_n} = I.$$

下面利用 Schmidt 分解来确定 $V^{[n]i_n}$ 的具体形式.

当 $n=1$ 时,分为两部分 {粒子 1 和粒子 $[2, \cdots, (2M-N)]$} 的量子态 $|\Psi_M^{\langle m\rangle}\rangle$ 的 Schmidt 分解为

$$|\Psi_M^{\langle m\rangle}\rangle = \sum_{\alpha_1, i_1} \Gamma_{\alpha_1}^{[1]} \lambda_{\alpha_1}^{[1]} |i_1\rangle \otimes |\varphi_{\alpha_1}^{[2, \cdot, \langle 2M-N\rangle]}\rangle$$

$$= |0\rangle \lambda_1^{[1]} |\varphi_1^{[2, \cdot, \langle 2M-N\rangle]}\rangle + |1\rangle \lambda_2^{[1]} |\varphi_2^{[2, \cdot, \langle 2M-N\rangle]}\rangle, \qquad (3.7.22)$$

其中

$$| \varphi_1^{[2,\cdots,\langle 2M-N\rangle]} \rangle = \sum_{k=-m}^{M-m-1} \beta_{mk} \sqrt{\frac{C_{M-1}^{m+k}}{C_M^{m+k}}} \mid (M-m-k-1)0,$$

$$(m+k)1 \rangle \otimes | R_k \rangle / \lambda_1^{[1]},$$

$$| \varphi_2^{[2,\cdots,\langle 2M-N\rangle]} \rangle = \sum_{k=-m}^{M-m-1} \beta_{m\langle k+1\rangle} \sqrt{\frac{C_{M-1}^{m+k}}{C_M^{m+k+1}}} \mid (M-m-k-1)0,$$

$$(m+k)1 \rangle \otimes | R_{k=1} \rangle / \lambda_2^{[1]}. \tag{3.7.23}$$

比较可得

$$\Gamma_{\alpha_1}^{[1]0} = \delta_{\alpha_1,1}, \Gamma_{\alpha_1}^{[1]1} = \delta_{\alpha_1,2}, \alpha_1 = 1,2. \tag{3.7.24}$$

结合归一化条件，Schmidt 分解系数可以写为

$$\lambda_1^{[1]} = \sqrt{\sum_{k=-m}^{M-m-1} \beta_{mk}^2 \frac{C_{M-1}^{m+k}}{C_M^{m+k}}}, \quad \lambda_2^{[1]} = \sqrt{\sum_{k=-m}^{M-m-1} \beta_{m\langle k+1\rangle}^2 \frac{C_{M-1}^{m+k}}{C_M^{m+k+1}}}. \tag{3.7.25}$$

这样就得到

$$V_{\alpha_1}^{[1]i_1} = \Gamma_{\alpha_1}^{[1]i_1} \lambda_{\alpha_1}^{[1]}. \tag{3.7.26}$$

当 $1 < n \leqslant M-1$ 时，按照上述方法可以得到

$$\lambda_{j+1}^{[n]} = \sqrt{C_n^i \sum_{k=-m}^{M-m-n} \beta_{m\langle j+k\rangle}^2 \frac{C_{M-n}^{m+k}}{C_M^{m+k+j}}}, \quad \lambda_{j+1}^{[n-1]} = \sqrt{C_{n-1}^j \sum_{k=-m}^{M-m-n+1} \beta_{m\langle k+1\rangle}^2 \frac{C_{M-n-1}^{m+k}}{C_M^{m+k+j}}}, \tag{3.7.27}$$

$$\Gamma_{\langle j+1\rangle\alpha_1}^{[n]0} = \delta_{\langle j+1\rangle\alpha_n} \frac{\sqrt{C_{n-1}^j}}{\lambda_{j+1}^{[n-1]} \sqrt{C_n^j}}, \quad \Gamma_{\langle j+1\rangle\alpha_1}^{[n]1} = \delta_{\langle j+2\rangle\alpha_n} \frac{\sqrt{C_{n-1}^j}}{\lambda_{j+1}^{[n-1]} \sqrt{C_n^{j+1}}}, \tag{3.7.28}$$

总的形式可以表示为

$$V_{\alpha_n\alpha_{n-1}}^{[n]i_n} = \Gamma_{\alpha_{n-1}\alpha_n}^{[n]i_n} \lambda_{\alpha_n}^{[n]}. \tag{3.7.29}$$

当 $n = M$ 时，有

$$\lambda_{j+1}^{[M]} = \beta_{m\langle j-m\rangle}, \quad \lambda_{j+1}^{[M-1]} = \sqrt{C_{M-1}^i \sum_{k=-m}^{-m+1} \beta_{m\langle j+k\rangle}^2 \frac{C_1^{m+k}}{C_M^{m+k+j}}}, \tag{3.7.30}$$

$$\Gamma_{\langle j+1\rangle\alpha_M}^{[M]1} = \delta_{\alpha_M\langle j+2\rangle} \frac{\sqrt{C_{M-1}^i}}{\lambda_{j+1}^{[M-1]} \sqrt{C_M^{j+1}}}, \tag{3.7.31}$$

总的形式可以表示为

$$V_{\alpha_M\alpha_{M-1}}^{[M]i_M} = \Gamma_{\alpha_{M-1}\alpha_M}^{[M]i_M} \lambda_{\alpha_M}^{[M]}. \tag{3.7.32}$$

当 $n = M + l \ (1 \leqslant l \leqslant M - N)$ 时，总的形式可以表示为

$$V^{[M+l]i_{M+l}}_{\alpha_{M+l}\alpha_{M+l-1}} = \Gamma^{[M+l]i_{M+l}}_{\alpha_{M+l-1}\alpha_{M+l}} \lambda^{[M+l]}_{\alpha_{M+l}}. \tag{3.7.33}$$

通过计算，可以得到等距算子 $V^{[k]i_k}_{[m]}$ 的最小维数为

$$D = \begin{cases} M - \dfrac{N}{2} + 1, & \text{if N is even;} \\[2mm] M - \dfrac{N-1}{2} + 1, & \text{if N is odd.} \end{cases} \tag{3.7.34}$$

下面阐述序列地实现幺正变换的方法.

将 $|\psi\rangle^{\otimes N}$ 和辅助系统合在一起，形成初始辅助态

$$|\varphi'_I\rangle = \sum_{m=0}^{N} x_0^{N-m} x_1^m \sqrt{C_N^n} \, |(N-m)0, m1\rangle \, |0\rangle_D. \tag{3.7.35}$$

构建算子

$$V^{[k]i_k} = \sum_{m=0}^{N} \left(\sqrt{C_N^n}\right)^{\frac{1}{2M-N}} (|0\rangle\langle 0|)^{\otimes N-m} (|1\rangle\langle 1|)^{\otimes m} V^{[n]i_n}_{[m]}. \tag{3.7.36}$$

对初始系统施加 $V^{[k]i_k}$，可以得到终态

$$|\Psi_{\text{out}}\rangle = \sum_{i_1\cdots i_{2M-N}} V^{[2M-N]i_{2M-N}} \cdots V^{[1]i_1} |\varphi'\rangle \, |i_1 \cdots i_{2M-N}\rangle$$

$$= \sum_{m=0}^{N} x_0^{N-m} x_1^m \sqrt{C_N^n} \, |0\rangle^{\otimes(M-m)} \, |1\rangle^{\otimes m} \, |\varphi_F^{(m)}\rangle \, |\Psi_F^{(m)}\rangle, \tag{3.7.37}$$

其中 $|\varphi_F^{(m)}\rangle$ 是辅助系统的终态.

对辅助系统施加广义 Hadamard 门变换，即

$$|0\rangle^{\otimes(M-m)} \, |1\rangle^{\otimes m} \, |\varphi_F^{(m)}\rangle \rightarrow \frac{1}{\sqrt{N+1}} \sum_{m'=0}^{N} e^{\frac{2\pi mm'}{N+1}i} \, |0\rangle^{\otimes(M-m')} \, |1\rangle^{\otimes m'} \, |\varphi_F^{(m')}\rangle,$$

$$\tag{3.7.38}$$

终态变为

$$|\Psi'_{\text{out}}\rangle \rightarrow \frac{1}{\sqrt{N+1}} \sum_{m'=0}^{N} |0\rangle^{\otimes(M-m')} \, |1\rangle^{\otimes m'} \, |\varphi_F^{(m')}\rangle \, |\Psi'_M\rangle, \tag{3.7.39}$$

其中

$$|\Psi'_M\rangle = \sum_{m'=0}^{N} e^{\frac{2\pi mm'}{N+1}i} x_0^{N-m} x_1^m \sqrt{C_N^m} \, |\Psi_F^{(m)}\rangle. \tag{3.7.40}$$

用正交基 $\{|0\rangle^{\otimes(M-m')} \, |1\rangle^{\otimes m'} \, |\varphi_F^{(m')}\rangle\}_{m'=0}^{N}$ 对辅助系统进行测量. 当 $m' = 0$ 时，可以得到想要的拷贝 $|\Psi_M\rangle = \sum_{m=0}^{N} x_0^{N-m} x_1^m \sqrt{C_N^m} \, |\Psi_M^{(m)}\rangle$. 假如测

量结果 $m' \neq 0$，可以通过相位门

$$U_s = |0\rangle\langle 0| + e^{i\theta}|1\rangle\langle 1|, \tag{3.7.41}$$

取 $\theta = -\dfrac{2\pi m'}{N+1}$ 即可. 这时，输出态为

$$|\Psi''_M\rangle = e^{i(M-N)\theta}|\Psi_M\rangle. \tag{3.7.42}$$

由于全局相位 $e^{i(M-N)\theta}$ 不影响量子态性质，因此 $|\Psi''_M\rangle$ 仍然是所需要的拷贝.

▌参考文献

[1] N. Gisin, G. Ribordy, W. Tittel and H. Zbinden, Quantum cryptography [J], Reviews of Modern Physics 74:145(2002).

[2] C. H. Bennett and G. Brassard, Quantum crytography: public key distribution and coin tossing [M] // Proceedings of IEEE International Conference on Computers, System and Signals Processing, Bangalore, India(IEEE, New York, 1984), p. 175.

[3] P. W. Shor and J. Preskill, Simple proof of security of the BB84 quantum key distribution protocol [J], Physical Review Letters 85:441(2000).

[4] C. H. Bennett, Quantum cryptography using two nonorthogonal states [J], Physical Review Letters 68:3121(1992).

[5] K. Tamaki, M. Koashi and N. Imoto, Unconditionally secure key distribution based on two nonorthogonal states [J], Physical Review Letters 90:167904(2003).

[6] H. Bechmann-Pasquinucci and A. Peres, Quantum cryptography with 3-state systems [J], Physical Review Letters 85:3313(2000).

[7] J. C. Boileau, K. Tamaki, J. Batuwantudawe, R. Laflamme and J. M. Renes, Unconditional security of a three state quantum key distribution Protocol [J], Physical Review Letters 94:040503(2005).

[8] D. Bruß, Optimal eavesdropping in quantum cryptography with six states [J], Physical Review Letters 81:3018(1998).

[9] N. J. Cerf, M. Bourennane, A. Karlsson, and N. Gisin, Security of quantum key distribution using d-level systems [J], Physical Review Letters 88:127902(2002).

[10] V. Karimipour, A. Bahraminasab and S. Bagherinezhad, Quantum key distribution for d-level systems with generalized Bell states [J], Physical Review A 65:052331(2002).

[11] D. Bruß, D. P. DiVincenzo, A. Ekert, C. A. Fuchs, C. Macchiavello and J. A. Smolin, Optimal universal and state-dependent quantum cloning [J], Physical Review A 57:2368(1998).

［12］A. Chefles and S. M. Barnett, Strategies and networks for state-dependent quantum cloning［J］, Physical Review A 60:136(1999).

［13］A. E. Rastegin, Relative error of state-dependent cloning［J］, Physical Review A 66:042304(2002).

［14］Y-J. Han, Y-S. Zhang and G-C. Guo, Bounds for state-dependent quantum cloning［J］, Physical Review A 66:052301(2002).

［15］A. Carlini and M. Sasaki, Geometrical conditions for completely positive trace-preserving maps and their application to a quantum repeater and a state-dependent quantum cloning machine［J］, Physical Review A 68:042327(2003).

［16］W-H. Zhang, L-B. Yu, Z-L. Cao and L. Ye. Optimal cloning of two known nonorthogonal quantum states［J］, Physical Review A 86:022322(2012).

［17］N. Gisin and S. Popescu, Spin flips and quantum information for antiparallel spins［J］, Physical Review Letters 83:432(199).

［18］S. Massar, Collective versus local measurements on two parallel or antiparallel spins［J］, Physical Review A 62:040101(R)(2000).

［19］J. Fiurášek, S. Iblisdir, S. Massar and N. J. Cerf, Quantum cloning of orthogonal qubits［J］, Physical Review A 65:040302(R)(2002).

［20］G. Kato,Cloning of qubits with both the cloned state and the state orthogonal to it as inputs［J］, Physical Review A 79:032315(2009).

［21］G. Kato, Optimal cloning of qubits from replicas of a qubit and its orthogonal states「J」, Physical Review A 82:032314(2010).

［22］A. Einstein, B. Podolsky and N. Rosen. Can quantum-mechanical description of physical reality be considered complete?［J］, Physical Reviews 47:777(1935).

［23］R. Horodecki, P. Horodecki, M. Horodecki and K. Horodecki, Quantum entanglement［J］, Reviews of Modern Physics 81:865(2009).

［24］J. Novotny, G. Alber and I. Jex, Optimal copying of entangled two-qubit states［J］, Physical Review A 71:042332(2005).

［25］A. Kay and M. Ericsson, Local cloning of arbitrarily entangled multipartite states［J］, Physical Review A 73:012343(2006).

［26］R. Demkowicz-Dobrzański, M. Lewenstein, A. Sen(De), U. Sen and D. Bruß, Usefulness of classical communication for local cloning of entangled states［J］, Physical Review A 73:032313(2006).

［27］S. K. Choudhary, S. Kunkri, R. Rahaman and A. Roy, Local cloning of entangled qubits［J］, Physical Review A 76:052305(2007).

［28］S. K. Choudhary, G. Kar, S. Kunkri, R. Rahaman and A. Roy, Local cloning of genuinely entangled states of three qubits［J］, Physical Review A 76:062312(2007).

[29] V. Gheorghiu, L. Yu and S. M. Cohen, Local cloning of entangled states [J], Physical Review A 82:022313(2010).

[30] L-P. Lamoureux, P. Navez, J. Fiurášek and N. J. Cerf, Cloning the entanglement of a pair of quantum bits [J], Physical Review A 69:040301(R)(2004).

[31] E. Karpov, P. Navez and N. J. Cerf, Cloning quantum entanglement in arbitrary dimensions [J], Physical Review A 72:042314(2005).

[32] K. G. H. Vollbrecht and R. F. Werner, Entanglement measures under symmetry [J], Physical Review A 64:062307(2001).

[33] B. M. Terhal and K. G. H. Vollbrecht, Entanglement of formation for isotropic states [J], Physical Review Letters 85:2625(2000).

[34] M. Horodecki and P. Horodecki, Reduction criterion of separability and limits for a class of distillation protocols [J], Physical Review A 59:4206(1999).

[35] V. Buzek, V. Vedral, M. B. Plenio, P. L. Knight and M. Hillery, Broadcasting of entanglement via local copying [J], Physical Review A 55:3327(1997).

[36] S. Ghosh, G. Kar and A. Roy, Local cloning of Bell states and distillable entanglement [J], Physical Review A 69:052312(2004).

[37] F. Anselmil, A. Chefles and M. B. Plenio, Local copying of orthogonal entangled quantum states [J], New Journal of Physics 6:164(2004).

[38] M. Owari and M. Hayashi, Local copying and local discrimination as a study for nonlocality of a set of states [J], Physical Review A 74:032108(2006).

[39] H. Fan, Distinguishability and indistinguishability by local operations and classical communication [J], Physical Review Letters 92:177905(2004).

[40] H. Fan, Y-N. Wang, L. Jing, J-D. Yue, H-D. Shi, Y-L. Zhang and L-Z. Mu, Quantum cloning machines and the applications [J], Physics Reports 544:241(2014).

[41] A. E. Rastegin, Upper bound on the global fidelity for mixed-state cloning [J], Physical Review A 67:012305(2003).

[42] A. E. Rastegin, Global-fidelity limits of state-dependent cloning of mixed states [J], Physical Review A 68:032303(2003).

[43] H. Fan, Quantum cloning of mixed states in symmetric subspaces [J], Physical Review A 68:054301(2003).

[44] G-F. Dang and H. Fan, Optimal broadcasting of mixed states [J], Physical Review A 76:022323(2007).

[45] Y-F. Huang, W-L. Li, C-F. Li, Y-S. Zhang, Y-K. Jiang and G-C. Guo, Optical realization of universal quantum cloning [J], Physical Review A 64:012315(2001).

[46] H. K. Cummins, C. Jones, A. Furze, N. F. Soffe, M. Mosca, J. M. Peach and J. A. Jones, Approximate quantum cloning with nuclear magnetic resonance [J], Physical Review Letters 88:187901(2002).

[47] S. Fasel, N. Gisin, G. Ribordy, V. Scarani and H. Zbinden, Quantum cloning with an optical fiber amplifier [J], Physical Review Letters 89:107901(2002).

[48] W. T. M. Irvine, A. L. Linares, M. J. A. de Dood and D. Bouwmeester, Optimal quantum cloning on a beam splitter [J], Physical Review Letters 92:047902(2004).

[49] M. Ricci, F. Sciarrino, C. Sias and F. De Martini, Teleportation scheme implementing the universal optimal quantum cloning machine and the universal NOT gate [J], Physical Review Letters 92:047901(2004).

[50] F. D. Martini, D. Pelliccia and F. Sciarrino, Contextual, optimal, and universal realization of the quantum cloning Machine and of the NOT gate [J], Physical Review Letters 92:067901(2004).

[51] I. A. Khan and J. C. Howell, Hong-Ou-Mandel cloning: quantum copying without an ancilla [J], Physical Review A 70:010303(R)(2004).

[52] J-f. Du, T. Durt, P. Zou, H. Li, L. C. Kwek, C. H. Lai, C. H. Oh and A. Ekert, Experimental quantum cloning with prior partial information [J], Physical Review Letters 94:040505(2005).

[53] Z. Zhao, A-N. Zhang, X-Q. Zhou, Y-A. Chen, C-Y. Lu, A. Karlsson and J-W. Pan, Experimental Realization of Optimal Asymmetric Cloning and Telecloning via Partial Teleportation [J], Physical Review Letters 95:030502(2005).

[54] X-B. Zou and W. Mathis, Linear optical implementation of ancilla-free $1 \rightarrow 3$ optimal phase covariant quantum cloning machines for the equatorial qubits [J], Physical Review A 72:022306(2005).

[55] A. ernoch, L. Bartšková, J. Soubusta, M. Ježek, J. Fiurášek and M. Dušek, Experimental phase-covariant cloning of polarization states of single photons [J], Physical Review A 74:042327(2006).

[56] H. Chen, X. Zhou, D. Suter and J. Du, Experimental realization of $1 \rightarrow 2$ asymmetric phase-covariant quantum cloning [J], Physical Review A 75:012317(2007).

[57] E. Nagali, T. D. Angelis, F. Sciarrino and F. D. Martini, Experimental realization of macroscopic coherence by phase-covariant cloning of a single photon [J], Physical Review A 76:042126(2007).

[58] J-S. Xu, C-F. Li, L. Chen, X-B. Zou and G-C. Guo, Experimental realization of the optimal universal and phase-covariant quantum cloning machines [J], Physical Review A 78:032322(2008).

[59] J. Soubusta, L. Bartšková, A. černoch, M. Dušek and J. Fiurášek, Experimental asymmetric phase-covariant quantum cloning of polarization qubits [J], Physical Review A 78:052323(2008).

[60] A. černoch, J. Soubusta, L. čelechovská, M. Dušek and J. Fiurášek, Experimental demonstration of optimal universal asymmetric quantum cloning of polarization states of single photons by partial symmetrization [J], Physical Review A 80:062306(2009).

［61］ E. Nagali，D. Giovannini，L. Marrucci，S. Slussarenko，E. Santamato and F. Sciarrino，Experimental optimal cloning of four-dimensional quantum states of photons ［J］，Physical Review Letters 105：073602(2010).

［62］ D. Bruß，J. Calsamiglia and N. Lütkenhaus，Quantum cloning and distributed measurements ［J］，Physical Review A 63：042308(2001).

［63］ F. D. Martini，F. Sciarrino and N. Spagnolo，Anomalous lack of decoherence of the macroscopic quantum superpositions based on phase-covariant quantum cloning ［J］，Physical Review Letters 103：100501(2009).

［64］ L. Szabó，M. Koniorczyk，P. Adam and J. Janszky，Optimal universal asymmetric covariant quantum cloning circuits for qubit entanglement manipulation ［J］，Physical Review A 81：032323(2010).

［65］ Y. Chen，X-Q. Shao，A. Zhu，K-H. Yeon and S-C. Yu，Improving fidelity of quantum cloning via the Dzyaloshinskii-Moriya interaction in a spin network ［J］，Physical Review A 81：032338(2010).

［66］ S. Raeisi，W. Tittel and C. Simon，Proposal for inverting the quantum cloning of photons ［J］，Physical Review Letters 108：120404(2012).

［67］ D. Valente，Y. Li，J. P. Poizat，J. M. Gérard，L. C. Kwek，M. F. Santos and A. Auffèves，Universal optimal broadband photon cloning and entanglement creation in one-dimensional atoms ［J］，Physical Review A 86：022333(2012).

［68］ C. Schön，E. Solano，F. Verstraete，J. I. Cirac and M. M. Wolf，Sequential generation of entangled multiqubit states ［J］，Physical Review Letters 95：110503(2005).

［69］ Y. Delgado，L. Lamata，J. León，D. Salgado and E. Solano，Sequential quantum cloning ［J］，Physical Review Letters 98：150502(2007).

［70］ H. Saberi and Y. Mardoukhi，Sequential quantum cloning under real-life conditions ［J］，Physical Review A 85：052323(2012).

［71］ G-F. Dang and H. Fan，General sequential quantum cloning ［J］，Journal of Physics A：Mathematical and Theoretical 41：155303(2008).

［72］ N. Gisin and S. Massar，Optimal quantum cloning machines ［J］，Physical Review Letters 79：2153(1997).

［73］ Michael A. Nielsen，Isaac L. Chuang 著，赵千川译. 量子计算和量子信息（一）——量子计算部分 ［M］. 北京：清华大学出版社，2004 年.

［74］ Michael A. Nielsen，Isaac L. Chuang 著，郑大钟，赵千川译. 量子计算和量子信息（二）——量子信息部分 ［M］. 北京：清华大学出版社，2005 年.

［75］ G. Vidal. Efficient classical simulation of slightly entangled quantum computations ［J］. Physical Review Letters 91：147902(2003).

第4章　概率量子克隆

第 2 章和第 3 章中所介绍的离散变量量子克隆的幺正变换对于需要克隆的未知量子态来说都是确定的,得到的拷贝都是近似的.因此,这类量子克隆称为确定性量子克隆.这是符合量子不可克隆定理的.此外,还有一种量子克隆能得到精确的拷贝,不过,拷贝的获得是概率性的,称为**概率量子克隆**(probabilistic quantum cloning,PQC)[1].这也是符合量子不可克隆定理的,即未知量子态不可能精确地复制.对上述两种情况可以这样阐述:如果输入态是从一个已知的非正交态的集合 $\{|\psi\rangle_i\}$($i=1,\cdots,n$)中以先验概率 η_i 满足 $\sum_{i=1}^{n}\eta_i=1$ 选择量子态进行量子克隆,就可能存在两种情形:①获得拷贝的成功概率为 100%,但获得拷贝的保真度却不能为 1;②获得拷贝的保真度为 1,但获得拷贝的成功概率却不能为 100%.第一种情况称为确定性量子克隆,已经在前两章做了介绍;第二种情况称为概率性完美量子克隆,即概率量子克隆.本章将介绍概率量子克隆.

4.1　两态概率量子克隆

4.1.1　概率量子克隆定理

概率量子克隆是指以先验概率 η_i 从一个非正交态的集合 $\{|\psi_i\rangle\}$($i=1,\cdots,n$)中选择任意一个量子态,可以概率性地得到保真度为 1 的拷贝.1→2 概率量子克隆的幺正变换为[1]

$$U(|\psi_i\rangle|\Sigma\rangle|P_0\rangle)=\sqrt{\gamma_i}\,|\psi_i\rangle\,|\psi_i\rangle\,|P_0\rangle+\sum_{j=1}^{n}c_{ij}\,|\Phi_{AB}^{(j)}\rangle\,|P_j\rangle,$$

$$(4.1.1)$$

其中 $|\Sigma\rangle$ 为空白态, $|P_0\rangle$ 为探测态.显然, $|P_j\rangle$($j=1,\cdots,n$)和 $|P_0\rangle$ 可

称为辅助系统. $|\Phi_{AB}^{(i)}\rangle$ 只要求归一而不要求相互一定正交. γ_i 是探测 $|P_0\rangle$ 并能得到拷贝的概率,称作概率量子克隆成功系数. 在两态集合条件下,成功系数 γ_1 和 γ_2 有如下关系:

$$\frac{\gamma_1 + \gamma_2}{2} \leqslant \max_{|P^{i0}\rangle} \frac{1 - |\langle \psi_1 | \psi_2 \rangle|}{1 - |\langle \psi_1 | \psi_2 \rangle|^2 \langle P^{(1)} | P^{(2)} \rangle|} = \frac{1}{1 + |\langle \psi_1 | \psi_2 \rangle|}.$$

$$(4.1.2)$$

对于概率量子克隆,文献[1]给出如下定理.

定理 1　从一组态集 $S = \{|\psi_1\rangle, |\psi_2\rangle, \cdots, |\psi_n\rangle\}$ 中选取一个量子态,当且仅当 $|\psi_1\rangle, |\psi_2\rangle, \cdots, |\psi_n\rangle$ 线性无关时,量子态为一个普遍约化幺正操作概率的克隆,即

$$|\psi_i\rangle |\Sigma\rangle \xrightarrow{U+M} |\psi_i\rangle |\psi_i\rangle \quad (i = 1, 2, \cdots, n),\qquad (4.1.3)$$

其中 $|\Sigma\rangle$ 是辅助系统的空白态.

证明:假如要拷贝的量子态是 N 维空间 $(N > n)$,先引入一个探测系统 P. 假设 $|P_0\rangle, |P_1\rangle, \cdots, |P_n\rangle$ 是 $n+1$ 维空间中正交归一的量子态,存在幺正变换,使得

$$U(|\psi_i\rangle |\Sigma\rangle |P_0\rangle) = \sqrt{\gamma_i} |\psi_i\rangle |\psi_i\rangle |P_0\rangle + \sum_{j=1}^{n} c_{ij} |\Phi_{AB}^{(i)}\rangle |P_j\rangle$$

$$(4.1.4)$$

成立. 其中, $|\Phi_{AB}^{(1)}\rangle, |\Phi_{AB}^{(2)}\rangle$ 和 $|\Phi_{AB}^{(n)}\rangle$ 是 n 个归一的混合系统 AB(不需要一定正交), γ_i 是成功系数. 为证明存在上述变换,首先引入引理 1.

引理 1　假如两个态集 $|\varphi_1\rangle, |\varphi_2\rangle, \cdots, |\varphi_n\rangle$ 和 $|\tilde{\varphi}_1\rangle, |\tilde{\varphi}_2\rangle, \cdots, |\tilde{\varphi}_n\rangle$ 满足

$$\langle \varphi_j | \varphi_j \rangle = \langle \tilde{\varphi}_j | \tilde{\varphi}_j \rangle \quad (i = 1, 2, \cdots, n; j = 1, 2, \cdots, n),\quad (4.1.5)$$

则存在幺正变换 U,使得

$$U |\varphi_i\rangle = |\tilde{\varphi}_i\rangle \quad (i = 1, 2, \cdots, n).\qquad (4.1.6)$$

根据引理 1,式(4.1.4)产生的 $n \times n$ 内积的矩阵方程为

$$X^{(1)} = \sqrt{\Gamma} X^{(2)} \sqrt{\Gamma^+} + CC^+,\qquad (4.1.7)$$

其中 $C = [c_{ij}]$,是 $n \times n$ 矩阵.

$$X^{(1)} = [\langle \psi_i | \psi_j \rangle], X^{(2)} = [\langle \psi_i | \psi_j \rangle^2].\qquad (4.1.8)$$

对角矩阵定义为

$$\Gamma = \mathrm{diag}(\gamma_1, \gamma_2, \cdots, \gamma_n), \tag{4.1.9}$$

因此

$$\sqrt{\Gamma} = \mathrm{diag}(\sqrt{\gamma_1}, \sqrt{\gamma_2}, \cdots, \sqrt{\gamma_n}). \tag{4.1.10}$$

为了说明存在正定有效对角项,需要先证明矩阵 $X^{(1)}$ 是正定的. 这里,引入引理 2.

引理 2　假如量子态 $|\psi_1\rangle, |\psi_2\rangle, \cdots, |\psi_n\rangle$ 线性无关,则矩阵 $X^{(1)} = [\langle\psi_i|\psi_j\rangle]$ 是正定的.

证明:对于任意 n 重向量

$$B = (b_1, b_2, \cdots, b_n)^T, \tag{4.1.11}$$

二次型 $B^+ X^{(1)} B$ 可表示为

$$B^+ X^{(1)} B = \langle\psi_T|\psi_T\rangle = \| |\psi_T\rangle \|^2, \tag{4.1.12}$$

其中

$$|\psi_T\rangle = b_1|\psi_1\rangle + b_2|\psi_2\rangle + \cdots + b_n|\psi_n\rangle. \tag{4.1.13}$$

因为量子态 $|\psi_1\rangle, |\psi_2\rangle, \cdots, |\psi_n\rangle$ 线性无关,所以 $|\psi_T\rangle$ 绝不会为 0. 这说明矩阵 $X^{(1)} = [\langle\psi_i|\psi_j\rangle]$ 是正定的. 根据连续性,既然 $X^{(1)} = [\langle\psi_i|\psi_j\rangle]$ 是正定的,那么对于足够小的正定系数 γ_i,矩阵 C 为

$$C = X^{(1)} - \sqrt{\Gamma}X^{(2)}\sqrt{\Gamma^+}, \tag{4.1.14}$$

也是正定的. 因此,这个矩阵是可以对角化的. 这就存在一个幺正矩阵,使得

$$V^+(X^{(1)} - \sqrt{\Gamma}X^{(2)}\sqrt{\Gamma^+}) = \mathrm{diag}(m_1, m_2, \cdots, m_n), \tag{4.1.15}$$

其中所得本征值 $m_1, m_2, \cdots, m_n$ 是正定实数. 这样,矩阵 C 为

$$C = V\mathrm{diag}(\sqrt{m_1}, \sqrt{m_2}, \cdots, \sqrt{m_n})V^+, \tag{4.1.16}$$

即可完成定理 1 的证明.

定理 2　利用正定有效对角矩阵 Γ,当且仅当

$$X^{(1)} - \sqrt{\Gamma}X_P^{(2)}\sqrt{\Gamma^+} \tag{4.1.17}$$

为半正定时,量子态 $\langle|\psi_1\rangle, |\psi_2\rangle, \cdots, |\psi_n\rangle\rangle$ 可以被概率量子克隆. 其中

$$\sqrt{\Gamma} = \sqrt{\Gamma^+} = \mathrm{diag}(\sqrt{\gamma_1}, \sqrt{\gamma_2}, \cdots, \sqrt{\gamma_n}), \tag{4.1.18}$$

$$X^{(1)} = [\langle\psi_i|\psi_j\rangle], X_P^{(2)} = [\langle\psi_i|\psi_j\rangle^2\langle p^{(i)}|p^{(j)}\rangle]. \tag{4.1.19}$$

证明:当 $X^{(1)} - \sqrt{\Gamma} X_P^{(2)} \sqrt{\Gamma^+}$ 为半正定时,可以给出一系列有关成功系数 γ_i 的不等式. 解这些不等式可以得到有关成功系数的最大值. 例如,在二维空间时,只有两个量子态 $|\psi_1\rangle$ 和 $|\psi_2\rangle$. 由定理 2 可以得到成功效率为

$$\frac{\gamma_1 + \gamma_2}{2} \leqslant \max_{|P^{(i)}\rangle} \frac{1 - |\langle \psi_1 | \psi_2 \rangle|}{1 - |\langle \psi_1 | \psi_2 \rangle|^2 \langle P^{(1)} | P^{(2)} \rangle} \leqslant \frac{1}{1 + |\langle \psi_1 | \psi_2 \rangle|}.$$

$$(4.1.20)$$

定理 3　当且仅当

$$X^{(1)} - \sqrt{\Gamma} X_P^{\langle m \rangle} \sqrt{\Gamma^+} \qquad (4.1.21)$$

为半正定时,量子态 $|\psi_1\rangle, |\psi_2\rangle, \cdots, |\psi_n\rangle$ 可以被概率量子克隆而获得 m 个忠实的拷贝,其中

$$X_P^{\langle m \rangle} = [\langle \psi_i | \psi_j \rangle^m \langle p^{(i)} | p^{(j)} \rangle]. \qquad (4.1.22)$$

定理 4　当且仅当

$$X^{(1)} - \Gamma \qquad (4.1.23)$$

是半正定时,量子态 $|\psi_1\rangle, |\psi_2\rangle, \cdots, |\psi_n\rangle$ 可以以成功效率 $\gamma_1, \gamma_2, \cdots, \gamma_n$ 被认证.

根据量子力学的叠加原理,可以将概率量子克隆的幺正变换线性叠加,即

$$|\psi_i\rangle \rightarrow |\psi_i\rangle^{\otimes 2}, |\psi_i\rangle \rightarrow |\psi_i\rangle^{\otimes 3}, \cdots, |\psi_i\rangle \rightarrow |\psi_i\rangle^{\otimes M}, \quad (4.1.24)$$

以推广到能产生多拷贝线性叠加的情况[2]. 为与上文衔接,这里我们只给出其幺正变换而不给出证明.

定理 5　对于从一组非正交量子态的态集 $S = \{|\psi_i\rangle\} (i = 1, 2, \cdots, k)$ 选择任意一个未知量子态的情况,存在幺正变换 U,能够产生多拷贝的线性叠加以及失败的拷贝,即

$$U(|\psi_i\rangle |\Sigma\rangle |P\rangle) = \sum_{n=1}^{M} \sqrt{P_n^{(i)}} |\psi_i\rangle^{\otimes(n+1)} |0\rangle^{\otimes(M-n)} |P_n\rangle +$$
$$\sum_{l=M+1}^{N_c} \sqrt{f_l^{(i)}} |\Psi_l\rangle_{AB} |P_l\rangle. \qquad (4.1.25)$$

概率量子克隆的研究可参看文献[3—16],概率量子克隆实验实现方案的研究可参看文献[17—19],概率量子克隆的实验实现可参看文献[20]. 目前,多态概率量子克隆的研究还比较少,比如上面定理 2 的证明要求求解一

系列不等式,这就增加了数学上求解的困难.

需要提出的是,对于非正交态的 $S = \{|\psi_1\rangle, |\psi_2\rangle\}$ 集合,这组非正交态必须是线性无关的,即概率量子克隆只对线性无关非正交量子态集合有效,而线性相关非正交量子态集合的概率量子克隆是不存在的[1].

4.1.2　两态概率量子克隆

文献[15,16]研究任意先验概率下两个量子态的概率量子克隆. 设输入量子态集为 $S = \{|\psi_1\rangle, |\psi_2\rangle\}$,两个量子态的内积为

$$\langle\psi_1|\psi_2\rangle = se^{i\varphi}, \tag{4.1.26}$$

其中 $s\in(0,1),\varphi\in[0,2\pi)$. 以先验概率 η_i 满足 $\eta_1+\eta_2=1$,从态集中任意选一个量子态,$N\to M$ 概率量子克隆的幺正变换可以写为

$$|\psi_1\rangle^{\otimes N}\to e^{i\langle M-N\rangle\varphi}(\sqrt{\gamma_1}|\psi_1\rangle^{\otimes M}|P_1\rangle + \sqrt{1-\gamma_1}|\alpha_1\rangle|P_0\rangle),$$

$$|\psi_2\rangle^{\otimes N}\to \sqrt{\gamma_2}|\psi_2\rangle^{\otimes M}|P_1\rangle + \sqrt{1-\gamma_2}|\alpha_2\rangle|P_0\rangle. \tag{4.1.27}$$

式中,测量算子为

$$M = |P_1\rangle\langle P_1| + |P_0\rangle\langle P_0|, \tag{4.1.28}$$

以成功概率 γ_1(γ_2)测量 $|P_1\rangle\langle P_1|$ 时,可以得到 M 个精确的拷贝;当测量到 $|P_0\rangle\langle P_0|$ 时,不能得到拷贝. 因此,平均成功概率为

$$P = \eta_1\gamma_1 + \eta_2\gamma_2, \tag{4.1.29}$$

平均失败概率为

$$Q = \eta_1(1-\gamma_1) + \eta_2(1-\gamma_2). \tag{4.1.30}$$

由于幺正变换能够保证量子态内积不变,因此可结合式 (4.1.27)推出

$$s^N = \sqrt{\gamma_1\gamma_2}s^M + \sqrt{(1-\gamma_1)(1-\gamma_2)}\langle\alpha_1|\alpha_2\rangle. \tag{4.1.31}$$

为了得到最优概率量子克隆,显然应在内积不变的条件[式(4.1.31)]下,求平均成功概率的最大值或失败概率的最小值. 由于 $\langle\alpha_1|\alpha_2\rangle\in[0,1]$,显然当 $\langle\alpha_1|\alpha_2\rangle=1$ 时,平均成功概率取最大值. 也就是在

$$s^N = \sqrt{\gamma_1\gamma_2}s^M + \sqrt{(1-\gamma_1)(1-\gamma_2)} \tag{4.1.32}$$

的约束条件下,求平均成功概率 $P = \eta_1\gamma_1 + \eta_2\gamma_2$ 的最大值.

当 $\eta_1 = \eta_2 = 1/2$ 时,平均成功概率为

$$P = \frac{\gamma_1 + \gamma_2}{2}. \tag{4.1.33}$$

利用内积条件,有

$$s^N = \sqrt{\gamma_1 \gamma_2} s^M + \sqrt{(1-\gamma_1)(1-\gamma_2)} \leqslant \frac{\gamma_1 + \gamma_2}{2} s^M + \frac{2-(\gamma_1+\gamma_2)}{2}.$$

$$(4.1.34)$$

当且仅当 $\gamma_1 = \gamma_2$ 时,式(4.1.34)可取等号,此时得到平均成功概率为

$$P = \frac{1-s^N}{1-s^M}.$$

$$(4.1.35)$$

当 $\eta_1 \neq \eta_2$ 时,内积条件[式(4.1.32)]看似简单,实际上很难求出任意概率下的平均成功概率的解析解[16],只能以数值计算的方法给出在具体的先验概率 η_i 和 N 与 M 数值下的分析解.

4.2　三态概率量子克隆

在两态时,不同的先验概率使平均成功概率的求解变得困难. 在三态时,一般设以相等的先验概率输入量子态,具体参看文献[9,10].

4.2.1　三个等距量子态的概率量子克隆

文献[9]研究了三个等距量子态的概率量子克隆. 对于由 n 个非正交量子态构成的集合 $S = \{|\alpha_k\rangle\}_{k=1}^n$,任意两个量子态的内积为

$$\langle \alpha_k | \alpha_{k'} \rangle = |\alpha| e^{i\theta}, \quad \forall k > k',$$

$$(4.2.1)$$

其中模 $|\alpha| \in [0,1]$,$\theta \in [0,2\pi)$,$|\alpha_k\rangle$ 称为等距量子态. 等距量子态是线性相关还是线性无关,有如下判据:当 $|\alpha| \in [0, |\bar{\alpha}_\theta|)$,

$$|\bar{\alpha}_\theta| = \frac{\sin\left(\frac{\pi-\theta}{n}\right)}{\sin\left(\theta + \frac{\pi-\theta}{n}\right)}$$

$$(4.2.2)$$

时,$S = \{|\alpha_i\rangle\}_{i=1}^n$ 是线性无关的;当 $|\alpha| \in [|\bar{\alpha}_\theta|, 1]$ 时,$S = \{|\alpha_i\rangle\}_{i=1}^n$ 是线性相关的.

对于等距量子态,设 $1 \rightarrow M$ 概率量子克隆的幺正变换为

$$U(|\alpha_k\rangle |\Sigma\rangle |\xi_0\rangle) = P_k^{1/2} |\alpha_k\rangle^{\otimes M} |\xi\rangle + (1-P_k)^{1/2} |\Phi_k\rangle |\xi_1\rangle,$$

$$(4.2.3)$$

其中 $|\xi_0\rangle$ 和 $|\xi_1\rangle$ 是辅助系统的两个正交态，$|\Phi_k\rangle$ 是线性相关没有归一化的量子态. 由于等概率输入，且需要概率量子克隆的量子态又是等距态，易得到 $P_k = P$，于是平均成功概率 P_C 为

$$P_C = \frac{1}{n}\sum_{k=1}^{n} P_k = P. \tag{4.2.4}$$

按照文献[1]的方法，可以得到半正定矩阵

$$C = X^{(1)} - P X^{\langle M \rangle}, \tag{4.2.5}$$

其中

$$X^{(1)} = [\langle \alpha_i \mid \alpha_j \rangle], \quad X^{\langle M \rangle} = [\langle \alpha_i \mid \alpha_j \rangle^M], \tag{4.2.6}$$

矩阵元 $X_{ij} = \langle \alpha_i \mid \alpha_j \rangle$ 是克隆态的内积. 在这种情况下，矩阵具有

$$C = \begin{bmatrix} \gamma & \beta & \beta & \cdots & \beta \\ \beta^* & \gamma & \beta & \cdots & \beta \\ \beta^* & \beta^* & \gamma & \cdots & \beta \\ \vdots & \vdots & \vdots & \ddots & \vdots \\ \beta^* & \beta^* & \beta^* & \cdots & \gamma \end{bmatrix} \tag{4.2.7}$$

的形式. 其中，$\gamma = 1 - P_{1 \to M}, \beta = \alpha - P_{1 \to M}\alpha^M$.

用一个幺正变换 T 对矩阵 C 进行对角化，即 $D = TCT^\dagger$，

$$T^\dagger = \frac{1}{\sqrt{n}}\begin{bmatrix} 1 & 1 & 1 & \cdots & 1 \\ \omega_1^1 & \omega_2^1 & \omega_3^1 & \cdots & \omega_n^1 \\ \omega_1^2 & \omega_2^2 & \omega_3^2 & \cdots & \omega_n^2 \\ \vdots & \vdots & \vdots & \ddots & \vdots \\ \omega_1^{n-1} & \omega_2^{n-1} & \omega_3^{n-1} & \cdots & \omega_n^{n-1} \end{bmatrix}, \tag{4.2.8}$$

其中

$$\omega_j = \mathrm{e}^{-\mathrm{i}\theta_j}, \quad \theta_j = \frac{2}{n}[\theta_\beta - (j-1)\pi], \quad j = 1, \cdots, n. \tag{4.2.9}$$

对角矩阵 $D = \mathrm{diag}(\lambda_1, \cdots, \lambda_n)$ 是矩阵 C 的本征值，

$$\lambda_j = \gamma - |\beta| \frac{\sin\left[\theta_\beta + \dfrac{(j-1)\pi - \theta_\beta}{n}\right]}{\sin\left[\dfrac{(j-1)\pi - \theta_\beta}{n}\right]}, \quad j = 1, \cdots, n, \tag{4.2.10}$$

其中 $\beta = |\beta|\mathrm{e}^{\mathrm{i}\theta_\beta}, \theta_\beta \in [0, 2\pi)$. 由于矩阵 C 是半正定的，它的本征值 $\lambda_j \geqslant 0$，

求解 $\lambda_j = 0$ 得到一个依赖 j 的函数 f_j,即

$$f_j = - \frac{\sin\left[\theta_\beta + \dfrac{(j-1)\pi - \theta_\beta}{n}\right]}{\sin\left[\dfrac{(j-1)\pi - \theta_\beta}{n}\right]}. \tag{4.2.11}$$

式(4.2.10)可以写为

$$\lambda_j = \gamma + |\beta| f_j, \quad j = 1, \cdots, n. \tag{4.2.12}$$

式(4.2.12)说明,当 f_j 最小时,本征值 λ_j 也最小. 注意: f_j 可以表示为

$$f_j = f_2 \frac{1 + \cot\left(\theta_\beta + \dfrac{\pi - \theta_\beta}{n}\right)\tan\left[\theta_\beta + \dfrac{(j-2)\pi}{n}\right]}{1 + \cot\left(\dfrac{\pi - \theta_\beta}{n}\right)\tan\left[\dfrac{(j-2)\pi}{n}\right]} \geqslant f_2, \tag{4.2.13}$$

这就给出 λ_j 的最小本征值,即 λ_2 ,因此成功概率为

$$P_{1\to M} = 1 - |\beta| \frac{\sin\left[\theta_\beta + \dfrac{\pi - \theta_\beta}{n}\right]}{\sin\left[\dfrac{\pi - \theta_\beta}{n}\right]}, \tag{4.2.14}$$

其中

$$\beta = \alpha - P_{1\to M}\alpha^M. \tag{4.2.15}$$

可以通过求解上述两个方程求出具体的成功概率 $P_{1\to M}$. 根据式(4.2.14)和式(4.2.15),实部和虚部的方程分别为

$$|\beta|\sin(\theta_\beta) = |\alpha|\sin(\theta) - P_{1\to M}|\alpha|^M\sin(M\theta),$$
$$|\beta|\cos(\theta_\beta) = |\alpha|\cos(\theta) - P_{1\to M}|\alpha|^M\cos(M\theta). \tag{4.2.16}$$

求解方程组,可以得到 β 的模为

$$|\beta| = |\alpha| \frac{\sin(M\theta - \theta)}{\sin(M\theta - \theta_\beta)}. \tag{4.2.17}$$

成功概率为

$$P_{1\to M} = 1 - |\alpha| \frac{\sin(M\theta - \theta)}{\sin(M\theta - \theta_\beta)} \frac{\sin\left[\theta_\beta + \dfrac{\pi - \theta_\beta}{n}\right]}{\sin\left[\dfrac{\pi - \theta_\beta}{n}\right]}, \tag{4.2.18}$$

这是依赖参数 θ_β 的. 求解式(4.2.16)和式(4.2.18),有

$$\frac{\sin\left(\theta_\beta + \dfrac{\pi - \theta_\beta}{n}\right)}{\sin\left(\dfrac{\pi - \theta_\beta}{n}\right)} = \frac{\sin(M\theta - \theta_\beta)}{|\alpha|\sin(M\theta - \theta)} - \frac{\sin(\theta - \theta_\beta)}{|\alpha|^M\sin(M\theta - \theta)}. \tag{4.2.19}$$

给出具体 θ 值,可以得出具体的成功概率. 当 $\theta = \pi$ 时,成功概率为

$$P_{1 \to M}(\theta = \pi) = \frac{1 - 2|\alpha|}{1 + 2(-1)^M |\alpha|^M}, \tag{4.2.20}$$

其中 $|\alpha| \in [0, 1/2)$. 当 $\theta = \pi/2$ 时,成功概率为

$$P_{1 \to M}(\theta = \pi/2) = \frac{1 - |\alpha| \cot\left(\frac{\pi}{2n}\right)}{1 + (-1)^M |\alpha|^M \cot\left(\frac{\pi}{2n}\right)}, \tag{4.2.21}$$

其中 M 是奇数.

文献[9]又给出改进的幺正变换,表示为

$$U(|\alpha_k\rangle |\Sigma\rangle |\xi_0\rangle) = P^{1/2} |\alpha_k\rangle^{\otimes M} |\beta_k\rangle |\xi_0\rangle + (1 - P)^{1/2} |\Phi_k\rangle |\xi_1\rangle, \tag{4.2.22}$$

内积关系为

$$\alpha = P\alpha^M \beta_{k',k} + (1 - P)\gamma_{k',k}, k' > k, \tag{4.2.23}$$

其中,$\beta_{k',k} = \langle \beta_k' | \beta_k \rangle$, $\gamma_{k',k} = \langle \Phi_k' | \Phi_k \rangle$. 式(4.2.23)可具体写为

$$|\alpha| e^{i\theta} = P |\alpha|^M e^{iM\theta} |\beta_{k',k}| e^{i\nu_{k',k}} + (1 - P) |\gamma_{k',k}| e^{i\sigma}. \tag{4.2.24}$$

假设 $|\gamma_{k',k}| = |\gamma| = |\bar{\alpha}_\theta|$, $\nu = (1 - M)\theta + r\pi$, $\sigma = \theta$, 成功概率表示为

$$P = \frac{|\bar{\alpha}_\theta| - |\alpha|}{|\bar{\alpha}_\theta| - (-1)^r |\beta| |\alpha|^M}, \tag{4.2.25}$$

再选择 $|\beta| = |\bar{\alpha}_{(1-M)\theta}|$,则成功概率为

$$P_{1 \to M} = \frac{|\bar{\alpha}_\theta| - |\alpha|}{|\bar{\alpha}_\theta| - |\bar{\alpha}_{(1-M)\theta}| |\alpha|^M}. \tag{4.2.26}$$

4.2.2 三个对称量子态的概率量子克隆

文献[10]研究了三个对称量子态的概率量子克隆. N 个非正交对称量子态的定义为[21]:对于初态 $|\psi_0\rangle$,存在一个幺正变换 U,使得

$$|\psi_j\rangle = U |\psi_{j-1}\rangle = U^j |\psi_0\rangle, \quad |\psi_0\rangle = U |\psi_{N-1}\rangle, \quad U^N = I. \tag{4.2.27}$$

显然,非正交对称量子态的具体形式有许多种,这依赖于初态 $|\psi_0\rangle$ 的具体形式和幺正变换 U 的具体形式. 例如,幺正变换为

$$U = \sum_{k=0}^{N-1} e^{i\varphi_k} |k\rangle\langle k|, \tag{4.2.28}$$

相位为

$$\varphi_k = \frac{2\pi f_k}{N} \tag{4.2.29}$$

时,非正交对称量子态可以表示为

$$|\psi_j\rangle = \sum_{k=0}^{N-1} c_k e^{i2\pi j f_k} |k\rangle. \tag{4.2.30}$$

文献[10]选择了三个非正交对称量子态,形式分别为

$$|\psi_0\rangle = c_0 |0\rangle + c_1 |1\rangle + c_2 |2\rangle,$$
$$|\psi_1\rangle = c_0 |0\rangle + c_1 e^{i\varphi} |1\rangle + c_2 e^{i\varphi} |2\rangle,$$
$$|\psi_2\rangle = c_0 |0\rangle + c_1 e^{-i\varphi} |1\rangle + c_2 e^{i\varphi} |2\rangle, \tag{4.2.31}$$

其中相位因子确定为

$$\varphi = \frac{2\pi}{3}, \tag{4.2.32}$$

且量子态系数满足归一化条件

$$\sum_{k=0}^{2} |c_k|^2 = 1. \tag{4.2.33}$$

三个非正交对称量子态之间的内积具有性质

$$\langle\psi_2|\psi_1\rangle = \langle\psi_1|\psi_0\rangle = \langle\psi_0|\psi_2\rangle = |S| e^{i\theta}, \tag{4.2.34}$$

其中

$$S = \sum_{k=0}^{2} |c_k|^2 e^{-i\varphi k}. \tag{4.2.35}$$

由于概率量子克隆只能复制线性无关的量子态,因此需要先考察三个非正交量子态的性质. 根据量子态线性相关与否的条件,对于

$$\sum_{k=0}^{2} a_k |\psi_k\rangle = 0, \tag{4.2.36}$$

当且仅当所有系数 a_k 同时为 0 时,三个非正交对称量子态是线性无关的;否则,三个非正交量子态是线性相关的.

将 $|\psi_j\rangle$,$j = 0,1,2$ 投影到式 (4.2.36)左边,可以得到一组线性齐次方程,其中 a_k 作为三个未知量. 由三个线性齐次方程组构成的厄米矩阵

$$C = \begin{bmatrix} 1 & S^* & S \\ S & 1 & S^* \\ S^* & S & 1 \end{bmatrix} \tag{4.2.37}$$

是一个轮换矩阵. 轮换矩阵可以通过 Fourier 变换 F 对角化,即 $D = FCF^{\dagger}$.

D 是由矩阵 C 的实数本征值 λ_i 构成的对角矩阵,本征值可通过求解方程

$$\lambda_1 = 1 + S^* + S, \lambda_2 = 1 + S^* e^{-i\varphi} + S e^{i\varphi}, \lambda_3 = 1 + S^* e^{i\varphi} + S e^{-i\varphi}$$

$$(4.2.38)$$

得到. 由于 $S = \sum_{k=0}^{2} |c_k|^2 e^{-i\phi_k}$, 方程的解依赖于 $|\psi_0\rangle$ 的系数 $c_k, k = 0, 1, 2$.
求解式(4.2.38)可得实数本征值为

$$\lambda_1 = 3 |c_0|^2, \lambda_2 = 3 |c_1|^2, \lambda_3 = 3 |c_2|^2. \qquad (4.2.39)$$

显然,初态 $|\psi_0\rangle$ 的系数 c_i(满足 $\sum_{k=0}^{2} |c_k|^2 = 1$)直接关系三个非正交量子态的线性相关性.

当 θ 的取值满足

$$\theta \in \left[0, \frac{2\pi}{3}\right], \theta \in \left[\frac{2\pi}{3}, \frac{4\pi}{3}\right], \theta \in \left[\frac{4\pi}{3}, 2\pi\right] \qquad (4.2.40)$$

时,分别对应着 λ_1, λ_2 和 λ_3 的最小本征值. 若 $|S|$ 取值为

$$|S_\theta| = \begin{cases} \dfrac{-1}{2\cos(\theta+\varphi)}, & \theta \in \left[0, \dfrac{2\pi}{3}\right], \\[2mm] \dfrac{-1}{2\cos(\theta)}, & \theta \in \left[\dfrac{2\pi}{3}, \dfrac{4\pi}{3}\right], \\[2mm] \dfrac{-1}{2\cos(\theta-\varphi)}, & \theta \in \left[\dfrac{4\pi}{3}, 2\pi\right], \end{cases} \qquad (4.2.41)$$

矩阵 C 行列式为 0. 此外,$|S_\theta|$ 数值与确定的角度 $\varphi = 2\pi/3$ 有关,同时还与一个角度参数 θ 有关.

对于三个非正交对称量子态,当

$$|S| \in (0, |S_\theta|) \qquad (4.2.42)$$

时,它们是线性无关的;当

$$|S| \in [|S_\theta|, 1) \qquad (4.2.43)$$

时,它们是线性相关的. 需要注意的是,应除去下面两种情况:①三个非正交对称量子态相互正交,即 $|S| = 0$ 的情况;②三个非正交对称量子态完全相同,即 $|S| = 1$(这时相位 $\varphi = 2\pi/3$ 无意义,只能取 $\varphi = 0$)的情况. 因此,概率量子克隆的三个非正交对称量子态的内积的模应满足 $|S| \in (0, |S_\theta|)$.

对于输入态集合 $\{|\psi_i\rangle\}_{i=0}^2$，需要得到的量子态是 $|\psi_i\rangle^{\otimes M}$，根据式 (4.2.41) 确定它们是否线性无关，可在此定义

$$|S_{0M}| = \begin{cases} \dfrac{-1}{2\cos(M\theta)}, & \theta \in [\bar{\theta}(1+3k), \bar{\theta}(2+3k)], \\[2ex] \dfrac{-1}{2\cos(M\theta+\varphi)}, & \theta \in [\bar{\theta}3k, \bar{\theta}(1+3k)], \\[2ex] \dfrac{-1}{2\cos(M\theta-\varphi)}, & \theta \in [\bar{\theta}(2+3k), \bar{\theta}(3+3k)], \end{cases} \quad (4.2.44)$$

其中

$$\bar{\theta} = \frac{2\pi}{3M}, \quad k = 0,1,\cdots,M-1. \quad (4.2.45)$$

设三个非正交对称量子态 $1 \to M$ 概率量子克隆的幺正变换为

$$U(|\psi_k\rangle|\Sigma\rangle|0\rangle) = \sqrt{P}\,|\psi_k\rangle^{\otimes M}\,|0\rangle + \sqrt{1-P}\,|\Phi_k\rangle\,|1\rangle. \quad (4.2.46)$$

通过幺正变换后，内积构成的半正定矩阵为

$$H = X^{(1)} - PX^{\langle M \rangle}, \quad (4.2.47)$$

其中矩阵元 $X^{(1)} = [\langle\psi_i|\psi_j\rangle]$，$X^{\langle M\rangle} = [\langle\psi_i|\psi_j\rangle^M]$．$H$ 可具体表示为

$$H_{11} = H_{22} = H_{33} = 1-P, \quad H_{21} = H_{32} = H_{13} = S - PS^M. \quad (4.2.48)$$

它也是一个轮换矩阵，其本征值由方程

$$\lambda_1 = 1-P + [(S-PS^M) + \text{c. c}], \quad \lambda_2 = 1-P + [(S-PS^M)e^{i\varphi} + \text{c. c}],$$
$$\lambda_3 = 1-P + [(S-PS^M)e^{-i\varphi} + \text{c. c}] \quad (4.2.49)$$

确定．由 H 的半正定性可知概率量子克隆成功概率的上限

$$P \leqslant P_1 = \frac{1+2|S|\cos(\theta)}{1+2|S|^M\cos(M\theta)},$$

$$P \leqslant P_2 = \frac{1+2|S|\cos(\theta+\varphi)}{1+2|S|^M\cos(M\theta+\varphi)},$$

$$P \leqslant P_3 = \frac{1+2|S|\cos(\theta-\varphi)}{1+2|S|^M\cos(M\theta-\varphi)} \quad (4.2.50)$$

是一个以 $|S|$，θ 和 M 为变量的函数．为了确定最优概率量子克隆的成功概率 $P_{1\to M}$，必须从 P_1，P_2 和 P_3 的数值中选择最小的一个．

现在分析成功概率的上限在 $[0,\pi]$ 内，通过比较 P_1 和 P_2 的上限，可以得到不等式

$$\sin\left(\theta+\frac{\pi}{3}\right) - |S|^{M-1}\sin\left(M\theta+\frac{\pi}{3}\right) - |S|^M\sin(M-1)\theta \geqslant 0. \quad (4.2.51)$$

对于 M,有一个特殊值 $\theta = \theta_x$ 满足上述不等式. 为了找到 θ_x,令 $P_1 = P_2$,这样式(4.2.51)就变成等式,θ_x 的值则依赖内积的模 $|S|$ 和拷贝的数目 M. 当拷贝数目为 $M = 1 + 3k$,其中 k 是整数,或者当 $M \to \infty$ 时,式(4.2.51)变为

$$\sin\left(\theta_x + \frac{\pi}{3}\right) = 0, \tag{4.2.52}$$

求解得到

$$\theta_x = \frac{2\pi}{3}. \tag{4.2.53}$$

这是式(4.2.51)在 $M \to \infty$ 的条件下得到的. 设 $\theta_x = 2\pi/3 + \delta$,再代回式(4.2.51),得到

$$\frac{|S|^M + \cos(t + M\delta)}{\sin(t + M\delta)} = \frac{|S|^{M-1} + \cos[t + (M-1)\delta]}{[t + (M-1)\delta]}, \tag{4.2.54}$$

其中 $t = (2M+1)\pi/3$. 这个关于 δ 的方程含有 $|S|$ 和 M,可以通过设置具体的 $|S|$ 和 M 的数值,比较成功概率 P_i 之间的关系,于是有

$$P_2 \leqslant P_1 \leqslant P_3, \theta \in [0, \theta_x]; P_1 \leqslant P_2 \leqslant P_3, \theta \in [\theta_x, \pi]. \tag{4.2.55}$$

因此,成功概率为

$$P_{1 \to M} = P_2, \quad \theta \in [0, \theta_x]; \tag{4.2.56}$$

$$P_{1 \to M} = P_1, \quad \theta \in [\theta_x, \pi]. \tag{4.2.57}$$

文献[10]又变化了幺正变换,即

$$U(|\psi_k\rangle |\Sigma\rangle |0\rangle) = \sqrt{P} \mathrm{e}^{\mathrm{i}\varphi_k} |\psi_k\rangle^{\otimes M} |0\rangle + \sqrt{1-P} |\Phi_k\rangle |1\rangle, \tag{4.2.58}$$

通过幺正变换后,内积构成的半正定矩阵为

$$H = X^{(1)} - P X^{(M)} \cdot A, \tag{4.2.59}$$

其中矩阵元 $X^{(1)} = [\langle \psi_i | \psi_j \rangle]$,$X^{(M)} = [\langle \psi_i | \psi_j \rangle^M]$,$A = [\mathrm{e}^{\mathrm{i}(\varphi_m - \varphi_n)}]$. A 和 H 可具体表示为

$$A = \begin{bmatrix} 1 & \mathrm{e}^{\mathrm{i}\varphi} & \mathrm{e}^{-\mathrm{i}\varphi} \\ \mathrm{e}^{-\mathrm{i}\varphi} & 1 & \mathrm{e}^{\mathrm{i}\varphi} \\ \mathrm{e}^{\mathrm{i}\varphi} & \mathrm{e}^{-\mathrm{i}\varphi} & 1 \end{bmatrix}, \tag{4.2.60}$$

$$H_{11} = H_{22} = H_{33} = 1 - P, H_{21} = H_{32} = H_{13} = S - \mathrm{e}^{-\mathrm{i}\varphi} P S^M. \tag{4.2.61}$$

A 和 H 是两个轮换矩阵,其本征值由方程

$$\lambda_1 = 1 - P + [(S - e^{-i\varphi}PS^M) + \text{c.c}],$$
$$\lambda_2 = 1 - P + [(S - e^{-i\varphi}PS^M)e^{i\varphi} + \text{c.c}],$$
$$\lambda_3 = 1 - P + [(S - e^{-i\varphi}PS^M)e^{-i\varphi} + \text{c.c}] \qquad (4.2.62)$$

确定. 结合 H 的半正定性可推出概率量子克隆成功概率的上限:

$$P \leqslant P_1 = \frac{1 + 2|S|\cos(\theta)}{1 + 2|S|^M\cos(M\theta)},$$

$$P \leqslant P_2 = \frac{1 + 2|S|\cos(\theta + \varphi)}{1 + 2|S|^M\cos(M\theta + \varphi)},$$

$$P \leqslant P_3 = \frac{1 + 2|S|\cos(\theta - \varphi)}{1 + 2|S|^M\cos(M\theta - \varphi)}. \qquad (4.2.63)$$

这个结果与式(4.2.50)一样.

这里讨论的概率量子克隆中成功概率的最优性,其实就是如何求最优成功概率的问题. 文献[1]首次提出概率量子克隆,仅仅证明了概率量子克隆的存在,并未指明如何求成功概率的最优值. 从数学形式上来看,应该从最一般的概率量子克隆幺正变换求最优成功概率. 如果概率量子克隆幺正变换是特定的而不是最一般的,即使求得成功概率的最大值,这个最大成功概率也不一定是最优的. 在两个量子态时,文献[1]给出的幺正变换虽然不是最一般的,但是成功概率确实是最优的. 在三个量子态概率量子克隆时,即使是等距量子态和对称量子态,也未能给出最优的概率量子克隆的幺正变换. 因此,在普遍情况下,确定最优三态概率量子克隆的幺正变换是首先要解决的问题.

文献[22—24]研究量子态演化的幺正变换时,提出概率量子克隆等量子信息过程中最一般的幺正变换. 可以假设,最一般的最优概率量子克隆的幺正变换为[10, 22]

$$U(|\psi_k\rangle|\Sigma\rangle|0\rangle_{a_1}|0\rangle_{a_2}) = \sqrt{P}e^{i\varphi_k}|\psi_k\rangle^{\otimes M}|\alpha_k\rangle_{a_1}|0\rangle_{a_2} + \sqrt{1-P}|\Phi_k\rangle|1\rangle_{a_2}. \qquad (4.2.64)$$

其中,a_1 是辅助系统,给出辅助克隆态 $|\alpha_k\rangle_{a_1}$;a_2 是测量系统,测量算子为

$$M = |0\rangle_{a_2}\langle 0| + |1\rangle_{a_2}\langle 1|. \qquad (4.2.65)$$

幺正变换后,内积构成的半正定矩阵为

$$H = X^{(1)} - PX^{(M)} \cdot A, \qquad (4.2.66)$$

其中矩阵元 $X^{(1)} = [\langle\psi_i|\psi_j\rangle]$,$X^{(M)} = [\langle\psi_i|\psi_j\rangle^M]$,$A = [\langle\alpha_i|\alpha_k\rangle]$. 从最一般式(4.2.64)可以很容易证明,在两个量子态时,取 $\langle\alpha_1|\alpha_2\rangle = 1$ 可以得到最

优成功概率. 所以, 文献[1]给出的变换虽然不是最一般的, 但是成功概率确实是最优的.

4.3　量子删除

4.3.1　量子不可删除定理

由于受量子力学的制约, 对于未知的量子系统, 不可能精确地复制该系统; 同时, 也不可能完全删除该系统. Pati 等人在 2000 年提出**量子不可删除定理**[25], 指出: 不可能完全删除任意未知量子态. 下面, 首先介绍量子不可删除定理.

设未知子态为 $|\psi\rangle$, 对于具有两个拷贝的量子态 $|\psi\rangle \otimes |\psi\rangle = |\psi\rangle^{\otimes 2}$, 假设有通用 $2 \to 1$ 量子删除机, 可以实现变换

$$|\psi\rangle_1 |\psi\rangle_2 |A\rangle_3 \to |\psi\rangle_1 |\Sigma\rangle_2 |A_\psi\rangle_3, \tag{4.3.1}$$

其中 $|A\rangle$ 是已知辅助系统, $|\Sigma\rangle$ 是一个已知标准量子态, $|A_\psi\rangle$ 是变换后辅助量子态. 如果保持第 1 个粒子不变, 则

$$|\psi\rangle_2 |A\rangle_3 \to |\Sigma\rangle_2 |A_\psi\rangle_3 = |A\rangle_2 |\psi\rangle_3, \tag{4.3.2}$$

这里 $|\Sigma\rangle_2 = |A\rangle_2$ 意味着取已知辅助系统作为标准量子态, $|A_\psi\rangle_3 = |\psi\rangle_3$ 是辅助系统变换为未知量子态. 式(4.3.2)是量子态交换(quantum swapping), 因而式(4.3.1)可以写为

$$|\psi\rangle_1 |\psi\rangle_2 |A\rangle_3 \to |\psi\rangle_1 |A\rangle_2 |\psi\rangle_3. \tag{4.3.3}$$

从粒子下标 1, 2, 3 来看, 好像删除了一个拷贝, 但是本质上并没有删除. 因此, 量子删除过程排除量子交换过程.

由于式(4.3.1)是通用过程, 因此对光子的两个正交极化态 $|H\rangle$ 和 $|V\rangle$ 都适用, 即

$$|H\rangle |H\rangle |A\rangle \to |H\rangle |\Sigma\rangle |A_H\rangle,$$
$$|V\rangle |V\rangle |A\rangle \to |V\rangle |\Sigma\rangle |A_V\rangle. \tag{4.3.4}$$

假设这个量子删除过程对纠缠态有作用, 即

$$\frac{1}{\sqrt{2}} (|H\rangle |V\rangle + |V\rangle |H\rangle) |A\rangle \to |\Phi\rangle, \tag{4.3.5}$$

其中 $|\Phi\rangle$ 是拷贝和辅助系统的复合量子态. 由于量子删除变换是确定的, 纠缠态 $\frac{1}{\sqrt{2}} (|H\rangle |V\rangle + |V\rangle |H\rangle)$ 也是确定的, 因此 $|\Phi\rangle$ 也是确定的.

对于任意未知量子态 $|\psi\rangle = \alpha|H\rangle + \beta|V\rangle$，$\alpha$ 和 β 是任意未知复数，且满足 $|\alpha|^2 + |\beta|^2 = 1$. 根据量子力学的线性特性，量子删除过程可以写为

$$|\psi\rangle|\psi\rangle|A\rangle = [\alpha^2|H\rangle|H\rangle + \beta^2|V\rangle|V\rangle + \alpha\beta(|H\rangle|V\rangle + |V\rangle|H\rangle)]|A\rangle$$

$$\rightarrow \alpha^2|H\rangle|\Sigma\rangle|A_H\rangle + \beta^2|V\rangle|\Sigma\rangle|A_V\rangle + \sqrt{2}\alpha\beta|\Phi\rangle. \quad (4.3.6)$$

如果存在通用量子删除机，对于任意 α 和 β 的值，式(4.3.6)必须能够退化为式(4.3.1)，即有关系式

$$\alpha^2|H\rangle|\Sigma\rangle|A_H\rangle + \beta^2|V\rangle|\Sigma\rangle|A_V\rangle + \sqrt{2}\alpha\beta|\Phi\rangle$$

$$= (\alpha|H\rangle + \beta|V\rangle)|\Sigma\rangle|A_\psi\rangle. \quad (4.3.7)$$

若要式(4.3.7)成立，需要满足

$$|\Phi\rangle = \frac{1}{\sqrt{2}}(|H\rangle|\Sigma\rangle|A_V\rangle + |V\rangle|\Sigma\rangle|A_H\rangle),$$

$$|A_\psi\rangle = \alpha|A_H\rangle + \beta|A_V\rangle,$$

$$\langle A_H|A_V\rangle = 0. \quad (4.3.8)$$

这说明 $|\Phi\rangle$ 依赖具体的 α 和 β 数值，这与上述对于量子态 $|\Phi\rangle$ 是确定的限制是相矛盾的. 因此，不存在通用量子删除机.

4.3.2 确定性近似量子删除

文献[26]给出确定性近似量子删除机，$2 \rightarrow 1$ 量子删除变换为

$$|00\rangle_{ab}|A\rangle_c \rightarrow |0\rangle_a|\Sigma\rangle_b|A_0\rangle_c + (|0\rangle_a|1\rangle_b + |1\rangle_a|0\rangle_b)|B_0\rangle_c,$$

$$|01\rangle_{ab}|A\rangle_c \rightarrow |0\rangle_a|\Sigma_\perp\rangle_b|D_0\rangle_c + |1\rangle_a|0\rangle_b|C_0\rangle_c,$$

$$|10\rangle_{ab}|A\rangle_c \rightarrow |1\rangle_a|\Sigma\rangle_b|D_0\rangle_c + |0\rangle_a|1\rangle_b|C_0\rangle_c,$$

$$|11\rangle_{ab}|A\rangle_c \rightarrow |1\rangle_a|\Sigma_\perp\rangle_b|A_1\rangle_c + (|0\rangle_a|1\rangle_b + |1\rangle_a|0\rangle_b)|B_1\rangle_c,$$

$$(4.3.9)$$

其中 $|A\rangle$ 是辅助系统初态，$|A_i\rangle$，$|B_i\rangle$，$|C_j\rangle$ 和 $|D_j\rangle$ $(i = 0,1, j = 0)$ 是辅助系统终态，$|\Sigma\rangle$ 某种已知标准态，$|\Sigma_\perp\rangle$ 是与 $|\Sigma\rangle$ 相互正交的标准态.

为了便于计算，假设辅助系统终态有

$$\langle A_0|B_0\rangle = \langle A_0|D_0\rangle = \langle A_1|D_0\rangle = \langle A_1|B_1\rangle = \langle A_0|A_1\rangle$$

$$= \langle B_0|C_0\rangle = \langle B_0|D_0\rangle = 0, \quad (4.3.10)$$

$$\langle A_0|B_1\rangle = \langle A_1|B_0\rangle = \langle B_0|B_1\rangle = \langle B_1|D_0\rangle = \langle C_0|A_1\rangle$$

$$= \langle B_1|C_0\rangle = 0, \quad (4.3.11)$$

$$\langle A|A_0\rangle = \langle A|D_0\rangle = \langle A|A_1\rangle = Y, \langle A|B_0\rangle = \langle A|C_0\rangle$$

$$= \langle A|B_1\rangle = 0. \quad (4.3.12)$$

幺正变换式(4.3.9)的归一化条件为

$$\langle A_i \mid A_i \rangle + 2\langle B_i \mid B_i \rangle = 1, \langle C_0 \mid C_0 \rangle + \langle D_0 \mid D_0 \rangle = 1, \quad (4.3.13)$$

正交性条件为

$$\langle A_0 \mid C_0 \rangle = \langle D_0 \mid C_0 \rangle = 0. \quad (4.3.14)$$

任意未知量子态 $\mid \psi \rangle = \alpha \mid 0 \rangle + \beta \mid 1 \rangle$，$\alpha$ 和 β 是任意未知复数，且满足 $\mid \alpha \mid^2 + \mid \beta \mid^2 = 1$. 完成量子删除后，标记粒子 a 的约化密度矩阵为 ρ_A，粒子 b 的约化密度矩阵为 ρ_b，辅助粒子 c 的约化密度矩阵为 ρ_c，则未能被删除的粒子 a 的保真度为

$$F_a = \langle \psi \mid \rho_A \mid \psi \rangle, \quad (4.3.15)$$

被删除的粒子 b 的保真度为

$$F_b = \langle \Sigma' \mid \rho_b \mid \Sigma' \rangle, \quad (4.3.16)$$

其中

$$\mid \Sigma' \rangle = \frac{1}{\sqrt{2}} (\mid \Sigma \rangle + \mid \Sigma_\perp \rangle) \quad (4.3.17)$$

显然也是某个已知标准态. 辅助粒子 c 的保真度为

$$F_c = \langle A \mid \rho_c \mid A \rangle. \quad (4.3.18)$$

根据上述量子删除幺正变换和粒子保真度的定义，可以将量子删除机分成三种类型：

(1)态相关量子删除机. 这类量子删除机的指标 F_a, F_b 和 F_c 依赖于输入态. 这种情况类似离散变量量子克隆的两个已知态的量子克隆，具体可参考本书3.1节的内容.

(2)普适量子删除机. 这类量子删除机的指标 F_b 和 F_c 不依赖于输入态. 当 F_a 和 F_b 最大时，量子删除机是最优的.

(3)理想量子删除机. 这类量子删除机的指标 F_a, F_b 和 F_c 不依赖于输入态. 当 F_a 和 F_b 最大时，量子删除机是最优的.

对于输入系统 $\mid \psi \rangle_a \mid \psi \rangle_b \mid A \rangle_c$，下面分别计算粒子的保真度. 经过量子删除变换后，粒子 a 的约化密度矩阵为

$$\begin{aligned}
\rho_A &= \mathrm{Tr}_{bc}(\rho_{abc}) \\
&= \mid 0 \rangle \langle 0 \mid [\alpha^4(\langle A_0 \mid A_0 \rangle + \langle B_0 \mid B_0 \rangle) + \alpha^2 \mid \beta \mid^2 + \mid \beta \mid^4 \langle B_1 \mid B_1 \rangle] + \\
&\quad \mid 1 \rangle \langle 1 \mid [\alpha^4 \langle B_0 \mid B_0 \rangle + \alpha^2 \mid \beta \mid^2 + \mid \beta \mid^4 (\langle A_1 \mid A_1 \rangle + \langle B_1 \mid B_1 \rangle)].
\end{aligned}$$

$$(4.3.19)$$

假设

$$\langle A_0 \mid A_0 \rangle = \langle A_1 \mid A_1 \rangle = \langle D_0 \mid D_0 \rangle = 1 - 2\lambda,$$

$$\langle B_0 \mid B_0 \rangle = \langle B_1 \mid B_1 \rangle = \langle C_0 \mid C_0 \rangle / 2 = \lambda, \qquad (4.3.20)$$

其中 $0 \leqslant \lambda \leqslant 1/2$. 粒子 a 的约化密度矩阵可以具体表示为

$$\rho_A = \mid 0 \rangle \langle 0 \mid [\alpha^4 (1-\lambda) + \alpha^2 \mid \beta \mid^2 + \mid \beta \mid^4 \lambda] +$$
$$\mid 1 \rangle \langle 1 \mid [\alpha^4 \lambda + \alpha^2 \mid \beta \mid^2 + \mid \beta \mid^4 (1-\lambda)], \qquad (4.3.21)$$

粒子 a 的保真度为

$$F_a = \langle \psi \mid \rho_A \mid \psi \rangle = (1-\lambda) + 2\alpha^2 (1-\alpha^2)(2\lambda-1). \quad (4.3.22)$$

这说明保真度依赖于输入态参数 α 和参数 λ. 考虑不同参数数值, 当 $\lambda \to 1/2$ 时, 有 $F_a = 1/2$, 这时粒子 a 没有保存下来, 因而量子删除的效果没有达到要求. 当 $\lambda \to 0$ 时, 有 $F_a = 1 - 2\alpha^2 (1-\alpha^2)$, 这是态相关的, 平均保真度为

$$\overline{F}_a = \int_0^1 F_a(\alpha^2) \, d\alpha^2 \to 2/3. \qquad (4.3.23)$$

结合式 (4.3.20), 粒子 b 的约化密度矩阵可以表示为

$$\rho_b = \mid 0 \rangle \langle 0 \mid [\alpha^4 \lambda + 2\alpha^2 \mid \beta \mid^2 \lambda + \mid \beta \mid^4 \lambda] + \mid 1 \rangle \langle 1 \mid [\alpha^4 \lambda + 2\alpha^2 \mid \beta \mid^2 \lambda + \mid \beta \mid^4 \lambda] +$$
$$\mid \Sigma \rangle \langle \Sigma \mid [\alpha^2 (1-2\lambda)] + \mid \Sigma_\perp \rangle \langle \Sigma_\perp \mid [\mid \beta \mid^2 (1-2\lambda)]. \qquad (4.3.24)$$

假设

$$K_1 = \langle \Sigma \mid 0 \rangle^2 + \mid \langle \Sigma \mid 1 \rangle \mid^2 + \langle \Sigma \mid 0 \rangle \langle 0 \mid \Sigma_\perp \rangle + \langle \Sigma \mid 1 \rangle \langle 1 \mid \Sigma_\perp \rangle,$$
$$(4.3.25)$$

$$K_2 = \mid \langle \Sigma_\perp \mid 0 \rangle \mid^2 + \langle \Sigma_\perp \mid 1 \rangle^2 + \langle \Sigma \mid 0 \rangle \langle 0 \mid \Sigma_\perp \rangle + \langle \Sigma \mid 1 \rangle \langle 1 \mid \Sigma_\perp \rangle,$$
$$(4.3.26)$$

粒子 b 的保真度表示为

$$F_b = \langle \Sigma' \mid \rho_b \mid \Sigma' \rangle = \frac{1}{2} [(1-\lambda) + (K_1 + K_2)\lambda]. \quad (4.3.27)$$

对于标准态 $\mid \Sigma \rangle$, 有

$$\mid \Sigma \rangle = m_1 \mid 0 \rangle + m_2 \mid 1 \rangle, \quad \mid \Sigma_\perp \rangle = -m_2^* \mid 0 \rangle + m_1 \mid 1 \rangle, \quad (4.3.28)$$

归一化条件为

$$m_1^2 + \mid m_2 \mid^2 = 1. \qquad (4.3.29)$$

经过具体计算, 可以得到

$$\langle \Sigma \mid 0 \rangle = \langle \Sigma_\perp \mid 1 \rangle = m_1, \quad \langle \Sigma \mid 1 \rangle = m_2^*, \quad \langle \Sigma_\perp \mid 0 \rangle = -m_2. \quad (4.3.30)$$

计算式(4.3.25)和式(4.3.26),可以得到

$$K_1 + K_2 = 2. \tag{4.3.31}$$

因此,粒子 b 的保真度为

$$F_b = \langle \Sigma' \mid \rho_b \mid \Sigma' \rangle = \frac{1}{2}. \tag{4.3.32}$$

这说明保真度是态无关的,但却不是最优的. 粒子 c 的保真度为

$$F_c = \langle A \mid \rho_c \mid A \rangle = Y^2, \tag{4.3.33}$$

其中 Y 是不依赖 α 的数.

文献[26]提出可以提高粒子保真度的改进方案. 输入态经过量子删除后得到 ρ_{abc},然后再经过一个幺正变换 T(文献[26]并没有给出幺正变换 T 的具体形式),可以得到输出态

$$\rho'_{abc} = (I \otimes T)\rho_{abc}(I \otimes T)^t. \tag{4.3.34}$$

当 $\lambda \to 1/2$ 时,粒子 a 的保真度为

$$F'_a = \langle \psi \mid \rho'_a \mid \psi \rangle \to \frac{3}{4} - \frac{\alpha^2}{2} + \frac{\alpha(\beta + \beta^*)}{2\sqrt{2}}, \tag{4.3.35}$$

平均保真度为

$$\overline{F}'_a = \int_0^1 F'_a(\alpha^2) \mathrm{d}\alpha^2 \to \frac{1}{2} + \frac{\pi}{8\sqrt{2}} \approx 0.77. \tag{4.3.36}$$

当 $\lambda \to 1/2$ 时,粒子 b 的保真度为

$$F'_b = \langle \Sigma' \mid \rho'_b \mid \Sigma' \rangle = \frac{3}{4}. \tag{4.3.37}$$

由于幺正变换 T 对于粒子 c 是协变的,因而有

$$F'_c = \langle A \mid \rho'_c \mid A \rangle = \langle A \mid \rho_c \mid A \rangle = F_c = Y^2. \tag{4.3.38}$$

4.3.3　概率性精确量子删除

文献[27]考虑概率性精确量子删除线性无关量子态集合,这与概率量子克隆类似. 下面,首先介绍 $2 \to 1$ 概率量子删除机.

命题 1　对于非正交线性无关量子态集合 $S = \{\mid \psi_1 \rangle, \mid \psi_2 \rangle, \cdots, \mid \psi_k \rangle\}$,从其中任意选取具有两个拷贝的量子态 $\mid \psi_i \rangle^{\otimes 2}$,可以利用一般的幺正变换概率量子删除其中的一个.

第一步,证明存在幺正变换

$$U(\mid \psi_i \rangle \mid \psi_i \rangle \mid P_0 \rangle) = \sqrt{b_i} \mid \psi_i \rangle \mid \Sigma \rangle \mid P_i \rangle + \sum_{l=1}^{k^2} \sqrt{f_i^{(l)}} \mid \mu_l \rangle \mid P_0 \rangle,$$

$$(4.3.39)$$

其中 $\mid \psi_i \rangle \mid \psi_i \rangle (i = 1, 2, \cdots, k)$ 是 k^2 维 Hilbert 空间中归一化的输入态, $\mid \mu_l \rangle (l = 1, 2, \cdots, k^2)$ 是该空间的正交归一基矢, $\mid \Sigma \rangle$ 是 k 维 Hilbert 空间中归一化的标准空白态, $\mid P_i \rangle (i = 1, 2, \cdots, k)$ 是 $k_P (k_P \geqslant k+1)$ 维 Hilbert 空间中归一化的探测系统. $\mid P_1 \rangle, \mid P_2 \rangle, \cdots, \mid P_k \rangle$ 一般互相不正交,但是各自与 $\mid P_0 \rangle$ 是正交的. 如果存在幺正变换,在变换后可以测量探测态,那么参数 b_i 和 $f_i^{(l)}$ 分别是成功概率和失败概率. 幺正变换给出归一化限制

$$b_i + \sum_{l=1}^{k^2} f_i^{(l)} = 1. \qquad (4.3.40)$$

如果式(4.3.39)成立,它们的内积给出 $k \times k$ 矩阵方程

$$Z^{(2)} = \sqrt{B} Z_P^{(1)} \sqrt{B^{\dagger}} + \sum_{l=1}^{k^2} F_l, \qquad (4.3.41)$$

其中 $k \times k$ 矩阵 $Z^{(2)} = [\langle \psi_i \mid \psi_j \rangle^2]$, $Z_P^{(1)} = [\langle \psi_i \mid \psi_j \rangle \langle P_i \mid P_j \rangle]$, $F_l = [\sqrt{f_i^{(l)}} \sqrt{f_j^{(l)}}]$, $\sqrt{B} = \sqrt{B^{\dagger}} = \mathrm{diag}(\sqrt{b_1}, \sqrt{b_2}, \cdots, \sqrt{b_k})$. 因此, $B^{\dagger} = \mathrm{diag}(b_1, b_2, \cdots, b_k)$. 对于足够小的正数 b_i, 矩阵 $Z^{(2)} - \sqrt{B} Z_P^{(1)} \sqrt{B^{\dagger}}$ 可以被对角化,即

$$V^{\dagger}(Z^{(2)} - \sqrt{B} Z_P^{(1)} \sqrt{B^{\dagger}})V = \mathrm{diag}(\lambda_1, \lambda_2, \cdots, \lambda_k), \qquad (4.3.42)$$

其中 $\lambda_1, \lambda_2, \cdots, \lambda_k$ 是正数. 矩阵 $F_l = [\sqrt{f_i^{(l)}} \sqrt{f_j^{(l)}}]$ 可以写为

$$F_l = V[\mathrm{diag}(t_1, t_2, \cdots, t_k)]V^{\dagger}, \qquad (4.3.43)$$

则有

$$\sum_{l=1}^{k^2} t_i^{(l)} = \lambda_i. \qquad (4.3.44)$$

这就证明存在幺正变换可以概率量子删除两个拷贝中的任意一个.

第二步,证明量子态必须是线性无关的. 这可以利用反证法. 假设量子态集合 $S = \{\mid \psi_1 \rangle, \mid \psi_2 \rangle, \cdots, \mid \psi_k \rangle\}$ 是线性相关的,则存在线性组合的量子态

$$\mid \psi_m \rangle = \sum_{i=1, i \neq m}^{k} g_i \mid \psi_i \rangle. \qquad (4.3.45)$$

对这个线性相关的量子态进行量子删除,可表示为

$$U(|\psi_m\rangle|\psi_m\rangle|P_0\rangle) = \sqrt{b_m}|\psi_m\rangle|\Sigma\rangle|P_m\rangle + \sum_{l=1}^{k^2}\sqrt{f_m^{(l)}}|\mu_l\rangle|P_0\rangle,$$

$$(4.3.46)$$

具体写为

$$U\left(\sum_k g_i|\psi_i\rangle\sum_k g_j|\psi_j\rangle|P_0\rangle\right) = \sum_k g_i^2\sqrt{b_i}|\psi_i\rangle|\Sigma\rangle|P_i\rangle +$$

$$\sum_k\sum_{i=1}^{k^2}g_i^2\sqrt{f_i^{(l)}}|\mu_l\rangle|P_0\rangle + \sum_k g_i g_j|\Phi_{ij}^m\rangle, \qquad (4.3.47)$$

其中 $|\Phi_{ij}^m\rangle$ 是任意输入态和探测态的组合态,来自于输入态 $U\Big(\sum_k g_i g_j|$ $\psi_i\rangle|\psi_j\rangle|P_0\rangle\Big)$.

比较式(4.3.46)和式(4.3.47)可知,必须有

$$\sum_k g_i g_j|\Phi_{ij}^m\rangle = 0. \qquad (4.3.48)$$

显然,线性相关的系数 g_i 不可能全为 0. 只有当量子态集合 $S = \{|\psi_1\rangle,$ $|\psi_2\rangle,\cdots,|\psi_k\rangle\}$ 线性无关时,系数 g_i 才可能全为 0. 因此,量子态集合必须是线性无关的. 这就证明了命题 1.

幺正变换式(4.3.39)可以表示为一般式

$$U(|\psi_i\rangle|\psi_i\rangle|P_0\rangle) = \sqrt{b_i}|\psi_i\rangle|\Sigma\rangle|P_i\rangle + \sqrt{1-b_i}|\Phi_{DP}^{(i)}\rangle,$$

$$(4.3.49)$$

这里要求复合态满足 $\langle P_i|\Phi_{DP}^{(i)}\rangle = 0$. 于是,式(4.3.41)可以写为

$$Z^{(2)} = \sqrt{B}Z_P^{(1)}\sqrt{B^{\dagger}} + \sqrt{I_k-B}R\sqrt{I_k-B^{\dagger}}, \qquad (4.3.50)$$

其中 $R = [\langle\Phi_{DP}^{(i)}|\Phi_{DP}^{(j)}\rangle]$. 这就要求 $\sqrt{I_k-B}R\sqrt{I_k-B^{\dagger}}$ 是半正定的,因此 $Z^{(2)} - \sqrt{B}Z_P^{(1)}\sqrt{B^{\dagger}}$ 也是半正定的. 这里给出命题 2.

命题 2 对于非正交线性无关量子态集合 $S = \{|\psi_1\rangle,|\psi_2\rangle,\cdots,|\psi_k\rangle\}$, 当且仅当 $Z^{(2)} - \sqrt{B}Z_P^{(1)}\sqrt{B^{\dagger}}$ 是半正定时,从其中任意选取具有两个拷贝的量子态 $|\psi_i\rangle^{\otimes 2}$,可以概率量子删除其中的一个.

命题 2 的证明已经由上面给出,这里不再证明. 利用命题 2 可以得到成功概率的上限. 由式(4.3.49)可以给出内积方程

$$\langle\psi_i|\psi_j\rangle^2 = \sqrt{b_i b_j}\langle\psi_i|\psi_j\rangle\langle P_i|P_j\rangle + \sqrt{(1-b_i)(1-b_j)}\langle\Phi_{DP}^{(i)}|\Phi_{DP}^{(j)}\rangle.$$

$$(4.3.51)$$

利用 $|\langle \psi_i \mid \psi_j \rangle| \leqslant 1$，$\sqrt{b_i b_j} \leqslant \dfrac{1}{2}(b_i + b_j)$ 和 $\sqrt{(1-b_i)(1-b_j)} \leqslant 1 - \dfrac{1}{2}(b_i + b_j)$，可以得到不等式

$$\frac{1}{2}(b_i + b_j) \leqslant \frac{1 - |\langle \psi_i \mid \psi_j \rangle|^2}{1 - |\langle \psi_i \mid \psi_j \rangle| |\langle P_i \mid P_j \rangle|}. \tag{4.3.52}$$

为了确定成功概率的最大值，需要讨论 $|\langle P_i \mid P_j \rangle| \in [0,1]$ 的取值. 显然，当 $|\langle P_i \mid P_j \rangle| \in (|\langle \psi_i \mid \psi_j \rangle|, 1]$ 时，会得到 $b_i + b_j \leqslant 2 + \varepsilon$，其中 ε 是一个正数. 这说明成功概率大于1，此时 $Z^{(2)} - \sqrt{B} Z_P^{(1)} \sqrt{B^\dagger}$ 是半正定的条件就不满足了. 当 $|\langle P_i \mid P_j \rangle| = |\langle \psi_i \mid \psi_j \rangle|$ 时，会得到 $b_i + b_j \leqslant 2$，即 $b_i = 1$，这是量子交换过程，是被排除的. 因此，最优成功概率满足条件

$$|\langle P_i \mid P_j \rangle| < |\langle \psi_i \mid \psi_j \rangle|, \langle P_i \mid P_j \rangle| \rightarrow |\langle \psi_i \mid \psi_j \rangle|. \tag{4.3.53}$$

一般而言，上述条件难进行具体计算，主要因为量子态是复数. 但是，可以通过减小成功概率的方法来计算. 设探测态是正交的，即 $\langle P_i \mid P_j \rangle = 0$，这样就有

$$\frac{1}{2}(b_i + b_j) \leqslant 1 - |\langle \psi_i \mid \psi_j \rangle|^2. \tag{4.3.54}$$

概率量子删除机的平均成功概率为

$$\overline{b} = \frac{1}{k} \sum_{i=1}^{k} b_i. \tag{4.3.55}$$

因此，平均成功概率

$$\overline{b} \leqslant 1 - \frac{2}{k(k-1)} \sum_k |\langle \psi_i \mid \psi_j \rangle|^2. \tag{4.3.56}$$

利用两个量子态 $|\psi_i\rangle |\psi_i\rangle$ 和 $|\psi_j\rangle |\psi_j\rangle$ 的最小模距离，定义[28]

$$D^2(|\psi_i\rangle |\psi_i\rangle, |\psi_j\rangle |\psi_j\rangle) = 2(1 - |\langle \psi_i \mid \psi_j \rangle|^2), \tag{4.3.57}$$

式(4.3.54)可以写为

$$\frac{1}{2}(b_i + b_j) \leqslant \frac{1}{2} D^2(|\psi_i\rangle |\psi_i\rangle, |\psi_j\rangle |\psi_j\rangle), \tag{4.3.58}$$

于是平均成功概率可以写为

$$\overline{b} \leqslant \frac{2}{k(k-1)} \sum_k D^2(|\psi_i\rangle |\psi_i\rangle, |\psi_j\rangle |\psi_j\rangle). \tag{4.3.59}$$

最后给出 $N \rightarrow M$ 概率量子删除，即命题3.

命题 3 对于非正交线性无关量子态集合 $S = \{|\psi_1\rangle, |\psi_2\rangle, \cdots, |\psi_k\rangle\}$，

当且仅当 $Z^{(N)} - \sqrt{B} Z_P^{(M)} \sqrt{B^\dagger}$ 是半正定时,从其中任意选取具有 N 个拷贝的量子态 $|\psi_i\rangle^{\otimes N}$,可以概率量子删除其中的 $N-M$ 个.其中 $Z^{(N)} = [\langle \psi_i | \psi_j \rangle^N]$,$Z^{(M)} = [\langle \psi_i | \psi_j \rangle^M \langle P_i | P_j \rangle]$,$N$ 和 M 是正整数,且 $N > M$.

文献[27]给出 $N \to M (M < N)$ 概率量子删除.下面介绍 $M \to 1, 2, \cdots, n$ $(n < M)$ 概率量子删除[29],即概率量子删除的线性叠加.

定理 对于非正交线性无关量子态集合 $S = \{|\psi_1\rangle, |\psi_2\rangle, \cdots, |\psi_k\rangle\}$,从其中任意选取具有 M 个拷贝的量子态 $|\psi_i\rangle^{\otimes M}$,可以利用一般的幺正变换概率删除其中的 n 个拷贝.该量子删除机删除的是 n 个拷贝的线性叠加.幺正变换表示为

$$U(|\psi_i\rangle^{\otimes M} |P\rangle) = \sum_{n=1}^{M-1} \sqrt{p_n^{(i)}} |\psi_i\rangle^{\otimes(M-n)} |0\rangle^{\otimes n} |P_n\rangle + \sum_{l=M}^{N} \sqrt{f_l^{(i)}} |\Psi_l\rangle |P_l\rangle,$$
(4.3.60)

其中 $p_n^{(i)}$ 和 $f_l^{(i)}$ 分别是量子删除机的成功概率和失败概率.

证明 幺正变换给出矩阵方程

$$G^{(M)} = \sum_{n=1}^{M-1} A_n G^{(M-n)} A_n^\dagger + \sum_l F_l,$$
(4.3.61)

其中矩阵分别表示为 $G^{(M)} = [\langle \psi_i | \psi_j \rangle^M]$,$G^{(M-n)} = [\langle \psi_i | \psi_j \rangle^{(M-n)}]$,$F_l = [\sqrt{f_l^{(i)} f_l^{(j)}}]$,$A_n = \text{diag}(\sqrt{p_n^{(1)}}, \sqrt{p_n^{(2)}}, \cdots, \sqrt{p_n^{(k)}})$.由于 $S = \{|\psi_1\rangle, |\psi_2\rangle, \cdots, |\psi_k\rangle\}$ 是线性无关的,因此对于足够小的 A_n,可以使得 $G^{(M)} - \sum_{n=1}^{M-1} A_n G^{(M-n)} A_n^\dagger$ 为正定的,即

$$V^\dagger \left(G^{(M)} - \sum_{n=1}^{M-1} A_n G^{(M-n)} A_n^\dagger\right) V = \text{diag}(a_1, a_2, \cdots, a_k),$$
(4.3.62)

其中 a_i 是某个正数.取 $\sum_{l=M}^{N} g_{(l)_i} = a_i$,使得

$$F_l = V \text{diag}(g_{(l)_1}, g_{(l)_2}, \cdots, g_{(l)_k}) V^\dagger,$$
(4.3.63)

因而有

$$\sum_l F_l = G^{(M)} - \sum_{n=1}^{M-1} A_n G^{(M-n)} A_n^\dagger.$$
(4.3.64)

这就证明了幺正变换的存在.

下面求成功概率的上限.由幺正变换给出的内积不等式为

$$|\langle \psi_i | \psi_j \rangle|^M \leqslant \sum_{n=1}^{M-1} \sqrt{p_n^{(i)} p_n^{(j)}} |\langle \psi_i | \psi_j \rangle|^{(M-n)} + \sum_{l=M}^{N} \sqrt{f_l^{(i)} f_l^{(j)}}.$$

(4.3.65)

结合归一化关系 $\sum\limits_{n=1}^{M-1} p_n^{(i)} + \sum\limits_{l} f_l^{(i)} = 1$，式(4.3.65)可以写为

$$\frac{1}{2} \sum_{n=1}^{M-1} (p_n^{(i)} + p_n^{(j)})(1 - |\langle \psi_i | \psi_j \rangle|^{(M-n)}) \leqslant (1 - |\langle \psi_i | \psi_j \rangle|^M).$$

$$(4.3.66)$$

结合最小模距离[28]，成功概率可以写为

$$\sum_{n=1}^{M-1} p_n D^2(|\psi_i\rangle^{\otimes(M-n)}, |\psi_j\rangle^{\otimes(M-n)}) \leqslant D^2(|\psi_i\rangle^{\otimes M}, |\psi_j\rangle^{\otimes M}). \quad (4.3.67)$$

用更一般的幺正变换来表示式(4.3.60)，则为

$$U(|\psi_i\rangle^{\otimes M}|P\rangle) = \sum_{n=1}^{M-1} \sqrt{p_n^{(i)}} |\psi_i\rangle^{\otimes(M-n)} |0\rangle^{\otimes n} |P_n\rangle + \sum_{l=M}^{N} c_{il} |\Psi\rangle_{AC}.$$

$$(4.3.68)$$

这就要求 $G^{(M)} - \sum\limits_{n=1}^{M-1} A_n G^{(M-n)} A_n^{\dagger}$ 为半正定的，于是有了下面的推论.

推论　对于量子态 $\{|\psi_i\rangle : i = 1, 2, \cdots, k\}$，当且仅当成功概率构成的矩阵 $A_n = \mathrm{diag}(\sqrt{p_n^{(1)}}, \sqrt{p_n^{(2)}}, \cdots, \sqrt{p_n^{(k)}})$ 满足 $G^{(M)} - \sum\limits_{n=1}^{M-1} A_n G^{(M-n)} A_n^{\dagger}$ 为半正定时，存在式(4.3.68)的幺正变换.

4.3.4　概率性精确量子克隆和删除

文献[30]将概率量子克隆和概率量子删除结合起来给出一种幺正变换. 具体内容由如下定理表述.

定理　设量子态 $|\psi_i\rangle$ 是从集合 $S = \{|\psi_i\rangle, i = 1, 2, \cdots, m\}$ 中选择的一个量子态，则量子态 $|\psi_i\rangle^{\otimes k}$ 可以经过一个幺正变换

$$U(|\psi_i\rangle^{\otimes k}|\Sigma\rangle|P_0\rangle) = \sum_{n=1}^{M+k} \sqrt{p_n^{(i)}} |\psi_i\rangle^{\otimes n} |0\rangle^{\otimes(M+k-n)} |P_n\rangle +$$

$$\sum_{l=M+k+1}^{N} \sqrt{f_n^{(i)}} |\psi_i\rangle^{\otimes n} |\Phi_l\rangle |P_l\rangle \quad (4.3.69)$$

概率性地被量子克隆或者量子删除. 其中直积态 $|\psi_1\rangle^{\otimes k}, |\psi_2\rangle^{\otimes k}, \cdots, |\psi_m\rangle^{\otimes k} (1 \leqslant i \leqslant m)$ 是线性无关的.

这里可以看出文献[30]与文献[27]中对量子态的要求一致. 文献[27]要求量子态 $|\psi_i\rangle$ 是线性无关的，直积态 $|\psi_i\rangle^{\otimes m}$ 也是线性无关的；而文献[28]要求对量子态 $|\psi_i\rangle$ 的线性关系没有要求，但要求直积态 $|\psi_i\rangle^{\otimes m}$ 是线性无关的.

例如,量子态 $|0\rangle$,$|1\rangle$ 和 $(|0\rangle+|1\rangle)/\sqrt{2}$ 是线性相关的,而量子态 $|00\rangle$,$|11\rangle$ 和 $(|0\rangle+|1\rangle)^{\otimes 2}/2$ 却是线性无关的.

由式(4.3.69)给出内积方程

$$G^{(k)} = \sum_{n=1}^{M+k} A_n G^{(n)} A_n^{\dagger} + \sum_{l=M+k+1}^{N} F_l, \qquad (4.3.70)$$

其中 $G^{(k)} = [\langle \psi_i \mid \psi_j \rangle^k]$,$A_n = A_n^{\dagger} = \mathrm{diag}(\sqrt{p_n^{(1)}},\sqrt{p_n^{(2)}},\cdots,\sqrt{p_n^{(m)}})$,$F_l = [\sqrt{f_l^{(i)} f_l^{(j)}}]$. 注意:$G^{(k)} - \sum_{n=1}^{M+k} A_n G^{(n)} A_n^{\dagger}$ 可以被对角化,即

$$V^{\dagger}(G^{(k)} - \sum_{n=1}^{M+k} A_n G^{(n)} A_n^{\dagger})V = \mathrm{diag}(a_1,a_2,\cdots,a_m). \qquad (4.3.71)$$

因此,可以取 $F_l = V\mathrm{diag}(g_{(l)1},g_{(l)2},\cdots,g_{(l)m})V^{\dagger}$,其中 $\sum_l g_{(l)i} = a_i$. 这说明存在幺正变换,即存在概率量子克隆或概率量子删除.

可以将式(4.3.69)写为更一般的形式,即

$$U(|\psi_i\rangle^{\otimes k}|\Sigma\rangle|P_0\rangle) = \sum_{n=1}^{M+k} \sqrt{p_n^{(i)}}|\psi_i\rangle^{\otimes n}|0\rangle^{\otimes(M+k-n)}|P_n\rangle +$$
$$\sum_{l=M+k+1}^{N} \sqrt{c_{il}}|\Psi_l\rangle_{ABP}, \qquad (4.3.72)$$

其中 $\langle P_n \mid \Psi_l \rangle = 0$.

下面估算成功概率的上限. 式(4.3.69)的内积不等式为

$$|\langle \psi_i \mid \psi_j \rangle|^k \leqslant \sum_{n=1}^{M+k} \sqrt{p_n^{(i)} p_n^{(j)}}|\langle \psi_i \mid \psi_j \rangle|^n + \sum_{l=M+k+1}^{N} \sqrt{c_{il} c_{jl}}, \qquad (4.3.73)$$

可以进一步写为

$$|\langle \psi_i \mid \psi_j \rangle|^k \leqslant \sum_n \frac{1}{2}(p_n^{(i)} + p_n^{(j)})|\langle \psi_i \mid \psi_j \rangle|^n + \sum_l \frac{1}{2}(c_{il} + c_{jl})$$
$$= \sum_n \frac{1}{2}(p_n^{(i)} + p_n^{(j)})|\langle \psi_i \mid \psi_j \rangle|^n + 1 - \sum_l \frac{1}{2}(p_n^{(i)} + p_n^{(j)}). \qquad (4.3.74)$$

整理后,可得

$$\frac{1}{2}\sum_{n=1}^{M+k}(p_n^{(i)} + p_n^{(j)})(1 - |\langle \psi_i \mid \psi_j \rangle|^n) \leqslant 1 - |\langle \psi_i \mid \psi_j \rangle|^k. \qquad (4.3.75)$$

结合量子态最小模距离[28],式(4.3.75)可以写为

$$\sum_{n=1}^{M+k} p_n D^2(|\psi_i\rangle^{\otimes n},|\psi_j\rangle^{\otimes n}) \leqslant D^2(|\psi_i\rangle^{\otimes k},|\psi_j\rangle^{\otimes k}), \qquad (4.3.76)$$

其中 $p_n = \frac{1}{2}(p_n^{(i)} + p_n^{(j)})$,$D^2(|\psi_i\rangle^{\otimes n},|\psi_j\rangle^{\otimes n}) = 2(1 - |\langle \psi_i \mid \psi_j \rangle|^n)$.

▌参考文献

[1] L-M. Duan and G-C. Guo, Probabilistic cloning and identification of linearly independent quantum states [J], Physical Review Letters 80:4999(1998).

[2] A. K. Pati, Quantum superposition of multiple clones and the novel cloning machine [J], Physical Review Letters 83:2849(1999).

[3] Y. Feng, S. Zhang and M. Ying, Probabilistic cloning and deleting of quantum states [J], Physical Review A 65:042324(2002).

[4] D. Qiu, Some analogies between quantum cloning and quantum deleting [J], Physical Review A 65:052303(2002).

[5] D. Qiu, Combinations of probabilistic and approximate quantum cloning and deleting [J], Physical Review A 65:052329(2002).

[6] Z. Ji, Y. Feng and M. Ying, Local cloning of two product states [J], Physical Review A 72:032324(2005).

[7] K. Azuma, J. Shimamura, M. Koashi and N. Imoto, Probabilistic cloning with supplementary information [J], Physical Review A 72:032335(2005).

[8] J. Fiurášek, Optimal probabilistic cloning and purification of quantum states [J], Physical Review A 70:032308(2004).

[9] O. Jiménez, L. Roa, and A. Delgado, Probabilistic cloning of equidistant states [J], Physical Review A 82:022328(2010).

[10] O. Jiménez, J. Bergou and A. Delgado, Probabilistic cloning of three symmetric states [J], Physical Review A 82:062307(2010).

[11] C. R. Müller, C. Wittmann, P. Marek, R. Filip, C. Marquardt, G. Leuchs and U. L. Andersen, Probabilistic cloning of coherent states without a phase reference [J], Physical Review A 86:010305(R)(2012).

[12] W. Zhang, P. Rui, Z. Zhang and Q. Yang, Probabilistically cloning two single-photon states using weak cross-Kerr nonlinearities [J], New Journal of Physics 16:083019(2014).

[13] W. Zhang, P. Rui, Q. Yang, Y. Zhao and Z. Zhang, Probabilistic cloning of three nonorthogonal states [J], Quantum Information Processing 14:1523(2015).

[14] W. Zhang, P. Rui, Y. Lu, Q. Yang and Y. Zhao, Probabilistic cloning of a single-atom state via cavity QED [J], Quantum Information Processing 14:2271(2015).

[15] W. Zhang, P. Rui, Z. Zhang, Y. Liao, Optimal probabilistic cloning of two linearly independent states with arbitrary probability Distribution [J], Quantum Information Processing 15:969(2016).

[16] V. Yerokhin, A. Shehu, E. Feldman, E. Bagan and J. A. Bergou, Probabilistically perfect cloning of two pure states:geometric approach [J], Physical Review Letters 116:200401(2016).

[17] C-W. Zhang, Z-Y. Wang, C-F. Li and G-C. Guo, Realizing probabilistic identification and cloning of quantum states via universal quantum logic gates [J], Physical Review A 61:062310(2000).

[18] C-W. Zhang, C-F. Li, Z-Y. Wang and G-C. Guo, Probabilistic quantum cloning via Greenberger-Horne-Zeilinger states [J], Physical Review A 62:042302(2000).

[19] G. Araneda, N. Cisternas, O. Jiménez and A. Delgado, Nonlocal optimal probabilistic cloning of qubit states via twin photons [J], Physical Review A 86:052332 (2012).

[20] H. Chen, D. Lu, B. Chong, G. Qin, X. Zhou, X. Peng and J. Du, Experimental demonstration of probabilistic quantum cloning [J], Physical Review Letters 106:180404 (2011).

[21] A. Chefles and S. M. Barnett, Optimum unambiguous discrimination between linearly independent symmetric states [J], Physics Letters A 250:223(1998).

[22] X-F. Zhou, Q. Lin, Y-S. Zhang and G-C. Guo, Physical accessible transformations on a finite number of quantum state [J], Physical Review A 75:012321(2007).

[23] X-F. Zhou, Y-S. Zhang and G-C. Guo, Unambiguous discrimination of mixed states:a description based on system-ancilla coupling [J], Physical Review A 75:052314 (2007).

[24] P-X. Chen, J. A. Bergou, S-Y. Zhu and G-C. Guo, Ancilla dimensions needed to carry out positive-operator valued measurement [J], Physical Review A 76:060303(R) (2007).

[25] A. K. Pati and S. L. Braunstein, Impossibility of deleting an unknown quantum state [J], Nature(London) 404:164(2000).

[26] S. Adhikari, Quantum deletion:beyond the no-deletion principle [J], Physical Review A 72:052321(2005).

[27] J. Feng,Y-F. Gao, J-S. Wang and M-S. Zhan, Probabilistic deletion of copies of linearly independent quantum states [J], Physical Review A 65:052311(2002).

[28] A. K. Pati, Relation between "phases" and "distance" in quantum evolution [J], Physics Letters A 159:105(1991).

[29] D. Qiu, Some analogies between quantum cloning and quantum deleting [J], Physical Review A 65:052303(2002).

[30] Y. Feng, S. Zhang and M. Ying, Probabilistic cloning and deleting of quantum states [J], Physical Review A 65:042324(2002).

第 5 章　连续变量量子克隆

连续变量量子克隆(continuous-variable quantum cloning)又称为**高斯克隆**(Gaussian cloning),是指量子克隆连续变量高斯型量子态[1-3]. 由于高斯态属于量子光学,我们便没有在第 1 章中介绍. 这里将较为详细地介绍高斯态,感兴趣的读者可参考文献[1-3].

5.1　连续变量量子态

5.1.1　高斯态

在 **Fock 空间**(Fock space)中,用 $|n\rangle$ 表示量子态,这与 d 维空间离散变量量子态的抽象符号 $\{|i\rangle\}_{i=0}^{d-1}$ 在本质上是相同的.

定义**产生算符**(creation operator) $a^\dagger$ 和**湮灭算符**(annihilation operator) a,它们分别作用在 Fock 态 $|n\rangle$ 上,则有

$$a^\dagger|n\rangle = \sqrt{n+1}|n+1\rangle, a|n\rangle = \sqrt{n}|n-1\rangle, a|0\rangle = 0, \quad (5.1.1)$$

其中 $|0\rangle$ 称为**真空态**(vacuum state). 产生算符 $a^\dagger$ 和湮灭算符 a 具有性质

$$[a,a] = [a^\dagger,a^\dagger] = 0, [a,a^\dagger] = 1. \quad (5.1.2)$$

定义**光子数算符**(photon-number operator)

$$N = a^\dagger a, \quad (5.1.3)$$

它作用在 Fock 态 $|n\rangle$ 上,则为

$$N|n\rangle = a^\dagger a|n\rangle = n|n\rangle. \quad (5.1.4)$$

显然,任意 Fock 态 $|n\rangle$ 都是光子数算符 N 的本征态. 因此,任意 $|n\rangle$ 态都可以由光子数算符 N 作用在真空态 $|0\rangle$ 而产生,即

$$|n\rangle = \frac{a^{\dagger 2}}{\sqrt{n}}|0\rangle. \quad (5.1.5)$$

一般地,任意 Fock 空间的量子态都可以写为

$$|\chi\rangle = f(a^\dagger)|0\rangle, \quad (5.1.6)$$

其中 $f(a^{\dagger})$ 是 $a^{\dagger}$ 的泛函. 例如, 若 $|\chi\rangle = \dfrac{1}{\sqrt{3}}(|0\rangle + |1\rangle + |2\rangle)$, 则有

$$f(a^{\dagger}) = \frac{1}{\sqrt{3}}\left(1 + a^{\dagger} + \frac{a^{\dagger 2}}{\sqrt{2}}\right).$$ 单模 Fock 空间可以直接推广到多模 Fock 空间.

对于第 k 个模, **位置算符** (position operator) x_k 和**动量算符** (momentum operator) p_k 可以定义为

$$x_k = \sqrt{\frac{1}{2\omega_k}}(a_k + a_k^{\dagger}), p_k = -i\sqrt{\frac{\omega_k}{2}}(a_k - a_k^{\dagger}), \tag{5.1.7}$$

其中 ω_k 是第 k 模的能量. 位置算符 x_k 和动量算符 p_k 具有性质

$$[x_j, x_k] = [p_j, p_k] = 0, [x_j, p_k] = \delta_{jk}. \tag{5.1.8}$$

定义

$$R = [R_1, R_2, \cdots, R_{2n}]^T = [\omega_1^{1/2} x_1, \omega_1^{-1/2} p_1, \cdots, \omega_n^{1/2} x_n, \omega_n^{-1/2} p_n]^T, \tag{5.1.9}$$

正则对易关系 (canonical commutation relations)可以写为

$$[R_j, R_k] = iJ_{jk}, \tag{5.1.10}$$

其中

$$J = \bigoplus_{j=1}^{n} J_1, J_1 = \begin{bmatrix} 0 & 1 \\ -1 & 0 \end{bmatrix}. \tag{5.1.11}$$

一个具有 n 个模的密度算符 ρ 是一个定义在相空间的 $2n$ 维实矢量空间, 它的**特征函数** (characteristic function) $\chi(\xi)$ 为

$$\chi(\xi) = \mathrm{Tr}[\rho W(\xi)], \tag{5.1.12}$$

其中 $W(\xi) = \exp(i\xi^T R)$, 称为 **Weyl 算符** (Weyl operator). Fock 空间中任意量子态的密度算符总可以用特征函数和 Weyl 算符写为

$$\rho = \frac{1}{(2\pi)^m}\int \mathrm{d}^{2m}\xi \chi(J\xi) W(-J\xi). \tag{5.1.13}$$

因此, **高斯态** (Gaussian state)可定义为特征函数为高斯型的量子态, 即

$$\chi(\xi) = \exp\left(-\frac{1}{4}\xi^T \gamma \xi + id^T\xi\right), \tag{5.1.14}$$

其中 $\gamma > 0$, 是实对称矩阵. 换言之, 高斯态就是相空间中分布函数为高斯型的量子态. 真空态、相干态、压缩态和热态等都是典型的高斯态, 它们在量子光学中构成一类重要的量子态.

一个 m 模的高斯态可以用 $2m$ 维**协方差矩阵**(covariance matrix) γ 和 $2m$ 维**位移矢量**(displacement vector) d 来描述. 设初始时刻位移矢量 d_j 为 $d_j = \text{Tr}(\rho R_j)$, 则下一时刻为

$$\gamma_{jk} = 2\text{Tr}[\rho(R_j - d_j)(R_k - d_k)] - iJ_k, \tag{5.1.15}$$

这称为**正则变量的协方差**(covariance of canonical variable). 如果令 $R_{2j-1} = \omega_j^{1/2} x_j, R_{2j} = \omega_j^{-1/2} p_j, j = 1,2,\cdots,n$, 则 γ 的第 j 个模的**主子矩阵**(principal submatrix) $\gamma_{\llcorner j\lrcorner}$ 为

$$\gamma_{\llcorner j\lrcorner} = \begin{bmatrix} \gamma_{2j-1,2j-1} & \gamma_{2j-1,2j} \\ \gamma_{2j,2j-1} & \gamma_{2j,2j} \end{bmatrix}. \tag{5.1.16}$$

当 $d_{2j-1} = d_{2j} = 0$ 时, 它的迹给出了第 j 个模的能量为

$$\frac{1}{4}\omega_k(\gamma_{2j-1,2j-1} + \gamma_{2j,2j}) = \omega_k\left(a_j^\dagger a_j + \frac{1}{2}\right). \tag{5.1.17}$$

物理上需要判定一个量子态是否真实存在, 可以利用量子态密度矩阵的正定性. 显然, $\rho < 0$ 时不是真实的物理状态. 可以利用协方差矩阵 γ 判断高斯态是否为物理高斯态的条件.

定理 1　当且仅当 $\gamma + iJ \geqslant 0$ 时, 矩阵 γ 是物理态的协方差矩阵. 当且仅当 $\gamma = 1$ 时, 高斯态是纯态.

从定理 1 可以推导出 $\dim[\text{Ker}(\gamma + iJ)] = \frac{1}{2}\dim X$, 其中 X 表示相空间.

定理 2　假如两体量子态算符 ρ_{AB} 的特征函数为 $\chi_{AB}(\xi) = \chi_{AB}(\xi_A, \xi_B)$, 其中 $\xi^T = (\xi_A^T, \xi_B^T)$, 则子空间 B 的密度算符 $\rho_B = \text{Tr}_A[\rho_{AB}]$ 的特征函数为 $\chi_B(\xi_B) = \chi_{AB}(\xi_A = 0, \xi_B)$.

对于高斯态, 线性变换和正则对易关系式(5.1.10)是非常重要的. 能够保持正则对易关系的线性变换 M 称为**正则变换**(canonical transformation); 满足 $MJM^\dagger = J$ 的 $2m \times 2m$ 维实空间的实矩阵称为**辛矩阵**(symplectic matrix), M^{-1} 和 M^T 也是辛矩阵, 且 $\det(M) = 1$. 对于 $2m \times 2m$ 维实空间的正定实对称矩阵 $A(A = A^T > 0)$, 存在着辛矩阵 $S \in S_p(2m, \mathfrak{R})$, 使得 $SAS^T = \text{diag}(\kappa_1, \kappa_1, \kappa_2, \kappa_2, \cdots, \kappa_m, \kappa_m)$, 其中 $\kappa_l > 0(1,2,\cdots,m)$. 一个线性正则变换 R 对应一个 Hilbert 空间中的幺正变换 $S_{M,d'}$, 这样的幺正变换定义为

$$S_{M,d'}^\dagger R S_{M,d'} = MR + d', \tag{5.1.18}$$

其中 d' 是 $2m$ 维空间的实矢量. 对于 Weyl 算符 $W(\xi)$ 和密度算符 ρ, 有

$$S_{M,d'}^\dagger W(\xi)S_{M,d'} = W(M\xi)\exp(\mathrm{i}\xi^T d'), \tilde{\rho} = S_{M,d'}\rho S_{M,d'}^\dagger, \quad (5.1.19)$$

可以得到

$$\mathrm{Tr}[\rho S_{M,d'}W(\xi)S_{M,d'}^\dagger] = \exp\left(-\frac{1}{4}\xi^T\tilde{\gamma}\xi + \mathrm{i}\xi^T\tilde{d}\right), \quad (5.1.20)$$

其中 $\tilde{\gamma} = M\tilde{\gamma}M^\dagger, \tilde{d} = d' + Md$, 这与高斯态的特征函数式(5.1.14)形式一样. 因此, 有下面的定理.

定理 3 设 γ 和 d 分别是一个密度矩阵 ρ 的协方差矩阵和位移算符, 则密度矩阵 $\tilde{\rho} = S\rho S^\dagger$ 的特征函数为 $\exp\left(-\frac{1}{4}\xi^T\tilde{\gamma}\xi + \mathrm{i}\xi^T\tilde{d}\right)$, 其中 $\tilde{\gamma} = M\tilde{\gamma}M^\dagger$, $\tilde{d} = d' + Md$, 幺正算符 S 满足 $S^\dagger RS = MR + d'$.

高斯态除了可以利用特征函数表示外, 还可以用 Wigner 函数表示, 定义为特征函数的**辛 Fourier 变换**(symplectic Fourier transform), 即

$$W(\xi) = \frac{1}{(2\pi)^{2n}}\int d^{2n}\eta \mathrm{e}^{-\mathrm{i}\xi^T\eta}\chi(\xi)\mathrm{d}\eta. \quad (5.1.21)$$

对于高斯态, 它的 Winger 函数也是高斯函数. 求积分后, 可得

$$W(\xi) = \frac{1}{\pi^n\sqrt{\det(\gamma)}}\exp[-(\xi-d)^T\gamma^{-1}(\xi-d)], \quad (5.1.22)$$

其中 γ^{-1} 是 Wigner 相关函数.

如果 γ^{-1} 是密度矩阵 ρ 的相关矩阵, 且有幺正算符 S 满足 $S^\dagger RS = MR$, 则密度矩阵 $\tilde{\rho} = S\rho S^\dagger$ 的 Wigner 相关函数为 $M^{-1}\gamma^{-1}(M^T)^{-1}$. Wigner 函数类似经典的位置-动量概率分布. 设 $\xi_1 = x, \xi_2 = p$, 则单模 Wigner 函数为

$$\int W(x,p)\mathrm{d}x\mathrm{d}p = 1, \quad (5.1.23)$$

其中 $\int W(x,p)\mathrm{d}x$ 和 $\int W(x,p)\mathrm{d}p$ 分别表示动量空间(变量 p)和位置空间(变量 q)的概率分布.

5.1.2　相干态

定义**位移算符**(displacement operator) $D(\alpha)$ 为

$$D(\alpha) = \exp(\alpha a^\dagger - \alpha^* a), \quad (5.1.24)$$

利用**算子恒等式**(operator identity)可得

$$D(\alpha) = \mathrm{e}^{-|\alpha|^2/2} \mathrm{e}^{\alpha a^\dagger} \mathrm{e}^{-\alpha^* a}. \tag{5.1.25}$$

位移算符有性质

$$D^\dagger(\alpha) = D^{-1}(\alpha) = D(-\alpha), \quad D^\dagger(\alpha) a D(\alpha) = a + \alpha,$$
$$D^\dagger(\alpha) a^\dagger D(\alpha) = a^\dagger + \alpha^*. \tag{5.1.26}$$

位移算符 $D(\alpha)$ 作用在真空态 $|0\rangle$ 上,可得

$$D(\alpha)|0\rangle = |\alpha\rangle. \tag{5.1.27}$$

$|\alpha\rangle$ 被称为**相干态**(coherent states),它是湮灭算符 a 的本征态

$$a|\alpha\rangle = \alpha|\alpha\rangle. \tag{5.1.28}$$

因为湮灭算符 a 是非厄密算符,所以它的本征值是复数.

相干态可以用数态 $|n\rangle$ 展开,即

$$|\alpha\rangle = \mathrm{e}^{-|\alpha|^2/2} \sum \frac{a^n}{\sqrt{n!}} |n\rangle, \tag{5.1.29}$$

它的概率分布是 **Poisson 分布**(Poisson distribution)

$$P(n) = |\langle n|\alpha\rangle|^2 = \frac{|\alpha|^{2n} \mathrm{e}^{-|\alpha|^2}}{n!}. \tag{5.1.30}$$

两个相干态的内积为

$$\langle\beta|\alpha\rangle = \exp\left[-\frac{1}{2}(|\alpha|^2 + |\beta|^2) + \alpha\beta^*\right], \tag{5.1.31}$$

绝对值为

$$|\langle\beta|\alpha\rangle| = \mathrm{e}^{-|\alpha-\beta|^2}, \tag{5.1.32}$$

这说明相干态非正交. 相干态是完备的,完备性方程为

$$\frac{1}{\pi}\int |\alpha\rangle\langle\alpha| \, \mathrm{d}^2\alpha = 1, \tag{5.1.33}$$

其中 $\mathrm{d}^2\alpha = \mathrm{d}(\mathrm{Re}\alpha)\mathrm{d}(\mathrm{Im}\alpha)$. 利用相干态的完备性,可以用相干态集 $\{|\alpha\rangle\}$ 展开其他量子态,如 $|\psi\rangle = \sum c_1|i\rangle$,或展开一个相干态 $|\beta\rangle$.

对于具有 n 模的相干态 $\bigotimes_{k=1}^n |\alpha_k\rangle = |\alpha_1\rangle|\alpha_2\rangle, \cdots, |\alpha_n\rangle = |\alpha_1, \cdots, \alpha_k\rangle$,对角化时,其密度矩阵 ρ 可以写为

$$\rho = \int \prod_{k=1}^n \mathrm{d}^2\alpha_k P(\alpha_1, \cdots, \alpha_n) |\alpha_1, \cdots, \alpha_n\rangle\langle\alpha_1, \cdots, \alpha_n|, \tag{5.1.34}$$

其中 $P(\alpha_1, \cdots, \alpha_n)$ 称为 **P 函数**(P function). 对于相干态,P 函数为

$$P(\alpha_1, \cdots, \alpha_n) = \frac{1}{\pi^{2n}} \int \prod_{k=1}^n \mathrm{d}^2\eta_k \exp\left(\sum_{k=1}^n \alpha_k\eta_k^* - \alpha_k^*\eta_k\right) \chi_N(\eta_1, \cdots, \eta_n),$$

$$\tag{5.1.35}$$

其中 $\chi_N(\eta_1,\cdots,\eta_n)$ 是**正规排序特征函数**（normally ordered characteristic function），即

$$\chi_N(\eta_1,\cdots,\eta_n)=\mathrm{Tr}\Big[\rho\exp\Big(\sum_{k=1}^{n}\eta_k\alpha_k^{\dagger}\Big)\exp\Big(\sum_{k=1}^{n}-\eta_k^{*}\alpha_k\Big)\Big],\qquad(5.1.36)$$

或写为

$$\chi_N(\eta_1,\cdots,\eta_n)=\mathrm{Tr}\Big[\rho\exp\Big(\sum_{k=1}^{n}\eta_k\alpha_k^{\dagger}-\eta_k^{*}\alpha_k\Big)\exp\Big(\frac{1}{2}\sum_{k=1}^{n}|\eta_j|^2\Big)\Big].\quad(5.1.37)$$

Weyl 算符 $W(\xi)$ 的正规排序特征函数为

$$\mathrm{Tr}[W(\xi)]=(2\pi)^n\delta(\xi).\qquad(5.1.38)$$

设 $x=\dfrac{1}{\sqrt{2}}(a^{\dagger}+a),p=\dfrac{i}{\sqrt{2}}(a^{\dagger}-a)$，对于密度矩阵 $\rho=|0\rangle\langle0|$，真空态的特征函数为

$$\chi(\xi_1,\xi_2)=\mathrm{Tr}[\mathrm{e}^{\mathrm{i}(\xi_1 x+\xi_2 p)}|0\rangle\langle0|]=\langle0|\mathrm{e}^{\mathrm{i}(\xi_1 x+\xi_2 p)}|0\rangle,\quad(5.1.39)$$

可具体写为

$$\chi(\xi_1,\xi_2)=\exp\Big[-\frac{1}{4}(\xi_1^2+\xi_2^2)\Big],\qquad(5.1.40)$$

按照定理 3，又可以写为

$$\chi(\xi_1,\xi_2)=\exp\Big[-\frac{1}{4}(\xi_1^2+\xi_2^2)+\frac{\mathrm{i}\xi_1(\alpha+\alpha^{*})}{\sqrt{2}}+\frac{\mathrm{i}\xi_2(\alpha-\alpha^{*})}{\sqrt{2}}\Big],(5.1.41)$$

这是高斯函数，说明相干态是高斯态.

利用关系 $[x,p]=i$，相干态的**不确定关系**（uncertainty relation）可写为

$$(\langle x^2\rangle-\langle x\rangle^2)\cdot(\langle p^2\rangle-\langle p\rangle^2)\geqslant\Big|\frac{[x,p]}{2}\Big|^2=\frac{1}{4}.\qquad(5.1.42)$$

定义**方差**（variances）$V(A)$ 为

$$V(A)=(\Delta A)^2=\langle A^2\rangle-\langle A\rangle^2,\qquad(5.1.43)$$

则相干态的方差为 $(\Delta x)^2=(\Delta p)^2=1/2$，这说明相干态是典型的最小不确定量子态.

相干态 $|\alpha\rangle$ 的**平均光子数**（averaged photon number）μ 为

$$\mu=\langle\alpha|N|\alpha\rangle=|\alpha|^2,\qquad(5.1.44)$$

用于表示相干态的强度. 因此，相干态又可以用强度和相位描述为

$$|\mu,\theta\rangle=\exp\Big(\sqrt{\mu}\mathrm{e}^{\mathrm{i}\theta}a^{\dagger}-\frac{\mu}{2}\Big)|0\rangle,\qquad(5.1.45)$$

其中 $\mu = |\alpha|^2$, $e^{i\theta} = \alpha/|\alpha|$. 它可以表示为**光子数空间**(photon-number space)相干态的线性叠加,即

$$|\mu,\theta\rangle = e^{-\mu/2} \sum_{n=0}^{\infty} \frac{\mu^{n/2} e^{i\theta}}{\sqrt{n}} |n\rangle. \tag{5.1.46}$$

相位 θ 可用于表示普通激光光源的光脉冲,是随机的. 如果相位是随机的,强度为 μ 的相干态就变为具有 Poisson 分布的光子数态的经典混合态,即

$$\rho_\mu = \frac{1}{2\pi} \int_0^{2\pi} |\mu,\theta\rangle\langle\mu,\theta| \, d\theta = e^{-\mu} \sum \frac{\mu^n}{n!} |n\rangle\langle n|. \tag{5.1.47}$$

如果 μ 足够小且 $n \neq 0$,相干态的光脉冲几乎和单光子脉冲一样,因此,**弱相干光**(weak coherent light)可以近似为单光子脉冲.

5.1.3　压缩态

相干态是典型的最小不确定态,其方差为 $(\Delta x)^2 = (\Delta p)^2 = 1/2$. 在保证一个相干态为最小不确定态时,可以使其一个方差变小而另一个方差变大,这样的相干态称为**压缩态**(squeezed states).

定义**单模压缩算符**(one-mode squeeze operator) $S(\zeta)$ 为

$$S(\zeta) = \exp\left(\frac{\zeta^*}{2} a^2 - \frac{\zeta}{2} a^{\dagger 2}\right), \tag{5.1.48}$$

其中 $\zeta = r\exp(i\varphi)$ 是任意复数. 压缩态 $|\alpha,\zeta\rangle$ 可以通过对真空态 $|0\rangle$ 先压缩 $S(\zeta)$ 再位移 $D(\alpha)$ 而得到,即

$$|\alpha,\zeta\rangle = D(\alpha)S(\zeta)|0\rangle. \tag{5.1.49}$$

压缩算符间有关系

$$S^\dagger(\zeta) = S^{-1}(\zeta) = S(-\zeta), \tag{5.1.50}$$

且具有性质

$$S^\dagger(\zeta)aS(\zeta) = a\cosh r - a^\dagger e^{-2i\varphi}\sinh r,$$
$$S^\dagger(\zeta)a^\dagger S(\zeta) = a^\dagger \cosh r - ae^{2i\varphi}\sinh r. \tag{5.1.51}$$

把湮灭算符写为两个厄密算符 X_1 和 X_2 的线性组合,则有

$$a = \frac{X_1 + iX_2}{2}. \tag{5.1.52}$$

X_1 和 X_2 分别是复数的实部和虚部,有对易关系

$$[X_1, X_2] = 2i. \tag{5.1.53}$$

而不确定原理给出

$$\Delta X_1 \Delta X_2 \geqslant 1. \tag{5.1.54}$$

对于相干态,有 $\Delta X_1 = \Delta X_2 = 1$. 令 $Y_1 + iY_2 = (X_1 + iX_2)\mathrm{e}^{-i\varphi}$,有

$$S^{\dagger}(\zeta)(Y_1 + iY_2)S(\zeta) = (Y_1 \mathrm{e}^{-r} + iY_2 \mathrm{e}^r). \tag{5.1.55}$$

以参数 (X_1, X_2, Y_1, Y_2) 表示相干态,其期望值和方差为

$$\langle X_1 + iX_2 \rangle = \langle Y_1 + iY_2 \rangle \mathrm{e}^{i\varphi} = 2\alpha, \ \Delta Y_1 = \mathrm{e}^{-r}, \ \Delta Y_1 = \mathrm{e}^r,$$

$$\langle N \rangle = |\alpha|^2 + \sinh^2 r, \langle \Delta N \rangle^2$$

$$= |\alpha \cosh r - \alpha^* \mathrm{e}^{2i\varphi} \sinh r|^2 + 2\cosh^2 r \sinh^2 r. \tag{5.1.56}$$

对于一个具体的压缩态,**压缩真空态**(squeezed vacuum state)$\rho_{\zeta,0} = S(\zeta)|0\rangle\langle 0|S^{-1}(\zeta)$,我们来考察它的性质. 根据正则变换 $S^{-1}(\zeta)[a^{\dagger}, a]^T S(\zeta) = M_{\zeta}[a^{\dagger}, a]^T$,可以得到压缩态的正则变换 M_{ζ} 为

$$M_{\zeta} = \begin{bmatrix} \cosh r & -\mathrm{e}^{-i\varphi}\sinh r \\ -\mathrm{e}^{i\varphi}\sinh r & \cosh r \end{bmatrix}, \tag{5.1.57}$$

根据定理 3,真空压缩态的协方差矩阵为

$$\gamma_{sq}(r) = \begin{bmatrix} \mathrm{e}^{-2r} & 0 \\ 0 & \mathrm{e}^{2r} \end{bmatrix}, \tag{5.1.58}$$

压缩真空态为

$$S(\zeta)|0\rangle = \sqrt{\mathrm{sech}\, r} \sum_{n=0}^{\infty} \frac{\sqrt{(2n)!}}{n!} \left(-\frac{1}{2}\mathrm{e}^{i\varphi}\tanh r\right)^n |2n\rangle. \tag{5.1.59}$$

两个压缩真空态的内积为

$$\langle \zeta, 0 | \zeta', 0 \rangle = \sqrt{\frac{\mathrm{sech}\, r\, \mathrm{sech}\, r'}{1 - \mathrm{e}^{i\langle \varphi' - \varphi \rangle}\tanh r\tanh r'}}. \tag{5.1.60}$$

5.1.4 双光子相干态和双模压缩态

压缩态可以通过对真空态作用而得到,如果对真空态先位移再压缩,也能得到一种态

$$|\alpha, \zeta\rangle = S(\zeta)D(\alpha)|0\rangle. \tag{5.1.61}$$

不过,这里对 α 要有限制,即

$$\alpha = \beta \cosh r - \beta^* \mathrm{e}^{2i\varphi}\sinh r. \tag{5.1.62}$$

这称为**双光子相干态**(two-photon coherent states),它也是完备的,有

$$\frac{1}{\pi}\int d^2 \mid \alpha,\zeta\rangle\langle\alpha,\zeta\mid = 1. \tag{5.1.63}$$

类似于上面的单模压缩算符,定义作用在真空态上的**双模压缩算符**
(two-mode squeeze operator)为

$$S(\zeta) = \exp(\zeta a_1^\dagger a_2^\dagger - \zeta^* a_1 a_2), \tag{5.1.64}$$

其中 $a_1^\dagger$ 和 $a_2^\dagger$ (a_1 和 a_2)分别是模 1 和模 2 的产生算符(湮灭算符).

根据正则变换 $S^{-1}(\zeta)[a_1^\dagger, a_1, a_2^\dagger, a_2]^T S(\zeta) = M_\zeta [a_1^\dagger, a_1, a_2^\dagger, a_2]^T$, 可以得到双模压缩态的正则变换 M_ζ 为

$$M_\zeta = \begin{bmatrix} \cosh r & 0 & 0 & e^{-i\varphi}\sinh r \\ 0 & \cosh r & e^{i\varphi}\sinh r & 0 \\ 0 & e^{-i\varphi}\sinh r & \cosh r & 0 \\ e^{i\varphi}\sinh r & 0 & 0 & \cosh r \end{bmatrix}, \tag{5.1.65}$$

双模压缩态的协方差矩阵为

$$\gamma_{sq,2} = H^T \text{diag}[e^{-2r}, e^{2r}, e^{2r}e^{-2r}]\begin{bmatrix} e^{-2r} & 0 \\ 0 & e^{2r} \end{bmatrix}H, \tag{5.1.66}$$

其中

$$H = \frac{1}{\sqrt{2}}\begin{bmatrix} 1 & 0 & -1 & 0 \\ 1 & 0 & 1 & 0 \\ 0 & 1 & 0 & -1 \\ 0 & 1 & 0 & 1 \end{bmatrix}. \tag{5.1.67}$$

于是,双模压缩态可以表示为

$$S(\zeta)\mid 0\rangle \mid 0\rangle = \text{sech}\, r \sum_{n=0}^{\infty} (e^{i\varphi}\tanh r)^n \mid n\rangle \mid n\rangle = \mid \zeta,0\rangle. \tag{5.1.68}$$

模 1 的态可以用约化密度矩阵表示为

$$\rho_1 = \text{Tr}_2[\mid \zeta,0\rangle\langle\zeta,0\mid] = \text{sech}^2 r \sum_{n=0}^{\infty} \tanh^{2n}r \mid n\rangle\langle n\mid. \tag{5.1.69}$$

这表示,在双模压缩态中,单模的态是一个混合态.

5.2 分束器

第 1 章中介绍了三种光学元件:半波片(HWP)、移相器(PS)和偏振分束

器(PBS). 利用三种光学元件的组合,可以实现离散变量量子克隆. 为了实现连续变量量子克隆,需要利用另一种元件——**分束器**(beam splitter, BS). 它能反射和透过光子,反射系数 r 和透射系数 t 满足 $r^2 + t^2 = 1$. 本节将较为详细地介绍它的功能.

5.2.1 分束器描述位置-动量空间

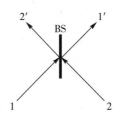

输入端和输出端作为两个模,不同的模可以用传播方向分辨

图 5.1 **分束器**

如图 5.1 所示,作为两个模,输入端 $(1,2)$ 和输出端 $(1',2')$ 有不同的路径或传播方向,因此输入端的量子态和输出端的量子态都可以认为是双模态;甚至,在 1 端输入 n 个光子 $|n\rangle_1$,2 端并没有输入光子(可以认为是真空态 $|0\rangle_2$),但是输入端 $(1,2)$ 仍可以认为是双模量子态,所以

$$|\psi\rangle_{\text{in}} = |n\rangle_1 |0\rangle_2 = |n0\rangle, \tag{5.2.1}$$

输出端为

$$|\psi\rangle_{\text{out}} = U_B |n0\rangle, \tag{5.2.2}$$

其中 U_B 是分束器时间演化算符,它的参数由分束器的性质确定. 由于分束器的功能非常简单,因此并不需要知道 U_B 的具体形式,只需要知道它的变换性质.

对于任意双模态,可写为

$$|\psi\rangle_{\text{in}} = f(a_1^\dagger, a_2^\dagger) |00\rangle, \tag{5.2.3}$$

其中 $f(a_1^\dagger, a_2^\dagger)$ 是作用算符. 经过分束器后,量子态变为

$$|\psi\rangle_{\text{out}} = U_B f(a_1^\dagger, a_2^\dagger) |00\rangle = U_B f(a_1^\dagger, a_2^\dagger) U_B^{-1} U_B |00\rangle. \tag{5.2.4}$$

如果没有光子输入,显然有 $U_B |00\rangle = |00\rangle$,这样就有

$$|\psi\rangle_{\text{out}} = U_B f(a_1^\dagger, a_2^\dagger) U_B^{-1} |00\rangle = f(U_B a_1^\dagger U_B^{-1}, U_B a_2^\dagger U_B^{-1}) |00\rangle. \tag{5.2.5}$$

假设

$$U_B [a_1^\dagger, a_1, a_2^\dagger, a_2]^T U_B^{-1} = M_B [a_1^\dagger, a_1, a_2^\dagger, a_2]^T, \tag{5.2.6}$$

最一般的正则变换具有形式

$$
M_B = \begin{bmatrix} \cos\theta\,\mathrm{e}^{\mathrm{i}\varphi_0} & 0 & -\sin\theta\,\mathrm{e}^{-\mathrm{i}\varphi_1} & 0 \\ 0 & \cos\theta\,\mathrm{e}^{-\mathrm{i}\varphi_0} & 0 & -\sin\theta\,\mathrm{e}^{-\mathrm{i}\varphi_1} \\ \sin\theta\,\mathrm{e}^{\mathrm{i}\varphi_1} & 0 & \cos\theta\,\mathrm{e}^{-\mathrm{i}\varphi_0} & 0 \\ 0 & \sin\theta\,\mathrm{e}^{\mathrm{i}\varphi_1} & 0 & \cos\theta\,\mathrm{e}^{\mathrm{i}\varphi_0} \end{bmatrix}. \tag{5.2.7}
$$

选取 50∶50 的分束器 $(r = t = 1/\sqrt{2})$，当 $\theta = \pi/4$，$\varphi_0 = \varphi_1 = 0$ 时，变换变为

$$
M_B = \begin{bmatrix} 1 & 0 & -1 & 0 \\ 0 & 1 & 0 & -1 \\ 1 & 0 & 1 & 0 \\ 0 & 1 & 0 & 1 \end{bmatrix}. \tag{5.2.8}
$$

在位置-动量空间中，变换的形式为

$$
U_B\,[x_1, p_1, x_2, p_2]^T U_B^{-1} = \mu_B\,[x_1, p_1, x_2, p_2]^T, \tag{5.2.9}
$$

其中

$$
\mu_B = (K^{-1} \oplus K^{-1}) M_B (K \oplus K),\quad K = \frac{1}{\sqrt{2}} \begin{bmatrix} 1 & 1 \\ \mathrm{i} & -\mathrm{i} \end{bmatrix}. \tag{5.2.10}
$$

因此，选取 50∶50 的分束器 $(r = t = 1/\sqrt{2})$，当 $\theta = \pi/4$，$\varphi_0 = \varphi_1 = 0$ 时，有 $\mu_B = M_B$. 这说明，连续变量量子态的演化可以用分束器来描述.

5.2.2 分束器描述光子偏振空间

类似于偏振分束器(PBS)能够反射垂直偏振、透射水平偏振一样，分束器对于不同的偏振和频率都可以反射或透射，且相互之间没有量子干涉现象. 因此，正则变换可以独立地应用于偏振空间中的水平偏振量子态 $|H\rangle$ 和垂直偏振量子态 $|V\rangle$.

对于输入双模偏振态，正交基为 $\{|HH\rangle, |HV\rangle, |VH\rangle, |VV\rangle\}$. 正如上面分析过程，作用算符 $f(a_{1H}^{\dagger}, a_{1V}^{\dagger}, a_{2H}^{\dagger}, a_{2V}^{\dagger})$ 作用于真空态 $|00\rangle_{1,2}$ 的形式为 $f(a_{1H}^{\dagger}, a_{1V}^{\dagger}, a_{2H}^{\dagger}, a_{2V}^{\dagger})\,|00\rangle_{1,2}$，利用

$$
U_B\,[a_{1H}^{\dagger}, a_{2H}^{\dagger}]^T U_B^{-1} = [a_{1H}^{\dagger}, a_{2H}^{\dagger}]^T M_B,\quad U_B\,[a_{1V}^{\dagger}, a_{2V}^{\dagger}]^T U_B^{-1} = [a_{1V}^{\dagger}, a_{2V}^{\dagger}]^T M_B
$$

$$\tag{5.2.11}$$

可知 H 和 V 是不同的模且是对易的. 这样就可以写成单模形式. 对于产生算

符 $a_{H(V)}^{\dagger}$，则有

$$a_H^{\dagger}|0\rangle = |H\rangle = |1\rangle_H, a_H^{\dagger n}|0\rangle = \sqrt{n}|nH\rangle = \sqrt{n}|n\rangle_H,$$

$$a_V^{\dagger}|0\rangle = |V\rangle = |1\rangle_V, a_V^{\dagger n}|0\rangle = \sqrt{n}|nV\rangle = \sqrt{n}|n\rangle_V. \quad (5.2.12)$$

设输入态为 $|\psi\rangle_{\text{in}} = |H\rangle_1|V\rangle_2 = a_{1H}^{\dagger}a_{2V}^{\dagger}|00\rangle_{1,2}$，经过 50∶50 分束器后，输出态为

$$|\psi\rangle_{\text{out}} = \frac{1}{2}(a_{1H}^{\dagger}+a_{2H}^{\dagger})(a_{1V}^{\dagger}-a_{2V}^{\dagger})|00\rangle, \quad (5.2.13)$$

具体写为

$$|\psi\rangle_{\text{out}} = |HV\rangle_1|0\rangle_2 - |H\rangle_1|V\rangle_2 + |V\rangle_1|H\rangle_2 - |0\rangle_1|HV\rangle_2.$$

$$(5.2.14)$$

$|HV\rangle_1|0\rangle_2$ 表示模 1 有 2 个光子，一个是水平偏振 $|H\rangle_1$，另一个是垂直偏振 $|V\rangle_1$；$|H\rangle_1|V\rangle_2$ 表示模 2 有一个水平偏振 $|H\rangle_1$ 和一个垂直偏振 $|V\rangle_2$.

分束器应用在量子克隆的方案研究以及实验实现上，对离散变量和连续变量量子克隆都适用. 在这里，需要说明的是：分束器对输入态的作用取决于输入态的具体形式和需要描述的空间. 尽管分束器的功能简单，但不能写出一个统一的幺正变换. 分束器有不同的算符写法，但是功能都是一样的.

5.3　连续变量高斯态量子克隆

连续变量量子克隆可参考文献[4]. 首先，给出 $1 \rightarrow M$ 对称性高斯态量子克隆. 由于拷贝的保真度与输入态的振幅和相位无关，类似于离散变量量子克隆，这种量子克隆称为**连续变量普适量子克隆**. 同样地，输入态的振幅已知而相位未知时，称为连续变量相位协变量子克隆[5]；输入态的振幅未知而相位已知（或为 0）时，称为连续变量实数态量子克隆[6,7]. 此外，还有有限分布相干态量子克隆[8]、连续变量非对称性普适量子克隆[9]、混合高斯态量子克隆[10]、连续变量纠缠态量子克隆[11]、相位共轭高斯态量子克隆[12]和非高斯型的相干态量子克隆[13]等连续变量量子克隆. 连续变量量子克隆理论研究参见文献[4−17]，实验实现的提出参见文献方案[18−21]，实验实现参见文献[22,23].

关于连续变量量子克隆，可参阅有关量子克隆理论的综述性文献[24,25].

本书在忠实索引文献内容的基础上,对量子克隆过程和推导进行阐释,可以帮助对量子克隆理论感兴趣的读者熟悉和掌握量子克隆的研究方法. 在解释一些重要文献的内容时,本书对文献推导过程中省略的部分进行了解释,对使用的符号也按照本书写作的逻辑进行了修改,以方便读者理解.

5.3.1 连续变量普适量子克隆

由于连续变量量子克隆不能像离散变量量子克隆(其量子克隆幺正变换可以利用基矢写为具体的形式)那样,因此连续变量量子克隆的幺正变换只能写为算符的形式. 但是,作为与离散变量量子克隆类似的物理过程,连续变量量子克隆总可以在概念上写出显式. 这有助于读者把握连续变量量子克隆的主干研究逻辑.

设输入态 $\rho_{\text{in}} = |\psi\rangle_{\text{in}}\langle\psi|$ 经过幺正变换 U 后给出输出态,即

$$U |\psi\rangle_{\text{in}} |\Xi\rangle \rightarrow |\psi\rangle_{\text{out}}, \tag{5.3.1}$$

其中 $|\Xi\rangle$ 是由空白态和辅助态构成的直积态. 拷贝 a 的约化密度矩阵(算符) ρ_A 是约化掉其他粒子而只留下粒子 a,即

$$\rho_A = \text{Tr}_{\text{orthers}}[|\psi\rangle_{\text{out}}\langle\psi|]. \tag{5.3.2}$$

则拷贝 a 的保真度为

$$F_a = {}_{\text{in}}\langle\psi| \rho_A |\psi\rangle_{\text{in}} = \text{Tr}[\rho_A\rho_{\text{in}}]. \tag{5.3.3}$$

这个概念上的连续变量量子克隆过程与离散变量量子克隆过程完全一致. 与离散变量量子克隆一致,不同的连续变量输入态确定不同类型的连续变量量子克隆. 与离散变量量子克隆不同的是,连续变量量子克隆的幺正变换是以算符形式写出的,但关键步骤与离散变量量子克隆保持一致,即在幺正变换群中找到合适的幺正变换,使得拷贝的保真度最优.

文献[4]首先给出 $1 \rightarrow M$ 对称性高斯态普适克隆(symmetric Gaussian universal cloning,SGUC),而后推广到 $N \rightarrow M$ 的情况.

位移本征态 $|x\rangle$ 满足 $\langle x | x'\rangle = \delta_{xx'}$,相应的动量本征态为

$$|p\rangle = \frac{1}{(2\pi)^{-1/2}}\int \mathrm{d}x \mathrm{e}^{\mathrm{i}px} |x\rangle. \tag{5.3.4}$$

由未知本征态和动量本征态构成的连续变量最大纠缠态可以写为

$$|\psi(x,p)\rangle = \frac{1}{\sqrt{2\pi}}\int_{-\infty}^{\infty} \mathrm{d}x' \mathrm{e}^{\mathrm{i}px'} |x'\rangle_1 |x'+x\rangle_2. \tag{5.3.5}$$

其中,1 和 2 表示两个变量,x 和 p 是两个实参数. $|\psi(x,p)\rangle$ 是正交的,即

$$\langle\psi(x',p')|\psi(x,p)\rangle = \delta(x-x')\delta(p-p'), \qquad (5.3.6)$$

且满足闭包关系

$$\iint_{-\infty}^{\infty}\mathrm{d}x\mathrm{d}p\,|\psi(x,p)\rangle\langle\psi(x,p)| = I_1\otimes I_2. \qquad (5.3.7)$$

因此,变量 1 和 2 构成一个**共同 Hilbert 空间**(joint Hilbert space)的正交归一基矢.

定义以 x 和 p 为参数的位移算符 $\hat{D}(x,p)$ 为

$$\hat{D}(x,p) = \mathrm{e}^{-\mathrm{i}x\hat{p}}\mathrm{e}^{\mathrm{i}p\hat{x}} = \int_{-\infty}^{\infty}\mathrm{d}x'\mathrm{e}^{\mathrm{i}p'x}\,|x'+x\rangle\langle x'|, \qquad (5.3.8)$$

它们构成**连续海森伯群**(continuous Heisenberg group). 物理上,位移算符 $\hat{D}(x,p)$ 表示使连续变量量子态 $|\psi(0,0)\rangle$ 变化到量子态 $|\psi(x,p)\rangle$ 的过程,即 p 随 x 的变化而变化. 例如,$\hat{D}_2(x,p)$ 作用于模 2 的量子态 $|\psi(0,0)\rangle_2$,有

$$\hat{I}_1\otimes\hat{D}_2(x,p)|\psi(0,0)\rangle_2 = |\psi(x,p)\rangle_2. \qquad (5.3.9)$$

如果出于某种原因,$|\psi(0,0)\rangle$ 变化为 $|\psi(x,0)\rangle$,可以认为位置坐标 x 出现误差. 如果 x 和 p 都出现误差,则共同态是一个混合态

$$\iint_{-\infty}^{\infty}\mathrm{d}x\mathrm{d}pP(x,p)|\psi(x,p)\rangle\langle\psi(x,p)|, \qquad (5.3.10)$$

其中 $P(x,p)$ 是概率分布,与拷贝保真度密切相关.

为了计算拷贝的保真度,选择一个特殊量子态

$$|\chi\rangle_{3,4} = \iint_{-\infty}^{\infty}\mathrm{d}x\mathrm{d}pf(x,p)|\psi(x,-p)\rangle_{3,4}, \qquad (5.3.11)$$

其中 $f(x,p)$ 是任意复振幅函数. 输入系统为

$$|\psi(0,0)\rangle_{1,2}\,|\chi\rangle_{3,4}, \qquad (5.3.12)$$

其中,粒子 1 是参考粒子,粒子 2 是需要拷贝的粒子,粒子 3 是空白拷贝,粒子 4 是辅助粒子. 这里需要说明的是,粒子 2 是需要拷贝的粒子,并不需要给出具体的量子态形式.

设幺正变换为 $\hat{U}_{1,2,3,4} = \hat{I}_1\otimes\hat{U}_{2,3,4}$,其中

$$\hat{U}_{2,3,4} = \mathrm{e}^{-\mathrm{i}(\hat{x}_4-\hat{x}_3)\hat{p}_2}\mathrm{e}^{-\mathrm{i}\hat{x}_2(\hat{p}_3+\hat{p}_4)}, \qquad (5.3.13)$$

幺正变换 $\hat{U}_{1,2,3,4}$ 作用于初态系统,即 $\hat{U}_{1,2,3,4} \mid \psi(0,0)\rangle_{1,2} \mid \chi\rangle_{3,4}$,得到输出态

$$\mid \Phi\rangle = \iint_{-\infty}^{\infty} \mathrm{d}x\mathrm{d}p f(x,p) \mid \psi(x,p)\rangle_{1,2} \mid \psi(x,-p)\rangle_{3,4}. \quad (5.3.14)$$

这个量子态还可以写为

$$\mid \Phi\rangle = \iint_{-\infty}^{\infty} \mathrm{d}x\mathrm{d}p g(x,p) \mid \psi(x,p)\rangle_{1,3} \mid \psi(x,-p)\rangle_{2,4}, \quad (5.3.15)$$

其中

$$g(x,p) = \frac{1}{2\pi} \iint_{-\infty}^{\infty} \mathrm{d}x'\mathrm{d}p' \mathrm{e}^{\mathrm{i}(px'-xp')} f(x',p'). \quad (5.3.16)$$

这说明,互换拷贝粒子 2 和 3,只需要对 f 做一个二维 Fourier 变换.

对于四个粒子,需要约化掉粒子 1 和 4 而得到拷贝粒子 2 和 3.由于存在对称性,分别在式(5.3.14)和式(5.3.15)中约化粒子 1 和 4,得到拷贝为

$$\mid \Psi\rangle_{2,3} \sim \iint_{-\infty}^{\infty} \mathrm{d}x\mathrm{d}p f(x,p) \mid \psi(x,p)\rangle_2 \mid \psi(x,-p)\rangle_3, \quad (5.3.17\text{-}a)$$

$$\mid \Psi\rangle_{3,2} \sim \iint_{-\infty}^{\infty} \mathrm{d}x\mathrm{d}p g(x,p) \mid \psi(x,p)\rangle_3 \mid \psi(x,-p)\rangle_2. \quad (5.3.17\text{-}b)$$

对应于式(5.3.10),有 $P_2 = |f(x,p)|^2$ 和 $P_3 = |g(x,p)|^2$. 显然,为了使量子克隆对称,即拷贝保真度相等($F_2 = F_3$),函数 f 和 g 应在二维 Fourier 变换下满足 $|f(x,p)|^2 = |g(x,p)|^2$. 这是对称性量子克隆的一个条件. 此外,参考粒子 1 的引入是为了使量子克隆过程中计算式在形式上对称,以利于计算.

对于任意需要拷贝的量子态 $\mid \xi\rangle = \int_{-\infty}^{\infty} \mathrm{d}x \xi(x) \mid x\rangle$,在经过幺正变换 $\hat{U}_{1,2,3,4} = \hat{I}_1 \otimes \hat{U}_{2,3,4}$ 后,再约化掉参考粒子 1,可以得到

$$\iint_{-\infty}^{\infty} \mathrm{d}x\mathrm{d}p f(x,p) \mid \xi(x,p)\rangle_2 \mid \psi(x,-p)\rangle_{3,4}, \quad (5.3.18)$$

其中

$$\mid \xi(x,p)\rangle = \hat{D}(x,p) \mid \xi\rangle = \int_{-\infty}^{\infty} \mathrm{d}x' \xi(x') \mathrm{e}^{\mathrm{i}px'}. \quad (5.3.19)$$

于是,可得拷贝的约化密度矩阵

$$\rho_{2\langle 3\rangle} = \iint_{-\infty}^{\infty} \mathrm{d}x\mathrm{d}p P_{2\langle 3\rangle}(x,p) \mid \xi(x,p)\rangle\langle\xi(x,p)|. \quad (5.3.20)$$

根据初态 $|\xi\rangle$，可计算粒子的保真度. 这里概率分布 $P_{2\langle 3\rangle}(x,p)$ 是与保真度计算紧密相关的.

设输入态为 $|\alpha_0\rangle$，一般形式的位移算符为 $\hat{D}(x,p) = \mathrm{e}^{-\mathrm{i}xp/2}\mathrm{e}^{\mathrm{i}\langle px'-xp'\rangle}$，根据上述量子克隆过程,可得拷贝的保真度为

$$F_{1\to 2}^{\langle \mathrm{SGUC}\rangle} = \langle \alpha_0 \mid \rho \mid \alpha_0\rangle = \frac{2}{3}. \qquad (5.3.21)$$

这里没有给出获得拷贝保真度的具体过程,因为下面将给出 $N\to M$ 量子克隆保真度的理论推导.

设位置算符为 $\hat{x}$，动量算符为 $\hat{p}$，其对易关系为 $[\hat{x},\hat{p}]=1(\hbar=1)$，相干态 $|\alpha\rangle$ 集合 S 为

$$S = \left\{ |\alpha\rangle : \alpha = \frac{1}{\sqrt{2}}(x+ip), x,p \in \mathbf{R} \right\}, \qquad (5.3.22)$$

满足以下条件

$$\Delta \hat{x}^2 = \langle \hat{x}^2\rangle - \langle \hat{x}\rangle^2 = \Delta \hat{p}^2 = \langle \hat{p}^2\rangle - \langle \hat{p}\rangle^2 = \frac{1}{2}, \qquad (5.3.23)$$

其中

$$\langle \alpha \mid \hat{x} \mid \alpha\rangle = x, \ \langle \alpha \mid \hat{p} \mid \alpha\rangle = p. \qquad (5.3.24)$$

对称性 $N\to M$ 高斯量子克隆是**线性保迹完全正定映射**(linear trace-preserving completely positive maps) $C_{N\to M}$ 作用在 N 个未知相同的相干态 $|\alpha\rangle$ 上,而获得 $M(M\geqslant N)$ 个不完美相同拷贝的过程. 输出态 $\rho_M = C_{N\to M}(|\alpha\rangle\langle\alpha|^{\otimes N})$ 位于 $H^{\otimes M}$ 的对称子空间,任一拷贝的分迹都是实双变量高斯混合态,即

$$\rho = \mathrm{Tr}_{M-1}[\rho_M]$$
$$= \frac{1}{\pi\sigma_{N,M}^2}\int \mathrm{d}^2\beta \mathrm{e}^{-|\beta|^2/\sigma_{N,M}^2} D(\beta)|\alpha\rangle\langle\alpha| D^\dagger(\beta), \qquad (5.3.25)$$

其中,积分是对复平面中 $\beta = (x+ip)/\sqrt{2}$ 的所有值进行积分, $D^\dagger(\beta) = \exp(\beta a^\dagger - \beta^* a)$ 是位置 x 和动量 p 的位移算符, $a = (\hat{x}+i\hat{p})/\sqrt{2}$ 和 $a^\dagger = (\hat{x}-i\hat{p})/\sqrt{2}$ 分别表示湮灭算符和产生算符. 对称性高斯量子克隆产生的拷贝对于共轭变量 x 和 p 具有同样的高斯噪声,即

$$\sigma_x^2 = \sigma_p^2 = \sigma_{N,M}^2 \qquad (5.3.26)$$

（文献[4]中有具体的推导过程），利用式(5.3.25)和关系式 $|\langle \alpha | \alpha' \rangle|^2 = \exp(-|\alpha - \alpha'|^2)$，可计算拷贝保真度为

$$F_{N \to M}^{\langle \text{SGUC} \rangle} = \langle \alpha | \rho | \alpha \rangle = \frac{1}{1 + \bar{\sigma}_{N,M}^2}, \tag{5.3.27}$$

其中 $\bar{\sigma}_{N,M}^2$ 是高斯噪声 $\sigma_{N,M}^2$ 的下限。由式(5.3.27)可以看出，计算高斯噪声 $\sigma_{N,M}^2$ 的下限 $\bar{\sigma}_{N,M}^2$ 是高斯量子克隆的关键，下面给出具体计算方法。

　　首先考虑 $1 \to 2$ 高斯量子克隆。量子克隆必须受到不确定关系的限制，即

$$\Delta \hat{x}^2 \Delta \hat{p}^2 \geqslant 1, \tag{5.3.28}$$

其中 $\Delta \hat{x}^2$（$\Delta \hat{p}^2$）是测量 ρ 态 $\hat{x}$（$\hat{p}$）的方差。利用式(5.3.26)，$1 \to 2$ 高斯量子克隆方差可以写为

$$(\delta \hat{x}^2 + \sigma_{1,2}^2)(\delta \hat{p}^2 + \sigma_{1,2}^2) \geqslant 1, \tag{5.3.29}$$

其中 $\delta \hat{x}^2$（$\delta \hat{p}^2$）是输入态 $\hat{x}$（$\hat{p}$）方差的内在方差，$\sigma_{1,2}^2$ 是量子克隆引入的噪声方差。根据不确定原理，$\delta \hat{x}^2 \delta \hat{p}^2 \geqslant 1/4$，且 $a^2 + b^2 \geqslant 2\sqrt{a^2 b^2}$，由式(5.3.29)可得噪声方差 $\sigma_{1,2}^2$ 和其下限 $\bar{\sigma}_{1,2}^2$ 的关系为

$$\sigma_{1,2}^2 \geqslant \bar{\sigma}_{1,2}^2 = \frac{1}{2}. \tag{5.3.30}$$

对于 $N \to L$ 量子克隆过程，可以认为是先经过 $N \to M$ 量子克隆过程，然后再经过 $M \to L$ 量子克隆过程的级联。级联的量子克隆过程并不比 $N \to L$ 量子克隆过程好，它们是等价的，因此噪声的关系是加法性关系。下面证明加法性关系。

　　设 ρ 是 $H^{\otimes M}$ 空间的任意密度矩阵，由于它是可数谱并且是紧的，可以展开为

$$\rho = \sum_{i=1}^{\infty} \lambda_i | \xi_i \rangle \langle \xi_i |, \tag{5.3.31}$$

其中 $| \xi_i \rangle$ 是正交态，$\lambda_i \geqslant 0$，$\sum_{i=1}^{\infty} \lambda_i = 1$。设在 d 维空间，对于任意小正实数 $\varepsilon > 0$，总有 $\left| \sum_{i=1}^{\infty} \lambda_i - 1 \right| < \varepsilon$，则输出态可分解为

$$\rho_M = \rho_d + \varepsilon_d B_d, \tag{5.3.32}$$

其中 $\rho_d = \sum\limits_{i=1}^{d} \lambda_i \,|\,\xi_i\rangle\langle\xi_i\,|$，位于 $H^{\otimes M}$ 的 d 维子空间，B_d 是有界算符，且 $\lim\limits_{d\to\infty}\varepsilon_d = 0$.
由于 ρ_d 和 ρ_M 位于同一空间，可以用直积态写为赝混合态，即

$$\rho_d = \sum_{i=1}^{d} \alpha_i \,|\,\varphi_i^{\otimes M}\rangle\langle\varphi_i^{\otimes M}\,|, \qquad (5.3.33)$$

其中系数 α_i 不要求是正定的，但是必须满足 $\sum\limits_{i=1}^{d} \alpha_i = 1$. 这样，$N \to M$ 量子克隆映射可以写为

$$C_{N\to M}(\,|\,\psi^{\otimes N}\rangle\langle\psi^{\otimes N}\,|) = \sum_{i=1}^{d} \alpha_i \,|\,\psi_i^{\otimes M}\rangle\langle\psi_i^{\otimes M}\,| + \varepsilon_d B_d. \qquad (5.3.34)$$

由于映射是线性的，再施加 $M \to L$ 量子克隆变换 $C_{M\to L}$ 时，有

$$C_{M\to L} C_{N\to M}(\,|\,\psi^{\otimes N}\rangle\langle\psi^{\otimes N}\,|) = \sum_{i=1}^{d} \alpha_i C_{M\to L} \,|\,\psi_i^{\otimes M}\rangle\langle\psi_i^{\otimes M}\,| + \varepsilon_d C_{M\to L}(B_d).$$

$$(5.3.35)$$

由于 B_d 是有界算符，当 $d \to 0$ 时，有 $\varepsilon_d C_{M\to L}(B_d) \to 0$. 因此，根据式(5.3.25)，处于 $N \to M$ 量子克隆或处于 $M \to L$ 量子克隆的拷贝都可以写为

$$\rho = \mathrm{Tr}_{L-1}[\rho_L] = \mathrm{Tr}_{L-1}[C_{M\to L} C_{N\to M}(\,|\,\psi^{\otimes N}\rangle\langle\psi^{\otimes N}\,|)] =$$

$$\frac{1}{\pi\sigma_{M,L}^2\sigma_{N,M}^2}\int \mathrm{d}^2\gamma\, \mathrm{e}^{-|\gamma|^2/\sigma_{M,L}^2}\, \mathrm{d}^2\beta\, \mathrm{e}^{-|\beta|^2/\sigma_{N,M}^2} D(\gamma+\beta)\,|\,\alpha\rangle\langle\alpha\,|\,D^\dagger(\gamma+\beta),$$

$$(5.3.36)$$

这就证明了高斯噪声的可加性，即

$$\sigma_{N,L}^2 = \sigma_{N,M}^2 + \sigma_{M,L}^2. \qquad (5.3.37)$$

由此式可得

$$\bar\sigma_{N,L}^2 \leqslant \sigma_{N,M}^2 + \sigma_{M,L}^2. \qquad (5.3.38)$$

当 $L \to \infty$ 时，也有

$$\bar\sigma_{N,\infty}^2 \leqslant \sigma_{N,M}^2 + \bar\sigma_{M,\infty}^2. \qquad (5.3.39)$$

根据式(5.3.27)，估测 $\sigma_{N,M}^2$ 的下限 $\bar\sigma_{N,M}^2$，即

$$\sigma_{N,M}^2 \geqslant \bar\sigma_{N,M}^2 = \bar\sigma_{N,\infty}^2 - \bar\sigma_{M,\infty}^2. \qquad (5.3.40)$$

这说明上述高斯噪声的可加性证明是有价值的. 根据式(5.3.40)，要求解 $\bar\sigma_{N,M}^2$，求出 $\bar\sigma_{N,\infty}^2$ 即可. 下面介绍求解 $\bar\sigma_{N,\infty}^2$ 的方法. 根据**量子态估测**(quantum state estimation)理论[26,27]，测量单一物理系统的一对共轭正则变量 z_1 和 z_2 时(不含有其他物理量)，高斯噪声 $\sigma_{z_i}^2 (i = 1,2)$ 及其方差 $\delta\hat z_i^2$ 满足

$$\sum_{i=1}^{2} g_{z_i}\sigma_{z_i}^2 \geqslant \sum_{i=1}^{2} g_{z_i}\delta\hat z_i^2 + \sqrt{g_{z_1}g_{z_2}}, \qquad (5.3.41)$$

其中 $g_{z_i} > 0$. 对于 $\sum\limits_{i=1}^{2} g_{z_i} \delta \hat{z}_i^2 + \sqrt{g_{z_1} g_{z_2}}$ 项,可以认为,当有 N 个同样量子态时,单独连续(或整体)地对其测量,其数值是 N^{-1}. 因此,对一个量子态测量的高斯噪声 $\sigma_{z_i}^2(1)$ 与对 N 个相同量子态测量的高斯噪声 $\sigma_{z_i}^2(N)$ 之间的关系为

$$\sigma_{z_i}^2(N) = \frac{\sigma_{z_i}^2(1)}{N}. \tag{5.3.42}$$

这是经典统计观点认知,目前不能从量子力学的角度计算 $\sigma^2(1)$ 与 $\sigma^2(N)$ 之间的关系. 又由于存在对称关系,即 $\delta \hat{x}^2 = \delta \hat{p}^2 = 1/2$,可认为 $\sigma_x^2(N) = \sigma_p^2(N)$. 假设 $g_x = g_p$,可以给出

$$\sigma_{N,\infty}^2 = \frac{1}{N}. \tag{5.3.43}$$

根据式 (5.3.40),可得

$$\bar{\sigma}_{N,M}^2 = \bar{\sigma}_{N,\infty}^2 - \bar{\sigma}_{M,\infty}^2 = \frac{1}{N} - \frac{1}{M}. \tag{5.3.44}$$

上述证明可以用物理系统"分辨假设":对无限多个相同的未知物理系统的测量可以确定该物理系统,即物理系统中不同物理量的不确定度 δ_i^2 都应满足 $\delta_i^2(N)\big|_{N\to\infty} = (1/N)\big|_{N\to\infty} \to 0$,这反映了互补原理.

将式 (5.3.44) 代入式 (5.3.27),可得拷贝的保真度为

$$F_{N\to M}^{\langle\mathrm{SGUC}\rangle} = \frac{1}{1+\bar{\sigma}_{N,M}^2} = \frac{MN}{MN+M-N}. \tag{5.3.45}$$

5.3.2　连续变量相位协变量子克隆

文献 [5] 给出的是 $N \to M$ 连续变量**对称性高斯态相位协变克隆** (symmetric Gaussian phase-covariant cloning,SGPC). 设 N 个拷贝的输入态为

$$\rho_{\mathrm{in}} = \mathrm{e}^{\mathrm{i}a^\dagger a\varphi} \rho_0 \mathrm{e}^{-\mathrm{i}a^\dagger a\varphi}, \tag{5.3.46}$$

其中 ρ_0 是已知密度矩阵,相位 $\varphi \in [0, 2\pi)$ 是未知的,a 和 $a^\dagger$ 分别为湮灭算符和产生算符且满足 $[a, a^\dagger] = 1$.

完全正定映射 $C_{N,M}$ 作用在输入态上,产生 M 个拷贝的输出态

$$C_{N,M}\big[(\mathrm{e}^{\mathrm{i}a^\dagger a\varphi} \rho_0 \mathrm{e}^{-\mathrm{i}a^\dagger a\varphi})^{\otimes N}\big] = (\mathrm{e}^{\mathrm{i}a^\dagger a\varphi})^{\otimes M} C_{N,M}(\rho_0^{\otimes N})(\mathrm{e}^{-\mathrm{i}a^\dagger a\varphi})^{\otimes M}. \tag{5.3.47}$$

由于在离散变量量子克隆中,相位协变量子克隆需要辅助系统,因此文献 [5] 引入辅助系统. 输入态空间为 H_{in},空白拷贝和辅助系统空间为 H_{out},因而整个输出空间为 $H_{\mathrm{in}} \otimes H_{\mathrm{out}}$. 由于辅助系统的存在,完全正定映射 $C_{N,M}$ 不足以

描述量子克隆过程,于是定义一个正定算符

$$R_{C_{N,M}} = I \otimes C_{N,M}(| \Omega \rangle \langle \Omega |),\qquad(5.3.48)$$

其中 $| \Omega \rangle = \sum_{n=0}^{\infty} | \psi_n \rangle | \psi_n \rangle$,是 $H_{\text{in}}^{\otimes 2}$ 空间中最大纠缠态. 约化掉输入态的过程可以写为

$$C(\rho_{\text{in}}) = \text{Tr}_{\text{in}}[(\rho_{\text{in}}^T \otimes I_{\text{out}})R_{C_{N,M}}].\qquad(5.3.49)$$

由于相位协变量子克隆拷贝的保真度与相位 φ 无关,因此对于正定映射 $R_{C_{N,M}}$ 有性质

$$[R_{C_{N,M}} : (e^{-ia^\dagger a\varphi})^{\otimes N} \otimes (e^{ia^\dagger a\varphi})^{\otimes N}] = 0, \forall \varphi.\qquad(5.3.50)$$

映射 $C_{N,M}$ 是保迹的,因此正定算符 $R_{C_{N,M}}$ 也是保迹的,即

$$\text{Tr}[R_{C_{N,M}}] = I,\qquad(5.3.51)$$

约化掉辅助系统可以得到 M 个拷贝 $\rho_M = \text{Tr}[(\rho_{\text{in}}^T)^{\otimes N}R_{C_{N,M}}]$. 这个态与理想拷贝 $\rho_{\text{in}}^{\otimes M}$ 的距离 $\text{Tr}(\rho_M\rho_{\text{in}}^{\otimes M})$ 称为全局保真度 $F = \text{Tr}(\rho_M\rho_{\text{in}}^{\otimes M})$,即

$$F = \text{Tr}[(\rho_{\text{in}}^{T\otimes N} \otimes \rho_{\text{in}}^{\otimes M})R_{C_{N,M}}].\qquad(5.3.52)$$

文献[5]采用两种方法测量输出态以考察拷贝保真度. 第一种方法采用 **Susskind-Glogower 态**(SG) $| e^{i\varphi} \rangle$ 作为投影算符,即

$$d\mu(\varphi) = \frac{d\varphi}{2\pi} | e^{i\varphi} \rangle \langle e^{i\varphi} |,\qquad(5.3.53)$$

其中 $| e^{i\varphi} \rangle = \sum_{n=0}^{\infty} e^{in\varphi} | n \rangle$,$| n \rangle$ 是 Fork 态. 可以看出,Susskind-Glogower 态 $| e^{i\varphi} \rangle$ 既不能归一化,也不正交,但是它却能作为完备的 POVM 测量算符,即

$$\int_0^{2\pi} d\mu(\varphi) = I.\qquad(5.3.54)$$

对于量子态 ρ 的相位测量,POVM 给出理想的相位分布

$$p(\varphi) = \text{Tr}[d\mu(\varphi)\rho] = \frac{d\varphi}{2\pi} \langle e^{i\varphi} | \rho | e^{i\varphi} \rangle.\qquad(5.3.55)$$

对于 N 个相干态的直积态 $| \alpha \rangle^{\otimes N}$,可以认为 N 个相干态 $| \alpha \rangle$ 经过多个分束器形成一个振幅为 $\sqrt{N}\alpha$ 的相干态,产生 M 个相干态 $| e^{i\varphi}\alpha | \rangle$,对直积态 $| \alpha \rangle^{\otimes N}$ 实施理想相位测量(φ 是测量结果). M 个拷贝可以表示为

$$C_{N,M}(| \alpha \rangle \langle \alpha |^{\otimes N}) = \int_0^{2\pi} \frac{d\varphi}{2\pi} | e^{i\varphi}\alpha | \rangle \langle e^{i\varphi}\alpha | |^{\otimes M} | \langle \sqrt{N}\alpha | e^{i\varphi} \rangle |^2,$$

$$(5.3.56)$$

利用关系 $|\alpha\rangle = \mathrm{e}^{-|\alpha|^2/2} \sum\limits_{n=0}^{\infty} \dfrac{\alpha^n}{\sqrt{n!}} |n\rangle, |\langle\alpha|\beta\rangle|^2 = \mathrm{e}^{-|\beta-\alpha|^2/2}$，可以计算全局

保真度

$$F_{N\to M}^{\langle \mathrm{SGPC}\rangle}(\mathrm{SG}) = \mathrm{e}^{-|\alpha|^2\langle 2+N\rangle} \sum_{n,m=0}^{\infty} \frac{(\sqrt{N}|\alpha|)^{n+m}}{\sqrt{n!m!}} I_{n-m}(2|\alpha|^2), \quad (5.3.57)$$

其中 $I_m(z)$ 是 m 阶修正 Bessel 函数.

另一种方法是采用量子效率为 η 的**双零差检测**（double-homodyne detection，DH）. 全局保真度为

$$F_{N\to M}^{\langle \mathrm{SGPC}\rangle}(\mathrm{DH}) = \mathrm{e}^{-|\alpha|^2\langle 2+N\rangle} \sum_{n,m=0}^{\infty} \frac{\Gamma\left(\dfrac{n+m}{2}+1\right)}{\sqrt{n!m!}} \left(\frac{\sqrt{N}|\alpha|}{\sqrt{\Delta_\eta^2+1}}\right)^{n+m} I_{n-m}(2|\alpha|^2),$$

$$(5.3.58)$$

其中 $\Delta_\eta^2 = (1-\eta)/\eta$.

5.3.3　连续变量实数态量子克隆

文献[6]给出 $1 \to 2$ **一般高斯实数态量子克隆**（general Gaussian real-state cloning，GGRC），即振幅未知而相位已知. 设输入态为

$$|\psi_{\mathrm{in}}\rangle = |\eta\rangle_1 |0\rangle_2, \quad (5.3.59)$$

其中模 1 的量子态 $|\eta\rangle_1$ 是需要量子克隆的相干态，它的振幅 $|\eta|$ 未知而相位 $\arg\eta$ 是已知的，模 2 的量子态 $|0\rangle_2$ 是真空态. 经过一个分束器，其幺正变换表示为

$$S(\gamma_1,\gamma_1^*) = \exp(\gamma_1 a_2^\dagger a_1 - \gamma_1^* a_1^\dagger a_2), \quad (5.3.60)$$

输出态为

$$S(\gamma_1,\gamma_1^*)|\psi_{\mathrm{in}}\rangle = |\eta\cos|\gamma_1|\rangle_1 \otimes |\eta\frac{\gamma_1}{|\gamma_1|}\sin|\gamma_1|\rangle_2. \quad (5.3.61)$$

然后再经过一个**非线性四波混频过程**（nonlinear four-wave mixing process，NL），吸收两个光子，产生信号光（signal beam）和闲置光（idler beam），其幺正变换为

$$U(\gamma_1,\gamma_1^*,\mu) = \exp\left[\gamma_1 a_1^\dagger a_2^\dagger - \gamma_1^* a_1 a_2 + \mathrm{i}\frac{\mu}{2}(a_1^\dagger a_1 + a_2 a_2^\dagger)\right], \quad (5.3.62)$$

其中 μ 为实数. 这时，模 1 和 2 的量子态 $U(\gamma_1,\gamma_1^*,\mu)S(\gamma_1,\gamma_1^*)|\psi_{\mathrm{in}}\rangle$ 是纠缠

态. 经过**非选择性测量**(nonselective measurement, NSM)约化模 2,给出模 1 的输出态为

$$\rho_1 = a \int_{-\infty}^{\infty} \frac{\mathrm{d}^2\omega}{\pi} \mathrm{e}^{-a|\omega-\xi|^2} |\omega\rangle_1 \langle\omega|, \tag{5.3.63}$$

其中

$$\xi = \eta^* \frac{\Gamma_+}{\sqrt{\Gamma_3}} \frac{\gamma_1^*}{\gamma_1} \sin|\gamma_1| + \eta \frac{1}{\sqrt{\Gamma_3^*}} \cos|\gamma_1|, \quad a = \frac{|\Gamma_3|}{1-|\Gamma_3|},$$

$$\Gamma_3 = \left(\cosh\beta - i\mu \sinh\frac{\beta}{2\beta}\right)^{-2}, \quad \Gamma_+ = \frac{2\gamma \sinh\beta}{2\beta \cosh\beta - i\mu \sinh\beta},$$

$$\beta^2 = -\frac{\mu^2}{4} + |\gamma_1|^2, \tag{5.3.64}$$

积分遍及相干态 $|\omega\rangle_1$ 的 ω 复平面. 注意:$|\Gamma_3|$ 和 $|\Gamma_+|$ 满足

$$|\Gamma_3| = 1 - |\Gamma_+|^2. \tag{5.3.65}$$

ρ_1 进入另一个 50:50 的分束器,与另一个模 2 真空态 $|0\rangle_2$ 构成输入态 $\sigma_{\mathrm{in}} = \rho_1 \otimes |0\rangle_2 \langle 0|$. 经过第二个分束器后,输出态为

$$\sigma_{\mathrm{out}} = a \int_{-\infty}^{\infty} \frac{\mathrm{d}^2\omega}{\pi} \mathrm{e}^{-a|\omega-\xi|^2} |\omega/2\rangle_1 \langle\omega/2| \otimes |\omega/2\rangle_2 \langle\omega/2|, \tag{5.3.66}$$

再经过 NSM 约化掉模 2,可得最终输出态

$$\rho_{\mathrm{out}} = 2a \int_{-\infty}^{\infty} \frac{\mathrm{d}^2\omega}{\pi} \mathrm{e}^{-2a|\omega-\xi/2|^2} |\omega\rangle\langle\omega|, \tag{5.3.67}$$

拷贝的保真度为

$$F_{1\to2}^{\langle \mathrm{GGRC} \rangle} = \langle\xi/2| \rho_{\mathrm{out}} |\xi/2\rangle = \frac{2|\Gamma_3|}{1+|\Gamma_3|}. \tag{5.3.68}$$

经过计算,保真度为

$$F_{1\to2}^{\langle \mathrm{GGRC} \rangle} = \frac{4}{5}, \tag{5.3.69}$$

比高斯普适量子克隆保真度($F_{1\to2}^{\langle \mathrm{SGUC} \rangle} = 2/3$)要大. 具体量子克隆过程如图 5.2 所示.

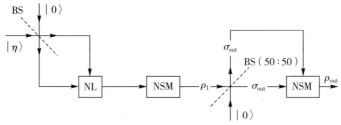

BS 是分束器,NL 是非线性四波混频过程,NSM 是非选择性测量

图 5.2 1→2 一般高斯实数态量子克隆过程

文献[7]给出振幅未知而相位为 0 的对称性 $N \to M$ **高斯实数态量子克隆**（symmetric Gaussian real-state cloning，SGRC）. 设需要克隆的相干态为

$$| \Psi \rangle_1 = | \alpha \rangle_1,　　(5.3.70)$$

其中 $\alpha \in \mathbf{R}$ 是未知的. 首先考虑 $1 \to M$ 高斯实数态量子克隆. 这种量子克隆是不需要辅助系统的，具体量子克隆过程如图 5.3 所示.

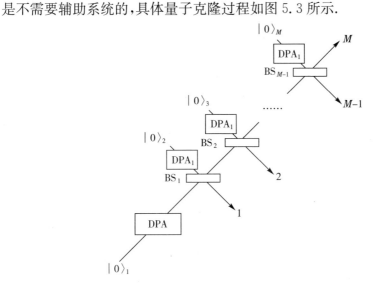

DPA 是简并参量放大器，BS 是分束器

图 5.3　$1 \to M$ 高斯实数态量子克隆过程

输入系统为 $| \Psi \rangle_{\text{in}} = | \alpha \rangle_1 | 0 \rangle_2 \cdots | 0 \rangle_M$，它的 Wigner 函数为

$$W_{\text{in}}(x, p) = \left(\frac{2}{\pi} \right)^M \exp\left[-2 (x_1 - x_{\text{in}})^2 - 2p_1^2 - 2 \sum_{i=2}^{M} (x_i^2 - p_i^2) \right],$$

$$(5.3.71)$$

其中 $x_{\text{in}} = \alpha, x_i$ 和 p_i 是第 i 个电磁场模的位置变量和动量变量.

输入态被具有压缩系数 r 和 r_1 的**简并参量放大器**（degenerate parametric amplifiers，DPA）放大，相应的变换算符为

$$\hat{a}_1' = \cosh r \, \hat{a}_1 + \sinh r \, \hat{a}_1^{\dagger}, \quad \hat{a}_i' = \cosh r_1 \, \hat{a}_i + \sinh r_1 \, \hat{a}_i^{\dagger}, \quad i = 1, 2, \cdots, M,$$

$$(5.3.72)$$

其中 $\hat{a}_i'$ 是湮灭算符的输出模. 根据具体的变换，放大后 Wigner 函数为

$$W_{\text{in}}'(x', p') = \left(\frac{2}{\pi} \right)^M \exp\left[-2 (x_1' \mathrm{e}^{-r} - x_{\text{in}})^2 - 2p_1'^2 \mathrm{e}^{2r} - 2 \sum_{i=2}^{M} (x_i'^2 \mathrm{e}^{-2r_1} - p_i'^2 \mathrm{e}^{2r_1}) \right].$$

$$(5.3.73)$$

M 个光模经过一系列的分束器作用,其变换为

$$U(M) = B_{M-1,M}\left(\sin^{-1}\frac{1}{\sqrt{2}}\right)B_{M-2,M-1}\left(\sin^{-1}\frac{1}{\sqrt{3}}\right)\cdots B_{1,2}\left(\sin^{-1}\frac{1}{\sqrt{M}}\right),$$

(5.3.74)

其中 $B_{k,l}(\theta)$ 是 M 维矩阵,表示为

$$B_{k,l}(\theta) = \begin{bmatrix} (\sin\theta)_{kk} & (\cos\theta)_{kl} \\ (\cos\theta)_{lk} & (-\sin\theta)_{ll} \end{bmatrix}.$$

(5.3.75)

经过全部变换后,输出态的 Wigner 函数为

$$W_{\text{out}}(x,p) = \left(\frac{2}{\pi}\right)^M \exp\left[-2\frac{1}{M}(e^{-2r} - e^{-2r_1})\sum_{i,j=1}^{M} x_i x_j + \right.$$

$$\frac{1}{M}(e^{-2r} - e^{-2r_1})\sum_{i,j=1}^{M} p_i p_j - 2\sqrt{\frac{1}{M}}e^{-r}x_{\text{in}}\sum_{i=1}^{M} x_i +$$

$$\left. e^{-2r_1}\sum_{i=1}^{M} x_i^2 + e^{2r_1}\sum_{i=1}^{M} p_i^2 + x_{\text{in}}^2\right].$$

(5.3.76)

Wigner 函数对所有的模都是对称的,所以拷贝保真度都一样. 约化掉 $M-1$ 个模后,Wigner 函数变为

$$W_{\text{copy}}(x,p) = W_{\text{out}}(x_1,p_1) = \text{Tr}_{M-1}[W_{\text{out}}(x,p)] =$$

$$\frac{1}{2\pi\sqrt{\lambda_x \lambda_p}}\exp\left\{-\frac{\left[x - (x_{\text{in}}e^r/\sqrt{M})\right]^2}{2\lambda_x} - \frac{p^2}{2\lambda_p}\right\},$$

(5.3.77)

其中

$$\lambda_x = \frac{e^{2r_1}(M-1) + e^{2r}}{4M}, \quad \lambda_p = \frac{4e^{2r+2r_1}M}{e^{2r_1}(M-1) + e^{2r}}.$$

(5.3.78)

由此计算,拷贝保真度为

$$F_{1\to M}^{\langle\text{SGRC}\rangle} = \frac{1}{\pi}\iint W_{\text{copy}}(x,p)W_{\text{in}}(x,p)\mathrm{d}x\mathrm{d}p$$

$$= \frac{2e^{r+r_1}M}{[e^{2r} - e^{2r_1} + M(1 + e^{2r_1})][e^{2r_1} - e^{2r} + Me^{2r}(1 + e^{2r_1})]} \times$$

$$\exp\left[-2\frac{(\sqrt{M} - e^r)^2 x_{\text{in}}^2}{e^{2r} + e^{2r_1}(M-1) + M}\right].$$

(5.3.79)

如果选择 $e^{2r} = \sqrt{M}$,拷贝保真度 $F_{1\to M}^{\langle\text{SGRC}\rangle}$ 与输入态 x_{in}^2 无关,只是真空态压缩

系数 r_1 的函数,则保真度可以写为

$$F_{1\to M}^{\langle SGRC\rangle}(r_1) = \sqrt{\frac{M^3}{[e^{2r_1}M(M-1)+M^2+1][2M+e^{2r_1}(M-1)]}}.$$

$$(5.3.80)$$

对保真度求极值,当

$$e^{2r_1} = \sqrt{\frac{2}{1+1/M^2}}$$

$$(5.3.81)$$

时,最优拷贝保真度为

$$F_{1\to M}^{\langle SGRC\rangle} = \frac{2}{1-\dfrac{1}{M}+\sqrt{2+\dfrac{2}{M^2}}}.$$

$$(5.3.82)$$

如图 5.4 所示为 $N \to M$ 高斯实数态量子克隆过程. 在 $N \to M$ 的情况下,保真度为

$$F_{N\to M}^{\langle SGRC\rangle} = \frac{2}{1-\dfrac{1}{M}+\sqrt{(1+N)\left(\dfrac{1}{N}+\dfrac{1}{M^2}\right)}}.$$

$$(5.3.83)$$

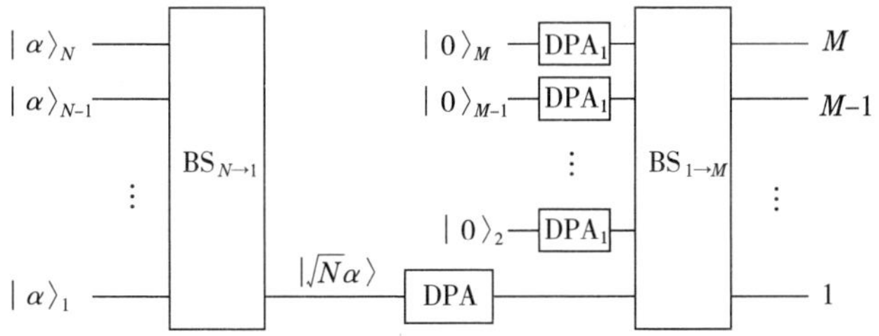

图 5.4　$N{\to}M$ 高斯实数态量子克隆过程

5.3.4　有限分布相干态量子克隆

文献[8]主要介绍 1→2 有限分布相干态量子克隆,即相干态的实部和虚部不完全独立,且满足高斯分布.

设需要量子克隆的相干态为 $|\alpha\rangle$,其中 $\alpha = \alpha_x + i\alpha_y$,满足高斯分布

$$P(\alpha) = \frac{1}{2\pi\sigma^2}\exp\left(\frac{-\alpha_x^2-\alpha_y^2}{2\sigma^2}\right),$$

$$(5.3.84)$$

其中 σ^2 是方差. 具体有限分布相干态量子克隆装置如图 5.5 所示.

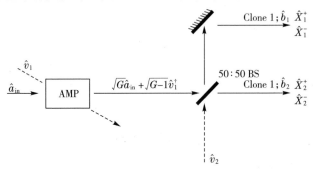

AMP 是放大器, BS 是 50:50 分束器

图 5.5 $1 \rightarrow 2$ 有限分布相干态量子克隆过程

有限分布相干态量子克隆过程中使用了**线性放大器变换**(linear amplifier transform)和分束器变换, 下面先给出这两种变换的具体形式.

对于输入态, 线性放大器变换为

$$\hat{a}_{\text{out}} = \sqrt{G}\,\hat{a}_{\text{in}} + \sqrt{G-1}\,v_1^\dagger, \qquad (5.3.85)$$

其中 $v_1(v_2)$ 表示模 $1(2)$, G 是增益系数. 经过分束器后, 两端输出两个拷贝, 分束器的变换为

$$\hat{b}_1 = \sqrt{G}\,\hat{a}_{\text{in}} + \sqrt{G-1}\,\hat{v}_1^\dagger + \hat{v}_2, \quad \hat{b}_2 = \sqrt{G}\,\hat{a}_{\text{in}} + \sqrt{G-1}\,\hat{v}_1^\dagger - \hat{v}_2. \quad (5.3.86)$$

对于两个正则分量

$$\hat{X}^+ = \hat{b}_1 + \hat{b}_1^\dagger, \quad \hat{X}^- = -i(\hat{b}_1 - \hat{b}_1^\dagger), \qquad (5.3.87)$$

可以由式(5.3.86)写为

$$\hat{X}^+ = \sqrt{G}\,\hat{X}_{\hat{a}_{\text{in}}}^+ + \sqrt{G-1}\,\hat{X}_{\hat{v}_1}^+ + \hat{X}_{\hat{v}_2}^+, \quad \hat{X}^- = \sqrt{G}\,\hat{X}_{\hat{a}_{\text{in}}}^- + \sqrt{G-1}\,\hat{X}_{\hat{v}_1}^- + \hat{X}_{\hat{v}_2}^-.$$

$$(5.3.88)$$

设输入态是相干态, 其振幅方差和相位方差分布为

$$V^+ = V^- = G. \qquad (5.3.89)$$

当输入态是相干态时, 拷贝的保真度为[29]

$$F(\alpha) = \frac{2}{\sqrt{(1+V^+)(1+V^-)}} \exp\left[\frac{-2(1-g)^2 |\alpha|^2}{\sqrt{(1+V^+)(1+V^-)}}\right], \qquad (5.3.90)$$

其中

$$g = \frac{\alpha_{\text{clone}}}{\alpha}, \quad \alpha_{\text{clone}} = \langle \hat{b}_1 \rangle = \langle \hat{b}_2 \rangle, \quad \alpha = \langle \hat{a}_{\text{in}} \rangle. \qquad (5.3.91)$$

显然，$g = 1$ 时是完美拷贝.

对于有限分布相干态，其分布概率由式(5.3.84)给出，可以计算这个有限分布相干态拷贝保真度的平均值，即

$$\overline{F} = \int F(\alpha) P(\alpha) \mathrm{d}^2 \alpha = \begin{cases} \dfrac{4\sigma^2 + 2}{6\sigma^2 + 1}, & \sigma^2 \geqslant \dfrac{1}{2} + \dfrac{1}{\sqrt{2}}, \\ \dfrac{1}{(3 - 2\sqrt{2})\sigma^2 + 1}, & \sigma^2 \leqslant \dfrac{1}{2} + \dfrac{1}{\sqrt{2}}. \end{cases}$$

(5.3.92)

当 $\sigma^2 = (1 + \sqrt{2})/2$ 时，有 $\overline{F} = F_{1 \to 2}^{(\mathrm{SGUC})} = 2/3$.

5.3.5　连续变量非对称性普适量子克隆

文献[9]给出连续变量 $1 \to 2$ 非对称性普适量子克隆. 如图 5.6 所示，连续变量 $1 \to 2$ 非对称性普适量子克隆采用的光学元件比较简单，包含一个**非简并光学参量放大器**(nondegenerate optical parametric amplifier, NOPA)和两个分束器(BS)，在输出端 a_out 和 c_out 得到两个非对称拷贝的保真度.

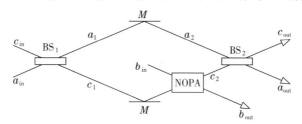

NOPA 是非简并光学参量放大器，BS 是分束器

图 5.6　$1 \to 2$ 非对称性普适量子克隆过程

设输入态为

$$| \psi \rangle_\mathrm{in} = | 0 \rangle_a | 0 \rangle_b | \alpha \rangle_c, \tag{5.3.93}$$

输出系统可以写为

$$| \psi \rangle_\mathrm{out} = \mathrm{e}^{-\mathrm{i}(U+V)} \, \mathrm{e}^{-\mathrm{i}[Y + (\ln 2)/2]} | \psi \rangle_\mathrm{in}, \tag{5.3.94}$$

其中

$$U = i(ca^\dagger - c^\dagger a), \ V = i(cb - c^\dagger b^\dagger), \ Y = i(ab - a^\dagger b^\dagger). \tag{5.3.95}$$

算符 $a, b, c (a^\dagger, b^\dagger, c^\dagger)$ 分别表示三个模的湮灭算符(产生算符)，γ 是一个可以控制的参数.

这个量子克隆过程的输出态和输入态可以用算符具体写为

$$a_{out} = c_{in} + \frac{e^{\gamma}}{\sqrt{2}}(a_{in} - b_{in}^{\dagger}), \quad c_{out} = c_{in} - \frac{e^{-\gamma}}{\sqrt{2}}(a_{in} + b_{in}^{\dagger}),$$

$$b_{out} = -\sqrt{2}\sin h\gamma a_n^{\dagger} + \sqrt{2}\cos h\gamma b_n - c_{in}^{\dagger}. \quad (5.3.96)$$

经过具体计算后,可以得到两个拷贝 a 和 c 的保真度

$$F_a = \langle \alpha \mid \rho_A \mid \alpha \rangle = \frac{2}{e^{2\gamma}+2}, \quad F_c \langle \alpha \mid \rho_c \mid \alpha \rangle = \frac{2}{e^{-2\gamma}+2}. \quad (5.3.97)$$

当 $\gamma = 0$ 时,非对称性量子克隆退化为对称性量子克隆,保真度为 $F_a = F_c = F_{1\to 2}^{\langle SGUC \rangle} = 2/3$. 对于式(5.3.97),$\gamma$ 是参数,非对称性量子克隆的保真度可以写为

$$F_a = \frac{1}{(e^{2\gamma}/2)+1} = \frac{1}{n_a+1}, \quad F_c = \frac{1}{(e^{-2\gamma}/2)+1} = \frac{1}{n_c+1},$$

$$(5.3.98)$$

于是,有

$$n_a n_c = \left(\frac{1}{2}\right)^2. \quad (5.3.99)$$

文献[9]给出 $N \to M$ 非对称性普适量子克隆. 设需要克隆的量子态为

$$\mid \psi \rangle_{in} = \mid \alpha \rangle^{\otimes N} \sim \mid \sqrt{N}\alpha \rangle, \quad (5.3.100)$$

经过如图 5.7 所示的装置后,输入和输出的幺正变换可以写为

$$a_j = \frac{1}{\sqrt{N}}a + \sum_{k=1}^{M-1} \kappa_{jk} b_k + \sqrt{n_j} c^{\dagger}, \quad (5.3.101)$$

其中 $c^{\dagger}$ 是闲置光的产生算符,b_k 是 $M-1$ 个辅助系统的模,n_j 是加在第 j 个拷贝上的噪声,κ_{jk} 是系数.

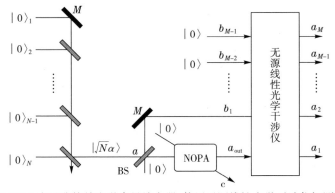

NOPA 表示非简并光学参量放大器,使用无源线性光学干涉仪探测

图 5.7　$N \to M$ 非对称性普适量子克隆过程

经过量子克隆过程后,每个拷贝的保真度为

$$F_j = \frac{1}{1+n_j}. \tag{5.3.102}$$

加在第 j 个拷贝上的噪声 n_j 和加在第 k 个拷贝上的噪声 n_k 之间满足

$$\left(\sum_{k=1}^{M} \sqrt{n_k}\right)^2 = (M-N)\left(\sum_{k=1}^{M} n_j + 1\right)^2. \tag{5.3.103}$$

在 $1 \to 2$ 非对称性普适量子克隆的情况下,两个拷贝保真度的噪声满足

$$n_1 n_2 = \left(\frac{1}{2}\right)^2, \tag{5.3.104}$$

这是符合式(5.3.99)的.

5.4　其他连续变量量子克隆

5.4.1　连续变量纠缠态量子克隆

文献[10]给出 $1 \to 2$ 连续变量纠缠态量子克隆. 如果要阐述一个未知的两粒子高斯纠缠态的量子克隆,就要先介绍一些连续变量纠缠方面的概念. 设 $\hbar = 1$,产生算符 $\hat{X}^+$ 和湮灭算符 $\hat{X}^-$ 分别为

$$\hat{X}^+ = \hat{x} = \hat{a} + \hat{a}^\dagger, \quad \hat{X}^- = \hat{p} = i(\hat{a}^\dagger - \hat{a}), \tag{5.4.1}$$

它们的对易关系为

$$[\hat{X}^+, \hat{X}^-] = [\hat{x}, \hat{p}] = 2i, \tag{5.4.2}$$

它们的方差为

$$V^\pm = \langle (\hat{X}^\pm)^2 \rangle - \langle \hat{X}^\pm \rangle^2. \tag{5.4.3}$$

显然,对于相干态,有 $V^\pm = 1$.

未知的两粒子高斯纠缠态(或称 EPR 对)随机地分布在相空间,可用湮灭算符来描述,即为

$$\hat{a}_1 = \frac{1}{2}(\hat{X}^+_{\text{epr1}} + \hat{X}^-_{\text{epr1}}) + \alpha_1, \quad \hat{a}_2 = \frac{1}{2}(\hat{X}^+_{\text{epr2}} + \hat{X}^-_{\text{epr2}}) + \alpha_2, \tag{5.4.4}$$

其中 $\alpha_{1(2)}$ 是相空间里的随机位移,下标 epr 表示 EPR 对. 每个模纠缠度的正则振幅定义为

$$\hat{X}^\pm_{\text{epr1}} = \frac{1}{\sqrt{2}}(\hat{X}^\pm_{\text{sqz1}} + \hat{X}^\pm_{\text{sqz2}}), \quad \hat{X}^\pm_{\text{epr2}} = \frac{1}{\sqrt{2}}(\hat{X}^\pm_{\text{sqz1}} - \hat{X}^\pm_{\text{sqz2}}), \tag{5.4.5}$$

其中 $\hat{X}_{\text{sqz1}}^{\pm}$ 和 $\hat{X}_{\text{sqz2}}^{\pm}$ 是两个压缩光束. 这种类型的纠缠态可以通过非简并光学参量放大器(NOPA)或分束器(BS)等光学元件产生.

下面,首先介绍使用分束器产生的未知纠缠态. 将两束压缩光中的一束压缩光在相空间内旋转 $\pi/2$,经过 50:50 分束器就可以产生形如式(5.4.5)的纠缠态,其方差为

$$V_{\text{epr1}}^{\pm} = V_{\text{epr2}}^{\pm} = \frac{1}{2}(V_{\text{sqz1}}^{\pm} + V_{\text{sqz2}}^{\pm}). \qquad (5.4.6)$$

令

$$V_S \equiv V_{\text{sqz1}}^+ = V_{\text{sqz2}}^- = V_S^+, \ \frac{1}{V_S} \equiv V_{\text{sqz1}}^- = V_{\text{sqz2}}^+ = V_S^-, \qquad (5.4.7)$$

则式(5.4.6)可写为

$$V_{\text{epr}} = \frac{1}{2}\left(V_S + \frac{1}{V_S}\right), \qquad (5.4.8)$$

其中 $V_s \in (0,1]$. 根据幺正变换的可逆性可知,这种纠缠态可以利用 50:50 分束器解纠缠为两个纯压缩态.

设初始未知纠缠态 $|\psi\rangle$ 位于坐标原点,没有位移,形式为

$$|\psi\rangle = \frac{1}{\sqrt{2\pi}}\iint\left[e^{-x_2^2/4V_S}e^{-x_1^2/4V_S}\left|\frac{1}{\sqrt{2}}(x_2+x_1)\right\rangle_1\left|\frac{1}{\sqrt{2}}(x_2-x_1)\right\rangle_2\right]dx_1dx_2.$$

$$(5.4.9)$$

两个纠缠态拷贝可以由两个位移算符 $\hat{D}_2(x_4,p_4)$ 和 $\hat{D}_1(x_3,p_3)$ 作用在已知纠缠态上而产生,即

$$|\psi(x,p)\rangle = \hat{D}_1(x_3,p_3)\otimes\hat{D}_2(x_4,p_4)|\psi_0\rangle, \qquad (5.4.10)$$

其中

$$\hat{D}_1(x_3,p_3) = e^{ix_3p_3/4}e^{-ix_3\hat{p}_3/2}e^{ip_3\hat{x}_3/2}, \ \hat{D}_2(x_4,p_4) = e^{ix_4p_4/4}e^{-ix_4\hat{p}_4/2}e^{ip_4\hat{x}_4/2}.$$

$$(5.4.11)$$

两个位移算符 $\hat{D}_1(x_3,p_3)$ 和 $\hat{D}_2(x_4,p_4)$ 分别作用于量子态 $\left|\frac{1}{\sqrt{2}}(x_2+x_1)\right\rangle_1$ 和 $\left|\frac{1}{\sqrt{2}}(x_2-x_1)\right\rangle_2$ 后,可具体写为

$$\hat{D}_1(x_3,p_3)\left|\frac{1}{\sqrt{2}}(x_2+x_1)\right\rangle_1 = e^{ix_3p_3/4}e^{ip_3(x_2+x_2)/2\sqrt{2}}\left|\frac{1}{\sqrt{2}}(x_2+x_1)+x_3\right\rangle_1,$$

$$\hat{D}_2(x_4,p_4)\left|\frac{1}{\sqrt{2}}(x_2-x_1)\right\rangle_2 = e^{ix_4p_4/4}e^{ip_4(x_2-x_1)/2\sqrt{2}}\left|\frac{1}{\sqrt{2}}(x_2-x_1)+x_4\right\rangle_2.$$

$$(5.4.12)$$

量子克隆未知纠缠态的过程如图 5.8 所示,其中 $\hat{X}_1^\pm$ 是需要量子克隆的纠缠态,$\hat{X}_{1A}^\pm$ 和 $\hat{X}_{1B}^\pm$ 是两个拷贝,$\hat{N}_1^\pm$,$\hat{N}_2^\pm$ 和 $\hat{N}_3^\pm$ 是真空噪声,AM 是**振幅调制器**(amplitude modulator),PM 是**相位调制器**(phase modulator),**前馈增益**(gain of the feed forward) $g^\pm = \sqrt{2}$.

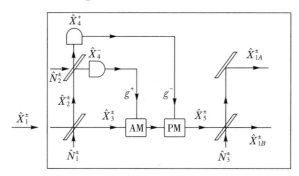

AM 是振幅调制器,PM 是相位调制器

图 5.8　1→2 对称性纠缠态量子克隆过程

拷贝的局域保真度为

$$F = \langle \psi \mid \rho_{\mathrm{out}} \mid \psi \rangle = \frac{4V_S}{(V_S + 2)(2V_S + 1)}, \tag{5.4.13}$$

它取决于方差 V_S,具体参见式(5.4.6)至式(5.4.8).

5.4.2　相位共轭高斯态量子克隆

与离散变量量子克隆中的正交态量子克隆类似,文献[12]给出相位共轭高斯态量子克隆.正交态量子克隆需要量子克隆的量子态为 $\mid \psi \rangle^{\otimes N} \mid \psi_\perp \rangle^{\otimes N'}$;由于相干态之间非正交,相位共轭高斯态需要量子克隆的量子态则为 $\mid \psi \rangle^{\otimes N} \mid \psi^* \rangle^{\otimes N'}$.

对于 $N + N' \to M$ 相位共轭高斯态量子克隆,首先介绍量子克隆过程概念.设 $\{a_i\}$ 和 $\{b_i\}$($i = 1,2,3$)分别是幺正变换中输入模和输出模的湮灭算符,$\{a_i^\dagger\}$ 是输入模的产生算符. a_1 对应态 $\mid \psi \rangle^{\otimes N}$,$a_2$ 对应相位共轭态 $\mid \psi^* \rangle^{\otimes N'}$,$a_3$ 对应辅助系统.同样地,b_1 对应 $\mid \psi \rangle$ 态的 M 个拷贝,b_2 对应其他态,b_3 对应辅助系统.最后获得的量子克隆是不需要辅助系统的.具体量子克隆过程如图 5.9 所示,DFT 表示**离散 Fourier 变换**(discrete Fourier transform),
PCIA 表示**相位共轭注入放大器**(phase-conjugate input amplifier).

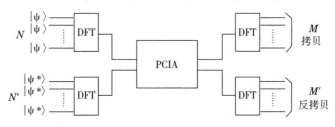

DFT 是离散 Fourier 变换,PCIA 是相位共轭注入放大器

图 5.9　相位共轭高斯态量子克隆过程

由于幺正变换为线性变换,可设输出态和输入态之间的变换为

$$b_i = M_{ij}a_j + L_{ij}a_j^\dagger, \tag{5.4.14}$$

其中 M_{ij} 和 L_{ij} 是待定系数. 对于量子克隆的要求是, a_1, a_2 和 b_1 的平均值为

$$\langle a_1 \rangle = \alpha\psi, \quad \langle a_2 \rangle = \beta\psi^*, \quad \langle b_1 \rangle = \gamma\psi. \tag{5.4.15}$$

由于拷贝数量 $M \geqslant N + N'$,必须有

$$|\gamma| \geqslant |\alpha|, \tag{5.4.16}$$

否则量子克隆就没有意义了. 此外,输入态中至少含有一个相位共轭态 $|\psi^*\rangle$
的拷贝,因此可以设 $\beta \geqslant 1$. 经过图 5.9 所示的量子克隆过程,得到具体的幺
正变换为

$$b_1 = \sqrt{G}a_1 + \sqrt{G-1}a_2^\dagger, \quad b_2 = \sqrt{G-1}a_1^\dagger + Ga_2, \tag{5.4.17}$$

其中增益 G 为

$$G = \frac{-\alpha\gamma + \beta\sqrt{\gamma^2 - \alpha^2 + \beta^2}}{\beta^2 - \alpha^2}, \tag{5.4.18}$$

代换 ($\alpha \to N, \beta \to N'$ 和 $\gamma \to M$) 后可得

$$G = \frac{\sqrt{N'M'} - \sqrt{NM}}{N' - N}. \tag{5.4.19}$$

当 $N' = N$ 时,拷贝保真度为

$$F_{\binom{N}{N} \to M} = \frac{\langle \psi | \rho_{\text{clone}} | \psi \rangle}{|\langle \psi | \psi \rangle|^2} = \frac{4M^2N}{4M^2N + (M-N)^2}. \tag{5.4.20}$$

5.5 非高斯型的相干态量子克隆

前面介绍的连续变量量子克隆的已知变换都是高斯型的,因而称为高斯型量子克隆.文献[13]利用高斯函数的线性组合作为量子克隆变换,变换是幺正的,但本征函数却不是高斯型函数,因而称为非高斯型量子克隆(non-Gaussian universal cloning,NGUC).这种量子克隆拷贝的保真度大于高斯型的,这就带来一个问题:如何确定连续变量量子克隆最优的幺正变换?

本章第 1 节用 Weyl 算符定义高斯态,这里按照文献[13]的阐述逻辑来介绍非高斯型量子克隆.

设 n 个谐振子构成的一个系统可以用正则算符

$$R = (Q_1, P_1, \cdots, Q_n, P_n) \tag{5.5.1}$$

来描述,其相空间 $\Xi = R^{2n}$ 以反线性辛矩阵 $\sigma(\xi, \eta)$ 表示.在此相空间的变换用 Weyl 算符 $W_\xi = e^{i\sigma\langle\xi,\eta\rangle}$ ($\xi \in \Xi$) 来表示,并遵从 Weyl 关系,即

$$W_\xi W_\eta = e^{-\langle i/2\rangle\sigma\langle\xi,\eta\rangle} W_{\xi+\eta}. \tag{5.5.2}$$

通过 $\sigma(\xi,\eta) = \xi^T \cdot \sigma \cdot \eta$ 实现辛矩阵,σ 的形式为

$$\sigma = \bigoplus_{i=1}^n \begin{bmatrix} 0 & 1 \\ -1 & 0 \end{bmatrix}. \tag{5.5.3}$$

Hilbert 空间中的张量积对应相空间的直积.注意:$\otimes_i W_{\xi_i} = W_{\otimes_{i\xi}}$,其中 $\xi_i \in \mathbf{R}^2$ 是一个单模.Weyl 算符的期望值可以完全确定一个量子态,Wigner 函数的 Fourier 变换称为特征函数.

设 $1 \to N$ 量子克隆变换为 T,则量子克隆过程为

$$T: \rho \to T(\rho). \tag{5.5.4}$$

全局保真度 $f_{\text{joint}}(T,\rho)$ 和第 i 个拷贝的局域保真度可以分别写为

$$f_{\text{joint}}(T,\rho) = \text{Tr}[T(\rho)\rho^{\otimes N}],$$

$$f_i(T,\rho) = \text{Tr}[T(\rho)I \otimes \cdots I \otimes \rho^{(i)} \otimes I \cdots \otimes I]. \tag{5.5.5}$$

对于相干态集合 $\rho = |\xi\rangle\langle\xi|$,$|\xi\rangle = W_\xi|0\rangle$,求全局保真度就是取其最小值的上限,即

$$F_g^{\langle\text{NGUC}\rangle} = \sup_T f_{\text{joint}}(T,\rho) = \sup_T \inf_{\rho\in\text{coh}} f_{\text{joint}}[T,\rho], \tag{5.5.6}$$

求局域保真度就是对权重和

$$F_l^{\langle NGUC \rangle} = \sum_i \lambda_i f_i(T, \rho), \lambda_i \geqslant 0 \tag{5.5.7}$$

取最大值.

对于任意 ξ 和 ρ，变换可以写为

$$T(\rho) = W_\xi^{\otimes N\dagger} T(W_\xi \rho W_\xi^\dagger) W_\xi^{\otimes N} \equiv T_\xi(\rho). \tag{5.5.8}$$

设量子克隆变换是两个高斯函数的线性组合，则有

$$T = \lambda_1 e^{-\langle Q_1^2 + P_2^2 \rangle/2} + \lambda_2 e^{-\langle Q_2^2 + P_1^2 \rangle/2}. \tag{5.5.9}$$

对于 $1 \to 2$ 非高斯型量子克隆，局域保真度为

$$F_{l,1\to2}^{\langle NGUC \rangle} \approx 0.6826, \tag{5.5.10}$$

这比普适高斯型量子克隆的保真度（$F_{1\to2}^{\langle SGUC \rangle} = 2/3$）要大. 对于 $1 \to N$ 非高斯型量子克隆，全局保真度为

$$F_{g,1\to N}^{\langle NGUC \rangle} = \frac{1}{N}. \tag{5.5.11}$$

如果选择变换为

$$T = \lambda_1 F_1 + \lambda_2 F_2, \tag{5.5.12}$$

其中

$$F_1 = \exp\left[-\frac{(Q_1 + Q_2)^2 + (P_1 - P_2)^2}{4}\right],$$

$$F_2 = \exp\left[-\frac{(Q_1 - Q_2)^2 + (P_1 + P_2)^2}{4}\right], \tag{5.5.13}$$

则 $1 \to 2$ 非高斯型量子克隆的局域保真度为

$$F_{l,1\to2}^{\langle NGUC \rangle} \approx 0.6801, \tag{5.5.14}$$

这也比普适高斯型量子克隆的保真度要大.

如图 5.10 所示为光学系统实现 $1 \to 2$ 非高斯型量子克隆的过程. 输入模 a_{in} 进入光学参量放大器(optical parametric amplifier, OPA)，其增益 $g = 2$；闲置光 b_1 进入 OPA，闲置光 b_2 进入 BS；a_1 和 a_2 是两个拷贝.

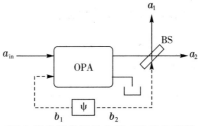

OPA 是光学参量放大器，BS 是分束器

图 5.10　$1 \to 2$ 非高斯型量子克隆过程

▌参考文献

[1] M. O. Scully and M. S. Zubairy. Quantum optics [M]. Cambridge University Press, 1997.

[2] M. Orszag. Quantum optics: including noise reduction, trapped ions, quantum trajectories, and decoherence [M]. 3rd ed. Springer 2016.

[3] D. F. Walls and G. J. Milburn. Quantum optics [M]. 2nd ed. Springer 2008 Second Edition.

[4] N. J. Cerf, A. Ipe and X. Rottenberg, Cloning of continuous quantum variables [J], Physical Review Letters 85:1754(2000).

[5] M. F. Sacchi, Phase-covariant cloning of coherent states [J], Physical Review A 75:042328(2007).

[6] M. Alexanian, Gaussian cloning of coherent states with known phases [J], Physical Review A 73:045801(2006).

[7] Y. Dong, X. Zou, S. Li and G. Guo, Economical Gaussian cloning of coherent states with known phase [J], Physical Review A 76:014303(2007).

[8] P. T. Cochrane, T. C. Ralph and A. Dolińska, Optimal cloning for finite distributions of coherent states [J], Physical Review A 69:042313(2004).

[9] J. Fiurášek and N. J. Cerf, Optimal multicopy asymmetric Gaussian cloning of coherent states [J], Physical Review A 75:052335(2007).

[10] C. Weedbrook, N. B. Grosse, T. Symul, P. K. Lam and T. C. Ralph, Quantum cloning of continuous-variable entangled states [J], Physical Review A 77: 052313 (2008).

[11] M. Gută and K. Matsumoto, Optimal cloning of mixed Gaussian states [J], Physical Review A 74:032305(2006).

[12] N. J. Cerf and S. Iblisdir, Quantum cloning machines with phase-conjugate input modes [J], Physical Review Letters 87:247903(2001).

[13] N. J. Cerf, O. Krüger, P. Navez, R. F. Werner and M. M. Wolf, Non-Gaussian cloning of quantum coherent states is optimal [J], Physical Review Letters 95:070501 (2005).

[14] N. J. Cerf and S. Iblisdir, Optimal N-to-M cloning of conjugate quantum variables [J], Physical Review A 62:040301(2000).

[15] F. Grosshans and P. Grangier, Quantum cloning and teleportation criteria for continuous quantum variables [J], Physical Review A 64:010301(R)(2001).

[16] R. Demkowicz-Dobrzański, M. Kuö and K. Wódkiewicz, Cloning of spin-coherent states [J], Physical Review A 69:012301(2004).

[17] R. Filip, J. Fiurášek and P. Marek, Reversibility of continuous-variable quantum cloning [J], Physical Review A 69:012314(2004).

[18] G. M. D'Ariano, F. De Martini and M. F. Sacchi, Continuous variable cloning via network of parametric gates [J], Physical Review Letters 86:914(2001).

[19] J. Fiurášek, Optical implementation of continuous-variable quantum cloning machines [J], Physical Review Letters 86:4942(2001).

[20] S. L. Braunstein, N. J. Cerf, S. Iblisdir, P. van Loock and S. Massar, Optimal cloning of coherent states with a linear amplifier and beam splitters [J], Physical Review Letters 86:4938(2001).

[21] M. Alexanian, Cavity coherent-state cloning via Raman scattering [J], Physical Review A 67:033809(2003).

[22] U. L. Andersen, V. Josse and G. Leuchs, Unconditional quantum cloning of coherent states with linear optics [J], Physical Review Letters 94:240503(2005).

[23] M. Sabuncu, U. L. Andersen and G. Leuchs, Experimental demonstration of continuous variable cloning with phase-conjugate inputs [J], Physical Review Letters 98:170503(2007).

[24] V. Scarani, S. Iblisdir, N. Gisin and A. Acín, Quantum cloning [J], Reviews of Modern Physics 77:1225(2005).

[25] H. Fan, Y-N. Wang, L. Jing, J-D. Yue, H-D. Shi, Y-L. Zhang and L-Z. Mu, Quantum cloning machines and the applications [J]. Physics Reports 544:241-322(2014).

[26] A. S. Holevo, Probabilistic and statistical aspects of quantum theory(North-Holland, Amsterdam, 1982), pp. 278 – 285.

[27] M. P. J. Rehacek(Eds.), Quantum state estimation [M]. Springer, 2004.

[28] C. W. Helstrom, Quantum detection and estimation theory [M]. Academic Press 1976.

[29] A. Furusawa, J. L. Sorensen, S. L. Braunstein, C. A. Fuchs, H. J. Kimble and E. S. Polzik, Unconditional quantum teleportation [J], Science 282:706(1998).

第6章 量子克隆实验方案与实验实现

目前,量子信息科学得到深入的研究和发展,各种物理系统,如量子腔电动力学(quantum eletrodynamics,QED)中的 Rydberg 原子系统[1]、线性光学系统[2,3]、囚禁离子系统[4,5]、超导系统[6,7]、半导体量子点系统[8-10]和固体晶体系统[11]等,已用于量子信息处理和量子计算.本书集中介绍基于 Rydberg 原子系统和线性光学系统的量子克隆实验方案和实验实现.

6.1 腔 QED 基本理论和分束器算符

本节将简单介绍腔 QED 基础理论,不详细介绍具体的实验参数. Rydberg 原子通过光学腔可以实现 Rydberg 原子之间的演化.对于两能级 Rydberg 原子,设初始状态处在激发态的 $|e\rangle$ 进入处在真空态的 $|0\rangle$ 中,腔模频率是 ω,原子 $|e\rangle \leftrightarrow |g\rangle$ 跃迁频率为 ω_{eg}.最初的原子-腔系统的量子态为 $|e\rangle|0\rangle$,在偶极作用下跃迁到 $|g\rangle|1\rangle$,即原子跃迁到基态 $|g\rangle$,腔中出现一个光子 $|1\rangle$.一般情况下,系统的量子态将会在这两个态之间进行量子振荡,这种"真空 Rabi 振荡"对应一个高 Q 腔中的自发辐射振荡形式[12].在数量上,这可以用著名的 Jaynes-Cumming 模型描述[13].文献[14]利用 Rydberg 原子跃迁提出原子纠缠态的制备方案,文献[15]则在实验中制备了 Rydberg 原子纠缠态.下面具体介绍它的演化.

在相互作用绘景(interaction picture)下,系统的哈密顿量可写为

$$H_I = g \sum_{j=1}^{N} (e^{i\delta t} a \sigma_j^+ + e^{-i\delta t} a^\dagger \sigma_j^-), \tag{6.1.1}$$

其中 a 和 $a^\dagger$ 是光子的湮灭算符和产生算符,$\sigma_j^+ = |e\rangle_j \langle g|$ 和 $\sigma_j^- = |g\rangle_j \langle e|$ 为原子跃迁算符,$\delta = \omega - \omega_{eg}$ 是腔模频率 ω 和原子跃迁频率 ω_{eg} 之差,g 是耦合系数.在共振情况下,即 $\delta = \omega - \omega_{eg} = 0$,系统的哈密顿量退化为

$$H_I = g \sum_{j=1}^{N} (a \sigma_j^+ + a^\dagger \sigma_j^-). \tag{6.1.2}$$

在大失谐即 $\delta \gg g\sqrt{\bar{n}+1}$（其中 $\bar{n}$ 是腔场光子平均数）的情况下，系统的哈密顿量退化为

$$H_I = \lambda\Big[\sum_{j=1}^{N}(\mid e_j\rangle\langle e_j\mid aa^{+}-\mid g_j\rangle\langle g_j\mid a^{+}a)+\sum_{j,k=1\atop j\neq k}^{N}\sigma_j^{+}\sigma_k^{-}\Big]. \qquad (6.1.3)$$

量子光学中已给出共振情况下的哈密顿量[16-18]，但是并没有给出具体的基矢演化过程. 为了使读者能够理解量子克隆实验方案，下面将给出共振腔和大失谐腔两种情况下基矢演化的详细过程. 最简单的 $1\to 2$ 量子克隆幺正变换需要三个粒子，因此，至少需要求解三个粒子的基矢演化.

6.1.1　共振腔的基矢演化

共振腔的哈密顿量为

$$H_I = g\sum_{j=1}^{N}(a\sigma_j^{+}+a^{\dagger}\sigma_j^{-}).$$

(1)首先考虑单原子基矢的演化，其本征态为 $\mid g,0\rangle$，$\mid e,0\rangle$，$\mid g,1\rangle$，$\mid e,1\rangle$，…，$\mid e,n\rangle$，下面给出具体的推导过程.

①若初态为 $\mid\psi(0)\rangle=\mid g,0\rangle$，它的演化最多加了一个相位因子，可设为 $\mid\psi(t)\rangle=e^{if(t)}\mid g,0\rangle$. 由薛定谔方程

$$i\hbar\frac{\partial\mid\psi(t)\rangle}{\partial t}=H_I\mid\psi(t)\rangle \qquad (6.1.4)$$

得到 $i\hbar e^{if(t)}f'(t)\mid g,0\rangle=0$，从而得到 $f'(t)=0$，即 $f(t)=c$（常数）. 代入初始条件 $c=0$，则有

$$\mid g,0\rangle\to\mid g,0\rangle. \qquad (6.1.5)$$

②若初态为 $\mid\psi(0)\rangle=\mid g,n\rangle$，它的本征态只有两个，即 $\mid g,n\rangle$ 和 $\mid e,n-1\rangle$. 设演化态为 $\mid\psi(t)\rangle=a\mid g,n\rangle+b\mid e,n-1\rangle$，由薛定谔方程得

$$i\hbar(\dot{a}\mid g,n\rangle+\dot{b}\mid e,n-1\rangle)=g(a\mid e,n-1\rangle+b\mid g,n\rangle). \qquad (6.1.6)$$

比较本征态，可得微分方程组

$$\dot{a}=-i\hbar gb,$$
$$\dot{b}=-i\hbar ga. \qquad (6.1.7)$$

为求解这个微分方程组，下面介绍一种简单的方法.

两式相加，得 $\dot{a}+\dot{b}=-i\hbar g(a+b)$，解为

$$a+b=A_1e^{-i\hbar gt}. \qquad (6.1.8)$$

两式相减,得 $\dot{a} - \dot{b} = \mathrm{i}\hbar g(a-b)$,解为

$$a - b = A_2 \mathrm{e}^{\mathrm{i}\hbar g t}. \tag{6.1.9}$$

由式(6.1.8)和式(6.1.9)可解得

$$a = \frac{1}{2}(A_1 \mathrm{e}^{-\mathrm{i}\hbar g t} + A_2 \mathrm{e}^{\mathrm{i}\hbar g t}), \quad b = \frac{1}{2}(A_1 \mathrm{e}^{-\mathrm{i}\hbar g t} - A_2 \mathrm{e}^{\mathrm{i}\hbar g t}).$$

因此,态演化为

$$|\psi(t)\rangle = \frac{1}{2}[(A_1 \mathrm{e}^{-\mathrm{i}\hbar g t} + A_2 \mathrm{e}^{\mathrm{i}\hbar g t})|g,n\rangle + (A_1 \mathrm{e}^{-\mathrm{i}\hbar g t} - A_2 \mathrm{e}^{\mathrm{i}\hbar g t})|e,n-1\rangle].$$

$$\tag{6.1.10}$$

由于初态为 $|\psi(0)\rangle = |g,n\rangle$,代入初始条件,可得

$$\frac{1}{2}(A_1 + A_2) = 1, \quad \frac{1}{2}(A_1 - A_2) = 0. \tag{6.1.11}$$

解得 $A_1 = A_2 = 1$,代入式(6.1.10)可得

$$|\psi(t)\rangle = \frac{1}{2}[(\mathrm{e}^{-\mathrm{i}\hbar g t} + \mathrm{e}^{\mathrm{i}\hbar g t})|g,n\rangle + (\mathrm{e}^{-\mathrm{i}\hbar g t} - \mathrm{e}^{\mathrm{i}\hbar g t})|e,n-1\rangle].$$

$$\tag{6.1.12}$$

利用欧拉公式 $i\sin\theta = \frac{1}{2}(\mathrm{e}^{\mathrm{i}\theta} - \mathrm{e}^{-\mathrm{i}\theta})$, $\cos\theta = \frac{1}{2}(\mathrm{e}^{\mathrm{i}\theta} + \mathrm{e}^{-\mathrm{i}\theta})$,化简式(6.1.12),可得

$$|\psi(t)\rangle = \cos(\hbar g t)|g,n\rangle - \mathrm{i}\sin(\hbar g t)|e,n-1\rangle, \tag{6.1.13-a}$$

或写成

$$|g,n\rangle \to \cos(\hbar g t)|g,n\rangle - \mathrm{i}\sin(\hbar g t)|e,n-1\rangle. \tag{6.1.13-b}$$

③若初态为 $|\psi(0)\rangle = |e,n-1\rangle$,其解的形式与式(6.1.9)一致,代入初始条件后,可得

$$\frac{1}{2}(A_1 + A_2) = 0, \quad \frac{1}{2}(A_1 - A_2) = 1, \tag{6.1.14}$$

解得 $A_1 = 1, A_2 = -1$,代入式(6.1.10)可得

$$|\psi(t)\rangle = \frac{1}{2}[(\mathrm{e}^{-\mathrm{i}\hbar g t} - \mathrm{e}^{\mathrm{i}\hbar g t})|g,n\rangle + (\mathrm{e}^{-\mathrm{i}\hbar g t} + \mathrm{e}^{\mathrm{i}\hbar g t})|e,n-1\rangle].$$

$$\tag{6.1.15}$$

利用欧拉公式化简式(6.1.15),可得

$$|e,n-1\rangle \to \cos(\hbar g t)|e,n-1\rangle - \mathrm{i}\sin(\hbar g t)|g,n\rangle. \tag{6.1.16}$$

完整写下量子态演化过程,即为

$$|g,0\rangle \rightarrow |g,0\rangle, \quad |g,n\rangle \rightarrow \cos(\hbar g t)|g,n\rangle + e^{i3\pi/2}\sin(\hbar g t)|e,n-1\rangle$$

$$|e,n\rangle \rightarrow \cos(\hbar g t)|e,n\rangle + e^{i3\pi/2}\sin(\hbar g t)|g,n+1\rangle. \quad (6.1.17)$$

(2)当 $i=2$ 时,令 $\hbar=1$,相互作用哈密顿量具体形式为

$$H_I = g(a_1\sigma_1^+ + a_1^+\sigma_1^- + a_2\sigma_2^+ + a_2^+\sigma_2^-). \quad (6.1.18)$$

其本征态为 $|gg,0\rangle, \cdots, |gg,n\rangle, |ge,n\rangle, |eg,n\rangle |ee,n\rangle$,具体数目为 $4(n+1)$ 个. 原子只有两个能级参与,基于这个限制条件便易于求解本征态.

①若初态为 $|\psi(0)\rangle = |gg,0\rangle$,量子态是不演化的,即 $|gg,0\rangle \rightarrow |gg,0\rangle$.

②若初态为 $|\psi(0)\rangle = |ge,0\rangle$,能够产生跃迁的态为 $|eg,0\rangle$ 和 $|gg,1\rangle$. 设演化态为

$$|\psi\rangle = a|ge,0\rangle + b|eg,0\rangle + c|gg,1\rangle, \quad (6.1.19)$$

代入薛定谔方程后,可得微分方程为

$$a' = -igc, \quad (6.1.20\text{-}a)$$

$$b' = -igc, \quad (6.1.20\text{-}b)$$

$$c' = -ig(a+b). \quad (6.1.20\text{-}c)$$

由式(6.1.20-a)和(6.1.20-b)可得

$$a - b = A_1, \quad (6.1.21)$$

由 $a'' + b'' = -2igc' = -2g^2(a+b)$ 可得

$$a + b = A_2\sin(\sqrt{2}gt) + A_3\cos(\sqrt{2}gt). \quad (6.1.22)$$

求解式(6.1.21)和(6.1.22),可得

$$a = \frac{1}{2}\left[A_1 + A_2\sin(\sqrt{2}gt) + A_3\cos(\sqrt{2}gt)\right],$$

$$b = \frac{1}{2}\left[A_2\sin(\sqrt{2}gt) + A_3\cos(\sqrt{2}gt) - A_1\right]. \quad (6.1.23)$$

将式(6.1.22)代入(6.1.20-c)中,可得

$$c = -ig\left[-\frac{A_2}{\sqrt{2}g}\cos(\sqrt{2}gt) + \frac{A_3}{\sqrt{2}g}\sin(\sqrt{2}gt)\right] + A_4. \quad (6.1.24)$$

这里多出一个常数 A_4,将式(6.1.23)和(6.1.24)代入式(6.1.20-a)中可得 $A_4=0$. 实际上,在求解出式(6.1.24)时,可直接令 $A_4=0$,这是因为微分方

程解已经有足够多的参数了. 因此, 量子态演化为

$$|\psi\rangle = \frac{1}{2}\big[A_1 + A_2\sin(\sqrt{2}gt) + A_3\cos(\sqrt{2}gt)\big]|ge,0\rangle +$$

$$\frac{1}{2}\big[A_2\sin(\sqrt{2}gt) + A_3\cos(\sqrt{2}gt) - A_1\big]|eg,0\rangle +$$

$$\mathrm{i}\Big[\frac{A_2}{\sqrt{2}}\cos(\sqrt{2}gt) - \frac{A_3}{\sqrt{2}}\sin(\sqrt{2}gt)\Big]|gg,1\rangle. \qquad (6.1.25)$$

代入初始条件 $|\psi(0)\rangle = |ge,0\rangle$, 可得

$$A_1 = 1,\ A_2 = 0,\ A_3 = 1. \qquad (6.1.26)$$

因此, 量子态演化为

$$|ge,0\rangle \rightarrow \cos^2(gt/\sqrt{2})|ge,0\rangle - \sin^2(gt/\sqrt{2})|eg,0\rangle -$$

$$\mathrm{i}\frac{1}{\sqrt{2}}\sin(\sqrt{2}gt)|gg,1\rangle. \qquad (6.1.27)$$

③当初始条件为 $|\psi(0)\rangle = |eg,0\rangle$ 时,

$$A_1 = -1,\ A_2 = 0,\ A_3 = 1, \qquad (6.1.28)$$

因此, 可得量子态演化为

$$|eg,0\rangle \rightarrow \cos^2(gt/\sqrt{2})|eg,0\rangle - \sin^2(gt/\sqrt{2})|ge,0\rangle -$$

$$\mathrm{i}\frac{1}{\sqrt{2}}\sin(\sqrt{2}gt)|gg,1\rangle. \qquad (6.1.29)$$

④当初始条件为 $|\psi(0)\rangle = |gg,1\rangle$ 时,

$$A_1 = 0, A_2 = \sqrt{2}, A_3 = 0, \qquad (6.1.30)$$

因此, 可得量子态演化为

$$|gg,1\rangle \rightarrow \frac{1}{\sqrt{2}}\sin(\sqrt{2}gt)|eg,0\rangle + \frac{1}{\sqrt{2}}\sin(\sqrt{2}gt)|ge,0\rangle +$$

$$\mathrm{i}\cos(\sqrt{2}gt)|gg,1\rangle. \qquad (6.1.31)$$

(3) 下面将推广腔处在 $|n\rangle$ 态的情况, 求出本征态为 $|gg,n\rangle$, $|ge,n\rangle$, $|eg,n\rangle$, $|ee,n\rangle$ 的演化.

若初态为 $|\psi(0)\rangle = |gg,n\rangle\ (n \geqslant 2)$, 设演化态为

$$|\psi\rangle = a|gg,n\rangle + b|ge,n-1\rangle + c|eg,n-1\rangle + d|ee,n-2\rangle,$$

$$(6.1.32)$$

求得微分方程为

$$a' = -\mathrm{i}g(b+c), \tag{6.1.33-a}$$

$$b' = -\mathrm{i}g(a+d), \tag{6.1.33-b}$$

$$c' = -\mathrm{i}g(a+d), \tag{6.1.33-c}$$

$$d' = -\mathrm{i}g(b+c). \tag{6.1.33-d}$$

由式(6.1.33-a)和(6.1.33-d)相等,得

$$a = d + A_1, \tag{6.1.34}$$

同理,有

$$b = c + A_2. \tag{6.1.35}$$

这样,式(6.1.33-a)和(6.1.33-b)化为

$$a' = -2\mathrm{i}g\left(b - \frac{A_2}{2}\right), \tag{6.1.36-a}$$

$$b' = -2\mathrm{i}g\left(a - \frac{A_1}{2}\right). \tag{6.1.36-b}$$

令 $x = a - \dfrac{A_1}{2}, y = b - \dfrac{A_2}{2}$,有 $x' = -2\mathrm{i}gy, y' = -2\mathrm{i}gx$,参照式(6.1.7)解法,可得

$$x = \frac{1}{2}(A_3 \mathrm{e}^{-\mathrm{i}2gt} + A_4 \mathrm{e}^{\mathrm{i}2gt}),$$

$$y = \frac{1}{2}(A_3 \mathrm{e}^{-\mathrm{i}2gt} - A_4 \mathrm{e}^{\mathrm{i}2gt}), \tag{6.1.37}$$

解得

$$a = \frac{1}{2}(A_3 \mathrm{e}^{-\mathrm{i}2gt} + A_4 \mathrm{e}^{\mathrm{i}2gt} + A_1), \quad b = \frac{1}{2}(A_3 \mathrm{e}^{-\mathrm{i}2gt} - A_4 \mathrm{e}^{\mathrm{i}2gt} + A_2),$$

$$c = \frac{1}{2}(A_3 \mathrm{e}^{-\mathrm{i}2gt} - A_4 \mathrm{e}^{\mathrm{i}2gt} - A_2), \quad d = \frac{1}{2}(A_3 \mathrm{e}^{-\mathrm{i}2gt} + A_4 \mathrm{e}^{\mathrm{i}2gt} - A_1).$$

$$\tag{6.1.38}$$

由初始条件,得 $A_1 = 1, A_2 = 0, A_3 = \dfrac{1}{2}, A_4 = \dfrac{1}{2}$,代入式(6.1.38),有

$$a = \frac{1}{4}(\mathrm{e}^{-\mathrm{i}2gt} + \mathrm{e}^{\mathrm{i}2gt} + 2), \quad b = \frac{1}{4}(\mathrm{e}^{-\mathrm{i}2gt} - \mathrm{e}^{\mathrm{i}2gt}),$$

$$c = \frac{1}{4}(\mathrm{e}^{-\mathrm{i}2gt} - \mathrm{e}^{\mathrm{i}2gt}), \quad d = \frac{1}{4}(\mathrm{e}^{-\mathrm{i}2gt} + \mathrm{e}^{\mathrm{i}2gt} - 2). \tag{6.1.39}$$

化简后，有

$$a = \cos^2(gt), \ b = -\mathrm{i}\frac{1}{2}\sin(2gt) = c, \ d = -\sin^2(gt), \quad (6.1.40)$$

则量子态演化为

$$|gg,n\rangle \rightarrow \cos^2(gt)|gg,n\rangle - \mathrm{i}\frac{1}{2}\sin(2gt)(|ge,n-1\rangle +$$

$$|eg,n-1\rangle) - \sin^2(gt)|ee,n-2\rangle. \quad (6.1.41)$$

若初态为 $|ge,n\rangle$（$n \geqslant 1$），解得 $A_1 = 0, A_2 = 1, A_3 = \frac{1}{2}, A_4 = -\frac{1}{2}$，有

$$a = \frac{1}{4}(\mathrm{e}^{-\mathrm{i}2gt} - \mathrm{e}^{\mathrm{i}2gt}), \ b = \frac{1}{4}(\mathrm{e}^{-\mathrm{i}2gt} + \mathrm{e}^{\mathrm{i}2gt} + 2),$$

$$c = \frac{1}{4}(\mathrm{e}^{-\mathrm{i}2gt} + \mathrm{e}^{\mathrm{i}2gt} - 2), \ d = \frac{1}{4}(\mathrm{e}^{-\mathrm{i}2gt} - \mathrm{e}^{\mathrm{i}2gt}). \quad (6.1.42)$$

化简为

$$a = d = -\mathrm{i}\frac{1}{2}\sin(2gt), \ b = \cos^2(gt), \ c = -\sin^2(gt), \quad (6.1.43)$$

则量子态演化为

$$|ge,n\rangle \rightarrow -\mathrm{i}\frac{1}{2}\sin(2gt)|gg,n+1\rangle + \cos^2(gt)|ge,n\rangle -$$

$$\sin^2(gt)|eg,n\rangle - \mathrm{i}\frac{1}{2}\sin(2gt)|ee,n-1\rangle. \quad (6.1.44)$$

显然，初态为 $|eg,n\rangle$（$n \geqslant 1$）时，量子态演化为

$$|eg,n\rangle \rightarrow -\mathrm{i}\frac{1}{2}\sin(2gt)|gg,n+1\rangle - \sin^2(gt)|ge,n\rangle +$$

$$\cos^2(gt)|eg,n\rangle - \mathrm{i}\frac{1}{2}\sin(2gt)|ee,n-1\rangle. \quad (6.1.45)$$

若初态为 $|ee,n\rangle$（$n \geqslant 0$），解得 $A_1 = -1, A_2 = 0, A_3 = \frac{1}{2}, A_4 = \frac{1}{2}$，有

$$a = \frac{1}{4}(\mathrm{e}^{-\mathrm{i}2gt} + \mathrm{e}^{\mathrm{i}2gt} - 2), \ b = \frac{1}{4}(\mathrm{e}^{-\mathrm{i}2gt} - \mathrm{e}^{\mathrm{i}2gt}),$$

$$c = \frac{1}{4}(\mathrm{e}^{-\mathrm{i}2gt} - \mathrm{e}^{\mathrm{i}2gt}), \ d = \frac{1}{4}(\mathrm{e}^{-\mathrm{i}2gt} + \mathrm{e}^{\mathrm{i}2gt} + 2). \quad (6.1.46)$$

这与式（6.1.39）相似，即得

$$|ee,n\rangle \rightarrow -\sin^2(gt)|gg,n+2\rangle - \mathrm{i}\frac{1}{2}\sin(2gt)(|ge,n+1\rangle +$$

$$|eg,n+1\rangle) + \cos^2(gt)|ee,n\rangle. \quad (6.1.47)$$

从上述推导中可以看出,本征态有三类:

第一类:$|gg,0\rangle$.

第二类:$|gg,1\rangle$,$|eg,0\rangle$,$|ge,0\rangle$.

第三类:$|gg,n\rangle$,$|ge,n-1\rangle$,$|eg,n-1\rangle$,$|ee,n-2\rangle$.$(n\geqslant 2)$

从上面推导中还可以看出计算步骤:①先找出同类本征态;②设演化态,列出微分方程;③将微分方程化为简单的多元一次线形方程组;④代入初始条件,求出本征态的演化.感兴趣的读者可以验证上面所给系数是否满足归一化条件.

(4)由于量子克隆中最简单的 $1\to 2$ 情况下是需要三个粒子的,故下面给出三原子的情况.本征态可以分为四类.

第一类:$|ggg,0\rangle$.

第二类:$|ggg,1\rangle$,$|gge,0\rangle$,$|geg,0\rangle$,$|egg,0\rangle$.

第三类:$|ggg,2\rangle$,$|gge,1\rangle$ $|geg,1\rangle$,$|egg,1\rangle$,$|gee,0\rangle$,$|ege,0\rangle$,$|eeg,0\rangle$.

第四类:$|ggg,n\rangle$,$|gge,n-1\rangle$,$|geg,n-1\rangle$,$|egg,n-1\rangle$,$|gee,n-2\rangle$,$|ege,n-2\rangle$,$|eeg,n-2\rangle$,$|eee,n-3\rangle$.$(n\geqslant 3)$

这里是按照二进制排列的,系数用 A_i 表示,参数用 C_i 表示,可以直接得出微分方程.

第一类:不演化,只是多了一个相位因子.

第二类:当初态为 $|ggg,1\rangle$ 时,微分方程为

$$A_1' = -\mathrm{i}g(A_2+A_3+A_4), \tag{6.1.48-a}$$

$$A_2' = A_3' = A_4' = -\mathrm{i}gA_1. \tag{6.1.48-b}$$

为有效解出微分方程,结合物理特征的对称性,可直接得出 $A_2=A_3=A_4$(实际上全解也可以,后面给出),则式(6.1.48)简化为

$$A_1' = -3\mathrm{i}gA_2, \tag{6.1.49-a}$$

$$A_2' = -\mathrm{i}gA_1, \tag{6.1.49-b}$$

因此,可得 $A_1'' = -3\mathrm{i}gA_2' = -3g^2A_1$,求解为

$$A_1 = C_1\cos(\sqrt{3}gt)+C_2\sin(\sqrt{3}gt). \tag{6.1.50}$$

由式(6.1.49-a)知 $A_2 = \mathrm{i}\dfrac{A_1'}{3g}$,解得

$$A_2 = \frac{\mathrm{i}}{\sqrt{3}}\big[C_2\cos(\sqrt{3}gt)-C_1\sin(\sqrt{3}gt)\big]. \tag{6.1.51}$$

代入初始条件得 $C_1=1,C_2=0$. 态演化为

$$|ggg,1\rangle \rightarrow \cos(\sqrt{3}gt)|ggg,1\rangle-\frac{\mathrm{i}}{\sqrt{3}}\sin(\sqrt{3}gt)(|gge,0\rangle+$$

$$|geg,0\rangle+|egg,0\rangle). \tag{6.1.52}$$

实际上这种分配容易确定,只是相位参数不能确定.

若初态为 $|gge,0\rangle$,可以由物理条件得 $A_3=A_4$.

由式(6.1.48-b)得

$$A_3 = A_2+C_3, \quad A_4 = A_2+C_4, \tag{6.1.53}$$

则式(6.1.48-a)和(6.1.48-b)可约化为

$$A_1' = -3\mathrm{i}g\Big(A_2+\frac{C_3}{3}+\frac{C_4}{3}\Big), \quad A_2' = -\mathrm{i}gA_1. \tag{6.1.54}$$

这个解法与式(6.1.33-a)至(6.1.33-b)一致,给出解为

$$A_1 = C_1\cos(\sqrt{3}gt)+C_2\sin(\sqrt{3}gt),$$
$$A_2 = \frac{\mathrm{i}}{\sqrt{3}}\big[C_2\cos(\sqrt{3}gt)-C_1\sin(\sqrt{3}gt)\big]-\frac{C_3+C_4}{3},$$
$$A_3 = \frac{\mathrm{i}}{\sqrt{3}}\big[C_2\cos(\sqrt{3}gt)-C_1\sin(\sqrt{3}gt)\big]-\frac{C_4-2C_3}{3},$$
$$A_4 = \frac{\mathrm{i}}{\sqrt{3}}\big[C_2\cos(\sqrt{3}gt)-C_1\sin(\sqrt{3}gt)\big]-\frac{C_3-2C_4}{3}, \tag{6.1.55}$$

解得参数为

$$C_1 = 0, \quad C_2 = -\frac{\mathrm{i}}{\sqrt{3}}, \quad C_3 = C_4 = -1, \tag{6.1.56}$$

基矢的演化为

$$|gge,0\rangle \rightarrow -\frac{\mathrm{i}}{\sqrt{3}}\sin(\sqrt{3}gt)|ggg,1\rangle+\frac{1}{3}\big[\cos(\sqrt{3}gt)+2\big]|gge,0\rangle+$$

$$\frac{1}{3}\big[\cos(\sqrt{3}gt)-1\big](|geg,0\rangle+|egg,0\rangle). \tag{6.1.57}$$

显然,在另外两个初态 $|geg,0\rangle$ 或 $|egg,0\rangle$ 的情况得到的基矢演化与式(6.1.57)具有同样的表达式.

第三类：$|ggg,2\rangle$，$|gge,1\rangle$，$|geg,1\rangle$，$|egg,1\rangle$，$|gee,0\rangle$，$|ege,0\rangle$，$|eeg,0\rangle$. 微分方程为

$$A_1' = -ig(A_2 + A_3 + A_4), \tag{6.1.58-a}$$
$$A_2' = -ig(A_1 + A_5 + A_6), \tag{6.1.58-b}$$
$$A_3' = -ig(A_1 + A_5 + A_7), \tag{6.1.58-c}$$
$$A_4' = -ig(A_1 + A_6 + A_7), \tag{6.1.58-d}$$
$$A_5' = -ig(A_2 + A_3), \tag{6.1.58-e}$$
$$A_6' = -ig(A_2 + A_4), \tag{6.1.58-f}$$
$$A_7' = -ig(A_3 + A_4). \tag{6.1.58-g}$$

此时,仅依靠观察很难将微分方程组化为多元一次方程组(本质上是可以的),要用到常系数线形齐次微分方程组理论.为方便计算,下面简要叙述.

对线形微分方程组,有形式

$$\begin{cases} \dfrac{dy_1}{dt} = a_{11}(t)y_1 + a_{12}(t)y_2 + \cdots + a_{1n}(t)y_n + b_1(t), \\ \quad \cdots \\ \dfrac{dy_n}{dt} = a_{n1}(t)y_1 + a_{n2}(t)y_2 + \cdots + a_{nn}(t)y_n + b_n(t), \end{cases} \tag{6.1.59}$$

写成向量形式为

$$\frac{dY}{dt} = A(t)Y + B(t), \tag{6.1.60}$$

其中

$$Y = \begin{bmatrix} y_1(t) \\ \vdots \\ y_n(t) \end{bmatrix}, \quad A(t) = \begin{bmatrix} a_{11}(t) & \cdots & a_{1n}(t) \\ \vdots & \ddots & \vdots \\ a_{n1}(t) & \cdots & a_{nn}(t) \end{bmatrix}, \quad B(t) = \begin{bmatrix} b_1(t) \\ \vdots \\ b_n(t) \end{bmatrix}, \tag{6.1.61}$$

这里 $A(t)$ 为常数, $B(t)=0$. 式(6.1.59)为常系数线形齐次微分方程组.求解哈密顿量都可化为这种常系数线形齐次微分方程组形式,因此要熟练掌握.

先设

$$Y = \begin{bmatrix} y_1(t) \\ \vdots \\ y_n(t) \end{bmatrix} = e^{\lambda t}Q = e^{\lambda t}\begin{bmatrix} q_1 \\ \vdots \\ q_n \end{bmatrix}. \tag{6.1.62}$$

式中, $q_i(i=1,2,\cdots,n)$ 是具体要求解的实数.

将式(6.1.62)代入式(6.1.60)后,则有 $\lambda Q = AQ$,这就相当于求解特征值和特征向量

$$(\lambda E - A)Q = 0, \tag{6.1.63}$$

其中,E 是单位矩阵. 这里特征值一定存在,因为哈密顿量是酉的,矩阵是厄密的,特征向量正交,而且特征值满足归一化,即 $\sum_{i=1}^{n} |\lambda_i|^2 = 1$. 求解出 λ_i 后,再解出 Q_i,全部解就给出了,即解为

$$Y = \sum_{i=1}^{n} C_i \mathrm{e}^{\lambda_i t} Q_i, \tag{6.1.64}$$

代入初始条件,就可求解出所有的本征态演化.

下面求解式(6.1.58-a)至式(6.1.58-f). 由于系数是复数,可设解为

$$Y = \mathrm{e}^{-\mathrm{i}g\lambda t} Q, \tag{6.1.65}$$

代入式(6.1.58-a)至式(6.1.58-f),有 $-\mathrm{i}g\lambda \mathrm{e}^{-\mathrm{i}g\lambda t} Q = -\mathrm{i}g A \mathrm{e}^{-\mathrm{i}g\lambda t} Q$,即得

$$(\lambda E - A)Q = 0, \tag{6.1.66}$$

其中常系数矩阵为

$$A = \begin{bmatrix} 0 & 1 & 1 & 1 & 0 & 0 & 0 \\ 1 & 0 & 0 & 0 & 1 & 1 & 0 \\ 1 & 0 & 0 & 0 & 1 & 0 & 1 \\ 1 & 0 & 0 & 0 & 0 & 1 & 1 \\ 0 & 1 & 1 & 0 & 0 & 0 & 0 \\ 0 & 1 & 0 & 1 & 0 & 0 & 0 \\ 0 & 0 & 1 & 1 & 0 & 0 & 0 \end{bmatrix}. \tag{6.1.67}$$

这是一个厄密矩阵. 由式(6.1.64)可直接得出全解. 为观察方便,写出对应式,即

$$\begin{bmatrix} A_1 \\ A_2 \\ A_3 \\ A_4 \\ A_5 \\ A_6 \\ A_7 \end{bmatrix} = C_1 \mathrm{e}^{\mathrm{i}\sqrt{7}gt} \begin{bmatrix} \dfrac{3}{2} \\ -\dfrac{\sqrt{7}}{2} \\ -\dfrac{\sqrt{7}}{2} \\ -\dfrac{\sqrt{7}}{2} \\ 1 \\ 1 \\ 1 \end{bmatrix} + C_2 \mathrm{e}^{-\mathrm{i}\sqrt{7}gt} \begin{bmatrix} \dfrac{3}{2} \\ \dfrac{\sqrt{7}}{2} \\ \dfrac{\sqrt{7}}{2} \\ \dfrac{\sqrt{7}}{2} \\ 1 \\ 1 \\ 1 \end{bmatrix} + C_3 \mathrm{e}^{\mathrm{i}gt} \begin{bmatrix} 0 \\ 1 \\ 0 \\ -1 \\ -1 \\ 0 \\ 1 \end{bmatrix} + $$

$$C_4 \mathrm{e}^{\mathrm{i}gt} \begin{bmatrix} 0 \\ 0 \\ 1 \\ -1 \\ -1 \\ 1 \\ 0 \end{bmatrix} + C_5 \mathrm{e}^{-\mathrm{i}gt} \begin{bmatrix} 0 \\ -1 \\ 0 \\ 1 \\ -1 \\ 0 \\ 1 \end{bmatrix} + C_6 \mathrm{e}^{-\mathrm{i}gt} \begin{bmatrix} 0 \\ 0 \\ -1 \\ 1 \\ -1 \\ 1 \\ 0 \end{bmatrix} + C_7 \begin{bmatrix} -2 \\ 0 \\ 0 \\ 0 \\ 1 \\ 1 \\ 1 \end{bmatrix}, \quad (6.1.68)$$

解得

$$A_1 = C_1 \mathrm{e}^{\mathrm{i}\sqrt{7}gt} \frac{3}{2} + C_2 \mathrm{e}^{-\mathrm{i}\sqrt{7}gt} \frac{3}{2} + C_7(-2),$$

$$A_2 = C_1 \mathrm{e}^{\mathrm{i}\sqrt{7}gt} \left(-\frac{\sqrt{7}}{2}\right) + C_2 \mathrm{e}^{-\mathrm{i}\sqrt{7}gt} \frac{\sqrt{7}}{2} + C_3 \mathrm{e}^{\mathrm{i}gt} + C_5 \mathrm{e}^{-\mathrm{i}gt}(-1),$$

$$A_3 = C_1 \mathrm{e}^{\mathrm{i}\sqrt{7}gt} \left(-\frac{\sqrt{7}}{2}\right) + C_2 \mathrm{e}^{-\mathrm{i}\sqrt{7}gt} \frac{\sqrt{7}}{2} + C_4 \mathrm{e}^{\mathrm{i}gt} + C_6 \mathrm{e}^{-\mathrm{i}gt}(-1),$$

$$A_4 = C_1 \mathrm{e}^{\mathrm{i}\sqrt{7}gt} \left(-\frac{\sqrt{7}}{2}\right) + C_2 \mathrm{e}^{-\mathrm{i}\sqrt{7}gt} \frac{\sqrt{7}}{2} + C_3 \mathrm{e}^{\mathrm{i}gt}(-1) + C_4 \mathrm{e}^{\mathrm{i}gt}(-1) + C_5 \mathrm{e}^{-\mathrm{i}gt} + C_6 \mathrm{e}^{-\mathrm{i}gt},$$

$$A_5 = C_1 \mathrm{e}^{\mathrm{i}\sqrt{7}gt} + C_2 \mathrm{e}^{-\mathrm{i}\sqrt{7}gt} + C_3 \mathrm{e}^{\mathrm{i}gt}(-1) + C_4 \mathrm{e}^{\mathrm{i}gt}(-1) + C_5 \mathrm{e}^{-\mathrm{i}gt}(-1) + C_6 \mathrm{e}^{-\mathrm{i}gt} + C_7,$$

$$A_6 = C_1 \mathrm{e}^{\mathrm{i}\sqrt{7}gt} + C_2 \mathrm{e}^{-\mathrm{i}\sqrt{7}gt} + C_4 \mathrm{e}^{\mathrm{i}gt} + C_6 \mathrm{e}^{-\mathrm{i}gt} + C_7,$$

$$A_7 = C_1 \mathrm{e}^{\mathrm{i}\sqrt{7}gt} + C_2 \mathrm{e}^{-\mathrm{i}\sqrt{7}gt} + C_3 \mathrm{e}^{\mathrm{i}gt} + C_5 \mathrm{e}^{-\mathrm{i}gt} + C_7. \quad (6.1.69)$$

当初态为 $|ggg,2\rangle$ 时,代入初始条件,得

$$C_1 = \frac{1}{7}, \quad C_2 = \frac{1}{7}, \quad C_3 = 0, \quad C_4 = 0, \quad C_5 = 0, \quad C_6 = 0, \quad C_7 = -\frac{2}{7},$$

$$(6.1.70)$$

则量子态演化系数为

$$A_1 = \frac{1}{14}(3\mathrm{e}^{\mathrm{i}\sqrt{7}gt} + 3\mathrm{e}^{-\mathrm{i}\sqrt{7}gt} + 8), \quad A_2 = \frac{\sqrt{7}}{14}(-\mathrm{e}^{\mathrm{i}\sqrt{7}gt} + \mathrm{e}^{-\mathrm{i}\sqrt{7}gt}),$$

$$A_3 = \frac{\sqrt{7}}{14}(-\mathrm{e}^{\mathrm{i}\sqrt{7}gt} + \mathrm{e}^{-\mathrm{i}\sqrt{7}gt}), \quad A_4 = \frac{\sqrt{7}}{14}(-\mathrm{e}^{\mathrm{i}\sqrt{7}gt} + \mathrm{e}^{-\mathrm{i}\sqrt{7}gt}),$$

$$A_5 = \frac{1}{7}(\mathrm{e}^{\mathrm{i}\sqrt{7}gt} + \mathrm{e}^{-\mathrm{i}\sqrt{7}gt} - 2), \quad A_6 = \frac{1}{7}(\mathrm{e}^{\mathrm{i}\sqrt{7}gt} + \mathrm{e}^{-\mathrm{i}\sqrt{7}gt} - 2),$$

$$A_7 = \frac{1}{7}(\mathrm{e}^{\mathrm{i}\sqrt{7}gt} + \mathrm{e}^{-\mathrm{i}\sqrt{7}gt} - 2). \quad (6.1.71)$$

当初态为 $|gge,1\rangle$ 时,代入初始条件,得

$$C_1 = -\frac{1}{21}(1+\sqrt{7}), \quad C_2 = -\frac{1}{21}(1-\sqrt{7}), \quad C_3 = \frac{5}{12},$$

$$C_4 = -\frac{1}{12}, \quad C_5 = -\frac{1}{4}, \quad C_6 = \frac{1}{4}, \quad C_7 = -\frac{1}{14}, \tag{6.1.72}$$

则量子态演化参数为

$$A_1 = -\frac{1}{14}\big[(1+\sqrt{7})e^{i\sqrt{7}gt} + (1-\sqrt{7})e^{-i\sqrt{7}gt}\big] + \frac{1}{7},$$

$$A_2 = \frac{\sqrt{7}}{42}\big[(1+\sqrt{7})e^{i\sqrt{7}gt} - (1-\sqrt{7})e^{-i\sqrt{7}gt}\big] + \frac{5}{12}e^{igt} + \frac{1}{4}e^{-igt},$$

$$A_3 = \frac{\sqrt{7}}{42}\big[(1+\sqrt{7})e^{i\sqrt{7}gt} - (1-\sqrt{7})e^{-i\sqrt{7}gt}\big] - \frac{1}{12}e^{igt} - \frac{1}{4}e^{-igt},$$

$$A_4 = \frac{\sqrt{7}}{42}\big[(1+\sqrt{7})e^{i\sqrt{7}gt} - (1-\sqrt{7})e^{-i\sqrt{7}gt}\big] - \frac{1}{3}e^{igt},$$

$$A_5 = -\frac{1}{21}\big[(1+\sqrt{7})e^{i\sqrt{7}gt} + (1-\sqrt{7})e^{-i\sqrt{7}gt}\big] - \frac{1}{3}e^{igt} + \frac{1}{2}e^{-igt} - \frac{1}{14},$$

$$A_6 = -\frac{1}{21}\big[(1+\sqrt{7})e^{i\sqrt{7}gt} + (1-\sqrt{7})e^{-i\sqrt{7}gt}\big] - \frac{1}{12}e^{igt} + \frac{1}{4}e^{-igt} - \frac{1}{14},$$

$$A_7 = -\frac{1}{21}\big[(1+\sqrt{7})e^{i\sqrt{7}gt} + (1-\sqrt{7})e^{-i\sqrt{7}gt}\big] + \frac{5}{12}e^{igt} - \frac{1}{4}e^{-igt} - \frac{1}{14}.$$

$$\tag{6.1.73}$$

根据式(6.1.68),可得到其他五个基矢 $|geg,1\rangle$、$|egg,1\rangle$、$|gee,0\rangle$、$|ege,0\rangle$、$|eeg,0\rangle$ 的演化,这里不再列出.感兴趣的读者可以自行推导.

6.1.2　失谐腔的基矢演化

失谐腔的相互作用哈密顿量为

$$H_e = \lambda\Big[\sum_{j=1}^{N}(|e_j\rangle\langle e_j|aa^+ - |g_j\rangle\langle g_j|a^+a) + \sum_{\substack{j,k=1 \\ j\neq k}}^{N}\sigma_j^+\sigma_k^-\Big].$$

若腔场为 $|0\rangle$,哈密顿量为

$$H_e = \lambda\Big[\sum_{j=1}^{N}|e_j\rangle\langle e_j| + \sum_{\substack{j,k=1 \\ j\neq k}}^{N}\sigma_j^+\sigma_k^-\Big]. \tag{6.1.74}$$

若腔场为 $|1\rangle$,哈密顿量为

$$H_e = \lambda\Big[-\sum_{j=1}^{N}|g_j\rangle\langle g_j|a^+a + \sum_{\substack{j,k=1 \\ j\neq k}}^{N}\sigma_j^+\sigma_k^-\Big]. \tag{6.1.75}$$

腔场为 $|0\rangle$ 和 $|1\rangle$ 时,基矢的演化是一样的,下面只求解腔场为 $|0\rangle$ 时的情况.

当 $N=2$ 时,哈密顿量变为

$$H_e = \lambda(|e_1\rangle\langle e_1| + |e_2\rangle\langle e_2| + \sigma_1^+\sigma_2^- + \sigma_2^+\sigma_1^-). \qquad (6.1.76)$$

设量子演化态为

$$|\psi\rangle = a|gg\rangle + b|ge\rangle + c|eg\rangle + d|ee\rangle, \qquad (6.1.77)$$

由薛定谔方程

$$i\hbar\frac{\partial|\psi(t)\rangle}{\partial t} = H_e|\psi(t)\rangle, \qquad (6.1.78)$$

得到(令 $\hbar=1$)

$$\dot{a}=0,\ \dot{d}=-2i\lambda d,\ \dot{b}=-i\lambda c,\ \dot{c}=-i\lambda b, \qquad (6.1.79)$$

直接积分,得

$$a=A_4,\ b=\frac{1}{2}(A_1 e^{-i\lambda t}+A_2 e^{i\lambda t}),\ c=\frac{1}{2}(A_1 e^{-i\lambda t}-A_2 e^{i\lambda t}),\ d=A_3 e^{-2i\lambda t},$$
$$(6.1.80)$$

求解出量子演化态为

$$|\psi\rangle = A_4|gg\rangle + \frac{1}{2}(A_1 e^{-i\lambda t}+A_2 e^{i\lambda t})|ge\rangle +$$
$$\frac{1}{2}(A_1 e^{-i\lambda t}-A_2 e^{i\lambda t})|eg\rangle + A_3 e^{-2i\lambda t}|ee\rangle, \qquad (6.1.81)$$

代入初始条件,基矢演化为

$$|gg\rangle \to |gg\rangle,\ |ee\rangle \to e^{-2i\lambda t}|ee\rangle,$$
$$|ge\rangle \to \cos(\lambda t)|ge\rangle - i\sin(\lambda t)|eg\rangle,$$
$$|eg\rangle \to \cos(\lambda t)|eg\rangle - i\sin(\lambda t)|ge\rangle. \qquad (6.1.82)$$

当 $N=3$ 时,腔场处在 $|0\rangle$,哈密顿量为

$$H_e = \lambda(|e_1\rangle\langle e_1| + |e_2\rangle\langle e_2| + |e_3\rangle\langle e_3| +$$
$$S_1^+S_2^- + S_2^+S_1^- + S_2^+S_3^- + S_3^+S_2^- + S_3^+S_1^- + S_1^+S_3^-). \qquad (6.1.83)$$

设量子演化态为

$$|\psi\rangle = a_1|ggg\rangle + a_2|gge\rangle + a_3|geg\rangle + a_4|egg\rangle +$$
$$a_5|gee\rangle + a_6|ege\rangle + a_7|eeg\rangle + a_8|eee\rangle. \qquad (6.1.84)$$

直接观察,可得

$$\dot{a}_1=0,\ \dot{a}_2=-i\lambda(a_2+a_3+a_4),\ \dot{a}_3=-i\lambda(a_2+a_3+a_4),$$
$$\dot{a}_4=-i\lambda(a_2+a_3+a_4),\ \dot{a}_5=-i\lambda(2a_5+a_6+a_7),$$
$$\dot{a}_6=-i\lambda(a_5+2a_6+a_7),\ \dot{a}_7=-i\lambda(a_5+a_6+2a_7),$$
$$\dot{a}_8=-3i\lambda a_8. \qquad (6.1.85)$$

解得

$$a_2 + a_3 + a_4 = A_2 \mathrm{e}^{-3\mathrm{i}\lambda t}, \quad a_2 - a_3 = A_3, \quad a_2 - a_4 = A_4. \tag{6.1.86}$$

于是,有

$$a_2 = \frac{1}{3}(A_2 \mathrm{e}^{-3\mathrm{i}\lambda t} + A_3 + A_4), \quad a_3 = \frac{1}{3}(A_2 \mathrm{e}^{-3\mathrm{i}\lambda t} - 2A_3 + A_4),$$

$$a_4 = \frac{1}{3}(A_2 \mathrm{e}^{-3\mathrm{i}\lambda t} + A_3 - 2A_4). \tag{6.1.87}$$

三个基矢的演化为

$$|gge\rangle = \frac{1}{3}\big[(\mathrm{e}^{-3\mathrm{i}\lambda t}+2)|gge\rangle + (\mathrm{e}^{-3\mathrm{i}\lambda t}-1)|geg\rangle + (\mathrm{e}^{-3\mathrm{i}\lambda t}-1)|egg\rangle\big]$$

$$= \mathrm{e}^{-3\mathrm{i}\lambda t/2}\left\{\left[\cos(3\lambda t/2)+\frac{1}{3}\mathrm{i}\sin(3\lambda t/2)\right]|gge\rangle - \right.$$

$$\left. \frac{2}{3}\mathrm{i}\sin(3\lambda t/2)(|geg\rangle+|egg\rangle)\right\},$$

$$|geg\rangle = \frac{1}{3}\big[(\mathrm{e}^{-3\mathrm{i}\lambda t}+2)|geg\rangle + (\mathrm{e}^{-3\mathrm{i}\lambda t}-1)|gge\rangle + (\mathrm{e}^{-3\mathrm{i}\lambda t}-1)|egg\rangle\big]$$

$$= \mathrm{e}^{-3\mathrm{i}\lambda t/2}\left\{\left[\cos(3\lambda t/2)+\frac{1}{3}\mathrm{i}\sin(3\lambda t/2)\right]|geg\rangle - \right.$$

$$\left. \frac{2}{3}\mathrm{i}\sin(3\lambda t/2)(|gge\rangle+|egg\rangle)\right\},$$

$$|egg\rangle = \frac{1}{3}\big[(\mathrm{e}^{-3\mathrm{i}\lambda t}+2)|egg\rangle + (\mathrm{e}^{-3\mathrm{i}\lambda t}-1)|geg\rangle + (\mathrm{e}^{-3\mathrm{i}\lambda t}-1)|gge\rangle\big]$$

$$= \mathrm{e}^{-3\mathrm{i}\lambda t/2}\left\{\left[\cos(3\lambda t/2)+\frac{1}{3}\mathrm{i}\sin(3\lambda t/2)\right]|egg\rangle - \right.$$

$$\left. \frac{2}{3}\mathrm{i}\sin(3\lambda t/2)(|geg\rangle+|gge\rangle)\right\}. \tag{6.1.88}$$

下面,求解另外三个基矢的演化,由式(6.1.85)可得

$$a_5 + a_6 + a_7 = A_5 \mathrm{e}^{-4\mathrm{i}\lambda t}, \quad a_5 - a_6 = A_6 \mathrm{e}^{-\mathrm{i}\lambda t}, \quad a_5 - a_7 = A_7 \mathrm{e}^{-\mathrm{i}\lambda t},$$

$$\tag{6.1.89}$$

解得

$$a_5 = \frac{1}{3}(A_5 \mathrm{e}^{-4\mathrm{i}\lambda t} + A_6 \mathrm{e}^{-\mathrm{i}\lambda t} + A_7 \mathrm{e}^{-\mathrm{i}\lambda t}), \quad a_6 = \frac{1}{3}(A_5 \mathrm{e}^{-4\mathrm{i}\lambda t} - 2A_6 \mathrm{e}^{-\mathrm{i}\lambda t} + A_7 \mathrm{e}^{-\mathrm{i}\lambda t}),$$

$$a_7 = \frac{1}{3}(A_5 \mathrm{e}^{-4\mathrm{i}\lambda t} + A_6 \mathrm{e}^{-\mathrm{i}\lambda t} - 2A_7 \mathrm{e}^{-\mathrm{i}\lambda t}). \tag{6.1.90}$$

最后,由式(6.1.85)可直接得

$$a_1 = A_1, \quad a_8 = A_8 e^{-3i\lambda t}. \qquad (6.1.91)$$

基矢演化为

$$|ggg\rangle \rightarrow |ggg\rangle, \quad |eee\rangle \rightarrow e^{-3i\lambda t}|eee\rangle,$$

$$|gee\rangle = \frac{1}{3}(e^{-4i\lambda t} + 2e^{-i\lambda t})|gee\rangle + \frac{1}{3}(e^{-4i\lambda t} - e^{-i\lambda t})|ege\rangle +$$

$$\frac{1}{3}(e^{-4i\lambda t} - e^{-i\lambda t})|eeg\rangle$$

$$= e^{-5i\lambda t/2}\left\{\left[\cos(3\lambda t/2) + \frac{1}{3}i\sin(3\lambda t/2)\right]|gee\rangle - \right.$$

$$\left. \frac{2}{3}i\sin(3\lambda t/2)(|ege\rangle + |eeg\rangle)\right\},$$

$$|ege\rangle = \frac{1}{3}(e^{-4i\lambda t} + 2e^{-i\lambda t})|ege\rangle + \frac{1}{3}(e^{-4i\lambda t} - e^{-i\lambda t})|gee\rangle +$$

$$\frac{1}{3}(e^{-4i\lambda t} - e^{-i\lambda t})|eeg\rangle$$

$$= e^{-5i\lambda t/2}\left\{\left[\cos(3\lambda t/2) + \frac{1}{3}i\sin(3\lambda t/2)\right]|ege\rangle - \right.$$

$$\left. \frac{2}{3}i\sin(3\lambda t/2)(|gee\rangle + |eeg\rangle)\right\},$$

$$|eeg\rangle = \frac{1}{3}(e^{-4i\lambda t} + 2e^{-i\lambda t})|eeg\rangle + \frac{1}{3}(e^{-4i\lambda t} - e^{-i\lambda t})|ege\rangle +$$

$$\frac{1}{3}(e^{-4i\lambda t} - e^{-i\lambda t})|gee\rangle$$

$$= e^{-5i\lambda t/2}\left\{\left[\cos(3\lambda t/2) + \frac{1}{3}i\sin(3\lambda t/2)\right]|eeg\rangle - \right.$$

$$\left. \frac{2}{3}i\sin(3\lambda t/2)(|ege\rangle + |gee\rangle)\right\}. \qquad (6.1.92)$$

利用三个原子的基矢演化可以设计最简单的 $1 \rightarrow 2$ 量子克隆实验实现方案. 但是,如果设计远程量子克隆,就需要四个粒子. 根据上面求解的方法,可以求出 $N = 4$,腔场处在 $|0\rangle$ 时的基矢演化,感兴趣的读者可以自行求解.

6.1.3　分束器的基矢演化

在第 5 章中介绍连续变量量子克隆时,介绍了分束器的功能. 由于分束器可以描述偏振,也可以描述光子数,因此分束器的作用量不能统一写出. 此

外,不同文献对分束器描述同一种状态空间也会使
用不同的作用量. 这里给出几种描述方法,供读者
参考. 右边是分束器的图形,这里不再单独编号,只
是为了阅读的方便.

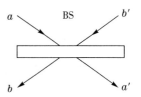

考虑到分束器对偏振状态的描述,设反射系数
$r = \cos\theta$,透射系数 $t = \sin\theta$,其中 $\theta \in [0, \pi/2]$. 单独从光子的透射和反射
考虑,输入态到输出态的基矢变化过程为

$$|j\rangle_a \to \cos\theta |j\rangle_b{}' + \sin\theta |j\rangle_a{}', \quad |j\rangle_b \to \cos\theta |j\rangle_a{}' - \sin\theta |j\rangle_b{}',$$

$$(6.1.93)$$

其中 $j = H, V$(偏振状态写法),或 $j = 0, 1$(基矢空间写法);也可以写为输
出态由输入态获得,即

$$|j\rangle_a{}' \to \cos\theta |j\rangle_b + \sin\theta |j\rangle_a, \quad |j\rangle_b{}' \to \cos\theta |j\rangle_a - \sin\theta |j\rangle_b;$$

$$(6.1.94)$$

也可以用产生算符写出,即

$$|j\rangle_a{}' \to a_a^{\dagger}{}' |0\rangle, \quad |j\rangle_b{}' \to a_b^{\dagger}{}' |0\rangle, \quad |j\rangle_a \to a_a^{\dagger} |0\rangle, \quad |j\rangle_b \to a_b^{\dagger} |0\rangle,$$

$$(6.1.95)$$

其中 $|0\rangle$ 表示真空态. 于是,有

$$a_{a',j}^{\dagger} = \cos\theta a_{b,j}^{\dagger} + \sin\theta a_{a,j}^{\dagger}, \quad a_{b',j}^{\dagger} = \cos\theta a_{a,j}^{\dagger} - \sin\theta a_{b,j}^{\dagger}. \quad (6.1.96)$$

上述各式的系数是实数,如果在某一端加上半波片(HWP),系数就可以变换
为复数;如果在某一端加上移相器(PS),就可以改变符号($+ \leftrightarrow -$),这为描
述高斯态提供了方便. 因此,读者在参阅其他文献时,虽然文献作者设置不同
器件后,其变换会和本文不同,但是只要符合光学器件的演化过程即可.

分束器描述光子数时,演化算符可以写为

$$B(\theta) = \exp\left[-\mathrm{i}\frac{\theta}{2}(a^{\dagger}b + b^{\dagger}a)\right], \quad (6.1.97)$$

其中 $\theta \in [0, \pi]$ 表示反射系数和透射系数. 下面用光子算符来求解. 当 a 没
有光子,b 也没有光子时,状态记为 $|0\rangle_a |0\rangle_b$. 当 a 有光子,b 没有光子时,
状态记为 $|1\rangle_a |0\rangle_b$. 当 a 没有光子,b 有光子时,状态记为 $|0\rangle_a |1\rangle_b$. 当 a
有光子,b 也有光子时,状态记为 $|1\rangle_a |1\rangle_b$.

$a^{\dagger}$ ($b^{\dagger}$) 和 a (b) 是光路 a (b) 的产生算符和湮灭算符,且满足

$$a^{\dagger} |n\rangle = \sqrt{n+1} |n+1\rangle, \quad a |n\rangle = \sqrt{n} |n-1\rangle, \quad a |0\rangle = 0. \quad (6.1.98)$$

显然,粒子数算符 $N = a^{\dagger}a$ 为

$$N = a^{\dagger}a \mid n\rangle = n \mid n\rangle, \quad aa^{\dagger} \mid n\rangle = \sqrt{n+1} \mid n\rangle. \quad (6.1.99)$$

因此,$a^{\dagger}$ 和 a 的对易关系为

$$[a \quad a^{\dagger}] = 1. \quad (6.1.100)$$

光路 a 和 b 是不同的光路,显然是对易的,因此

$$[a \quad b^{\dagger}] = 0, \ [a^{\dagger} \quad b] = 0, \ [a^{\dagger} \quad b^{\dagger}] = 0, \ [a \quad b] = 0. \quad (6.1.101)$$

将演化算符指数展开,即为

$$B(\theta) = \sum_{n=0}^{\infty} (-1)^n \left(\frac{\theta}{2}\right)^{2n} \frac{(a^{\dagger}b + b^{\dagger}a)^{2n}}{(2n)!} -$$

$$i \sum_{n=0}^{\infty} (-1)^n \left(\frac{\theta}{2}\right)^{2n+1} \frac{(a^{\dagger}b + b^{\dagger}a)^{2n+1}}{(2n+1)!}. \quad (6.1.102)$$

下面计算基矢演化,用这个关系来看输入态和输出态的关系. 算符 $(a^{\dagger}b + b^{\dagger}a)$ 对输入态 $\mid 0\rangle_a \mid 0\rangle_b$ 来说,显然有

$$(a^{\dagger}b + b^{\dagger}a)^n \mid 0\rangle_a \mid 0\rangle_b = 0 \ (n = 1, \ldots, m). \quad (6.1.103)$$

算符 $(a^{\dagger}b + b^{\dagger}a)$ 对输入态 $\mid 1\rangle_a \mid 0\rangle_b, \mid 0\rangle_a \mid 1\rangle_b$ 和 $\mid 1\rangle_a \mid 1\rangle_b$ 作用一次,显然有

$$(a^{\dagger}b + b^{\dagger}a) \mid 1\rangle_a \mid 0\rangle_b = \mid 0\rangle_a \mid 1\rangle_b,$$

$$(a^{\dagger}b + b^{\dagger}a) \mid 0\rangle_a \mid 1\rangle_b = \mid 1\rangle_a \mid 0\rangle_b,$$

$$(a^{\dagger}b + b^{\dagger}a) \mid 1\rangle_a \mid 1\rangle_b = \sqrt{2}(\mid 2\rangle_a \mid 0\rangle_b + \mid 0\rangle_a \mid 2\rangle_b). \quad (6.1.104)$$

$\mid 2\rangle_a$ 表示 a 路径有两个光子. $\mid 2\rangle_a \mid 0\rangle_b + \mid 0\rangle_a \mid 2\rangle_b$ 表示两个光子可能都在 a 路径上,而 b 路径没有光子;也可以表示两个光子可能都不在 a 路径上,而 b 路径有两个光子.

算符 $(a^{\dagger}b + b^{\dagger}a)$ 对输入态 $\mid 1\rangle_a \mid 0\rangle_b, \mid 0\rangle_a \mid 1\rangle_b$ 和 $\mid 1\rangle_a \mid 1\rangle_b$ 作用两次,显然有

$$(a^{\dagger}b + b^{\dagger}a)^2 \mid 1\rangle_a \mid 0\rangle_b = (a^{\dagger}b + b^{\dagger}a) \mid 0\rangle_a \mid 1\rangle_b = \mid 1\rangle_a \mid 0\rangle_b,$$

$$(a^{\dagger}b + b^{\dagger}a)^2 \mid 0\rangle_a \mid 1\rangle_b = (a^{\dagger}b + b^{\dagger}a) \mid 1\rangle_a \mid 0\rangle_b = \mid 0\rangle_a \mid 1\rangle_b,$$

$$(a^{\dagger}b + b^{\dagger}a)^2 \mid 1\rangle_a \mid 1\rangle_b = \sqrt{2}(a^{\dagger}b + b^{\dagger}a)(\mid 2\rangle_a \mid 0\rangle_b + \mid 0\rangle_a \mid 2\rangle_b)$$

$$= \sqrt{2}(\sqrt{2} \mid 1\rangle_a \mid 1\rangle_b + \sqrt{2} \mid 1\rangle_a \mid 1\rangle_b)$$

$$= 4 \mid 1\rangle_a \mid 1\rangle_b. \quad (6.1.105)$$

算符 $(a^\dagger b + b^\dagger a)$ 对输入态 $|1\rangle_a|0\rangle_b$，$|0\rangle_a|1\rangle_b$ 和 $|1\rangle_a|1\rangle_b$ 作用三次，显然有

$$
\begin{aligned}
(a^\dagger b + b^\dagger a)^3 |1\rangle_a|0\rangle_b &= (a^\dagger b + b^\dagger a)(a^\dagger b + b^\dagger a)^2 |1\rangle_a|0\rangle_b \\
&= (a^\dagger b + b^\dagger a)|1\rangle_a|0\rangle_b = |0\rangle_a|1\rangle_b, \\
(a^\dagger b + b^\dagger a)^3 |0\rangle_a|1\rangle_b &= (a^\dagger b + b^\dagger a)(a^\dagger b + b^\dagger a)^2 |0\rangle_a|1\rangle_b \\
&= (a^\dagger b + b^\dagger a)|0\rangle_a|1\rangle_b = |1\rangle_a|0\rangle_b, \\
(a^\dagger b + b^\dagger a)^3 |1\rangle_a|1\rangle_b &= (a^\dagger b + b^\dagger a)(a^\dagger b + b^\dagger a)^2 |1\rangle_a|1\rangle_b \\
&= 4(a^\dagger b + b^\dagger a)|1\rangle_a|1\rangle_b \\
&= 4\sqrt{2}(|2\rangle_a|0\rangle_b + |0\rangle_a|2\rangle_b) \\
&\sim \frac{1}{\sqrt{2}}(|2\rangle_a|0\rangle_b + |0\rangle_a|2\rangle_b).
\end{aligned}
$$

$$(6.1.106)$$

由上述计算，可以得到演化规律

$$
\begin{aligned}
&(a^\dagger b + b^\dagger a)^{2n+1} |1\rangle_a|0\rangle_b = |0\rangle_a|1\rangle_b, \\
&(a^\dagger b + b^\dagger a)^{2n+1} |0\rangle_a|1\rangle_b = |1\rangle_a|0\rangle_b, \\
&(a^\dagger b + b^\dagger a)^{2n+1} |1\rangle_a|1\rangle_b = \sqrt{2} \times 4^n (|2\rangle_a|0\rangle_b + |0\rangle_a|2\rangle_b) \quad (n = 0,1,\cdots),
\end{aligned}
$$

$$(6.1.107\text{-}a)$$

$$
\begin{aligned}
&(a^\dagger b + b^\dagger a)^{2n} |1\rangle_a|0\rangle_b = |1\rangle_a|0\rangle_b, \\
&(a^\dagger b + b^\dagger a)^{2n} |0\rangle_a|1\rangle_b = |0\rangle_a|1\rangle_b, \\
&(a^\dagger b + b^\dagger a)^{2n} |1\rangle_a|1\rangle_b = 4^n |1\rangle_a|1\rangle_b (n = 1,2,\cdots).
\end{aligned}
\quad (6.1.107\text{-}b)
$$

对上述结果进行分析可知，对 $|0\rangle_a|0\rangle_b$ 来说，输入光路没有光子，显然输出光路也没有光子，即

$$B(\theta)|0\rangle_a|0\rangle_b = 0, \qquad (6.1.108)$$

因为

$$
B(\theta)|0\rangle_a|0\rangle_b = \left[\sum_{n=0}^{\infty} (-1)^n \left(\frac{\theta}{2}\right)^{2n} \frac{(a^\dagger b + b^\dagger a)^{2n}}{(2n)!} - \right.
$$

$$
\left. \mathrm{i} \sum_{n=0}^{\infty} (-1)^n \left(\frac{\theta}{2}\right)^{2n+1} \frac{(a^\dagger b + b^\dagger a)^{2n+1}}{(2n+1)!} \right]|0\rangle_a|0\rangle_b = 0.
$$

对输入态 $|1\rangle_a|0\rangle_b$，显然有

$$B(\theta)|1\rangle_a|0\rangle_b = \sum_{n=0}^{\infty}(-1)^n\left(\frac{\theta}{2}\right)^{2n}\frac{1}{(2n)!}(a^\dagger b+b^\dagger a)^{2n}|1\rangle_a|0\rangle_b -$$

$$\mathrm{i}\sum_{n=0}^{\infty}(-1)^n\left(\frac{\theta}{2}\right)^{2n+1}\frac{1}{(2n+1)!}(a^\dagger b+b^\dagger a)^{2n+1}|1\rangle_a|0\rangle_b$$

$$=\left[\sum_{n=0}^{\infty}(-1)^n\left(\frac{\theta}{2}\right)^{2n}\frac{1}{(2n)!}\right]|1\rangle_a|0\rangle_b -$$

$$\mathrm{i}\left(\sum_{n=0}^{\infty}(-1)^n\left(\frac{\theta}{2}\right)^{2n+1}\frac{1}{(2n+1)!}\right)|0\rangle_a|1\rangle_b$$

$$=\cos\frac{\theta}{2}|1\rangle_a|0\rangle_b-\mathrm{i}\sin\frac{\theta}{2}|0\rangle_a|1\rangle_b. \qquad (6.1.109)$$

对输入态 $|0\rangle_a|1\rangle_b$，显然有

$$B(\theta)|0\rangle_a|1\rangle_b = \sum_{n=0}^{\infty}(-1)^n\left(\frac{\theta}{2}\right)^{2n}\frac{1}{(2n)!}(a^\dagger b+b^\dagger a)^{2n}|0\rangle_a|1\rangle_b -$$

$$\mathrm{i}\sum_{n=0}^{\infty}(-1)^n\left(\frac{\theta}{2}\right)^{2n+1}\frac{1}{(2n+1)!}(a^\dagger b+b^\dagger a)^{2n+1}|0\rangle_a|1\rangle_b$$

$$=\left[\sum_{n=0}^{\infty}(-1)^n\left(\frac{\theta}{2}\right)^{2n}\frac{1}{(2n)!}\right]|0\rangle_a|1\rangle_b -$$

$$\mathrm{i}\left[\sum_{n=0}^{\infty}(-1)^n\left(\frac{\theta}{2}\right)^{2n+1}\frac{1}{(2n+1)!}\right]|1\rangle_a|0\rangle_b$$

$$=\cos\frac{\theta}{2}|0\rangle_a|1\rangle_b-\mathrm{i}\sin\frac{\theta}{2}|1\rangle_a|0\rangle_b. \qquad (6.1.110)$$

对输入态 $|1\rangle_a|1\rangle_b$（双光子入射），显然有

$$B(\theta)|1\rangle_a|1\rangle_b = \sum_{n=0}^{\infty}(-1)^n\left(\frac{\theta}{2}\right)^{2n}\frac{1}{(2n)!}(a^\dagger b+b^\dagger a)^{2n}|1\rangle_a|1\rangle_b -$$

$$\mathrm{i}\sum_{n=0}^{\infty}(-1)^n\left(\frac{\theta}{2}\right)^{2n+1}\frac{1}{(2n+1)!}(a^\dagger b+b^\dagger a)^{2n+1}|1\rangle_a|1\rangle_b$$

$$=\left[\sum_{n=0}^{\infty}(-1)^n\left(\frac{\theta}{2}\right)^{2n}\frac{4^n}{(2n)!}\right]|1\rangle_a|1\rangle_b -$$

$$\sqrt{2}\mathrm{i}\left(\sum_{n=0}^{\infty}(-1)^n\left(\frac{\theta}{2}\right)^{2n+1}\frac{4^n}{(2n+1)!}\right)(|2\rangle_a|0\rangle_b+|0\rangle_a|2\rangle_b)$$

$$=\left[\sum_{n=0}^{\infty}(-1)^n\theta^{2n}\frac{1}{(2n)!}\right]|1\rangle_a|1\rangle_b -$$

$$\frac{\mathrm{i}}{\sqrt{2}}\left(\sum_{n=0}^{\infty}(-1)^n\theta^{2n+1}\frac{1}{(2n+1)!}\right)(|2\rangle_a|0\rangle_b+|0\rangle_a|2\rangle_b)$$

$$=\cos\theta|1\rangle_a|1\rangle_b-\frac{\mathrm{i}}{\sqrt{2}}\sin\theta(|2\rangle_a|0\rangle_b+|0\rangle_a|2\rangle_b).$$

$$(6.1.111)$$

从上述推导过程可以看出,利用分束器,再加上半波片和移相器,至少有一个光子可以描述相干态和双模压缩态.将多个分束器连接,就可以产生多个相干态或压缩态的拷贝,这就是连续变量量子克隆的过程.

6.2　离散变量量子克隆实验方案

基于不同的物理系统,有许多量子克隆实验方案和实验实现[19-87],本节主要介绍腔 QED 系统和光学系统方面的实验方案和实验实现. 有兴趣了解其他物理系统的读者,可以参阅相关文献.

6.2.1　腔 QED 实现量子克隆方案

下面重点介绍利用大失谐腔实现最优 $1 \to 2$ 普适量子克隆方案以及最优 $1 \to 2$ 经济型相位协变远程量子克隆方案[32].其中所使用的基矢演化,请读者参考两原子演化式(6.1.82)以及三原子演化式(6.1.88)和(6.1.92).

利用大失谐腔实现最优 $1 \to 2$ 普适量子克隆方案,首先要将原子 1 制备成需要量子克隆的量子态

$$|\Psi_{in}\rangle = \alpha|g_1\rangle + \beta|e_1\rangle, \tag{6.2.1}$$

其中 α 和 β 是复数,满足 $|\alpha|^2 + |\beta|^2 = 1$. 原子 2 和原子 3 分别是空白态和辅助态 $|e_2\rangle|g_3\rangle$.

将两个原子注入腔 A,利用两原子演化式(6.1.82),将两个原子先演化为

$$|e_2\rangle|g_3\rangle \to e^{-i\lambda t}[\cos(\lambda t)|e_2\rangle|g_3\rangle - i\sin(\lambda t)|g_2\rangle|e_3\rangle], \tag{6.2.2}$$

将相互作用时间设为 $\lambda t = \pi/4$,空白态和辅助态 $|e_2\rangle|g_3\rangle$ 变为

$$|\Psi_{23}\rangle \to \frac{1}{\sqrt{2}}[|e_2\rangle|g_3\rangle - i|g_2\rangle|e_3\rangle]. \tag{6.2.3}$$

然后,对原子 1 和原子 2 实施经典旋转,从而引入相位,幺正变换为

$$U_j = \exp[-i\theta_j(|e_j\rangle\langle e_j| - |g_j\rangle\langle g_j|)]. \tag{6.2.4}$$

这个变换已经被式(6.1.3)包含. 由于不改变基矢的变化,只是引入附加相位,因此幺正变换式(6.2.4)被称为经典操作,其作用类似于线性光学元件中的移相器(PS),即

$$|g\rangle \to e^{i\theta}|g\rangle, \quad |e\rangle \to e^{-i\theta}|e\rangle. \tag{6.2.5}$$

经过对原子 1 和原子 2 按上述过程进行操作,相移量子克隆的原子 1 变为

$$|\Psi'_{in}\rangle = \alpha e^{i\theta_1}|g_1\rangle + \beta e^{-i\theta_1}|e_1\rangle = e^{i\theta_1}(\alpha|g_1\rangle + \beta e^{-i2\theta_1}|e_1\rangle), \quad (6.2.6)$$

其中相位 θ_1 待定. 将原子 2 的附加相位设为 $\theta_2 = \pi/4$,可消去式(6.2.3)中的变换,即 $-i \to 1$. 于是,有

$$|\Psi_+\rangle \to \frac{1}{\sqrt{2}}[|e_2\rangle|g_3\rangle + |g_2\rangle|e_3\rangle]. \quad (6.2.7)$$

这个原子纠缠态制备方案由文献[14]提出,由文献[15]报道实验实现.

将三个原子注入腔 B,利用三原子演化式(6.1.88)和(6.1.92),即将 $|\Psi'_{in}\rangle|\Psi_+\rangle = \alpha e^{i\theta_1}|g_1\rangle|\Psi_+\rangle + \beta e^{-i\theta_1}|e_1\rangle|\Psi_+\rangle$ 制备为

$$|g_1\rangle|\Psi_+\rangle \to e^{-i3\lambda t/2}\left\{\left[\cos\left(\frac{3}{2}\lambda t\right) - \frac{i}{3}\sin\left(\frac{3}{2}\lambda t\right)\right]|g_1\rangle|\Psi_+\rangle - \right.$$
$$\left. \frac{i2\sqrt{2}}{3}\sin\left(\frac{3}{2}\lambda t\right)|e_1\rangle|g_2\rangle|g_3\rangle\right\},$$

$$|e_1\rangle|\Psi_+\rangle \to e^{-i5\lambda t/2}\left\{\left[\cos\left(\frac{3}{2}\lambda t\right) - \frac{i}{3}\sin\left(\frac{3}{2}\lambda t\right)\right]|e_1\rangle|\Psi_+\rangle - \right.$$
$$\left. \frac{i2\sqrt{2}}{3}\sin\left(\frac{3}{2}\lambda t\right)|g_1\rangle|e_2\rangle|e_3\rangle\right\}. \quad (6.2.8)$$

令 $\lambda t = 2\pi/9$,系统演化为

$$|\Psi_m\rangle \to \alpha e^{i\theta_1 + i\pi/6}\left[\sqrt{\frac{2}{3}}|e_1\rangle|g_2\rangle|g_3\rangle + \sqrt{\frac{1}{3}}e^{i\pi/3}|g_1\rangle|\Psi_+\rangle\right] +$$
$$\beta e^{-i\theta_1 + i\pi/18}\left[\sqrt{\frac{2}{3}}|g_1\rangle|e_2\rangle|e_3\rangle + \sqrt{\frac{1}{3}}e^{i\pi/3}|e_1\rangle|\Psi_+\rangle\right]. \quad (6.2.9)$$

再将原子 2 和原子 3 注入腔 C,经过相互作用时间 τ 后,有

$$|\Psi_m\rangle \to \alpha e^{i\theta_1 + i\pi/6}\left[\sqrt{\frac{2}{3}}|e_1\rangle|g_2\rangle|g_3\rangle + \sqrt{\frac{1}{3}}e^{i\pi/3 - 2i\lambda\tau}|g_1\rangle|\Psi_+\rangle\right] +$$
$$\beta e^{-i\theta_1 + i\pi/18}\left[\sqrt{\frac{2}{3}}e^{-2i\lambda\tau}|g_1\rangle|e_2\rangle|e_3\rangle + \sqrt{\frac{1}{3}}e^{i\pi/3 - 2i\lambda\tau}|e_1\rangle|\Psi_+\rangle\right],$$

$$(6.2.10)$$

然后,让原子 2 和原子 3 经过经典旋转引入附加相位 θ_3, 可得

$$| \Psi_m \rangle \rightarrow \alpha e^{i\theta_1 + i\pi/6} \left[\sqrt{\frac{2}{3}} e^{-2i\theta_3} | e_1 \rangle | g_2 \rangle | g_3 \rangle + \sqrt{\frac{1}{3}} e^{i\pi/3 - 2i\lambda\tau} | g_1 \rangle | \Psi_+ \rangle \right] +$$
$$\beta e^{-i\theta_1 + i\pi/18} \left[\sqrt{\frac{2}{3}} e^{-2i\lambda\tau + 2i\theta_3} | g_1 \rangle | e_2 \rangle | e_3 \rangle + \sqrt{\frac{1}{3}} e^{i\pi/3 - 2i\lambda\tau} | e_1 \rangle | \Psi_+ \rangle \right].$$
$$(6.2.11)$$

将参数设置为

$$\theta_1 = -\frac{\pi}{18}, \ \theta_2 = \frac{\pi}{6}, \ \lambda\tau = \frac{\pi}{3}, \tag{6.2.12}$$

由式(6.2.11)描述的终态为

$$| \Psi_f \rangle \rightarrow \alpha \left[\sqrt{\frac{2}{3}} | e_1 \rangle | g_2 \rangle | g_3 \rangle + \sqrt{\frac{1}{3}} | g_1 \rangle | \Psi_+ \rangle \right] +$$
$$\beta \left[\sqrt{\frac{2}{3}} | g_1 \rangle | e_2 \rangle | e_3 \rangle + \sqrt{\frac{1}{3}} | e_1 \rangle | \Psi_+ \rangle \right], \tag{6.2.13}$$

这就实现了最优 $1 \rightarrow 2$ 普适量子克隆. 注意:式(6.2.13)的原子 1 转化为辅助粒子,原子 2 和原子 3 转化为两个拷贝.

下面介绍最优 $1 \rightarrow 2$ 经济型一般相位协变远程量子克隆方案[55]. 对于需要量子克隆的量子态,可用原子能级态写为

$$| \psi \rangle_0 = \cos\frac{\theta}{2} | g \rangle + e^{i\varphi} \sin\frac{\theta}{2} | e \rangle, \tag{6.2.14}$$

其中,$\theta \in [0, \pi]$,$\varphi \in [0, 2\pi)$,θ 是已知的,而相位 φ 是未知的.

最优 $1 \rightarrow 2$ 经济型相位协变量子克隆的一个幺正变换为

$$| g \rangle_1 | g \rangle_2 \rightarrow | gg \rangle_{1,2}, | e \rangle_1 | g \rangle_2 \rightarrow \frac{1}{\sqrt{2}} (| eg \rangle + | ge \rangle)_{1,2}, \tag{6.2.15}$$

两个拷贝的保真度为

$$F = \frac{1}{2} \sin^2\frac{\theta}{2} + \cos^4\frac{\theta}{2} + \frac{\sqrt{2}}{4} \sin^2\theta, \ 0 \leqslant \theta \leqslant \frac{\pi}{2}. \tag{6.2.16}$$

另一个幺正变换为

$$| g \rangle_1 | g \rangle_2 \rightarrow \frac{1}{\sqrt{2}} (| eg \rangle + | ge \rangle)_{1,2}, | e \rangle_1 | g \rangle_2 \rightarrow | ee \rangle_{1,2}. \tag{6.2.17}$$

两个拷贝的保真度为

$$F = \frac{1}{2} \cos^2\frac{\theta}{2} + \sin^4\frac{\theta}{2} + \frac{\sqrt{2}}{4} \sin^2\theta, \ \frac{\pi}{2} \leqslant \theta \leqslant \pi. \tag{6.2.18}$$

根据远程量子克隆方案,需要制备的系统为

$$|geg\rangle_{1,2,3} \to \frac{1}{\sqrt{2}}\left[|e\rangle \otimes |gg\rangle + \frac{1}{\sqrt{2}}|g\rangle \otimes (|eg\rangle + |ge\rangle)\right]_{1,2,3}$$

$$= \frac{1}{\sqrt{2}}(|e\rangle_1 |\psi_g\rangle_{TC} + |g\rangle_1 |\psi_e\rangle_{TC}), \qquad (6.2.19)$$

其中

$$|\psi_g\rangle_{TC} = |gg\rangle_{2,3}, \quad |\psi_e\rangle_{TC} = \frac{1}{\sqrt{2}}(|eg\rangle + |ge\rangle)_{2,3}. \qquad (6.2.20)$$

在需要远程量子克隆时,对 $|\psi\rangle_0 |geg\rangle_{1,2,3}$ 中的原子 0 和原子 1 进行测量,就可以把两个拷贝传到远处.

利用大失谐哈密顿量的基矢演化,参见式(6.1.3)、两原子演化式(6.1.82)以及三原子演化式(6.1.88)和式(6.1.92),可以实现一般相位协变量子克隆(GPCCM).

首先,选择初态系统为

$$|\psi\rangle^{\langle init\rangle} = |geg\rangle_{1,2,3}. \qquad (6.2.21)$$

将原子 1 和原子 2 送入腔 A,经过相互作用时间 $\lambda t_1 = \pi/4$ 后,量子态演化为

$$|\psi\rangle^{(1)} \to e^{-i\lambda t_1}\left[\cos(\lambda t_1)|ge\rangle - i\sin(\lambda t_1)|eg\rangle\right]_{1,2}|g\rangle_3$$

$$= \frac{1}{\sqrt{2}}e^{-\frac{\pi}{4}i}(e^{-\frac{\pi}{2}i}|egg\rangle + |geg\rangle)_{1,2,3}$$

$$= \frac{1}{\sqrt{2}}(e^{-\frac{\pi}{2}i}|egg\rangle + |geg\rangle)_{1,2,3}. \qquad (6.2.22)$$

式(6.2.22)中没有写出全局相位因子 $e^{-i\pi/4}$,因为全局相位因子对量子态而言是无关紧要的.然后让原子 1 经过经典旋转 θ_1,量子态变为

$$|\psi\rangle^{(2)} \to \frac{1}{\sqrt{2}}(e^{-\frac{\pi}{2}i}e^{-i\theta_1}|egg\rangle + e^{i\theta_1}|geg\rangle)_{1,2,3}, \qquad (6.2.23)$$

角度 θ_1 在以后确定.

原子 2 和原子 3 再进入腔 B,经过相互作用时间 $\lambda t_2 = \pi/4$ 后,量子态演化为

$$|\psi\rangle^{\langle 3\rangle} \to \frac{1}{\sqrt{2}}\{e^{-\frac{\pi}{2}i}e^{-i\theta_1}|e\rangle_1 \otimes |gg\rangle_{2,3} + e^{i\theta_1}e^{-i\lambda t_2}|g\rangle_1 \otimes$$

$$[\cos(\lambda t_2)|eg\rangle - i\sin(\lambda t_2)|ge\rangle]_{2,3}\}$$

$$= \frac{1}{\sqrt{2}}\Big[e^{-\frac{\pi}{2}i}e^{-i\theta_1}|e\rangle_1 \otimes |gg\rangle_{2,3} + \frac{1}{\sqrt{2}}e^{i\theta_1}e^{-\frac{\pi}{4}i}|g\rangle_1 \otimes$$

$$(|eg\rangle + e^{-\frac{\pi}{2}i}|ge\rangle)_{2,3}\Big]. \qquad (6.2.24)$$

再对原子 2 旋转 $\theta_2 = \pi/4$，式(6.2.24)变为

$$|\psi\rangle^{(4)} \to \frac{1}{\sqrt{2}}\left[e^{-\frac{\pi}{2}i} e^{-i\theta_1} e^{-\frac{\pi}{4}i} |e\rangle_1 \otimes |gg\rangle_{2,3} + \frac{1}{\sqrt{2}} e^{i\theta_1} e^{-\frac{\pi}{4}i} |g\rangle_1 \otimes\right.$$

$$\left.(e^{-\frac{\pi}{4}i} |eg\rangle + e^{-\frac{\pi}{2}i} e^{-\frac{\pi}{4}i} |ge\rangle)_{2,3}\right]$$

$$= \frac{1}{\sqrt{2}}\left[e^{-\frac{\pi}{4}i} e^{-i\theta_1} |e\rangle_1 \otimes |gg\rangle_{2,3} + \frac{1}{\sqrt{2}} e^{i\theta_1} |g\rangle_1 \otimes (|eg\rangle + |ge\rangle)_{2,3}\right].$$

$$(6.2.25)$$

上面没有写出全局相位因子 $e^{-i\pi/2}$. 如果选择 $\theta_1 = \pi/8$，即可完成系统的制备，即

$$|\psi\rangle^{(5)} \to \frac{1}{\sqrt{2}}\left[|e\rangle_1 \otimes |gg\rangle_{2,3} + \frac{1}{\sqrt{2}} |g\rangle_1 \otimes (|eg\rangle + |ge\rangle)_{2,3}\right]$$

$$= \frac{1}{\sqrt{2}}(|e\rangle_1 |\psi_g\rangle_{TC} + |g\rangle_1 |\psi_e\rangle_{TC}). \qquad (6.2.26)$$

再进一步介绍最优 $1 \to 2$ 一般相位协变远程量子克隆的方案[56]. 需要量子克隆的量子态为

$$|\psi\rangle_1^{(Phas)} = \cos\frac{\theta}{2} |0\rangle_1 + e^{i\varphi}\sin\frac{\theta}{2} |1\rangle_1, \qquad (6.2.27)$$

其中 $\theta \in [0,\pi]$ 是已知的，而 $\varphi \in [0,2\pi)$ 是未知的.

量子克隆一般相位协变量子态的幺正变换为

$$U(\theta)|0\rangle_1 |00\rangle_{2,A_1} \to A(\theta)|00\rangle_{1,2} |0\rangle_{A_1} + B(\theta)(|01\rangle + |10\rangle)_{1,2} |1\rangle_{A_1}$$

$$= |\varphi_0\rangle_{CA_1}^{(GPC)},$$

$$U(\theta)|1\rangle_1 |00\rangle_{2,A_{11}} \to A(\theta)|11\rangle_{1,2} |1\rangle_{A_1} + B(\theta)(|10\rangle + |01\rangle)_{1,2} |0\rangle_{A_1}$$

$$= |\varphi_1\rangle_{CA_1}^{(GPC)}, \qquad (6.2.28)$$

量子克隆系数为

$$A(\theta) = \frac{1}{\sqrt{2}}\left(1 + \frac{1}{\sqrt{1+2\tan^4\theta}}\right)^{\frac{1}{2}},$$

$$B(\theta) = \frac{1}{2}\left(1 - \frac{1}{\sqrt{1+2\tan^4\theta}}\right)^{\frac{1}{2}}. \qquad (6.2.29)$$

拷贝的保真度为

$$F_{1\to 2}^{(GPC)} = \frac{1}{2} + \frac{1}{2\sqrt{2}}\left(1 - \frac{1}{1+2\tan^4\theta}\right)^{\frac{1}{2}} \sin^2\theta + \frac{1}{4}\left(1 + \frac{1}{\sqrt{1+2\tan^4\theta}}\right)\cos^2\theta.$$

$$(6.2.30)$$

当 $\theta = \pi/2$ 时,一般相位协变量子克隆退化为相位协变量子克隆(PCC)

$$U\left(\frac{\pi}{2}\right) | 0 \rangle_1 | 00 \rangle_{2,A_1} \rightarrow \frac{1}{\sqrt{2}} \left[| 00 \rangle | 0 \rangle + \frac{1}{\sqrt{2}} (| 01 \rangle + | 10 \rangle) | 1 \rangle \right]_{1,2,A_1},$$

$$U\left(\frac{\pi}{2}\right) | 1 \rangle_1 | 00 \rangle_{2,A_1} \rightarrow \frac{1}{\sqrt{2}} \left[| 11 \rangle | 1 \rangle + \frac{1}{\sqrt{2}} (| 10 \rangle + | 01 \rangle) | 0 \rangle \right]_{1,2,A_1},$$

$$(6.2.31)$$

拷贝的保真度为

$$F_{1 \rightarrow 2}^{\langle PCC \rangle} = \frac{1}{2} \left(1 + \frac{1}{\sqrt{2}} \right) \approx 0.854. \qquad (6.2.32)$$

根据远程量子克隆的方案,由幺正变换式(6.2.28)可知,需要制备纠缠信道

$$| \Psi \rangle_{1,2,3,4} = \frac{1}{\sqrt{2}} (| e \rangle_P \otimes | \varphi_0 \rangle_{CA_1} + | g \rangle_P \otimes | \varphi_1 \rangle_{CA_1}). \quad (6.2.33)$$

这是一个四粒子的量子态,在求解基矢演化时,并没有给出四个原子的演化. 但是,通过对它们进行两粒子和三粒子的操作就可以制备纠缠信道. 选择初态为

$$| \psi \rangle_{PCA_1}^{\langle init \rangle} = (| e \rangle | g \rangle | e \rangle | g \rangle)_{1,2,3,4}, \qquad (6.2.34)$$

需要完成的演化为

$$(| e \rangle | g \rangle | e \rangle | g \rangle)_{1,2,3,4} \rightarrow \frac{1}{\sqrt{2}} (| e \rangle_P \otimes | \varphi_0 \rangle_{CA_1} + | g \rangle_P \otimes | \varphi_1 \rangle_{CA_1}),$$

$$(6.2.35)$$

其中

$$| g \rangle_P = | g \rangle_1, | e \rangle_P = | e \rangle_1,$$
$$| \varphi_0 \rangle_{CA_1} = C_1 | g \rangle_2 | gg \rangle_{3,4} + C_2 | e \rangle_2 (| ge \rangle + | eg \rangle)_{3,4},$$
$$| \varphi_1 \rangle_{CA_1} = C_1 | e \rangle_2 | ee \rangle_{3,4} + C_2 | g \rangle_2 (| eg \rangle + | ge \rangle)_{3,4}. \quad (6.2.36)$$

上式具有对称性远程量子克隆的一般性. 如果选择 $C_1 = \sqrt{2}/\sqrt{3}$ 和 $C_2 = 1/\sqrt{6}$, 就退化为最优 $1 \rightarrow 2$ 普适远程量子克隆;如果选择 $C_1 = A(\theta)$ 和 $C_2 = B(\theta)$, 则是最优 $1 \rightarrow 2$ 一般相位协变远程量子克隆.

首先将原子 1 和原子 2 送入腔 A,原子 3 和原子 4 送入腔 B,经过时间

$\lambda t_1 = \lambda t_2 = \pi/4$ 后,系统变为

$$|\psi\rangle_{PCA_1}^{\langle \text{init} \rangle} \rightarrow e^{-i\lambda t_1}\left[\cos(\lambda t_1)\,|\,eg\rangle - i\sin(\lambda t_1)\,|\,ge\rangle\right]_{1,2} \otimes$$

$$e^{-i\lambda t_2}\left[\cos(\lambda t_2)\,|\,eg\rangle - i\sin(\lambda t_2)\,|\,ge\rangle\right]_{3,4},$$

$$|\psi\rangle^{(1)} = \frac{1}{2}e^{-\frac{\pi}{2}i}\,(|\,eg\rangle + e^{-\frac{\pi}{2}i}\,|\,ge\rangle)_{1,2}\,(|\,eg\rangle + e^{-\frac{\pi}{2}i}\,|\,ge\rangle)_{3,4}.$$

$$(6.2.37)$$

上式没有写出全局相位因子 $e^{-i\pi/2}$. 让原子 1 经典旋转 θ_1, 原子 3 经典旋转 $\theta_2 = \pi/4$, 系统变为

$$|\psi\rangle^{(1)} \rightarrow \frac{1}{2}\,(e^{-i\theta_1}\,|\,eg\rangle + e^{(\theta_1 - \frac{\pi}{2})i}\,|\,ge\rangle)_{1,2} \otimes$$

$$(e^{-i\theta_2}\,|\,eg\rangle + e^{(\theta_2 - \frac{\pi}{2})i}\,|\,ge\rangle)_{3,4},$$

$$|\psi\rangle^{(2)} = \frac{1}{2}e^{-\frac{\pi}{4}i}\,(e^{-i\theta_1}\,|\,eg\rangle + e^{(\theta_1 - \frac{\pi}{2})i}\,|\,ge\rangle)_{1,2}\,(|\,eg\rangle + |\,ge\rangle)_{3,4}.$$

$$(6.2.38)$$

上式丢弃全局相位因子 $e^{-\frac{\pi}{4}i}$, 角度 θ_1 在后面确定.

让原子 2、原子 3 和原子 4 同时进入腔 C, 经过时间 t_3 后,系统演化为

$$|\psi\rangle^{(2)} \rightarrow \frac{1}{\sqrt{2}}e^{-i(\theta_1 + \frac{3}{2}\lambda t_3)}\,|\,e\rangle_1\Bigg\{\left[\cos\left(\frac{3}{2}\lambda t_3\right) - \frac{i}{3}\sin\left(\frac{3}{2}\lambda t_3\right)\right]|\,g\rangle\,|\,\psi_+\rangle -$$

$$\frac{i2\sqrt{2}}{3}\sin\left(\frac{3}{2}\lambda t_3\right)|\,e\rangle\,|\,gg\rangle\Bigg\}_{2,3,4} +$$

$$\frac{1}{\sqrt{2}}e^{i(\theta_1 - \frac{\pi}{2} - \frac{5}{2}\lambda t_3)}\,|\,g\rangle_1\Bigg\{\left[\cos\left(\frac{3}{2}\lambda t_3\right) - \frac{i}{3}\sin\left(\frac{3}{2}\lambda t_3\right)\right]|\,e\rangle\,|\,\psi_+\rangle -$$

$$\frac{i2\sqrt{2}}{3}\sin\left(\frac{3}{2}\lambda t_3\right)|\,g\rangle\,|\,ee\rangle\Bigg\}_{2,3,4},$$

$$|\psi\rangle^{(3)} = \frac{1}{\sqrt{2}}e^{-i(\theta_1 + \frac{3}{2}\lambda t_3)}\,|\,e\rangle_1\left[Ae^{-\frac{\pi}{2}i}\,|\,egg\rangle + Be^{i\gamma}\,|\,g\rangle\,|\,\psi_+\rangle\right]_{2,3,4} +$$

$$\frac{1}{\sqrt{2}}e^{i(\theta_1 - \frac{\pi}{2} - \frac{5}{2}\lambda t_3)}\,|\,g\rangle_1\left[Ae^{-\frac{\pi}{2}i}\,|\,g\rangle\,|\,ee\rangle + Be^{i\gamma}\,|\,e\rangle\,|\,\psi_+\rangle\right]_{2,3,4},$$

$$(6.2.39)$$

其中 $|\,\psi_+\rangle = (|\,eg\rangle + |\,ge\rangle)_{3,4}/\sqrt{2}$, $A = 2\sqrt{2}\sin(3\lambda t_3/2)/3$ (满足 $A^2 + B^2 = 1$), $\gamma = -\arctan[3\tan^{-1}(3\lambda t_3/2)]$.

三个原子进入腔 C 后,对原子 2 实施经典旋转 (θ_3),量子系统变为

$$|\psi\rangle^{(3)} \to \frac{1}{\sqrt{2}} e^{i(-\theta_1-\frac{3}{2}\lambda t_3)} |e\rangle_1 [A e^{i(-\frac{\pi}{2}-\theta_3)} |e\rangle |gg\rangle +$$

$$B e^{i(\gamma+\theta_3)} |e\rangle |\psi_+\rangle]_{2,3,4} + \frac{1}{\sqrt{2}} e^{i(\theta_1-\frac{\pi}{2}-\frac{5}{2}\lambda t_3)} |g\rangle_1 \otimes$$

$$[A e^{i(-\frac{\pi}{2}+\theta_3)} |g\rangle |ee\rangle + B e^{i(\gamma-\theta_3)} |e\rangle |\psi_+\rangle]_{2,3,4}. \tag{6.2.40}$$

再让原子 3 和原子 4 进入腔 D,经过时间 t_4 后,系统变为

$$|\psi\rangle^{(4)} \to \frac{1}{\sqrt{2}} e^{i(-\theta_1-\frac{3}{2}\lambda t_3+\gamma+\theta_3)} |e\rangle_1 \otimes$$

$$[A e^{i(-\frac{\pi}{2}-\gamma-2\theta_3)} |e\rangle |gg\rangle + B e^{-2i\lambda t_4} |g\rangle |\psi_+\rangle]_{2,3,4} +$$

$$\frac{1}{\sqrt{2}} e^{i(\theta_1-\frac{\pi}{2}-\frac{5}{2}i\lambda t_3+\gamma-\theta_3)} |g\rangle_1 \otimes$$

$$[A e^{i(-\frac{\pi}{2}-\gamma+2\theta_3-2\lambda t_4)} |g\rangle |ee\rangle + B e^{-2i\lambda t_4} |e\rangle |\psi_+\rangle]_{2,3,4}. \tag{6.2.41}$$

最后,让原子 2 经过经典场,实施变换 $|e\rangle_2 \leftrightarrow |g\rangle_2$ 后,终态为

$$|\psi\rangle^{(5)} \to \frac{1}{\sqrt{2}} e^{i(-\theta_1-\frac{3}{2}\lambda t_3+\gamma+\theta_3-2\lambda t_4)} |e\rangle_1 [A e^{i(-\frac{\pi}{2}-\gamma-2\theta_3+2\lambda t_4)} |g\rangle |gg\rangle +$$

$$B |e\rangle |\psi_+\rangle]_{2,3,4} + \frac{1}{\sqrt{2}} e^{i(\theta_1-\frac{\pi}{2}-\frac{5}{2}\lambda t_3+\gamma-\theta_3-2\lambda t_4)} |g\rangle_1 \otimes$$

$$[A e^{i(-\frac{\pi}{2}-\gamma+2\theta_3)} |e\rangle |ee\rangle + B |g\rangle |\psi_+\rangle]_{2,3,4}$$

$$= |\psi\rangle^{(out)}_{P,C,A_1}. \tag{6.2.42}$$

下面选择作用时间,这里给出一系列方程:

$$-\frac{\pi}{2}-\gamma-2\theta_3+2\lambda t_4 = 2k\pi, \quad -\frac{\pi}{2}-\gamma+2\theta_3 = 2l\pi,$$

$$\left(\theta_1-\frac{\pi}{2}-\frac{5}{2}\lambda t_3+\gamma-\theta_3-2\lambda t_4\right)-\left(-\theta_1-\frac{3}{2}\lambda t_3+\gamma+\theta_3-2\lambda t_4\right)$$

$$= 2\theta_1-\frac{\pi}{2}-\lambda t_3-2\theta_3 = 2m\pi, \quad k,l,m = 0,\pm 1,\pm 2,\cdots,$$

$$\gamma = -\arctan\left[3\tan^{-1}\left(\frac{3}{2}\lambda t_3\right)\right],$$

$$A = \frac{2\sqrt{2}}{3}\sin\left(\frac{3}{2}\lambda t_3\right) \to A(\theta) = \frac{1}{\sqrt{2}}\left(1+\frac{1}{\sqrt{1+2\tan^4\theta}}\right)^{\frac{1}{2}}. \tag{6.2.43}$$

如果选择参数为

$$3\lambda t_3/2 = \pi/3, \; \theta_1 = 4\pi/9, \; \theta_3 = \pi/12, \; \lambda t_4 = \pi/8, \quad (6.2.44)$$

则纠缠信道为

$$|\psi\rangle_{P,C,A_1}^{\langle out \rangle} = \frac{1}{\sqrt{2}}\Big[|e\rangle_1 \otimes \Big(\sqrt{\frac{2}{3}}\,|g\rangle\,|gg\rangle + \sqrt{\frac{1}{3}}\,|e\rangle\,|\psi_+\rangle\Big)_{2,3,4} + $$

$$|g_1\rangle \otimes \sqrt{\frac{2}{3}}\,\Big(|e\rangle\,|ee\rangle + \sqrt{\frac{1}{3}}\,|g\rangle\,|\psi_+\rangle\Big)_{3,4}\Big]$$

$$= \frac{1}{\sqrt{2}}\big[|e\rangle_P \otimes |\varphi_0'\rangle_{CA_1} + |g\rangle_P \otimes |\varphi_1'\rangle_{CA_1}\big], \quad (6.2.45)$$

其中

$$|g\rangle_P = |g\rangle_1, |e\rangle_P = |e\rangle_1,$$

$$|\varphi_0'\rangle_{CA_1} = \Big(\sqrt{\frac{2}{3}}\,|g\rangle\,|gg\rangle + \sqrt{\frac{1}{3}}\,|e\rangle\,|\psi_+\rangle\Big)_{2,3,4},$$

$$|\varphi_1'\rangle_{CA_1} = \sqrt{\frac{2}{3}}\,\Big(|e\rangle\,|ee\rangle + \sqrt{\frac{1}{3}}\,|g\rangle\,|\psi_+\rangle\Big)_{3,4}. \quad (6.2.46)$$

这就是普适远程量子克隆.

如果选择

$$\frac{3}{2}\lambda t_3 = \arcsin\Big[\frac{3\sqrt{2}}{4}A(\theta)\Big], 0 \leqslant A(\theta) \leqslant \frac{2\sqrt{2}}{3},$$

$$\gamma = -\arctan\frac{\sqrt{8-9A^2(\theta)}}{A(\theta)},$$

$$\theta_1 = \frac{\pi}{2} + \frac{1}{3}\arcsin\Big[\frac{3\sqrt{2}}{4}A(\theta)\Big] - \frac{1}{2}\arctan\frac{\sqrt{8-9A^2(\theta)}}{A(\theta)},$$

$$\lambda t_4 = 2\theta_3 = \frac{\pi}{2} - \arctan\frac{\sqrt{8-9A^2(\theta)}}{A(\theta)}, \; k = m = l = 0, \quad (6.2.47)$$

则系统变为

$$|\psi\rangle_{P,C,A_1}^{\langle out \rangle} = \frac{1}{\sqrt{2}}\,|e\rangle_1 \big[A(\theta)|g\rangle\,|gg\rangle + B(\theta)|e\rangle\,|\psi_+\rangle\big]_{2,3,4} + $$

$$\frac{1}{\sqrt{2}}\,|g\rangle_1 \big[A(\theta)|e\rangle\,|ee\rangle + B(\theta)|g\rangle\,|\psi_+\rangle\big]_{2,3,4}$$

$$= \frac{1}{\sqrt{2}}\big(|e\rangle_P \otimes |\varphi_0''\rangle_{CA_1} + |g\rangle_P \otimes |\varphi_1''\rangle_{CA_1}\big), \quad (6.2.48)$$

其中

$$|g\rangle_P = |g\rangle_1, \quad |e\rangle_P = |e\rangle_1,$$

$$|\varphi_0''\rangle_{CA_1} = [A(\theta)|g\rangle |gg\rangle + B(\theta)|e\rangle(|ge\rangle + |eg\rangle)]_{2,3,4},$$

$$|\varphi_1''\rangle_{CA_1} = [A(\theta)|e\rangle |ee\rangle + B(\theta)|g\rangle(|eg\rangle + |ge\rangle)]_{2,3,4}. \tag{6.2.49}$$

这就是一般相位协变远程量子克隆.

如果选择

$$\frac{3\lambda t_3}{2} = \arcsin\frac{3}{4}, \quad \gamma = -\arctan\sqrt{7},$$

$$\theta_1 = \frac{\pi}{2} + \frac{1}{3}\arcsin\frac{3}{4} - \frac{1}{2}\arctan\sqrt{7},$$

$$\theta_2 = \frac{\pi}{4} - \frac{1}{2}\arctan\sqrt{7}, \quad \lambda t_4 = \frac{\pi}{2} - \frac{1}{2}\arctan\sqrt{7}, \tag{6.2.50}$$

则纠缠信道为

$$|\psi\rangle_{P,C,A_1}^{(\text{out})} = \frac{1}{\sqrt{2}}\Big[|e\rangle_1 \otimes \frac{1}{\sqrt{2}}(|g\rangle |gg\rangle + |e\rangle |\psi_+\rangle)_{2,3,4} +$$

$$|g\rangle_1 \otimes \frac{1}{\sqrt{2}}(|e\rangle |ee\rangle + |g\rangle |\psi_+\rangle)_{2,3,4}\Big]$$

$$= \frac{1}{\sqrt{2}}[|e\rangle_P \otimes |\varphi_0''\rangle_{CA_1} + |g\rangle_P \otimes |\varphi_1''\rangle_{CA_1}], \tag{6.2.51}$$

其中

$$|g\rangle_P = |g\rangle_1, \quad |e\rangle_P = |e\rangle_1,$$

$$|\varphi_0''\rangle_{CA_1} = \frac{1}{\sqrt{2}}(|g\rangle |gg\rangle + |e\rangle |\psi_+\rangle)_{2,3,4},$$

$$|\varphi_1''\rangle_{CA_1} = \frac{1}{\sqrt{2}}(|e\rangle |ee\rangle + |g\rangle |\psi_+\rangle)_{2,3,4}. \tag{6.2.52}$$

这就是相位协变远程量子克隆.

6.2.2　线性光学实现量子克隆方案

文献[69]利用线性光学器件提出实现最优$1\to 2$普适量子克隆和最优$1\to 3$经济型相位协变量子克隆. 同一装置设置不同参数,就可以实现两种量子克隆. 文献[70]报道了线性光学实现量子克隆的方案. 实验装置如图6.1所示.

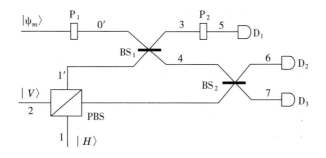

PBS 是偏振片, BS 是分束器, P 是双折射片, D 是光子数探测器

图 6.1　实验实现量子克隆线性光学器件装置

设需要量子克隆的量子态为

$$|\psi\rangle_0 = \alpha \mid H\rangle_0 + \beta e^{i\varphi} \mid V\rangle_0, \qquad (6.2.53)$$

系统初态处在

$$(\alpha \mid H\rangle_0 + \beta e^{i\varphi} \mid V\rangle_0) \mid H\rangle_1 \mid V\rangle_2. \qquad (6.2.54)$$

$\mid \Psi_{\text{in}}\rangle_0$ 经过双折射片 P_1 产生相位, 即 $\mid H\rangle \rightarrow \mid H\rangle$, $\mid V\rangle \rightarrow - \mid V\rangle$. 路径为 $0 \rightarrow 0', 1, 2 \rightarrow 1'$, 产生的态为

$$(\alpha \mid H\rangle_0 + \beta e^{i\varphi} \mid V\rangle_0) \mid H\rangle_1 \mid V\rangle_2 \rightarrow (\alpha \mid H\rangle_{0'} - \beta e^{i\varphi} \mid V\rangle_{0'}) \mid HV\rangle_{1'}.$$

$$(6.2.55)$$

三个光子在路径 $0'$ 和 $1'$ 经过 BS_1, 其作用为

$$a_{0',j}^\dagger = \cos\theta_1 a_{3,j}^\dagger + \sin\theta_1 a_{4,j}^\dagger, \quad a_{1',j}^\dagger = \cos\theta_1 a_{4,j}^\dagger - \sin\theta_1 a_{3,j}^\dagger, \quad j = H, V,$$

$$(6.2.56)$$

其中 $\cos\theta_1$ 和 $\sin\theta_1$ 分别为透射系数和反射系数. 上式与式(6.1.96)一致.

经过 BS_1 后, 系统变为

$$\alpha(\cos 2\theta_1 \cos\theta_1 \mid H\rangle_3 \mid HV\rangle_4 - \sqrt{2}\sin^2\theta_1 \cos\theta_1 \mid V\rangle_3 \mid 2H\rangle_4) -$$
$$\beta e^{i\varphi}(\cos 2\theta_1 \cos\theta_1 \mid V\rangle_3 \mid HV\rangle_4 - \sqrt{2}\sin^2\theta_1 \cos\theta_1 \mid H\rangle_3 \mid 2V\rangle_4).$$

$$(6.2.57)$$

模 4 经过 BS_2, 取 $\theta_2 = \pi/4$, 系统变为

$$\alpha[\cos 2\theta_1 \mid H\rangle_3 (\mid HV\rangle_{6,7} + \mid VH\rangle_{6,7}) - 2\sin^2\theta_1 \mid V\rangle_3 \mid HH\rangle_{6,7}] +$$
$$\beta e^{i\varphi}[\cos 2\theta_1 \mid V\rangle_3 (\mid HV\rangle_{6,7} + \mid VH\rangle_{6,7}) - 2\sin^2\theta_1 \mid H\rangle_3 \mid VV\rangle_{6,7}].$$

$$(6.2.58)$$

在以上推导中,文献[68]每步都省略了失败态. 这里给出完整的终态:

$$\frac{\cos\theta_1}{2}\{\alpha[\cos 2\theta_1 \mid H\rangle_5(\mid HV\rangle_{6,7}+\mid VH\rangle_{6,7})+2\sin^2\theta_1 \mid V\rangle_5 \mid HH\rangle_{6,7}]+$$

$$\beta e^{i\varphi}[\cos 2\theta_1 \mid V\rangle_5(\mid HV\rangle_{6,7}+\mid VH\rangle_{6,7})+2\sin^2\theta_1 \mid H\rangle_5 \mid VV\rangle_{6,7}]\}$$

$$=\frac{\cos\theta_1}{2}\sqrt{2\cos^2 2\theta_1+(2\sin^2\theta_1)^2}\left\{\alpha\left[\frac{\cos 2\theta_1}{\sqrt{N}} \mid H\rangle_5(\mid HV\rangle_{6,7}+\mid VH\rangle_{6,7})+\right.\right.$$

$$\frac{2\sin^2\theta_1}{\sqrt{N}} \mid V\rangle_5 \mid HH\rangle_{6,7}\right]+\beta e^{i\varphi}\left[\frac{\cos 2\theta_1}{\sqrt{N}} \mid V\rangle_5(\mid HV\rangle_{6,7}+\mid VH\rangle_{6,7})+\right.$$

$$\left.\left.\frac{2\sin^2\theta_1}{\sqrt{N}} \mid H\rangle_5 \mid VV\rangle_{6,7}\right]\right\}. \tag{6.2.59}$$

最后成功概率为

$$p=\left[\frac{\cos\theta_1}{2}\sqrt{2\cos^2 2\theta_1+(2\sin^2\theta_1)^2}\right]^2$$

$$=\frac{\cos^2\theta_1}{4}[2\cos^2 2\theta_1+(2\sin^2\theta_1)^2]. \tag{6.2.60}$$

当 $\sin\theta_1=\sqrt{1/3}$ 时,可以实现最优 $1\to 2$ 普适量子克隆,其成功概率是 $p_{\text{UQC}}=1/9$;当 $\theta_1=\pi/6$ 时,可以实现最优 $1\to 3$ 经济型相位协变量子克隆,其成功概率是 $p_{\text{EPC}}=9/64$.

文献[34]给出实现最优 $1\to 2$ 经济型一般相位协变量子克隆的方案,其特性可参看腔 QED 实现最优 $1\to 2$ 经济型一般相位协变远程量子克隆方案[55]. 实验装置非常简单,如图 6.2 所示.

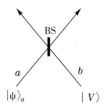

图 6.2 实现最优 1→2 经济型一般相位协变量子克隆的装置

文献[34]给出需要实现的幺正变换为

$$\mid VV\rangle\to\mid VV\rangle, \mid HV\rangle\to(\mid HV\rangle+\mid VH\rangle)/\sqrt{2}. \tag{6.2.61}$$

设需要量子克隆的量子态为

$$\mid\psi\rangle_a=\cos\frac{\theta}{2}\mid V\rangle_a+e^{i\varphi}\sin\frac{\theta}{2}\mid H\rangle_a, \tag{6.2.62}$$

图 6.2 下端表示为

$$|\psi\rangle_{in} = |\psi\rangle_a |V\rangle_b = \left(\cos\frac{\theta}{2}a^\dagger_{V,in} + e^{i\varphi}\sin\frac{\theta}{2}a^\dagger_{H,in}\right)b^\dagger_V |0\rangle$$

$$= \cos\frac{\theta}{2}a^\dagger_{V,in}b^\dagger_{V,in}|0\rangle + e^{i\varphi}\sin\frac{\theta}{2}a^\dagger_{H,in}b^\dagger_{V,in}|0\rangle$$

$$= \cos\frac{\theta}{2}|V\rangle_a |V\rangle_b + e^{i\varphi}\sin\frac{\theta}{2}|H\rangle_a |V\rangle_b, \qquad (6.2.63)$$

其中 $|0\rangle$ 是真空态. 分束器的算符为

$$a^\dagger_{j,out} = r_j a^\dagger_{j,in} + t_j b^\dagger_{j,in}, \quad b^\dagger_{j,out} = r_j b^\dagger_{j,in} - t_j a^\dagger_{j,in}, \quad j = H, V. \quad (6.2.64)$$

其中 r_j 和 t_j 分别为反射系数和透射系数.

输入系统经过分束器后, 可以得到以算符表示的终态

$$|\psi\rangle_{out} = \cos\frac{\theta}{2}(r_V a^\dagger_{V,out} - t_V b^\dagger_{V,out})(r_V b^\dagger_{V,out} + t_V a^\dagger_{V,out})|0\rangle +$$

$$e^{i\varphi}\sin\frac{\theta}{2}(r_H a^\dagger_{H,out} - t_H b^\dagger_{H,out})(r_V b^\dagger_{V,out} + t_V a^\dagger_{V,out})|0\rangle.$$

$$(6.2.65)$$

这里给出文献[34]没有给出的终态完整的具体表达式:

$$|\psi\rangle_{out} = \left[\cos\frac{\theta}{2}(r_V^2 - t_V^2)|VV\rangle_{a,b} + e^{i\varphi}\sin\frac{\theta}{2}(r_H r_V |HV\rangle_{a,b} - t_H t_V |VH\rangle_{a,b})\right] +$$

$$\left[\cos\frac{\theta}{2}(r_V t_V |VV\rangle_{a,a} - t_V r_V |VV\rangle_{b,b}) + \right.$$

$$\left. e^{i\varphi}\sin\frac{\theta}{2}(r_H t_V |HV\rangle_{a,a} - t_H r_V |HV\rangle_{b,b})\right]$$

$$= |\Psi\rangle + |\Psi\rangle^{\langle other \rangle}. \qquad (6.2.66)$$

显然, 这里需要的是

$$|\Psi\rangle = \cos\frac{\theta}{2}(r_V^2 - t_V^2)|VV\rangle_{a,b} + e^{i\varphi}\sin\frac{\theta}{2}(r_H r_V |HV\rangle_{a,b} - t_H t_V |VH\rangle_{a,b}).$$

$$(6.2.67)$$

为了能够获得拷贝, 这需要设置分束器参数. 令 $r_H = t_V$ 和 $t_H = -r_V$, 量子态变为

$$|\Psi\rangle = (r_V^2 - t_V^2)\left[\cos\frac{\theta}{2}|VV\rangle_{a,b} + e^{i\varphi}\sin\frac{\theta}{2}\frac{r_V t_V}{r_V^2 - t_V^2}(|HV\rangle_{a,b} + |VH\rangle_{a,b})\right].$$

$$(6.2.68)$$

再计算分束器的参数

$$r_V^2 = \frac{1}{2}\left(1 + \frac{1}{\sqrt{3}}\right), \tag{6.2.69}$$

可得

$$|\Psi\rangle = \sqrt{\frac{1}{3}}\left[\cos\frac{\theta}{2}\,|VV\rangle_{a,b} + \mathrm{e}^{\mathrm{i}\varphi}\sin\frac{\theta}{2}\,\frac{1}{\sqrt{2}}(|HV\rangle_{a,b} + |VH\rangle_{a,b})\right]. \tag{6.2.70}$$

这就是说,可以得到拷贝的概率为

$$p_{\mathrm{EPC}} = (r_V^2 - t_V^2)^2 = \frac{1}{3}. \tag{6.2.71}$$

上面两个线性光学实现量子克隆方案,是概率的实现. 文献[77]报道的实现最优 $1 \to 3$ 经济型相位协变量子克隆的方法,可以确定性地实现量子克隆过程.

最优对称性 $1 \to 3$ 经济型相位协变量子克隆的幺正变换为

$$|0\rangle_1\,|00\rangle_{2,3} \to (a_1\,|001\rangle + a_2\,|010\rangle + a_3\,|100\rangle)_{1,2,3},$$

$$|1\rangle_1\,|00\rangle_{2,3} \to (a_1\,|110\rangle + a_2\,|101\rangle + a_3\,|011\rangle)_{1,2,3}, \tag{6.2.72}$$

拷贝的保真度为

$$F_{1\to 3}^{(\mathrm{SEP})} = \frac{5}{6}. \tag{6.2.73}$$

实验装置如图 6.3 所示,使用偏振片(PBS)和半波片(HWP)实现 σ_x 和 σ_z 操作.

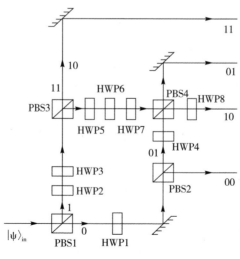

图 6.3　线性光学实现最优对称性 $1 \to 3$ 经济型相位协变量子克隆装置

设需要量子克隆的量子态为

$$|\psi\rangle_{\text{in}} = (\alpha \,|\, H\rangle + e^{i\varphi}\beta \,|\, V\rangle)\,|\,0\rangle, \tag{6.2.74}$$

其中 $\alpha = \beta = 1/\sqrt{2}, \varphi \in [0, 2\pi)$ 未知. 路径 0 和 1 代表路径比特 $|0\rangle$ 和 $|1\rangle$.

当初态经过 PBS1 后, 输出态为

$$(\alpha \,|\, H\rangle + e^{i\varphi}\beta \,|\, V\rangle)\,|\,0\rangle \xrightarrow{\text{PBS1}} \alpha \,|\, H\rangle \,|\,0\rangle + e^{i\varphi}\beta \,|\, V\rangle \,|\,1\rangle. \tag{6.2.75}$$

在量子态 $\alpha \,|\, H\rangle \,|\,0\rangle$ 以 $\theta_1/2$ 经过 HWP1 时, 量子态 $\beta \,|\, V\rangle \,|\,1\rangle$ 经过 HWP2$(\theta_1/2)$ 和 HWP3(σ_z), 系统演化为

$$\alpha(\cos\theta_1 \,|\, H\rangle + \sin\theta_1 \,|\, V\rangle)\,|\,0\rangle + \beta e^{i\varphi}(\cos\theta_1 \,|\, V\rangle + \sin\theta_1 \,|\, H\rangle)\,|\,1\rangle. \tag{6.2.76}$$

在分量 α 和 $\beta e^{i\varphi}$ 从 PBS2 和 PBS3 透射后, 系统变为

$$\alpha(\cos\theta_1 \,|\, H\rangle \,|\,01\rangle + \sin\theta_1 \,|\, V\rangle \,|\,00\rangle) +$$
$$e^{i\varphi}\beta(\cos\theta_1 \,|\, V\rangle \,|\,10\rangle + \sin\theta_1 \,|\, H\rangle \,|\,11\rangle). \tag{6.2.77}$$

让 $\alpha\cos\theta_1 \,|\, H\rangle \,|\,01\rangle$ 经过 HWP4$(\theta_2/2)$, 让 $\beta\cos\theta_1 \,|\, V\rangle \,|\,10\rangle$ 经过 HWP5$(\theta_2/2)$, 再经过 HWP6(σ_z) 和 HWP7(σ_x), 量子态演化为

$$\alpha[\cos\theta_1(\cos\theta_2 \,|\, H\rangle + \sin\theta_2 \,|\, V\rangle)\,|\,01\rangle + \sin\theta_1 \,|\, V\rangle \,|\,00\rangle] +$$
$$e^{i\varphi}\beta[\cos\theta_1(\cos\theta_2 \,|\, H\rangle + \sin\theta_2 \,|\, V\rangle)\,|\,10\rangle + \sin\theta_1 \,|\, H\rangle \,|\,11\rangle]. \tag{6.2.78}$$

经过路径 01 和通过 PBS4 后, 量子态变为

$$\alpha(\cos\theta_1\cos\theta_2 \,|\, H\rangle \,|\,01\rangle + \cos\theta_1\sin\theta_2 \,|\, V\rangle \,|\,10\rangle + \sin\theta_1 \,|\, V\rangle \,|\,00\rangle) +$$
$$e^{i\varphi}\beta(\cos\theta_1\cos\theta_2 \,|\, H\rangle \,|\,10\rangle + \cos\theta_1\sin\theta_2 \,|\, V\rangle \,|\,01\rangle + \sin\theta_1 \,|\, H\rangle \,|\,11\rangle). \tag{6.2.79}$$

最后, 在路径 10 处加上 HWP8(σ_x), 得到终态

$$\alpha(\cos\theta_1\cos\theta_2 \,|\, H\rangle \,|\,01\rangle + \cos\theta_1\sin\theta_2 \,|\, H\rangle \,|\,10\rangle + \sin\theta_1 \,|\, V\rangle \,|\,00\rangle) +$$
$$e^{i\varphi}\beta(\cos\theta_1\cos\theta_2 \,|\, V\rangle \,|\,10\rangle + \cos\theta_1\sin\theta_2 \,|\, V\rangle \,|\,01\rangle + \sin\theta_1 \,|\, H\rangle \,|\,11\rangle). \tag{6.2.80}$$

这个变换的系数具有对称性, 令

$$\sin\theta_1 = \sqrt{\frac{1}{3}}, \quad \cos\theta_1 = \sqrt{\frac{2}{3}}, \quad \sin\theta_2 = \cos\theta_2 = \sqrt{\frac{1}{2}}, \tag{6.2.81}$$

则有

$$|\Psi\rangle_{\text{out}} = \frac{\alpha}{\sqrt{3}}(|H\rangle|01\rangle + |H\rangle|10\rangle + |V\rangle|00\rangle) +$$

$$\frac{\beta e^{i\varphi}}{\sqrt{3}}(|V\rangle|10\rangle + |V\rangle|01\rangle + |H\rangle|11\rangle). \quad (6.2.82)$$

这个方案实现量子克隆的概率为 1.

6.2.3　量子网络实现量子克隆方案

人们期望用一些简单的逻辑门实现量子操控. 第 1 章中介绍了单比特量子门以及两比特 CNOT 门. 同样地,可以设计量子网络来实现量子克隆. 在不同的物理系统中实现简单量子逻辑门,可以通过量子克隆网络来实现量子克隆. 当然,对于两比特以上的量子逻辑门,实现量子克隆的量子逻辑门可能会简单一些. 但是,实际上多比特逻辑门在实验上还是比较难以实现的. 这里给出简单的量子网络实现量子克隆方案.

首先介绍量子旋转门 $R_j(\theta)$,即

$$R_j(\theta)|0\rangle_j = \cos\theta|0\rangle_j + \sin\theta|1\rangle_j,$$
$$R_j(\theta)|1\rangle_j = -\sin\theta|0\rangle_j + \cos\theta|1\rangle_j. \quad (6.2.83)$$

这是一个酉操作,可以通过第 1 章中单量子门合成. 设 k 为控制比特,l 为靶比特,CNOT 算符 $P_{k,l}$ 定义为

$$P_{k,l}|0\rangle_k|0\rangle_l = |0\rangle_k|0\rangle_l, P_{k,l}|0\rangle_k|1\rangle_l = |0\rangle_k|1\rangle_l,$$
$$P_{k,l}|1\rangle_k|0\rangle_l = |1\rangle_k|1\rangle_l, P_{k,l}|1\rangle_k|1\rangle_l = |1\rangle_k|0\rangle_l. \quad (6.2.84)$$

在第 1 章中已经定义了 CNOT,这里只是写法不同而已.

下面介绍量子网络实现最优 1→3 经济型相位协变量子克隆[77],如图 6.4 所示.

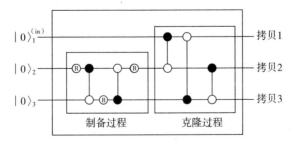

黑点表示控制比特,白点表示靶比特

图 6.4　量子网络实现最优 1→3 经济型相位协变量子克隆

首先给出制备过程,演化如下

$$| \psi \rangle_{2,3}^{\langle \text{prep} \rangle} = R_2(\theta_1) P_{2,3} R_3(\theta_2) P_{3,2} R_2(\theta_3) | 00 \rangle_{2,3}$$
$$= (C_1 | 00 \rangle + C_2 | 10 \rangle + C_3 | 01 \rangle + C_4 | 11 \rangle)_{2,3}. \quad (6.2.85)$$

制备后,经过量子克隆过程,演化如下

$$| \psi \rangle_{1,2,3}^{\langle \text{out} \rangle} = P_{2,3} P_{3,1} P_{1,2} | \psi \rangle_1^{\langle \text{in} \rangle} | \psi \rangle_{2,3}^{\langle \text{prep} \rangle}$$
$$= \alpha [C_1 | 000 \rangle + (C_2 | 01 \rangle + C_3 | 10 \rangle) | 1 \rangle + C_4 | 110 \rangle]_{1,2,3} +$$
$$\beta e^{i\varphi} [C_1 | 111 \rangle + (C_2 | 10 \rangle + C_3 | 01 \rangle) | 0 \rangle + C_4 | 001 \rangle]_{1,2,3}.$$
$$(6.2.86)$$

经过具体计算,可得量子克隆系数为

$$\cos \theta_1 \cos \theta_2 \cos \theta_3 + \sin \theta_1 \sin \theta_2 \sin \theta_3 = C_1,$$
$$\cos \theta_1 \cos \theta_2 \sin \theta_3 - \sin \theta_1 \sin \theta_2 \cos \theta_3 = C_2,$$
$$- \cos \theta_1 \sin \theta_2 \sin \theta_3 + \sin \theta_1 \cos \theta_2 \cos \theta_3 = C_3,$$
$$\cos \theta_1 \sin \theta_2 \cos \theta_3 + \sin \theta_1 \cos \theta_2 \sin \theta_3 = C_4. \quad (6.2.87)$$

当参数为

$$\cos \theta_1 = \sqrt{\frac{1}{10}(5 - \sqrt{5})} = -\cos \theta_3, \quad \sin \theta_1 = \sqrt{\frac{1}{10}(5 + \sqrt{5})} = -\sin \theta_3,$$
$$\cos \theta_2 = -\frac{1}{6}(\sqrt{15} + \sqrt{3}), \quad \sin \theta_2 = \frac{1}{6}(\sqrt{15} - \sqrt{3}) \quad (6.2.88)$$

时,量子克隆系数具体为

$$C_1 = 0, \quad C_2 = C_3 = C_4 = 1/\sqrt{3}, \quad (6.2.89)$$

这就实现了最优 $1 \to 3$ 经济型相位协变量子克隆.

当参数为

$$\theta_1 = \theta_3 = \frac{\pi}{8}, \quad \cos \theta_2 = \frac{1}{6}(2\sqrt{3} + \sqrt{6}), \quad \sin \theta_2 = \frac{1}{6}(2\sqrt{3} - \sqrt{6}) \quad (6.2.90)$$

时,量子克隆系数具体为

$$C_1 = \sqrt{3}/2, \quad C_2 = C_3 = C_4 = 1/\sqrt{12}. \quad (6.2.91)$$

这是对称性 $1 \to 3$ 经济型实数态量子克隆,幺正变换为

$$| 0 \rangle \to \frac{\sqrt{3}}{2} | 000 \rangle + \frac{1}{\sqrt{12}}(| 011 \rangle + | 101 \rangle + | 110 \rangle),$$
$$| 1 \rangle \to \frac{\sqrt{3}}{2} | 111 \rangle + \frac{1}{\sqrt{12}}(| 100 \rangle + | 010 \rangle + | 001 \rangle). \quad (6.2.92)$$

拷贝保真度为

$$F_{1 \to 3}^{\langle SRS \rangle} = \frac{5}{6}. \tag{6.2.93}$$

对于式(6.2.87),通过设置不同的参数,可以得到最优 $1 \to 2$ 普适量子克隆、相位协变量子克隆和实数态量子克隆.

6.2.4　超导量子比特实现量子克隆方案

利用**超导量子干涉仪**(superconducting quantum interference device, SQUID)对超导器件进行操作,可以实现量子比特的特性,超导器件被称为超导量子比特. 超导量子比特是一种基于**约瑟夫森结**(Josephson junction)电路的量子比特,主要部分为含有一个或多个约瑟夫森结的**超导环路**(superconducting loop). 根据所用自由度的不同,超导量子比特有三种类型:相位比特、磁通比特和电荷比特. 本节不对超导量子比特的背景多做介绍,感兴趣的读者可参阅文献[88]. 本节主要介绍如何利用超导量子比特实现简单的两比特最大纠缠态、受控相位门和**交换门**(swap gate)[89]. 由两个超导量子比特的量子态演化,可以计算三个超导量子比特的演化,这是实验实现 $1 \to 2$ 量子克隆幺正变换所需要的.

下面首先介绍与腔场耦合的 SQUID 的性质.

设 SQUID 只与一个腔场耦合,则耦合系统的哈密顿量可以写为

$$H = H_C + H_S + H_I, \tag{6.2.94}$$

其中,H_C 是腔场的哈密顿量,H_S 是 SUQID 的哈密顿量,H_I 是相互作用能量.

采用射频超导量子干涉仪(radio frequency SQUID, rf SQUID),将每个约瑟夫森结置于超导环中,其线度为 $10 \sim 100~\mu m$,约瑟夫森结电容为 C,回路电感为 L. 射频超导量子干涉仪(rf SQUID)的哈密顿量[88]为

$$H_S = \frac{Q^2}{2C} + \frac{(\Phi - \Phi_x)^2}{2L} - E_J \cos\left(2\pi \frac{\Phi}{\Phi_0}\right). \tag{6.2.95}$$

其中,Φ 是超导环的磁通量,Q 是约瑟夫森结电容的电量. 两者是对易的,即 $[\Phi, Q] = \mathrm{i}\hbar$. Φ_x 是作用在超导环上的(准)静态外磁通量,$E_J \equiv I_C \Phi_0 / 2\pi$ 是约瑟夫森结的耦合能量,其中 I_C 是约瑟夫森结的临界电流,$\Phi_0 = \mathrm{h}/2e$ 是磁通量子.

单模腔场的哈密顿量为

$$H_C = \hbar\omega_C\left(a^\dagger a + \frac{1}{2}\right), \tag{6.2.96}$$

其中 $a^\dagger$ 和 a 分别为腔场的产生算符和湮灭算符，ω_C 是腔场的频率.

腔场与 RFSQUID 耦合后，它们相互作用的能量为

$$H_I = \lambda_C(\Phi - \Phi_x)\Phi_C, \tag{6.2.97}$$

其中 $\lambda_C = -1/L$ 是腔场与 RFSQUID 的耦合参数，Φ_C 是腔场磁场分量 $\vec{B}(\vec{r}, t)$ 作用在超导环上的磁通. Φ_C 与腔场磁场分量 $\vec{B}(\vec{r}, t)$ 的关系为

$$\Phi_C = \int_S \vec{B}(\vec{r}, t) \cdot d\vec{S}, \tag{6.2.98}$$

其中 S 是超导环边界的面积，$\vec{r}$ 是 S 面上的法向. $\vec{B}(\vec{r}, t)$ 的形式为

$$\vec{B}(\vec{r}, t) = \sqrt{\frac{\hbar\omega_C}{2\mu_0}}[a(t) + a^\dagger(t)]\vec{B}(\vec{r}), \tag{6.2.99}$$

其中 $\vec{B}(\vec{r})$ 是腔场模的磁场分量. 磁通 Φ_C 的定义在"大学物理"课程中已介绍；$\vec{B}(\vec{r}, t)$ 在"量子光学"课程中是指将磁场量子化.

用符号 $|n\rangle$ 表示具有能量 E_n 的哈密顿量 H_S 的本征态（依赖于 Φ_x）. 利用完全性关系 $\sum_n |n\rangle\langle n| = I$，由式(6.2.95)和(6.2.97)可以得到

$$H_S = \sum_n E_n |n\rangle\langle n|,$$

$$H_I = \sum_n |n\rangle\langle n| H_I \sum_m |m\rangle\langle m| = \lambda_C\Phi_C \sum_{n,m} |n\rangle\langle n| \Phi - \Phi_x |m\rangle\langle m|. \tag{6.2.100}$$

如果只考虑三能级，则只有本征态 $\{|0\rangle, |1\rangle, |2\rangle\}$，上式可以写为（设 $\hbar = 1$）

$$H_S = E_0 |0\rangle\langle 0| + E_1 |1\rangle\langle 1| + E_2 |2\rangle\langle 2|, \tag{6.2.101}$$

$$\begin{aligned} H_I = {} & (a + a^\dagger)(g_{00} |0\rangle\langle 0| + g_{11} |1\rangle\langle 1| + g_{22} |2\rangle\langle 2|) + a(g_{01} |0\rangle\langle 1| + \\ & g_{12} |1\rangle\langle 2| + g_{02} |0\rangle\langle 2| + g_{10} |1\rangle\langle 0| + g_{21} |2\rangle\langle 1| + \\ & g_{20} |2\rangle\langle 0|) + a^\dagger(g_{01} |0\rangle\langle 1| + g_{12} |1\rangle\langle 2| + g_{02} |0\rangle\langle 2| + \\ & g_{10} |1\rangle\langle 0| + g_{21} |2\rangle\langle 1| + g_{20} |2\rangle\langle 0|), \end{aligned} \tag{6.2.102}$$

其中

$$g_{ii} = \lambda_C \sqrt{\frac{\hbar \omega_C}{2\mu_0}} (\langle i \mid \Phi \mid i \rangle - \Phi_x) \widetilde{\Phi}_C, \quad g_{ij} = \lambda_C \sqrt{\frac{\hbar \omega_C}{2\mu_0}} \langle i \mid \Phi \mid j \rangle \widetilde{\Phi}_C,$$

(6.2.103)

磁通 $\widetilde{\Phi}_C = \int_S \vec{B}(\vec{r}) \cdot \mathrm{d}\vec{S}$, $i,j = 0,1,2$ 且 $i \neq j$. 文献[89]中选择 $g_{ii} = g_{ij}$.

如果控制腔场,使得能级 $\mid 0\rangle \leftrightarrow \mid 1\rangle$ 和 $\mid 1\rangle \leftrightarrow \mid 2\rangle$ 的跃迁频率大失谐,那么只能发生能级 $\mid 0\rangle \leftrightarrow \mid 2\rangle$ 的跃迁. 相互作用哈密顿量可以表示为

$$H_I = (a + a^\dagger)(g_{00} \mid 0\rangle\langle 0 \mid + g_{11} \mid 1\rangle\langle 1 \mid + g_{22} \mid 2\rangle\langle 2 \mid +$$
$$g_{02} \mid 0\rangle\langle 2 \mid + g_{20} \mid 2\rangle\langle 0 \mid).$$

(6.2.104)

在相互作用下,需要加上随时间演化的相位因子 $(\omega_C \pm \omega_{ij})t$. 于是,随时间演化的相互作用哈密顿量式(6.2.104)写为

$$H_I = (\mathrm{e}^{-\mathrm{i}\omega_C t} a + \mathrm{e}^{\mathrm{i}\omega_C t} a^\dagger)(g_{00} \mid 0\rangle\langle 0 \mid + g_{11} \mid 1\rangle\langle 1 \mid + g_{22} \mid 2\rangle\langle 2 \mid) +$$
$$a(\mathrm{e}^{-\mathrm{i}(\omega_C + \omega_{20})t} g_{02} \mid 0\rangle\langle 2 \mid + \mathrm{e}^{-\mathrm{i}(\omega_C - \omega_{20})t} g_{20} \mid 2\rangle\langle 0 \mid) +$$
$$a^\dagger(\mathrm{e}^{\mathrm{i}(\omega_C - \omega_{20})t} g_{02} \mid 0\rangle\langle 2 \mid + \mathrm{e}^{\mathrm{i}(\omega_C + \omega_{20})t} g_{20} \mid 2\rangle\langle 0 \mid),$$

(6.2.105)

其中 $\omega_{20} = (E_2 - E_0)/\hbar$ 是能级 $\mid 0\rangle$ 和 $\mid 2\rangle$ 的跃迁频率.

如果控制施加的腔场频率 ω_C,使其与跃迁频率 ω_{20} 满足关系

$$\omega_C \gg \Delta = \omega_C - \omega_{20},$$

(6.2.106)

则式(6.2.105)中快速谐振项 $\mathrm{e}^{\mathrm{i}(\omega_C + \omega_{20})t}$ 就可以舍弃(快速地随时间变化以至它的平均值为 0),这在量子光学中被称为**旋转波近似**(rotating-wave approximation). 于是,式(6.2.105)有效哈密顿量可写为

$$H_e = g_{02}(\mathrm{e}^{\mathrm{i}(\omega_C - \omega_{20})t} a^\dagger \mid 0\rangle\langle 2 \mid + \mathrm{e}^{-\mathrm{i}(\omega_C - \omega_{20})t} a \mid 2\rangle\langle 0 \mid).$$

(6.2.107)

注意: $g_{02} = g_{20}$ 对应本征态 $\mid 0\rangle \leftrightarrow \mid 2\rangle$ 跃迁时腔场与 SQUID 的耦合常数.

在使用经典微波脉冲时,采用的方法是经典方法,上面推导过程就不包含产生算符 $a^\dagger$ 和湮灭算符 a 了. 这里并不使用经典方法重复上述推导,因为量子光学方面的著作中都有相应的推导过程,感兴趣的读者可以参阅量子光学文献[16-18]. 如果取 $\omega_C = \omega_{20}$ 和 $\Omega_{02} = g_{02}$,式(6.2.107)变为

$$H_I = \Omega_{02}(\mid 0\rangle\langle 2 \mid + \mid 2\rangle\langle 0 \mid),$$

(6.2.108)

其中 Ω_{02} 称为能级 $\mid 0\rangle \leftrightarrow \mid 2\rangle$ 之间的**拉比振荡**(Rabi oscillation). 对于三能级,通过调节 Ω_{kl} (l 是高能级)就可以得到哈密顿量

$$H_I = \Omega_{kl}(\mid k\rangle\langle l \mid + \mid l\rangle\langle k \mid),$$

(6.2.109)

其中 $k,l = 0,1,2$ 且 $k \neq l$. 其基矢的演化为

$$|k\rangle \to \cos(\Omega_{kl}t)|k\rangle - \mathrm{i}\sin(\Omega_{kl}t)|l\rangle,$$
$$|l\rangle \to -\mathrm{i}\sin(\Omega_{kl}t)|k\rangle + \cos(\Omega_{kl}t)|l\rangle. \tag{6.2.110}$$

在两个超导环 a 和 b 中时(类似于两个原子 a 和 b 在腔场中),哈密顿量为

$$H = \gamma\Big(\sum_{m=a,b}|2\rangle_m\langle 2|+|2\rangle_a\langle 0|\bigotimes|0\rangle_b\langle 2|+|0\rangle_a\langle 2|\bigotimes|2\rangle_b\langle 0|\Big),$$

$$\tag{6.2.111}$$

其中 $\gamma = g_{02}^2/(\omega_C - \omega_{20})$. 基矢的演化为

$$|2\rangle_a|0\rangle_b \to \mathrm{e}^{-\mathrm{i}\gamma t}[\cos(\gamma t)|2\rangle_a|0\rangle_b - \mathrm{i}\sin(\gamma t)|0\rangle_a|2\rangle_b],$$
$$|0\rangle_a|2\rangle_b \to \mathrm{e}^{-\mathrm{i}\gamma t}[\cos(\gamma t)|0\rangle_a|2\rangle_b - \mathrm{i}\sin(\gamma t)|2\rangle_a|0\rangle_b],$$
$$|2\rangle_a|2\rangle_b \to \mathrm{e}^{-\mathrm{i}2\gamma t}|2\rangle_a|2\rangle_b,\ |2\rangle_a|1\rangle_b \to \mathrm{e}^{-\mathrm{i}\gamma t}|2\rangle_a|1\rangle_b.$$

$$\tag{6.2.112}$$

在这个过程中,腔场的信息没有转移到超导量子比特上,只是操控两个超导量子比特的状态,因而又称腔场是**虚激发的**(virtually excited). 显然,从式(6.2.112)中选择合适的参数就可以产生纠缠态

$$|\psi\rangle_{ab} = |2\rangle_a|0\rangle_b \to \frac{1}{\sqrt{2}}[|2\rangle_a|0\rangle_b + \mathrm{i}|0\rangle_a|2\rangle_b]. \tag{6.2.113}$$

据文献[89]报道,利用上面的基矢演化,可以实现受控相位门和交换门,感兴趣的读者可以参阅该文献.

从上面超导量子比特状态演化可以看出,与腔 QED 操控里德伯原子类似,通过超导量子比特将得到的量子态演化也是如此,只不过具体的物理体系不同. 但是,它们都表现出量子现象,这就用实验验证了量子克隆、量子纠缠态等量子信息科学的正确性.

下面重点阐述利用超导量子比特实现经济型 $1 \to M$ 相位协变量子克隆的实验实现方案[90].

对于未知相位态 $|\psi\rangle = \frac{1}{\sqrt{2}}(|0\rangle + \mathrm{e}^{\mathrm{i}\varphi}|1\rangle)$,其中 $\varphi \in [0,2\pi)$ 是未知的. 定义幺正变换为

$$|0\rangle_{\mathrm{in}}|00\cdots0\rangle \to |00\cdots0\rangle_{12\cdots M},$$
$$|0\rangle_{\mathrm{in}}|00\cdots0\rangle \to \frac{1}{\sqrt{M}}(|10\cdots0\rangle_{12\cdots M} + |01\cdots0\rangle_{12\cdots M} + \cdots + |00\cdots1\rangle_{12\cdots M}),$$

$$\tag{6.2.114}$$

其中 $|00\cdots0\rangle$ 是 $M-1$ 个空白态. 未知相位态 $|\psi\rangle = \dfrac{1}{\sqrt{2}}(|0\rangle + \mathrm{e}^{\mathrm{i}\varphi}|1\rangle)$ 经过这个幺正变换输出 M 个拷贝, 每个拷贝的保真度为

$$F = \langle\psi|\rho|\psi\rangle = \frac{1}{2} + \frac{1}{2\sqrt{M}}. \tag{6.2.115}$$

注意:这个量子克隆机不是最优的.

利用式(6.2.95),调节腔场与超导量子比特共振以实现 $|0\rangle \leftrightarrow |2\rangle$ 跃迁,同时调节频率以实现超导量子比特能级 $|1\rangle \leftrightarrow |2\rangle$ 跃迁. 经过旋转波近似后,可以得到哈密顿量为

$$H = \hbar \sum_{l=1}^{n} \left[gc \,|2\rangle_l\langle0| + \Omega_l(t)\,|2\rangle_l\langle1| \right] + \text{h.c.}, \tag{6.2.116}$$

其中 $c^{\dagger}$ 和 c 是光子的产生算符和湮灭算符, g 是腔模和 $|0\rangle \leftrightarrow |2\rangle$ 跃迁的耦合常数, $\Omega_l(t)$ 是能级 $|1\rangle \leftrightarrow |2\rangle$ 跃迁的拉比振荡频率(拉比频率), h.c. 表示厄米共轭. 在两个超导量子比特的情况下,式(6.2.116)哈密顿量的矩阵可以写为

$$H = \begin{bmatrix} 0 & \Omega_1 & 0 & 0 & 0 \\ \Omega_1^* & 0 & g & 0 & 0 \\ 0 & g & 0 & g & 0 \\ 0 & 0 & g & 0 & \Omega_2^* \\ 0 & 0 & 0 & \Omega_2 & 0 \end{bmatrix}, \tag{6.2.117}$$

对应矩阵元为 0 的量子态构成的量子态集合

$$H_0 = \{\,|1,0,0\rangle,\ |2,0,0\rangle,\ |0,0,1\rangle,\ |0,2,0\rangle,\ |0,1,0\rangle\,\}. \tag{6.2.118}$$

设处于真空腔的量子态为

$$|d_2\rangle = |00\rangle_{12}\,|0\rangle_C, \tag{6.2.119-a}$$

真空腔 $|0\rangle_C$ 和一个光子腔 $|1\rangle_C$ 的线性叠加态为

$$|d_2'\rangle = N\{g[\Omega_2^*(t)\,|1\rangle_1\,|0\rangle_2 + \Omega_1^*(t)\,|0\rangle_1\,|1\rangle_2]\,|0\rangle_C -$$
$$\Omega_1^*(t)\Omega_2^*(t)\,|0\rangle_1\,|0\rangle_2\,|1\rangle_C\}, \tag{6.2.119-b}$$

其中 N 是归一化系数. 上述两种量子态的分量属于集合 H_0,它们的本征值为 0,集合 H_0 的量子态称为**暗态**(dark states). 由于上述两个量子态是暗态,因此演化过程不能施加能量. 或者说,暗态之间的演化必须保证绝热(adiabatic passage),绝热条件为

$$|\dot{H}| \ll \hbar\,|\omega_{fi}|^2\,(f \approx i), \tag{6.2.120}$$

其中 ω_{fi} 是瞬时本征态 $|i(t)\rangle$ 和 $|f(t)\rangle$ 的跃迁频率. 对于两个超导量子比特的情况, 可以具体写为

$$\left|\frac{\dot{\Omega}_1\Omega_2-\Omega_1\dot{\Omega}_2}{\Omega_1^2-\Omega_2^2}\right|\frac{1}{\Omega_{\text{eff}}}\ll 1, \tag{6.2.121}$$

其中 $\Omega_{\text{eff}}=\sqrt{(\Omega_1^2+\Omega_2^2)g^2+\Omega_1^2\Omega_2^2}$. 在 n 个 SQUID 与一个单模微波腔场耦合时, 与上述情况类似, 暗态为

$$|d_2\rangle = |00\cdots0\rangle_{12\cdots n}|0\rangle_C, \tag{6.2.122-a}$$

$$\begin{aligned}|d_2'\rangle = N\{&g[\Omega_2^*(t)\Omega_3^*(t)\cdots\Omega_n^*(t)|1\rangle_1|0\rangle_2\cdots|0\rangle_n+\\
&\Omega_1^*(t)\Omega_3^*(t)\cdots\Omega_n^*(t)|0\rangle_1|1\rangle_3\cdots|0\rangle_n+\\
&\Omega_1^*(t)\Omega_3^*(t)\cdots\Omega_{n-1}^*(t)|0\rangle_1|0\rangle_3\cdots|1\rangle_n]|0\rangle_C-\\
&\Omega_1^*(t)\Omega_2^*(t)\Omega_3^*(t)\cdots\Omega_n^*(t)|0\rangle_1|0\rangle_2\cdots|0\rangle_n|1\rangle_C\}.\end{aligned}$$
$$\tag{6.2.122-b}$$

具体的实验实现过程分为下列步骤. 将需要量子克隆的未知相位态 $|\psi\rangle_1=\frac{1}{\sqrt{2}}(|0\rangle+\mathrm{e}^{i\varphi}|1\rangle)_1$ 和初始拷贝态 $|0\rangle_2\cdots|0\rangle_M$ 置于真空腔 $|0\rangle_C$ 中, 整个系统为

$$|\psi\rangle_1=\frac{1}{\sqrt{2}}(|0\rangle+\mathrm{e}^{i\varphi}|1\rangle)_1|0\rangle_2\cdots|0\rangle_M|0\rangle_C, \tag{6.2.123}$$

调节拉比频率, 使得 $\Omega_2=\cdots=\Omega_M\gg\Omega_1$; 缓慢地降低 $M-1$ 个拷贝态的脉冲 $(\Omega_2=\cdots=\Omega_M)$, 缓慢地提高需要量子克隆的态的脉冲 Ω_1, 以满足绝热条件. 如果最后探测到腔场是真空态, 则状态为

$$\begin{aligned}|\Psi\rangle^{\text{out}}=&\frac{1}{\sqrt{2}}|00\cdots0\rangle_{12\cdots M}+\\
&\frac{1}{\sqrt{2}}\mathrm{e}^{i\varphi}Ng[\Omega_2^*(t)\Omega_3^*(t)\cdots\Omega_n^*(t)|1\rangle_1|0\rangle_2\cdots|0\rangle_M+\\
&\Omega_1^*(t)\Omega_3^*(t)\cdots\Omega_n^*(t)|0\rangle_1|1\rangle_3\cdots|0\rangle_M+\\
&\Omega_1^*(t)\Omega_3^*(t)\cdots\Omega_{n-1}^*(t)|0\rangle_1|0\rangle_3\cdots|1\rangle_M].\end{aligned} \tag{6.2.124}$$

这就实现了相位协变量子克隆.

对于实验实现中所给的参数和条件以及对实验结果的分析, 本书暂不讨论, 感兴趣的读者可参阅相关文献.

下面再介绍一下利用 SQUID 实现 $1 \rightarrow 2$ 普适量子克隆[91]的方案. 二维空间对称性 $1 \rightarrow 2$ 普适量子克隆的幺正变换可以写为

$$|\pm\rangle \, |\Sigma\rangle \rightarrow \sqrt{\frac{2}{3}} \, |\pm\rangle \, |\pm\rangle \, |A_{\pm}\rangle + \sqrt{\frac{1}{3}} \, |\Phi\rangle \, |A_{\mp}\rangle. \quad (6.2.125)$$

其中,符号 $\{|\pm\rangle\}$ 表示计算基, $|\Sigma\rangle$ 表示两个量子比特的辅助系统,一个作为空白态,一个作为辅助系统; $|\Phi\rangle = (|+\rangle \, |-\rangle + |-\rangle \, |+\rangle)/\sqrt{2}$ 是最大纠缠态. 经过量子克隆后,输出的拷贝保真度为 $5/6$.

为了实现量子克隆幺正变换,首先介绍 SQUID 所需要的演化. 将处于基态的 $|g\rangle$(激发态 $|e\rangle$)置于 $|1\rangle$ 态($|0\rangle$ 态)的微波腔中,其系统的演化为[89]

$$|g, 1\rangle \rightarrow \cos(\lambda t) \, |g, 1\rangle - \mathrm{i} \sin(\lambda t) \, |e, 0\rangle,$$
$$|e, 0\rangle \rightarrow \cos(\lambda t) \, |e, 0\rangle - \mathrm{i} \sin(\lambda t) \, |g, 1\rangle, \quad (6.2.126)$$

其中 λ 是超导量子比特和腔场的耦合常数. 利用经典场作用于 1 个超导量子比特以实现 $|g\rangle \leftrightarrow |e\rangle$ 能级跃迁,其系统的演化为[89]

$$|g\rangle \rightarrow \cos(\Omega_{ge}t) \, |g\rangle - \mathrm{i} \sin(\Omega_{ge}t) \, |e\rangle,$$
$$|e\rangle \rightarrow \cos(\Omega_{ig}t) \, |e\rangle - \mathrm{i} \sin(\Omega_{ie}t) \, |i\rangle, \quad (6.2.127)$$

其中 Ω_{ge} 是能级跃迁之间的拉比频率. 如果实现 $|i\rangle \leftrightarrow |e\rangle$ 能级跃迁,其系统的演化为[89]

$$|i\rangle \rightarrow \cos(\Omega_{ie}t) \, |i\rangle - \mathrm{i} \sin(\Omega_{ig}t) \, |e\rangle,$$
$$|e\rangle \rightarrow \cos(\Omega_{ge}t) \, |e\rangle - \mathrm{i} \sin(\Omega_{ge}t) \, |i\rangle. \quad (6.2.128)$$

注意:能级 $|g\rangle$ 和 $|i\rangle$ 的跃迁是被禁止的,不能直接跃迁. 如果要实现 $|g\rangle \leftrightarrow |i\rangle$,则需要 $|e\rangle$ 态作为辅助. 利用两个腔场 ω_1 和 ω_2 并保证绝热过程, $|g\rangle \leftrightarrow |i\rangle$ 的演化表示为

$$|g\rangle \rightarrow \cos(\lambda' t) \, |g\rangle + e^{-\mathrm{i}\omega_g t} e^{-\mathrm{i}(\varphi_1 - \varphi_2 - \pi/2)} \sin(\lambda' t) \, |i\rangle,$$
$$|i\rangle \rightarrow e^{\mathrm{i}(\varphi_1 - \varphi_2 + \pi/2)} \sin(\lambda' t) \, |g\rangle + e^{-\mathrm{i}\omega_g t} \cos(\lambda' t) \, |i\rangle, \quad (6.2.129)$$

其中 φ_1 和 φ_2 是两个经典场的初始相位, λ' 是耦合常数. 选择不同的参数,可以实现变换

$$|g\rangle \rightarrow -|+\rangle, \quad |i\rangle \rightarrow -|-\rangle; \quad (6.2.130\text{-a})$$
$$|g\rangle \rightarrow |-\rangle, \quad |i\rangle \rightarrow -|-\rangle, \quad (6.2.130\text{-b})$$

以及 SQUID 和腔场的 CNOT 门变换(腔场是控制比特,SQUID 是靶比特)

$$|\pm\rangle \, |0\rangle_f \rightarrow |\pm\rangle \, |0\rangle_f, \quad |\pm\rangle \, |1\rangle_f \rightarrow |\mp\rangle \, |0\rangle_f, \quad (6.2.130\text{-c})$$

其中 $|\pm\rangle = (|i\rangle \pm |g\rangle)/\sqrt{2}$. 有了上述演化,就可以实现普适量子克隆.

设 SQUID2 和腔场是辅助系统,首先制备辅助系统.

第 1 步:令 SQUID2 处于 $|g\rangle$,根据式(6.2.127),令 $t = 0.20\pi/\Omega_{eg}$,可以得到

$$|g\rangle_2 \rightarrow |\psi\rangle_2 = \sqrt{\frac{2}{3}}|g\rangle_2 + i\sqrt{\frac{1}{3}}|e\rangle_2. \qquad (6.2.131)$$

第 2 步:将 SQUID2 置于腔场 $|0\rangle_f$ 中,根据式(6.2.126),实现 $|e,0\rangle \leftrightarrow -i|g,1\rangle$ 跃迁,令 $t = \pi/2\lambda$,系统演化为

$$|\psi\rangle_2|0\rangle_f = \sqrt{\frac{2}{3}}|g\rangle_2|0\rangle_f + i\sqrt{\frac{1}{3}}|e\rangle_2|0\rangle_f$$

$$\rightarrow |g\rangle_2\left(\sqrt{\frac{2}{3}}|0\rangle_f + \sqrt{\frac{1}{3}}|1\rangle_f\right). \qquad (6.2.132)$$

至此,腔场演化为叠加态,类似量子信息中的交换门,即

$$(\alpha|0\rangle_1 + \beta|1\rangle_1)|0\rangle_2 \leftrightarrow |0\rangle_1(\alpha|0\rangle_2 + \beta|1\rangle_2).$$

第 3 步:设需要量子克隆的 SQUID1 未知量子态为 $\alpha|+\rangle_1 + \beta|-\rangle_1$.利用式(6.2.130-c),对 SQUID1 进行操作,系统演化为

$$(\alpha|+\rangle_1 + \beta|-\rangle_1)|g\rangle_2\left(\sqrt{\frac{2}{3}}|0\rangle_f + \sqrt{\frac{1}{3}}|1\rangle_f\right)$$

$$\rightarrow \sqrt{\frac{2}{3}}(\alpha|+\rangle_1 + \beta|-\rangle_1)|g\rangle_2|0\rangle_f + \sqrt{\frac{1}{3}}(\alpha|-\rangle_1 + \beta|+\rangle_1)|g\rangle_2|1\rangle_f.$$

$$(6.2.133)$$

第 4 步:让 SQUID2 与腔场作用,根据式(6.2.126),令 $t = \pi/4\lambda$,得到

$$\sqrt{\frac{2}{3}}(\alpha|+\rangle_1 + \beta|-\rangle_1)|g\rangle_2|0\rangle_f + \sqrt{\frac{1}{3}}(\alpha|-\rangle_1 + \beta|+\rangle_1)|g\rangle_2|1\rangle_f$$

$$\rightarrow \sqrt{\frac{2}{3}}(\alpha|+\rangle_1 + \beta|-\rangle_1)|g\rangle_2|0\rangle_f +$$

$$\sqrt{\frac{1}{3}}(\alpha|-\rangle_1 + \beta|+\rangle_1)(|g\rangle_2|1\rangle_f - i|e\rangle_2|0\rangle_f). \qquad (6.2.134)$$

第 5 步:让 SQUID3 与腔场作用,令 $t = \pi/2\lambda$,可以得到

$$\sqrt{\frac{2}{3}}(\alpha|+\rangle_1 + \beta|-\rangle_1)|g\rangle_2|g\rangle_3|0\rangle_f -$$

$$i\sqrt{\frac{1}{6}}(\alpha|-\rangle_1 + \beta|+\rangle_1)(|g\rangle_2|e\rangle_3 + |e\rangle_2|g\rangle_3)|0\rangle_f. \qquad (6.2.135)$$

经过第 5 步,腔场又变为初始状态 $|0\rangle_f$.下面就可以对 3 个 SQUID 进行操作了.

第 6 步：做 $|e\rangle_{2,3} \leftrightarrow |i\rangle_{2,3}$ 变换，令 $t = \pi/2\Omega_{ie}$，可以得到

$$\sqrt{\frac{2}{3}}(\alpha |+\rangle_1 + \beta |-\rangle_1) |g\rangle_2 |g\rangle_3 -$$

$$i\sqrt{\frac{1}{6}}(\alpha |-\rangle_1 + \beta |+\rangle_1)(|g\rangle_2 |i\rangle_3 + |i\rangle_2 |g\rangle_3). \qquad (6.2.136)$$

第 7 步：对 SQUID1 施加步骤 1，对 SQUID2 和 SQUID3 施加步骤 2，可以得到

$$\sqrt{\frac{2}{3}}(-\alpha |i\rangle_1 + \beta |g\rangle_1) |-\rangle_2 |-\rangle_3 + \sqrt{\frac{1}{3}}(\alpha |g\rangle_1 - \beta |i\rangle_1) |\Phi\rangle_{23}. \qquad (6.2.137)$$

其中 $|\Phi\rangle_{23} = (|+\rangle_2 |-\rangle_3 + |-\rangle_2 |+\rangle_3)/\sqrt{2}$.

第 8 步：做 $|i\rangle_1 \leftrightarrow -i |e\rangle_1$ 变换，令 $t = \pi/2\Omega_{ie}$，可以得到

$$\sqrt{\frac{2}{3}}(\alpha i |e\rangle_1 + \beta |g\rangle_1) |-\rangle_2 |-\rangle_3 + \sqrt{\frac{1}{3}}(\alpha |g\rangle_1 + \beta i |i\rangle_1) |\Phi\rangle_{23}. \qquad (6.2.138)$$

第 9 步：让 SQUID1 与腔场作用，令时间 $t = \pi/2\lambda$，可以得到

$$\sqrt{\frac{2}{3}}(\alpha |1\rangle_f + \beta |0\rangle_f) |-\rangle_2 |-\rangle_3 + \sqrt{\frac{1}{3}}(\alpha |0\rangle_f + \beta |1\rangle_f) |\Phi\rangle_{23}. \qquad (6.2.139)$$

第 10 步：对 SQUID2（控制比特）和 SQUID3（靶比特）施加 CNOT 门，可以得到

$$\alpha\left(\sqrt{\frac{2}{3}} |+\rangle_2 |+\rangle_3 |A\rangle_+ + \sqrt{\frac{1}{3}} |\Phi\rangle_{23} |A\rangle_-\right) +$$

$$\beta\left(\sqrt{\frac{2}{3}} |-\rangle_2 |-\rangle_3 |A\rangle_- + \sqrt{\frac{1}{3}} |\Phi\rangle_{23} |A\rangle_+\right), \qquad (6.2.140)$$

其中 $|A\rangle_+ = |g\rangle_1 |1\rangle_f$，$|A\rangle_- = |g\rangle_1 |0\rangle_f$. 这就实现了普适量子克隆.

本章给出里德伯原子系统、线性光学系统和超导系统等三种物理体系用以实现量子克隆的过程. 目前，这三种物理体系的研究已取得良好进展. 里德伯原子系统可以实现 20 个原子的量子纠缠[92]，线性光学系统可以实现 10 个光子的量子纠缠[93]，超导系统可以实现 20 个 SQUID 的量子纠缠[94]，感兴趣的读者可以参阅相关文献.

▌参考文献

［1］M. Saffman and T. G. Walker, Quantum information with Rydberg atoms ［J］, Reviews of Modern Physics 82:2313(2010).

［2］P. Kok, W. J. Munro, K. Nemoto, T. C. Ralph, J. P. Dowling and G. J. Milburn, Linear optical quantum computing with photonic qubits ［J］, Reviews of Modern Physics 79:135(2007).

［3］J-W. Pan, Z-B. Chen, C-Y. Lu, H. Weinfurter, A. Zeilinger and M. Zukowski, Multiphoton entanglement and interferometry ［J］, Reviews of Modern Physics 84:777 (2012).

［4］R. Blatt and D. Wineland, Entangled states of trapped atomic ions ［J］, Nature 453:1008(2008).

［5］I. Bloch, Quantum coherence and entanglement with ultracold atoms in optical lattices ［J］, Nature 453:1016(2008).

［6］J. Clarke and F. K. Wilhelm, Superconducting quantum bits ［J］, Nature 453: 1031(2008).

［7］L. DiCarlo, J. M. Chow, J. M. Gambetta, L. S. Bishop, B. R. Johnson, D. I. Schuster, J. Majer, A. Blais, L. Frunzio, S. M. Girvin and R. J. Schoelkopf, Demonstration of two-qubit algorithms with a superconducting quantum processor ［J］, Nature 460:240(2009).

［8］X. Li, Y. Wu, D. Steel, D. Gammon, T. H. Stievater, D. S. Katzer, D. Park, C. Piermarocchi and L. J. Sham, An all-optical quantum gate in a semiconductor quantum dot ［J］, Science 301:809(2003).

［9］J. Petta, A. Johnson, J. Taylor, E. Laird, A. Yacoby, M. Lukin,C. Marcus, M. P. Hanson and A. Gossard, Coherent manipulation of coupled electron spins in semiconductor quantum dots ［J］, Science 309:2180(2005).

［10］C. Barthel, D. J. Reilly, C. M. Marcus, M. P. Hanson and A. C. Gossard, Rapid single-shot measurement of a singlet-triplet qubit ［J］, Physical Review Letters 103: 160503(2009).

［11］E. Paladino, Y. M. Galperin, G. Falci and B. L. Altshuler, 1/f noise: implications for solid-state quantum information ［J］, Reviews of Modern Physics 86:361(2014).

［12］M. Brune, F. Schmidt-Kaler,A. Maali, J. Dreyer, E. hagley and J. M. Mainond, Quantum Rabi oscillation: a direct test of field quantization in a cavity ［J］, Physical Review Letters 76:1800(1996).

［13］E. T. Jaynes and F. W. Cumming, Comparison of quantum and semiclassical radiation theory with application to the beam maser ［J］, Proceedings of the IEEE 51:89 (1963).

［14］S-B. Zheng and G-C. Guo, Efficient scheme for two-atom entanglement and quantum information processing in cavity QED ［J］, Physical Review Letters 85:2392 (2000).

［15］S. Osnaghi, P. Bertet, A. Auffeves, P. Maioli, M. Brune, J. M. Raimond and S. Haroche, Coherent control of an atomic collision in a cavity［J］, Physical Review Letters 87:037902(2001).

［16］M. O. Scully and M. S. Zubairy. Quantum optics ［M］. Cambridge University Press 1997.

［17］M. Orszag. Quantum optics:including noise reduction, trapped ions, quantum trajectories, and decoherence ［M］. 3rd ed. Springer 2016.

［18］D. F. Walls and G. J. Milburn. Quantum optics ［M］. 2nd ed. Springer 2008.

［19］C. Simon, G. Weihs and A. Zeilinger, Optimal quantum cloning via stimulated emission ［J］, Physical Review Letters 84:2993(2000).

［20］C-W. Zhang, Z-Y. Wang, C-F. Li and G-C. Guo, Realizing probabilistic identification and cloning of quantum states via universal quantum logic gates ［J］, Physical Review A 61:062310(2000).

［21］J. Kempe, C. Simon and G. Weihs, Optimal photon cloning ［J］, Physical Review A 62:032302(2000).

［22］C-W. Zhang, C-F. Li, Z-Y. Wang and G-C. Guo, Probabilistic quantum cloning via Greenberger-Horne-Zeilinger states ［J］, Physical Review A 62:042302(2000).

［23］G. M. D'Ariano, F. De Martini and M. F. Sacchi, Continuous variable cloning via network of parametric gates ［J］, Physical Review Letters 86:914(2001).

［24］D. Bruß, J. Calsamiglia and N. Lütkenhaus, Quantum cloning and distributed measurements ［J］, Physical Review A 63:042308(2001).

［25］J. Fiurášek, Optical implementation of continuous-variable quantum cloning machines ［J］, Physical Review Letters 86:4942(2001).

［26］S. L. Braunstein, N. J. Cerf, S. Iblisdir, P. van Loock, and S. Massar, Optimal cloning of coherent states with a linear amplifier and beam splitters ［J］, Physical Review Letters 86:4938(2001).

［27］Y-F. Huang, W-L. Li, C-F. Li, Y-S. Zhang, Y-K. Jiang and G-C. Guo, Optical realization of universal quantum cloning ［J］, Physical Review A 64:012315(2001).

［28］H. K. Cummins, C. Jones, A. Furze, N. F. Soffe, M. Mosca, J. M. Peach and J. A. Jones, Approximate quantum cloning with nuclear magnetic resonance ［J］, Physical Review Letters 88:187901(2002).

［29］H. Fan, G. Weihs, K. Matsumoto and H. Imai, Cloning of symmetric d-level photonic states in physical systems ［J］, Physical Review A 66:024307(2002).

[30] S. Fasel, N. Gisin, G. Ribordy, V. Scarani and H. Zbinden, Quantum cloning with an optical fiber amplifier [J], Physical Review Letters 89:107901(2002).

[31] P. Milman, H. Ollivier, and J. M. Raimond, Universal quantum cloning in cavity QED [J], Physical Review A 67:012314(2003).

[32] X-B. Zou, K. Pahlke and W. Mathis, Scheme for the implementation of a universal quantum cloning machine via cavity-assisted atomic collisions in cavity QED [J], Physical Review A 67:024304(2003).

[33] M. Alexanian, Cavity coherent-state cloning via Raman scattering [J], Physical Review A 67:033809(2003).

[34] J. Fiurášek, Optical implementations of the optimal phase-covariant quantum cloning machine [J], Physical Review A 67:052314(2003).

[35] D. Pelliccia, V. Schettini, F. Sciarrino, C. Sias, and F. De Martini, Contextual realization of the universal quantum cloning machine and of the universal-NOT gate by quantum-injected optical parametric amplification [J], Physical Review A 68:042306(2003).

[36] W. T. M. Irvine, A. L. Linares, M. J. A. deDood and D. Bouwmeester, Optimal quantum cloning on a beam splitter [J], Physical Review Letters 92:047902(2004).

[37] M. Ricci, F. Sciarrino, C. Sias and F. De Martini, Teleportation scheme implementing the universal optimal quantum cloning machine and the universal NOT gate [J], Physical Review Letters 92:047901(2004).

[38] F. De Martini, D. Pelliccia and F. Sciarrino, Contextual, optimal, and universal realization of the quantum cloning machine and of the NOT gate [J], Physical Review Letters 92:067901(2004).

[39] R. Filip, Conditional implementation of an asymmetrical universal quantum cloning machine [J], Physical Review A 69:032309(2004).

[40] I. A. Khan and J. C. Howell, Hong-Ou-Mandel cloning: quantum copying without an ancilla [J], Physical Review A 70:010303(R)(2004).

[41] J. Fiurášek, N. J. Cerf and E. S. Polzik, Quantum cloning of a coherent light state into an atomic quantum memory [J], Physical Review Letters 93:180501(2004).

[42] G. DeChiara, R. Fazio, C. Macchiavello, S. Montangero and G. M. Palma, Quantum cloning in spin networks [J], Physical Review A 70:062308(2004).

[43] J. Du, T. Durt, P. Zou, H. Li, L. C. Kwek, C. H. Lai, C. H. Oh and A. Ekert, Experimental quantum cloning with prior partial information [J], Physical Review Letters 94:040505(2005).

[44] U. L. Andersen, V. Josse and G. Leuchs, Unconditional quantum cloning of coherent states with linear optics [J], Physical Review Letters 94:240503(2005).

[45] Z. Zhao, A-N. Zhang, X-Q. Zhou, Y-A. Chen, C-Y. Lu, A. Karlsson and J-W. Pan, Experimental realization of optimal asymmetric cloning and telecloning via partial teleportation [J], Physical Review Letters 95:030502(2005).

[46] G. DeChiara, R. Fazio, C. Macchiavello, S. Montangero and G. M. Palma, Cloning transformations in spin networks without external control [J], Physical Review A 72:012328(2005).

[47] X-B. Zou and W. Mathis, Linear optical implementation of ancilla-free 1→3 optimal phase covariant quantum cloning machines for the equatorial qubits [J], Physical Review A 72:022306(2005).

[48] X-B. Zou and W. Mathis, Cavity QED scheme for realizing the optimal universal quantum cloning of the polarization state of photons [J], Physical Review A 72:024304 (2005).

[49] F. Sciarrino and F. De Martini, Realization of the optimal phase-covariant quantum cloning machine [J], Physical Review A 72:062313(2005).

[50] F. Sciarrino, V. Secondi and F. De Martini, Experimental reversion of the optimal quantum cloning and flipping processes [J], Physical Review A 73:040303(R) (2006).

[51] Z. Zhai, J. Guo and J. Gao, Generalization of continuous-variable quantum cloning with linear optics [J], Physical Review A 73:052302(2006).

[52] S. Olivares, M. G. A. Paris and U. L. Andersen, Cloning of Gaussian states by linear optics [J], Physical Review A 73:062330(2006).

[53] Q. Chen, J. Cheng, K-L. Wang and J. Du, Optimal quantum cloning via spin networks [J], Physical Review A 74:034303(2006).

[54] A. Černoch, L. Bartšková, J. Soubusta, M. Ježek, J. Fiurášek and M. Dušek, Experimental phase-covariant cloning of polarization states of single photons [J], Physical Review A 74:042327(2006).

[55] W-H. Zhang and L. Ye, Scheme to implement general economical phase-covariant telecloning [J], Physics Letters A 353:130(2006).

[56] W-H. Zhang and L. Ye, Cavity-QED scheme to implement the optimal symmetric approximate quantum telecloning [J], Physical Letters A 354:344(2006).

[57] H. Chen, X. Zhou, D. Suter and J. Du, Experimental realization of 1→2 asymmetric phase-covariant quantum cloning [J], Physical Review A 75:012317(2007).

[58] H. Chen and J. Zhang, Continuous-variable quantum cloning of coherent states with phase-conjugate input modes using linear optics [J], Physical Review A 75:022306 (2007).

[59] M. Sabuncu, U. L. Andersen and G. Leuchs, Experimental demonstration of continuous variable cloning with phase-conjugate inputs [J], Physical Review Letters 98: 170503(2007).

[60] F. Sciarrino and F. De Martini, Implementation of optimal phase-covariant cloning machines [J], Physical Review A 76:012330(2007).

[61] S. Olivares, Selective cloning of Gaussian states by linear optics [J], Physical Review A 76:022305(2007).

[62] Z. Jiang, Q. Chen and S. Wan, Optimal 1→M universal quantum cloning via spin networks [J], Physical Review A 76:034302(2007).

[63] L-B. Yu, W-H. Zhang and L. Ye, Implementing an ancilla-free 1→M economical phase-covariant quantum cloning machine with superconducting quantum-interference devices in cavity QED [J], Physical Review A 76:034303(2007).

[64] J. Soubusta, L. Bartšková, A. Černoch, J. Fiurášek and M. Dušek, Several experimental realizations of symmetric phase-covariant quantum cloners of single-photon qubits [J], Physical Review A 76:042318(2007).

[65] E. Nagali, T. De Angelis, F. Sciarrino and F. De Martini, Experimental realization of macroscopic coherence by phase-covariant cloning of a single photon [J], Physical Review A 76:042126(2007).

[66] J. Yang, Y-F. Yu, Z-M. Zhang and S-H. Liu, Realization of universal quantum cloning with superconducting quantum-interference device qubits in a cavity [J], Physical Review A 77:034302(2008).

[67] Y-L. Dong, X-B. Zou and G-C. Guo, Local and nonlocal cloning of coherent states with known phases using linear optics [J], Physical Review A 77:034304(2008).

[68] J. Fiurášek and N. J. Cerf, Quantum cloning of a pair of orthogonally polarized photons with linear optics [J], Physical Review A 77:052308(2008).

[69] X-B. Zou, K. Li, G-C. Guo, Linear optical scheme for implementing the universal and phase-covariant quantum cloning machines [J], Physics Letters A 366:36-41(2007).

[70] J-S. Xu, C-F. Li, L. Chen, X-B. Zou and G-C. Guo, Experimental realization of the optimal universal and phase-covariant quantum cloning machines [J], Physical Review A 78:032322(2008).

[71] M. Sabuncu, G. Leuchs and U. L. Andersen, Experimental continuous-variable cloning of partial quantum information [J], Physical Review A 78:052312(2008).

[72] J. Soubusta, L. Bartšková, A. Černoch, M. Dušek and J. Fiurášek, Experimental asymmetric phase-covariant quantum cloning of polarization qubits [J], Physical Review A 78:052323(2008).

[73] B-L. Fang, Z. Yang and L. Ye, Realizing a partial general quantum cloning machine with superconducting quantum-interference devices in a cavity QED [J], Physical Review A 79:054308(2009).

[74] F. De Martini, F. Sciarrino and N. Spagnolo, Anomalous lack of decoherence of the macroscopic quantum superpositions based on phase-covariant quantum cloning [J], Physical Review Letters 103:100501(2009).

[75] A. Černoch, J. Soubusta, L. Čelechovská, M. Dušek and J. Fiurášek, Experimental demonstration of optimal universal asymmetric quantum cloning of polarization states of single photons by partial symmetrization [J], Physical Review A 80:062306(2009).

[76] X-Q. Shao, H-F. Wang, L. Chen, S. Zhang, Y-F. Zhao and K-H. Yeon, One-step implementation of the $1 \rightarrow 3$ orbital state quantum cloning machine via quantum Zeno dynamics [J], Physical Review A 80:062323(2009).

[77] W-H. Zhang and L. Ye, Optimal asymmetric economical state-dependent cloners [J], Optics Communications 282:2650(2009).

[78] L. Szabó, M. Koniorczyk, P. Adam and J. Janszky, Optimal universal asymmetric covariant quantum cloning circuits for qubit entanglement manipulation [J], Physical Review A 81:032323(2010).

[79] Y. Chen, X-Q. Shao, A. Zhu, K-H. Yeon and S-C. Yu, Improving fidelity of quantum cloning via the Dzyaloshinskii-Moriya interaction in a spin network [J], Physical Review A 81:032338(2010).

[80] E. Nagali, D. Giovannini, L. Marrucci, S. Slussarenko, E. Santamato and F. Sciarrino, Experimental optimal cloning of four-dimensional quantum states of photons [J], Physical Review Letters 105:073602(2010).

[81] B. Sanguinetti, E. Pomarico, P. Sekatski, H. Zbinden and N. Gisin, Quantum cloning for absolute radiometry [J], Physical Review Letters 105:080503(2010).

[82] B-L. Fang, Q-M. Song and L. Ye, Realization of a universal and phase-covariant quantum cloning machine in separate cavities [J], Physical Review A 83:042309(2011).

[83] H. Chen, D. Lu, B. Chong, G. Qin, X. Zhou, X. Peng and J. Du, Experimental demonstration of probabilistic quantum cloning [J], Physical Review Letters 106:180404(2011).

[84] S. Raeisi, W. Tittel and C. Simon, Proposal for inverting the quantum cloning of photons [J], Physical Review Letters 108:120404(2012).

[85] D. Valente, Y. Li, J. P. Poizat, J. M. Gérard, L. C. Kwek, M. F. Santos and A. Auffèves, Universal optimal broadband photon cloning and entanglement creation in one-dimensional atoms [J], Physical Review A 86:022333(2012).

[86] G. Araneda, N. Cisternas, O. Jiménez and A. Delgado, Nonlocal optimal probabilistic cloning of qubit states via twin photons [J], Physical Review A 86:052332 (2012).

[87] M-Z. Zhu and L. Ye, Implementing a quantum cloning machine in separate cavities via the optical coherent pulse as a quantum communication bus [J], Physical Review A 91:042319(2015).

[88] S. Han, R. Rouse and J. E. Lukens, Generation of a population inversion between quantum states of a macroscopic variable [J], Physical Review Letters 76, 3404 (1996).

[89] C-P. Yang and S. Chu, Possible realization of entanglement, logical gates, and quantum-information transfer with superconducting-quantum-interference-device qubits in cavity QED [J], Physical Review A 67:042311(2003).

[90] L-B. Yu, W-H. Zhang and L. Ye, Implementing anancilla-free 1→M economical phase-covariant quantum cloning machine with superconducting quantum-interference devices in cavity QED [J], Physical Review A 76:034303(2007).

[91] H. Pu, P. Maenner, W. Zhang and H. Y. Ling, Adiabatic condition for nonlinear systems [J], Physical Review Letters 98:050406(2007).

[92] J. Yang, Y-F. Yu, Z-M. Zhang and S-H. Liu, Realization of universal quantum cloning with superconducting quantum-interference device qubits in a cavity [J], Physical Review A 77:034302(2008).

[93] A. Omran, H. Levine, A. Keesling, G. Semeghini, T. T. Wang, S. Ebadi, H. Bernien, A. S. Zibrov, H. Pichler, S. Choi, J. Cui, M. Rossignolo, P. Rembold, S. Montangero, T. Calarco, M. Endres, M. Greiner, V. Vuletić and M. D. Lukin, Generation and manipulation of Schrödinger cat states in Rydberg atom arrays [J], Science 365:570-574(2019).

[94] X-L. Wang, L-K. Chen, W. Li, H-L. Huang, C. Liu, C. Chen, Y-H. Luo, Z-E. Su, D. Wu, Z-D. Li, H. Lu, Y. Hu, X. Jiang, C-Z. Peng, L. Li, N-L. Liu, Y-A. Chen, C-Y. Lu and J-W. Pan, Experimental ten-photon entanglement [J], Physical Review Letters 117:210502(2016).

[95] C. Song, K. Xu, H. Li, Y. Zhang, X. Zhang, W. Liu, Q. Guo, Z. Wang, W. Ren, J. Hao, H. Feng, H. Fan, D. Zheng, D. Wang, H. Wang and S. Zhu, Observation of multi-component atomic Schrödinger cat states of up to 20 qubits [J], Science 365:574-577(2019).

第7章 量子克隆应用

量子克隆理论在量子信息学中有许多应用[1~28],如量子计算[1]、量子信息分配器[2,6]、量子密码术[4,5,29]、量子纯化[9,14]和量子态估测[18,28]等.

7.1 量子密码术

量子密码术[29]中使用非正交量子态作为量子密钥,著名的 BB84 方案[30,31]采用两组正交态集合作为量子密钥.后续又有人提出 B92 方案[32,33]、二维空间三态方案[34,35]、二维空间六态 BB84 方案[36]、d 维空间纯态方案[4]和 d 维空间纠缠态方案[37]等.下面,首先阐述利用量子克隆对二维空间 BB84 方案的窃听,然后推广到 d 维空间的窃听.

7.1.1 BB84 方案攻击

标准 BB84 方案包括两组正交态,共四个量子态,即

$$S_1 = \{|\psi_0\rangle = |0\rangle, |\psi_1\rangle = |1\rangle\},$$
$$S_2 = \{|\psi_\pm\rangle = (|0\rangle \pm |1\rangle)/\sqrt{2}\}. \qquad (7.1.1)$$

设有两组测量算符

$$M_1 = |\psi_0\rangle\langle\psi_0| + |\psi_1\rangle\langle\psi_1|,$$
$$M_2 = |\psi_+\rangle\langle\psi_+| + |\psi_-\rangle\langle\psi_-|, \qquad (7.1.2)$$

对量子态集合 S_1 和 S_2 测量.

BB84 方案的具体过程如下.

(1)发送方 Alice 随机地从四个量子态中选出一个,共有 $(4+\delta)n$ 个随机比特串.

(2)Alice 随机地从 $(4+\delta)n$ 个比特串中选出一个比特串 b,她可以规定 S_1 为 0,S_2 为 1.当然,她可以再选另外一个比特串 b',规定 S_1 为 1,S_2 为 0.这个规定只有 Alice 自己知道,不对外宣布.

（3）她把所有的比特串发给接收者 Bob. 当然，Bob 完全不知道 Alice 的比特串顺序，也不知道编码 0 或 1 的规定；他只知道比特串由四个量子态组成.

（4）Bob 宣布接收到 Alice 发给他的所有比特串；然后，随机地用 M_1 或 M_2 测量他接收到的比特串，并记录测量顺序和结果.

（5）Alice 公开比特串 b. Alice 公开她随机用 M_1 或 M_2 的测量结果，不过，她不需要真实地测量. 因为她知道比特串中每个量子态，所以无需对随机选出的 M_1 或 M_2 进行测量即可知道结果.

（6）Alice 和 Bob 丢弃选择不一样的测量算符 M_1 或 M_2. 这样，至少会有一半数目的量子态（$2n$ 个量子态）保留下来. 如果小于这个数，方案取消.

（7）Alice 从剩下的 $2n$ 个量子态中选出一个 n 比特串，用经典方法检查是否收到窃听者 Eve 的干扰，并告诉 Bob.

（8）Alice 和 Bob 公开并比较 n 比特检测串后，按照经典通信准则，如果达到安全阈值，就利用剩下的 n 比特串编码；如果因受干扰而没有达到安全阈值，方案就终止.

这种方案的安全性是由量子不可克隆保证的，窃听者 Eve 不可能精确地窃取量子克隆四个量子态，因而量子通信是绝对安全的. 假设 Eve 截获 Alice 传给 Bob 的量子密钥，然后利用 $1 \to 2$ 量子克隆复制两个拷贝，其中一个发给 Bob，另一个自己留下，然后和 Bob 做一样的事情，那么不完美的拷贝就是一种扰动，这可以被 Alice 和 Bob 通过经典检测而发现. 由于量子密钥只是量子态，不含有任何要传递的信息，因此 Alice 和 Bob 发现窃听者后丢弃量子密钥对量子通信信息毫无影响.

根据文献[38]给出的理论分析，如果出错率 $D \geqslant (1 - 1/\sqrt{2})/2 \approx 0.146$，信道就可被认为是不安全的（可能有窃听者存在）. 利用量子克隆可以实行对 BB84 方案的最优窃听且可以得出出错率. 由于 BB84 方案当时没有给出实数态量子克隆[39−41]，因此不能对 BB84 方案采用的四个实数态进行分析. 最先给出最优个体窃听的是变形 BB84 方案[42]，作为量子密钥的四个量子态为

$$\widetilde{S}_1 = \left\{ |\tilde{\psi}_{\pm}^{(1)}\rangle = (|0\rangle \pm |1\rangle)/\sqrt{2} \right\},$$

$$\widetilde{S}_2 = \left\{ |\tilde{\psi}_{\pm}^{(2)}\rangle = (|0\rangle \pm \mathrm{i}|1\rangle)/\sqrt{2} \right\}. \tag{7.1.3}$$

利用最优对称性 $1 \to 2$ 相位协变量子克隆[43−46]复制变形 BB84 方案的

密钥量子态,可以得到两个拷贝,保真度为 $F_{1(2)} = (1+1/\sqrt{2})/2$,由克隆干扰带来的密钥出错率界限为 $D_0 = 1 - F_{1(2)} = (1-1/\sqrt{2})/2$,因此最优 PCC 被认为是对 BB84 方案的最优个体窃听. 文献[42]构造的是变形 BB84 方案的 $\tilde{S}_{1(2)}$ 集量子态,标准 BB84 方案 S_B 集量子态的窃听一直没有被研究. 此外,基于克隆的个体窃听,利用 Csiszár 和 Körner 定理[47]计算密钥产生率,需要两个充分条件. N. Gisin 等[29]当时计算混合态之间保真度有一定困难,只计算了一个作为最好的充分条件,并且使用的是 $1 \to 2$ 最优经济型相位协变量子克隆. 这里,我们给出两种方案:①使用非经济型相位协变量子克隆 (PCC) 研究变形 BB84 态;②利用实数态量子克隆 (RSC) 研究真实的 BB84 态. 对两者进行比较后显示,两种量子克隆对 BB84 方案的窃听特性完全一致.

为了对 PCC 和 RSC 作比较,首先给出最优 $1 \to 2$ PCC. 要克隆量子态 $|\psi\rangle^{\langle in \rangle} = (|0\rangle + e^{i\varphi}|1\rangle)/\sqrt{2}, \varphi \in [0, 2\pi)$ 未知,最优非对称性 $1 \to 2$ PCC (APCC) 的幺正变换为

$$|0\rangle_a |00\rangle_{eA} \to \frac{1}{\sqrt{2}} [|000\rangle_{beA} + (\cos\theta |01\rangle + \sin\theta |10\rangle)_{be} |1\rangle_A],$$

$$|1\rangle_a |00\rangle_{eA} \to \frac{1}{\sqrt{2}} [|111\rangle_{beA} + (\cos\theta |10\rangle + \sin\theta |01\rangle)_{be} |0\rangle_A],$$

$$(7.1.4)$$

其中,粒子 a 是 Alice 传给 Bob 的密钥,但是可以被 Eve 截获,e 是 Eve 用于量子克隆 a 的空白态,A 为辅助粒子,$\theta \in [0, \pi/2]$. 经过量子克隆后,Eve 获得拷贝 b 和 e,且将 b 传给 Bob 而自己留下 e. PCC 对 $|\psi\rangle^{\langle in \rangle}$ 有效,显然对 $\tilde{S}_{1(2)}$ 中四个量子态有效. $\tilde{S}_{1(2)}$ 中四个量子态经过克隆后分布变为

$$|\Gamma_{\tilde{S}_1}\rangle_{beA}^{\langle out \rangle} = \frac{1}{2} [|000\rangle + \cos\theta |011\rangle + \sin\theta |101\rangle \pm$$

$$(|111\rangle + \cos\theta |100\rangle + \sin\theta |010\rangle)]$$

$$|\Gamma_{\tilde{S}_2}\rangle_{beA}^{\langle out \rangle} = \frac{1}{2} [|000\rangle + \cos\theta |011\rangle + \sin\theta |101\rangle \pm$$

$$e^{i\varphi}(|111\rangle + \cos\theta |100\rangle + \sin\theta |010\rangle)], \qquad (7.1.5)$$

其中 $\varphi = \pi/2, \pi, 3\pi/2$. 拷贝 b 和 e 的保真度为

$$F_{ab}^{\langle APCC \rangle} = (1 + \cos\theta)/2, \quad F_{ae}^{\langle APCC \rangle} = (1 + \sin\theta)/2. \qquad (7.1.6)$$

当 $\theta = \pi/4$ 时, 非对称性 PCC 可以退化为对称性 PCC, 即 $F_{ab}^{\langle \text{SPCC} \rangle} = F_{ae}^{\langle \text{SPCC} \rangle} = (1 + 1/\sqrt{2})/2$.

Eve 利用最优 APCC 作为对变形 BB84 方案的最优个体进行窃听. Bob 利用出错率检验窃听的存在. 出错率可定义为

$$D = 1 - F, \tag{7.1.7}$$

互信息定义为

$$I_{x,y} = 1 + D_{x,y} \log_2(D_{x,y}) + (1 - D_{x,y}) \log_2(1 - D_{x,y}). \tag{7.1.8}$$

利用**私钥**(privacy key) 放大步骤[48] 以产生密钥时, 根据 Csiszár 和 Körner 定理[47], 密钥产生率为

$$R \geqslant \max(I_{ab} - I_{ae}, I_{ab} - I_{be}). \tag{7.1.9}$$

如果 $I_{ab} > I_{ae}$ 或 $I_{ab} > I_{be}$, 就可以充分地提取密钥. 准确地说, $I_{ab} - I_{ae}$ 和 $I_{ab} - I_{be}$ 作为 D_{ab} (或 F_{ab}) 的函数应该被完全地计算出来, 以保证 Bob 可以通过测量他的量子态而检验窃听者是否存在. 但在感觉上, $I_{ab} > I_{ae}$ 可以作为完成密钥提取的充分条件[29,42]. 另一个条件 ($I_{ab} > I_{be}$) 因为难以计算两个混合态密度矩阵的保真度以得到 I_{be} (或 F_{be}) 而未被考虑.

当 $I_{ab} > I_{ae}$ 作为一个充分条件时, 有 $I_{ab} = I_{ae}$ $\left[F_{ab}^{\langle \text{SPCC} \rangle} = F_{ae}^{\langle \text{SPCC} \rangle} = (1 + 1/\sqrt{2})/2 \right]$, 安全上限为

$$D_0 = 1 - F_{ab}^{\langle \text{APCC} \rangle} = (1 - 1/\sqrt{2})/2. \tag{7.1.10}$$

当 I_{ab} 最小时, Alice 和 Eve 的互信息为[29]

$$I_{ab}^{\min} = I_{ae}^{\max} = 0.399124. \tag{7.1.11}$$

于是 BB84 最优个体窃听的安全标准为

$$\text{BB84 secure} \Leftrightarrow D < D_0 \equiv (1 + 1/\sqrt{2})/2. \tag{7.1.12}$$

如果 Bob 测量出错率 D_{ab} 后发现 $D \geqslant D_0$, 就放弃产生密钥. 这里 $I_{ab} > I_{ae}$ 作为完成密钥提取的充分条件, 另一个条件 ($I_{ab} > I_{be}$) 未被考虑. 下面, 利用 RSC 对标准 BB84 方案 S_B 量子态进行个体窃听, 并将两种克隆方案作比较. 同时分析 PPC 和 RSC 的另一个产生密钥的充分条件 $I_{ab} > I_{be}$, 并作比较.

量子克隆实数态 $| \varphi \rangle^{\langle \text{in} \rangle} = \alpha | 0 \rangle + \beta | 1 \rangle$ ($\alpha, \beta \in [-1, 1]$), 最优非对

称 $1 \to 2$ RSC(ARSC)的幺正变换为[40]

$$|000\rangle_{aeA} \to a|000\rangle_{beA} + (b|01\rangle + c|10\rangle)_{be}|1\rangle_A + d|110\rangle_{beA},$$
$$|100\rangle_{aeA} \to a|111\rangle_{beA} + (b|10\rangle + c|01\rangle)_{be}|0\rangle_A + d|001\rangle_{beA},$$

$$(7.1.13)$$

量子克隆系数为

$$a = \frac{1 + \sqrt{1 + 4\sqrt{2}b - 8b^2}}{2\sqrt{2}}, \ c = \frac{\sqrt{2}}{2} - b,$$

$$d = \frac{-1 + \sqrt{1 + 4\sqrt{2}b - 8b^2}}{2\sqrt{2}}, \ b \in \left[0, 1/\sqrt{2}\right]. \qquad (7.1.14)$$

拷贝 b 和 e 的保真度为

$$F_{ab}^{\langle ARSC \rangle} = \frac{1}{4}\left(1 + 2\sqrt{2}b + \sqrt{1 + 4\sqrt{2}b - 8b^2}\right),$$

$$F_{ae}^{\langle ARSC \rangle} = \frac{1}{4}\left(3 - 2\sqrt{2}b + \sqrt{1 + 4\sqrt{2}b - 8b^2}\right). \qquad (7.1.15)$$

利用 RSC 对标准 BB84 方案 $S_{1(2)}$ 量子态进行克隆,拷贝保真度由式(7.1.14)给出.下面计算 Alice 和 Bob 之间以 $D_{ab} = 1 - F_{ab}$ 为变量的互信息 I_{ab},Alice 和 Eve 之间以 $D_{ae} = 1 - F_{ae}$ 为变量的互信息 I_{ae},以及 Bob 和 Eve 之间以 $D_{be} = 1 - F_{be}$ 为变量的互信息 I_{be}.根据互信息式(7.1.8),有

$$I_{ab} = 1 + D_{ab}\log_2(D_{ab}) + (1 - D_{ab})\log_2(1 - D_{ab}),$$

$$I_{ae} = 1 + D_{ae}\log_2(D_{ae}) + (1 - D_{ae})\log_2(1 - D_{ae}). \qquad (7.1.16)$$

图 7.1 绘出 APCC 和 ARSC 的 I_{ab} 和 I_{ae} ($D_{ab} \in [0, 1/2]$)分布.

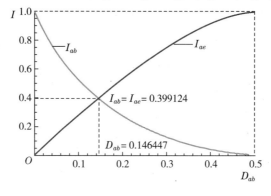

$$0 \leqslant D_{ab} \leqslant 1/2$$

图 7.1　APCC 和 ARSC 的互信息 I_{ab} 和 I_{ae} 的分布

图 7.1 说明最优 ARSC 是对标准 BB84 方案的最优个体窃听. 下面计算 APCC 和 ARSC 克隆中两个拷贝 b 和 e 之间的保真度, APPC 的输出态由式 (7.1.5)确定,而 ARSC 的量子克隆 $S_{1(2)}$ 量子态的输出态为

$$|\Gamma_{\text{ARSC}}\rangle_{beA}^{\langle\text{out}\rangle} = \alpha(a\,|\,000\rangle + b\,|\,011\rangle + c\,|\,101\rangle + d\,|\,001\rangle) +$$
$$\beta(a\,|\,111\rangle + b\,|\,100\rangle + c\,|\,010\rangle + d\,|\,110\rangle),$$
$$(7.1.17)$$

其中 $\beta = 0, 1, \pm 1/\sqrt{2}$ 表示 BB84 方案的四个量子态. 根据式(7.1.5)和式 (7.1.17)分别计算拷贝 b 和 e 的约化密度矩阵:

$$\rho_b^{\langle\text{APCC}\rangle} = \frac{1}{2}\begin{bmatrix} 1 & \cos\theta\,e^{-i\varphi} \\ \cos\theta\,e^{i\varphi} & 1 \end{bmatrix}, \quad \rho_e^{\langle\text{APCC}\rangle} = \frac{1}{2}\begin{bmatrix} 1 & \sin\theta\,e^{-i\varphi} \\ \sin\theta\,e^{i\varphi} & 1 \end{bmatrix},$$
$$(7.1.18)$$

$$\rho_b^{\langle\text{ARSC}\rangle} = \begin{bmatrix} \alpha^2(a^2+b^2) + \beta^2(c^2+d^2) & 2\alpha\beta(ab+cd) \\ 2\alpha\beta(ab+cd) & \beta^2(a^2+b^2) + \alpha^2(c^2+d^2) \end{bmatrix},$$

$$\rho_e^{\langle\text{ARSC}\rangle} = \begin{bmatrix} \alpha^2(a^2+c^2) + \beta^2(b^2+d^2) & 2\alpha\beta(ac+bd) \\ 2\alpha\beta(ac+bd) & \beta^2(a^2+c^2) + \alpha^2(b^2+d^2) \end{bmatrix}.$$
$$(7.1.19)$$

根据二维空间混合态保真度[49]

$$F(\rho_1, \rho_2) = \left[\text{Tr}\sqrt{\sqrt{\rho_1}\rho_2\sqrt{\rho_1}}\right]^2 = \text{Tr}(\rho_1\rho_2) + \sqrt{(1-\text{Tr}\rho_1^2)(1-\text{Tr}\rho_2^2)},$$
$$(7.1.20)$$

可以得到拷贝 b 和 e 之间的保真度为

$$F_{be}^{\langle\text{APCC}\rangle} = \frac{1}{2}(1 + \sin 2\theta),$$

$$F_{be}^{\langle\text{ARSC}\rangle} = \frac{1}{2} + 2(ac+bd)(ab+cd) +$$
$$\sqrt{\left[\frac{1}{2} - 2(ac+bd)^2\right]\left[\frac{1}{2} - 2(ab+cd)^2\right]}. \quad (7.1.21)$$

以 $F_{be} = f(F_{ab})$ 绘出 $F_{be}^{\langle\text{APCC}\rangle}$ ($\theta \in [0, \pi/2]$) 和 $F_{be}^{\langle\text{ARSC}\rangle}$ ($b \in [0, 1/\sqrt{2}]$) 的图像,可以得知两个保真度分布完全重合,这就表示 APCC 和 ARSC 的 I_{be} 是相等的. APCC 和 ARSC 的 I_{ab}、I_{ae} 和 I_{be} 相等,说明 ARSC 对标准 BB84 方案有效. 图 7.2 给出 ($I_{ab} - I_{ae}$) 和 ($I_{ab} - I_{be}$) 的分布. 从图 7.2 中可以看出,当

密钥产生率 $R \geqslant 0$ 时,要求 $I_{ab} - I_{ae} \geqslant 0$ 或 $I_{ab} - I_{be} \geqslant 0$. 在这个条件下,总有

$$I_{ab} - I_{ae} \geqslant I_{ab} - I_{be}. \tag{7.1.22}$$

因此,利用基于量子克隆窃听 BB84 方案时,$I_{ab} - I_{ae} \geqslant 0$ 可以作为一个最好的充分条件.

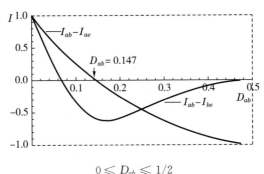

$$0 \leqslant D_{ab} \leqslant 1/2$$

图 7.2　APCC 和 ARSC 的互信息($I_{ab} - I_{ae}$)和($I_{ab} - I_{be}$)的分布

7.1.2　d 维无偏基方案攻击

文献[4,5]给出 d 维空间的量子克隆窃听方案,这里介绍文献[4]的研究结果. 设有两组正交基,第一组为计算基

$$S_1 = \{|l\rangle\}_{l=1}^{d}, \tag{7.1.23}$$

另一组正交基是经过 Fourier 变换得到的对偶基 $S_1 = \{|\bar{l}\rangle\}_{l=1}^{d}$,其中

$$|\bar{l}\rangle = \frac{1}{\sqrt{d}} \sum_{k=1}^{d} e^{2\pi i \langle kl/d \rangle} |k\rangle. \tag{7.1.24}$$

Alice 将量子密钥 $|\psi\rangle_b$ 发送给 Bob 时被 Eve 截获,Eve 使用 $1 \rightarrow 2$ 量子克隆复制这个量子态,复制过程为

$$|\psi\rangle_{beA}^{\langle \text{out} \rangle} = \sum_{m,n=1}^{d} a_{m,n} U_{m,n} |\psi\rangle_b |B_{m,-n}\rangle_{eA}, \tag{7.1.25}$$

其中 $\sum_{m,n=1}^{d} |a_{m,n}|^2 = 1$. $|B_{m,-n}\rangle_{eA}$ 是 Eve 的空白态和辅助系统 A,定义最大纠缠态为

$$|B_{m,n}\rangle_{eA} = \frac{1}{\sqrt{d}} \sum_{k=1}^{d} e^{2\pi i \langle kn/d \rangle} |k\rangle_e |k+m\rangle_A, \tag{7.1.26}$$

其中 $m, n = 1, 2, \cdots, d$. 令幺正变换 $U_{m,n}$ 为

$$U_{m,n} = \frac{1}{\sqrt{d}} \sum_{k=1}^{d} e^{2\pi i \langle kn/d \rangle} |k+m\rangle\langle k|, \tag{7.1.27}$$

经过计算,可得拷贝保真度

$$F_e = \frac{F_b}{d} + \frac{(d-1)(1-F_b)}{d} + \frac{2}{d}\sqrt{(d-1)(1-F_b)F_b}. \quad (7.1.28)$$

在对称性 $1 \rightarrow 2$ 量子克隆时,拷贝保真度为

$$F_e = F_b = F = \frac{1}{2}\left(1 + \frac{1}{\sqrt{d}}\right). \quad (7.1.29)$$

根据 Csiszár 和 Körner 定理[47],密钥产生率为 $R \geqslant \max(I_{ab}-I_{ae}, I_{ab}-I_{be})$,这需要分别计算 I_{ab}, I_{ae} 和 I_{be}. 由于拷贝 ρ_b 和 ρ_e 是混合态,难以计算,这里给出

$$I_{ae} = (F_b+F_e-1)\log_2\frac{F_b+F_e-1}{F_b} + \log_2 d + (1-F_e)\log_2\frac{1-F_e}{(d-1)F_b}. \quad (7.1.30)$$

互信息 I_{ab} 和 I_{ae} 满足

$$I_{ab} + I_{ae} \leqslant \log_2(d). \quad (7.1.31)$$

在对称时,式(7.1.31)可写为

$$F\log_2\frac{1}{F} + (1-F)\log_2\frac{d-1}{1-F} \leqslant \frac{\log_2 d}{2}. \quad (7.1.32)$$

当 $d=2$ 时,符合标准 BB84 方案窃听的判据,即

$$F_{1\rightarrow 2}(2) = \frac{1}{2}\left(1 + \frac{1}{\sqrt{2}}\right). \quad (7.1.33)$$

这里介绍的量子克隆称为 Fourier 量子克隆.

7.2 量子态分辨

在量子密码术中,通信双方需要用非正交量子态作为量子密钥,因此,对非正交量子态的测量是一个关键技术. 在量子力学中,本征态可以被确定性地测量. 根据量子力学叠加原理,若存在由本征态线性叠加的量子态,则可以得到一组由本征态线性叠加的正交态集合. 这一组正交态集合可以被精确测量,具体内容参看第 1 章 1.9 节. 由此可见,**量子态分辨**(quantum state discrimination, QSD)不仅是密码术的基本问题,也是量子力学的基本问题.

根据文献[51],量子态分辨问题可以描述为:对于以先验概率 η_i 给定的

$|\psi_i\rangle$ 的量子态集合 $S = \{\eta_i, \rho_i = |\psi_i\rangle\langle\psi_i|\}$，量子系统为

$$\rho = \sum_i \eta_i \rho_i, \tag{7.2.1}$$

从量子态集合中任选一个，在量子力学所允许的范畴内，如何更好地测量量子系统，或者说，如何最大限度地获得有关该量子系统的信息.

由于非正交态不能被精确地分辨，在测量中会引入错误，因此要求在测量中错误最小，这被称为**最小错误分辨**（minimum error discrimination，MED）. 另一种量子态分辨要求测量不出错误，可以确定性地测量量子态. 但是，这种类型的量子态分辨需要以有时测量得不到结果为代价. 因此，要求测量不确定性最小，这被称为**最优确定性分辨**（optimal unambiguous discrimination，OUD）[52-54]. 文献[55]指出，只有线性无关的量子态才能够被最优确定性分辨. 对于线性相关的量子态，可以使用最小错误分辨. 但是，有时最小错误分辨的错误概率比较大，为了有效地进行量子态分辨，就产生了**最大可信分辨**（maximum confidence discrimination，MCD）[56]，即在可以量子态分辨的正确概率下，正确分辨量子态的相对概率最大. 有关量子态分辨理论的详细阐述可参看文献[57-59].

量子态分辨理论涉及许多方面，下面介绍量子纯态的三种分辨，并把量子态分辨和概率量子克隆结合起来.

7.2.1   最小错误量子态分辨

第 1 章 1.8 节中已给出**广义测量**或称**半正定算子测量**（POVM）[60-62] 的形式，其满足完全性关系，即

$$\sum_{i=1}^{N} M_i = I, \tag{7.2.2}$$

其中 I 为单位算符. 当测量到 M_i 时，可以认为输入态是 $|\psi_i\rangle$. 因此，利用定义的 POVM 元 M_i 对量子系统进行测量，可以表示为

$$
\begin{aligned}
\mathrm{Tr}[\rho] &= \mathrm{Tr}\Big[\sum_{i=1}^{N}(\eta_i \rho_i)\Big] \\
&= \mathrm{Tr}\Big[\sum_{i=1}^{N}(\eta_i \rho_i I)\Big] \\
&= \mathrm{Tr}\Big[\sum_{i=1}^{N}(\eta_i \rho_i M_i)\Big] + \mathrm{Tr}\Big[\sum_{\substack{i,j=1 \\ i\neq j}}^{N}(\eta_j \rho_j M_i)\Big].
\end{aligned}
\tag{7.2.3}
$$

显然,可以认为 POVM 元 M_i 正确测量输入态 $|\psi_i\rangle$ 的概率为

$$P_{\mathrm{cor}}^{\langle\mathrm{MED}\rangle} = \mathrm{Tr}\Big[\sum_{i=1}^{N} (\eta_i\rho_i M_i)\Big]. \qquad (7.2.4)$$

当测量到 M_i 时,真实的输入态是 $|\psi_j\rangle$,这是错误的,因而错误概率定义为

$$P_{\mathrm{err}}^{\langle\mathrm{MED}\rangle} = \mathrm{Tr}\Big[\sum_{\substack{i,j=1\\i\neq j}}^{N} (\eta_j\rho_j M_i)\Big]. \qquad (7.2.5)$$

根据式(7.2.3),有

$$P_{\mathrm{cor}}^{\langle\mathrm{MED}\rangle} + P_{\mathrm{err}}^{\langle\mathrm{MED}\rangle} = 1, \qquad (7.2.6)$$

习惯上,MED 方案是求错误概率的最小值,所以这种量子测量称为最小错误测量.

在两个量子态的情况下,设

$$|\psi_1\rangle = \cos\theta\,|0\rangle + \sin\theta\,|1\rangle,\ |\psi_2\rangle = \cos\theta\,|0\rangle - \sin\theta\,|1\rangle, (7.2.7)$$

错误概率 $P_{\mathrm{err}}^{\langle\mathrm{MED}\rangle}$ 可以写为

$$P_{\mathrm{err}}^{\langle\mathrm{MED}\rangle} = \eta_1 - \mathrm{Tr}\big[(\eta_1\rho_1 - \eta_2\rho_2)M_1\big]. \qquad (7.2.8)$$

为了能使 $P_{\mathrm{err}}^{\langle\mathrm{MED}\rangle}$ 取最小值,必须使 $\mathrm{Tr}\big[(\eta_1\rho_1 - \eta_2\rho_2)M_1\big]$ 取最大值.可以对矩阵 $A = \eta_1\rho_1 - \eta_2\rho_2$ 对角化以求出本征值,即

$$\lambda_{\pm} = \frac{1}{2}\eta_1 - \eta_2 \pm \sqrt{1 - 4\eta_1\eta_2|\langle\psi_1|\psi_2\rangle|^2}. \qquad (7.2.9)$$

算符 M_i 并不需要具体形式,满足完备性方程 $\sum_{i=1}^{N} M_i = I$ 即可.所以,可使 $\mathrm{Tr}\big[(\eta_1\rho_1 - \eta_2\rho_2)M_1\big]$ 取最大值 λ_+,此时错误概率 $P_{\mathrm{err}}^{\langle\mathrm{MED}\rangle}$ 的最小值为

$$P_{\mathrm{err}}^{\langle\mathrm{MED}\rangle} = \eta_1 - \lambda_+ = = \frac{1}{2}\big(1 - \sqrt{1 - 4\eta_1\eta_2|\langle\psi_1|\psi_2\rangle|^2}\big). \qquad (7.2.10)$$

同样地,也可以对正确概率 $P_{\mathrm{cor}}^{\langle\mathrm{MED}\rangle}$ 取最大值.于是,MED 有下列充分必要条件[57]

$$\sum_i \eta_i\rho_i M_i - \eta_j\rho_j \geqslant 0,\ \forall\,j, \qquad (7.2.11)$$

$$M_i(\eta_i\rho_i - \eta_j\rho_j)M_j = 0,\ \forall\,i,j. \qquad (7.2.12)$$

需要指出的是:式(7.2.12)可由式(7.2.11)推导出来.式(7.2.11)就是 $A = \eta_1\rho_1 - \eta_2\rho_2 \geqslant 0$ 的特殊情况.在三个以上量子态的情况下,多个矩阵组的求解就非常困难了.

7.2.2 确定性量子态分辨

在 MED 方案中，$\rho_i M_j \neq 0$，这就意味着测量到 M_j 会错误地认为量子态 ρ_i 是 ρ_j，因而给出错误的分辨. 如果设 $\rho_i M_j = 0$，那么就不会错判，而是确定性地知道测量的量子态. 由于不能确定性分辨非正交态，因此这样的 M_j 不可能满足完备性方程，于是引入一个不确定算子 M_0，使得

$$\rho_i M_i \neq 0, \qquad (7.2.13\text{-a})$$

$$\rho_i M_j = 0, \qquad (7.2.13\text{-b})$$

$$\rho_i M_0 \neq 0, \qquad (7.2.13\text{-c})$$

其中 $i, j = 1, 2, \cdots, N$. 式中 $\rho_i M_i \neq 0$ 和 $\rho_i M_j = 0$ 说明 M_i 能确定性地测量 ρ_i，M_0 则给出不确定结果. POVM 算子满足完备性方程

$$\sum_{i=0}^{M} M_i = 1. \qquad (7.2.14)$$

定义 OUD 方案的成功概率为

$$P_{\text{suc}}^{\langle \text{OUD} \rangle} = \sum_{i=1}^{N} (\eta_i \rho_i M_i), \qquad (7.2.15)$$

不确定概率为

$$Q^{\langle \text{OUD} \rangle} = \sum_{i=1}^{N} (\eta_i \rho_i M_0). \qquad (7.2.16)$$

显然，成功概率和不确定概率满足

$$P_{\text{suc}}^{\langle \text{OUD} \rangle} + Q = 1. \qquad (7.2.17)$$

习惯上，OUD 方案一般求不确定概率的最小值.

对于 $|\psi_1\rangle = \cos\theta |0\rangle + \sin\theta |1\rangle$ 和 $|\psi_2\rangle = \cos\theta |0\rangle - \sin\theta |1\rangle$，OUD 方案可给出算子形式为[57]

$$M_1 = c_1 |\psi_2^{\perp}\rangle\langle\psi_2^{\perp}|, \ M_2 = c_2 |\psi_1^{\perp}\rangle\langle\psi_1^{\perp}|, \ M_0 = I - (M_1 + M_2),$$

$$(7.2.18)$$

其中 $|\psi_1^{\perp}\rangle (|\psi_2^{\perp}\rangle)$ 与 $|\psi_1\rangle (|\psi_2\rangle)$ 正交，这保证了确定性测量，即 $\rho_i M_j = 0$. 例如，可以设

$$|\psi_1^{\perp}\rangle = \sin\theta |0\rangle - \cos\theta |1\rangle, \ |\psi_2^{\perp}\rangle = \sin\theta |0\rangle + \cos\theta |1\rangle.$$

$$(7.2.19)$$

将 POVM 算子带入不确定概率公式,求其最小值,可以得到算子具体表示为

$$M_1 = \frac{1}{2\cos^2\theta}\,|\,\psi_2^\perp\rangle\langle\psi_2^\perp\,|,\quad M_2 = \frac{1}{2\cos^2\theta}\,|\,\psi_1^\perp\rangle\langle\psi_1^\perp\,|,$$

$$M_0 = (1-\tan^2\theta)\,|\,0\rangle\langle 0\,|, \tag{7.2.20}$$

最小不确定概率为

$$Q_{\min}^{\langle\mathrm{OUD}\rangle} = 2\sqrt{\eta_1\eta_2}\,|\langle\psi_1\,|\,\psi_2\rangle|. \tag{7.2.21}$$

与 MED 方案类似,当量子态数目 $N \geqslant 3$ 时,OUD 方案的计算也变得相当困难. 目前,OUD 方案还不能完全解决三个量子态的分辨[63].

对于以先验概率 η_i 给定的 $|\psi_i\rangle$ 的量子态集合 $S = \{\eta_i, \rho_i = |\,\psi_i\rangle\langle\psi_i\,|\}$,量子系统可以描述为 $\rho = \sum_i \eta_i\rho_i$. 设 POVM 测量算子为 $M_i, M_0 \geqslant 0$ 且满足 $\sum_{i=1}^N M_i + M_0 = I$, 则 OUD 方案要求 POVM 测量算子满足

$$\rho_i M_i \neq 0,\quad \rho_i M_j = 0,\quad \rho_i M_0 \neq 0, \tag{7.2.22}$$

其中 $i,j = 1,2,\cdots,N$. **个体成功概率**(individual success probability) p_i 和**个体失败概率**(individual failure probability) q_i 分别为[63]

$$p_i = \langle\psi_i\,|\,M_i\,|\,\psi_i\rangle \geqslant 0,\quad q_i = \langle\psi_i\,|\,M_0\,|\,\psi_i\rangle \geqslant 0. \tag{7.2.23}$$

显然,两者满足

$$p_i + q_i = 1. \tag{7.2.24}$$

全部成功概率(total success probability) $P^{\langle\mathrm{OUD}\rangle}$ 和**全部失败概率**(total failure probability) Q 分别为

$$P^{\langle\mathrm{OUD}\rangle} = \sum_{i=1}^N \eta_i p_i,\quad Q = \sum_{i=1}^N \eta_i q_i. \tag{7.2.25}$$

显然,两者满足

$$P^{\langle\mathrm{OUD}\rangle} + Q = 1. \tag{7.2.26}$$

OUD 方案的任务可以具体描述为:在约束条件下,即

$$M_0 = I - \sum_{i=1}^N M_i \geqslant 0, \tag{7.2.27}$$

求全部失败概率 Q 的最小值

$$Q_{\mathrm{opt}} = \min(Q). \tag{7.2.28}$$

首先求解三个量子态的 OUD 方案. 设三个量子态之间的内积为

$$\langle \psi_2 \mid \psi_3 \rangle = s_{23} e^{i\varphi_{23}} = s_1 e^{i\varphi_1},$$

$$\langle \psi_3 \mid \psi_1 \rangle = s_{31} e^{i\varphi_{31}} = s_2 e^{i\varphi_2},$$

$$\langle \psi_1 \mid \psi_2 \rangle = s_{12} e^{i\varphi_{12}} = s_3 e^{i\varphi_3}, \tag{7.2.29}$$

其中,$s_i \in [0,1]$,$\varphi_i \in [0,2\pi)$,$i = 1,2,3$,并引入

$$r_1 = \frac{s_1}{s_2 s_3}, \quad r_2 = \frac{s_2}{s_3 s_1}, \quad r_3 = \frac{s_3}{s_1 s_2}. \tag{7.2.30}$$

由于 OUD 方案只能对线性无关的量子态集合实施,因此需要确定三个量子态的性质. 对于三个矢量内积构成的 Gram 矩阵 $G_{ij} = |\langle \psi_i \mid \psi_j \rangle|$ 的行列式 $\det(G)$,当 $\det(G) > 0$ 时,三个量子态线性无关;当 $\det(G) = 0$ 时,三个量子态线性相关. 由 $\det(G) > 0$ 可以得到

$$r_1 r_2 r_3 - r_1 - r_2 - r_3 + 2\cos\varphi > 0, \tag{7.2.31}$$

其中 $\varphi = \varphi_1 + \varphi_2 + \varphi_3$ 称为 **Berry 相位**[63].

先计算矩阵

$$C_{jk} = |\langle \psi_j \mid M_0 \mid \psi_k \rangle| = \begin{bmatrix} q_1 & s_{12} e^{i\varphi_{12}} & s_{31} e^{-i\varphi_{31}} \\ s_{12} e^{-i\varphi_{12}} & q_2 & s_{23} e^{i\varphi_{23}} \\ s_{31} e^{i\varphi_{31}} & s_{23} e^{-i\varphi_{23}} & q_3 \end{bmatrix}, \tag{7.2.32}$$

根据 $M_0 \geqslant 0$ 的正定性,可知矩阵 C_{jk} 的行列式 $\det(C_{jk}) \geqslant 0$ 的对角子行列式 Δ_{ij} 也是正定的,即

$$\Delta_{ij} = q_i q_j - s_k^2 \geqslant 0. \tag{7.2.33}$$

由于个体失败概率 $q_i \leqslant 1$,令 $\tilde{q}_i = r_i q_i \leqslant r_i$,有

$$\widetilde{\Delta}_{ij} = \tilde{q}_i \tilde{q}_j - 1 \geqslant 0, \tag{7.2.34}$$

其中 $i \neq j$. 同样得到

$$\det(C_{ij}) = \tilde{q}_1 \tilde{q}_2 \tilde{q}_3 - \tilde{q}_1 - \tilde{q}_2 - \tilde{q}_3 + 2\cos\varphi \geqslant 0, \tag{7.2.35}$$

这与式(7.2.31)类似,原因是做了变量对换,即 $r_i \leftrightarrow \tilde{q}_i$.

有了上面的分析,可以把求解思路具体表述为:在约束条件下,即 $\widetilde{\Delta}_{ij} = \tilde{q}_i \tilde{q}_j - 1 \geqslant 0$,求解极小值

$$Q_{\langle \text{opt} \rangle} = \min(Q) = \min\left(\sum_{i=1}^{3} \eta_i \frac{\tilde{q}_i}{r_i} \right). \tag{7.2.36}$$

由于约束条件 $\widetilde{\Delta}_{ij} = \bar{q}_i\bar{q}_j - 1 \geqslant 0$ 给出的是三个具体的不等式,求解比较困难. 文献[63]根据几何方法分析,将约束条件 $\widetilde{\Delta}_{ij} = \tilde{q}_i\tilde{q}_j - 1 \geqslant 0$ 简化为

$$\widetilde{\Delta}_{ij} = \tilde{q}_i\tilde{q}_j - 1 = 0, \tag{7.2.37}$$

这就给求解带来极大的方便. 向式(7.2.37)代入具体数值,可得到约束方程:

$$z_3(\tilde{q}_1\tilde{q}_2 - 1)^2 = z_2\,|\tilde{q}_1 - e^{i\varphi}|^2 = z_1\,|\tilde{q}_2 - e^{i\varphi}|^2, \tag{7.2.38}$$

其中 $z_i = r_i/\eta_i$, $\varphi = \varphi_1 + \varphi_2 + \varphi_3$, $\tilde{q}_i = r_iq_i \leqslant r_i$.

这里需要指出的是,在三个量子态分辨时,文献[63]通过几何作图方法分析,将三个不等式的约束条件变为三个等式的约束条件,然后再根据几何方法分析,将三个等式的约束条件转化为约束方程[式(7.2.38)]. 此外,文献[63]的几何方法只适合 $N = 3$ 的情况,约束方程也不具有对称性. 文献[64]将概率量子克隆应用于量子态分辨,用代数方法直接得到约束条件,而且在任意 N 的情况下,等式约束方程[式(7.2.38)]都具有对称性,这就极大地简化了计算过程.

利用约束条件[式(7.2.38)]求最小失败概率时,需要求解方程 6 次. 因此,不能得到完全的解析解,只能在 $\varphi = 0, \pi$ 时,得到分析解.

当 $\varphi = 0$ 时,可以得到个体失败概率的两个解. 第一个解不依赖先验概率 η_i,即

$$q_i^{(1)} = \frac{s_js_k}{s_i}, \tag{7.2.39}$$

其中 $i \neq j \neq k$,最小失败概率为

$$Q_{\text{opt}}^{(1)} = \eta_1\frac{s_2s_3}{s_1} + \eta_2\frac{s_3s_1}{s_2} + \eta_3\frac{s_1s_2}{s_3}. \tag{7.2.40}$$

第二个解依赖先验概率 η_i,在

$$\sqrt{\eta_j}s_i - \sqrt{\eta_i}s_j \leqslant \sqrt{\eta_k}, \quad \frac{\sqrt{\eta_j}}{s_j} - \frac{\sqrt{\eta_i}}{s_i} \leqslant \frac{\sqrt{\eta_k}}{s_k} \tag{7.2.41}$$

的条件下,个体失败概率为

$$q_{i(j)}^{(2)} = \frac{\sqrt{\eta_k}s_{j(i)} - \sqrt{\eta_{j(i)}}s_k}{\sqrt{\eta_{j(i)}}}, \quad q_k^{(2)} = \frac{\sqrt{\eta_j}s_i - \sqrt{\eta_i}s_j}{\sqrt{\eta_k}}, \tag{7.2.42}$$

最小失败概率为

$$Q_{\text{opt}}^{(2)} = 2(\sqrt{\eta_k\eta_i}s_j + \sqrt{\eta_j\eta_k}s_i - \sqrt{\eta_i\eta_j}s_k). \tag{7.2.43}$$

当 $\varphi = \pi$ 时,在

$$\sqrt{\eta_j}s_k + \sqrt{\eta_k}s_j \leqslant \sqrt{\eta_i} \tag{7.2.44}$$

的条件下,个体失败概率为

$$q_i^{(3)} = \frac{\sqrt{\eta_j}s_k + \sqrt{\eta_k}s_j}{\sqrt{\eta_i}}, \tag{7.2.45}$$

最小失败概率为

$$Q_{\text{opt}}^{(3)} = 2(\sqrt{\eta_1\eta_2}s_3 + \sqrt{\eta_2\eta_3}s_1 + \sqrt{\eta_3\eta_1}s_2). \tag{7.2.46}$$

上述条件[式(7.2.41)和式(7.2.44)]是在得到解析解后根据自然限制条件得到的,即个体失败概率必须为 $q_i \leqslant 1$.

这里需要指出的是,$\varphi = \varphi_1 + \varphi_2 + \varphi_3$ 称为 Berry 相[63],是在 $N = 3$ 时得到的,只有一个. $N = 4$ 时,有七个 Berry 相,但是只有三个 Berry 相是独立的. $N \geqslant 5$ 时,文献[63]不能根据几何方法求得具体有多少个 Berry 相,以及有多少个 Berry 相是独立的. 在文献[64]所给的结果中,对任意 N,都可以确定 Berry 相的数目.

7.2.3　最大可信量子态分辨

需要分辨的量子态线性相关时,使用 MED 方案. 但是,由于量子态的内积不同,即使实施 MED 方案,其正确概率也是比较小的. 为了解决这个问题,文献[56]提出最大可信分辨(MCD),可提高相对正确概率.

由于 MCD 方案应用平方根测量得出结论,量子力学教材中较少提出半正定算子测量(POVM),更少涉及平方根测量(square-root measurement, SRM). 为使读者理解并掌握平方根测量方法,在这里给出较为详尽的推导过程.

量子系统描述为 $\hat{\rho} = \sum_i p_i \hat{\rho}_i$. 定义测量算子为

$$\hat{\Pi}_i \geqslant 0, \quad \sum_i \hat{\Pi}_i = I. \tag{7.2.47}$$

如果测量结果为 ω_j,概率为 $c_j = \text{Tr}(\hat{\rho}\hat{\Pi}_j)$. 在测得 ω_j 后,能猜出 $\hat{\rho}_j$ 的概率为 $P(\hat{\rho}_j | \omega_j)$,根据概率论中贝叶斯定理,即得可信概率

$$P(\hat{\rho}_j | \omega_j) = \frac{P(\hat{\rho}_j)P(\omega_j | \hat{\rho}_j)}{P(\omega_j)} = \frac{p_j \text{Tr}(\hat{\rho}_j \hat{\Pi}_j)}{\text{Tr}(\hat{\rho}\hat{\Pi}_j)}. \tag{7.2.48}$$

式中，p_j，$\hat{\rho}_j$，$\hat{\rho}$ 都是已知的，求出算子 $\hat{\Pi}_j$ 即可. 也就是说，在满足式(7.2.21)的条件下，求可信概率[式(7.2.48)]的最大值.

设算子具有平方根测量的形式

$$\hat{\Pi}_j = c_j \hat{\rho}^{-1/2} \hat{Q}_j \hat{\rho}^{-1/2}, \tag{7.2.49}$$

其中 $\hat{Q}_j$ 是正定并且迹为 1 的算子，因此可以确定 $c_j \geqslant 0$. 这样，即可满足式(7.2.22)中算子非负的第一个条件. 将式(7.2.49)代入式(7.2.48)，可得

$$\begin{aligned} P(\hat{\rho}_j|\omega_j) &= \frac{p_j \mathrm{Tr}(\hat{\rho}_j \hat{\Pi}_j)}{\mathrm{Tr}(\hat{\rho}\hat{\Pi}_j)} = \frac{p_j \mathrm{Tr}(\hat{\rho}_j c_j \hat{\rho}^{-1/2} \hat{Q}_j \hat{\rho}^{-1/2})}{c_j} \\ &= p_j \mathrm{Tr}(\hat{\rho}_j \hat{\rho}^{-1/2} \hat{Q}_j \hat{\rho}^{-1/2}) = p_j \mathrm{Tr}(\hat{\rho}^{-1/2} \hat{\rho}_j \hat{\rho}^{-1/2} \hat{Q}_j) \\ &= p_j \mathrm{Tr}\left[(\hat{\rho}^{-1/2} \hat{\rho}_j \hat{\rho}^{-1/2} \hat{Q}_j)\frac{\mathrm{Tr}(\hat{\rho}_j \hat{\rho}^{-1})}{\mathrm{Tr}(\hat{\rho}_j \hat{\rho}^{-1})}\right] \\ &= p_j \mathrm{Tr}(\hat{\rho}_j \hat{\rho}^{-1}) \mathrm{Tr}\left[\frac{\hat{\rho}^{-1/2} \hat{\rho}_j \hat{\rho}^{-1/2}}{\mathrm{Tr}(\hat{\rho}_j \hat{\rho}^{-1})} \hat{Q}_j\right] \\ &= p_j \mathrm{Tr}(\hat{\rho}_j \hat{\rho}^{-1}) \mathrm{Tr}(\hat{\rho}'_j \hat{Q}_j), \end{aligned} \tag{7.2.50}$$

其中 $\hat{\rho}'_j = \dfrac{\hat{\rho}^{-1/2} \hat{\rho}_j \hat{\rho}^{-1/2}}{\mathrm{Tr}(\hat{\rho}_j \hat{\rho}^{-1})}$ 是由系统确定的，即迹为 1 的矩阵. 由于 $p_j \mathrm{Tr}(\hat{\rho}_j \hat{\rho}^{-1})$ 是已知的，因此，当 $\mathrm{Tr}(\hat{\rho}'_j \hat{Q}_j)$ 最大时，$P(\hat{\rho}_j|\omega_j)$ 就最大. $\mathrm{Tr}(\hat{\rho}'_j \hat{Q}_j)$ 相当于用测量算子 $\hat{Q}_j$ 测得 $\hat{\rho}'_j$ 态的概率，或者 $\hat{Q}_j$ 态和 $\hat{\rho}'_j$ 态内积的模平方，即两个态的保真度(保真度).

设 $\hat{\rho}'_j$ 有最大叠加，为本征态 $|\lambda'^{\max}_j\rangle$，算子为

$$\hat{Q}_j = |\lambda'^{\max}_j\rangle\langle\lambda'^{\max}_j|. \tag{7.2.51}$$

$\hat{\rho}'_j$ 态以此为本征态对角化后展开时，系数为 $\lambda'^{\max}_j$，即本征值. 例如，$\hat{\rho}'_j$ 态是二维的，对角化后为

$$\hat{\rho}'_j = \lambda'^{\max}_j |\lambda'^{\max}_j\rangle\langle\lambda'^{\max}_j| + \lambda''^{\max}_j |\lambda''^{\max}_j\rangle\langle\lambda''^{\max}_j|. \tag{7.2.52}$$

这就有 $\mathrm{Tr}(\hat{\rho}'_j \hat{Q}_j) = \lambda'^{\max}_j$. 可得式(7.2.50)的最大值为

$$[P(\hat{\rho}_j|\omega_j)]_{\max} = p_j \mathrm{Tr}(\hat{\rho}_j \hat{\rho}^{-1}) \lambda'^{\max}_j. \tag{7.2.53}$$

这样，算子[式(7.2.49)]就为

$$\hat{\Pi}_j = c_j \hat{\rho}^{-1/2} |\lambda'^{\max}_j\rangle\langle\lambda'^{\max}_j| \hat{\rho}^{-1/2}. \tag{7.2.54}$$

如果 $\hat{\rho}_j$ 是纯态，根据 $\rho^2 = \rho$，式(7.2.54)可简化为

$$\hat{\Pi}_j \propto \hat{\rho}^{-1} \hat{\rho}_j \hat{\rho}^{-1}. \tag{7.2.55}$$

对于三个等概率的纯态

$$| \Psi_0 \rangle = \cos\theta | 0\rangle + \sin\theta | 1\rangle,$$
$$| \Psi_1 \rangle = \cos\theta | 0\rangle + e^{2\pi/3}\sin\theta | 1\rangle,$$
$$| \Psi_2 \rangle = \cos\theta | 0\rangle + \sin\theta\, e^{-2\pi/3} | 1\rangle, \qquad (7.2.56)$$

先验概率为 $p_i = \dfrac{1}{3}(i=0,1,2)$. 为了方便求不确定概率的数值, 设 $\theta \in \left[0, \dfrac{\pi}{4}\right]$, 系统状态为

$$\hat{\rho} = \sum_{i=0}^{2} p_i \hat{\rho}_i | \Psi\rangle_i\langle\Psi | = \sum_{i=0}^{2} p_i | \Psi\rangle_i\langle\Psi |$$
$$= \cos^2\theta | 0\rangle\langle 0 | + \sin^2\theta | 1\rangle\langle 1 |. \qquad (7.2.57)$$

式(7.2.56)三个态的选择正好使系统态矩阵为对角矩阵, 这样就可以直接计算. 因此

$$\hat{\rho}^{-1} = \cos^{-2}\theta | 0\rangle\langle 0 | + \sin^{-2}\theta | 1\rangle\langle 1 |. \qquad (7.2.58)$$

设 $\hat{\Pi}_i = a_i | \varphi_i\rangle\langle\varphi_i |$, 利用式(7.2.55)可得 $| \varphi_i\rangle\langle\varphi_i | \propto \hat{\rho}^{-1}\hat{\rho}_j\hat{\rho}^{-1}$, 因此

$$\hat{\rho}^{-1}\hat{\rho}_0\hat{\rho}^{-1} = \begin{bmatrix} \cos^{-2}\theta & 0 \\ 0 & \sin^{-2}\theta \end{bmatrix} \begin{bmatrix} \cos^2\theta & \cos\theta\sin\theta \\ \cos\theta\sin\theta & \sin^2\theta \end{bmatrix} \begin{bmatrix} \cos^{-2}\theta & 0 \\ 0 & \sin^{-2}\theta \end{bmatrix}$$

$$= \begin{bmatrix} \cos^{-2}\theta & (\cos\theta\sin\theta)^{-1} \\ (\cos\theta\sin\theta)^{-1} & \sin^{-2}\theta \end{bmatrix}$$

$$= (\cos^{-1}\theta | 0\rangle + \sin^{-1}\theta | 1\rangle)(\cos^{-1}\theta\langle 0 | + \sin^{-1}\theta\langle 1 |)$$

$$= (\cos^{-2}\theta\sin^{-2}\theta)(\sin\theta | 0\rangle + \cos\theta | 1\rangle)(\sin\theta\langle 0 | + \cos\theta\langle 1 |) \propto | \varphi_0\rangle\langle\varphi_0 |. \qquad (7.2.59)$$

于是, 平方根测量算符形式为

$$| \varphi_0 \rangle = \sin\theta | 0\rangle + \cos\theta | 1\rangle,$$
$$| \varphi_1 \rangle = \sin\theta | 0\rangle + e^{2\pi/3}\cos\theta | 1\rangle,$$
$$| \varphi_2 \rangle = \sin\theta | 0\rangle + e^{-2\pi/3}\cos\theta | 1\rangle. \qquad (7.2.60)$$

利用式(7.2.53)可以计算最大值为

$$P(\hat{\rho}_j | \omega_j) = \frac{2}{3}. \qquad (7.2.61)$$

由于三个量子态是对称态, 因此概率一样. 这里给出式(7.2.36)的具体计算过程. 先用式(7.2.50)来计算:

$$P(\hat{\rho}_j | \omega_j) = p_j \mathrm{Tr}(\hat{\rho}_j \hat{\rho}^{-1/2} \hat{Q}_j \hat{\rho}^{-1/2}) = p_j \mathrm{Tr}(\hat{\rho}^{-1/2} \hat{\rho}_j \hat{\rho}^{-1/2} \hat{Q}_j). \qquad (7.2.62)$$

要求出 $\hat{Q}_j$, 必须先求出 $\hat{Q}_0$.

根据式 (7.2.59) 和具体算子, 有

$$\widehat{\Pi}_j = c_j \, \widehat{\rho}^{\,-1/2} \, \widehat{Q}_j \, \widehat{\rho}^{\,-1/2} = \widehat{\Pi}_i = a_i \mid \varphi_i \rangle \langle \varphi_i \mid, \qquad (7.2.63\text{-a})$$

$$c_j \, \widehat{\rho}^{\,-1/2} \, \widehat{Q}_j \, \widehat{\rho}^{\,-1/2} \propto a_i \mid \varphi_i \rangle \langle \varphi_i \mid, \qquad (7.2.63\text{-b})$$

$$\widehat{Q}_j \propto \widehat{\rho}^{\,1/2} \mid \varphi_i \rangle \langle \varphi_i \mid \widehat{\rho}^{\,1/2}, \qquad (7.2.63\text{-c})$$

其中 $\widehat{Q}_j$ 是正定且迹为 1 的矩阵. 已知

$$\widehat{\rho}^{\,1/2} = \cos\theta \mid 0 \rangle \langle 0 \mid + \sin\theta \mid 1 \rangle \langle 1 \mid = \begin{bmatrix} \cos\theta & 0 \\ 0 & \sin\theta \end{bmatrix}, \quad (7.2.64)$$

$$\mid \varphi_0 \rangle \langle \varphi_0 \mid = \begin{bmatrix} \sin^2\theta & \cos\theta\sin\theta \\ \cos\theta\sin\theta & \cos^2\theta \end{bmatrix}, \qquad (7.2.65)$$

计算可得

$$\widehat{Q}_0 \propto \widehat{\rho}^{\,1/2} \mid \varphi_0 \rangle \langle \varphi_0 \mid \widehat{\rho}^{\,1/2}$$

$$= \begin{bmatrix} \cos\theta & 0 \\ 0 & \sin\theta \end{bmatrix} \begin{bmatrix} \sin^2\theta & \cos\theta\sin\theta \\ \cos\theta\sin\theta & \cos^2\theta \end{bmatrix} \begin{bmatrix} \cos\theta & 0 \\ 0 & \sin\theta \end{bmatrix}$$

$$= 2\cos^2\theta\sin^2\theta \begin{bmatrix} \dfrac{1}{2} & \dfrac{1}{2} \\[2mm] \dfrac{1}{2} & \dfrac{1}{2} \end{bmatrix}, \qquad (7.2.66)$$

所以有

$$\widehat{Q}_0 = \begin{bmatrix} \dfrac{1}{2} & \dfrac{1}{2} \\[2mm] \dfrac{1}{2} & \dfrac{1}{2} \end{bmatrix}, \quad \widehat{\rho}_0 = \begin{bmatrix} \cos^2\theta & \cos\theta\sin\theta \\ \cos\theta\sin\theta & \sin^2\theta \end{bmatrix},$$

$$\widehat{\rho}^{\,-1/2} = \begin{bmatrix} \cos^{-1}\theta & 0 \\ 0 & \sin^{-1}\theta \end{bmatrix}, \quad p_0 = 1/3. \qquad (7.2.67)$$

代入数据, 有

$$P(\widehat{\rho}_0 \mid \omega_0) = p_0 \mathrm{Tr}(\widehat{\rho}^{\,-1/2} \, \widehat{\rho}_0 \, \widehat{\rho}^{\,-1/2} \, \widehat{Q}_0) = p_0 \mathrm{Tr}\left(\begin{bmatrix} 1 & 1 \\ 1 & 1 \end{bmatrix} \right) = \frac{2}{3}. \ (7.2.68)$$

利用式 (7.2.53) 再计算, 有

$$\widehat{\rho}_0 = \begin{bmatrix} \cos^2\theta & \cos\theta\sin\theta \\ \cos\theta\sin\theta & \sin^2\theta \end{bmatrix}, \quad \widehat{\rho}^{\,-1} = \begin{bmatrix} \cos^{-2}\theta & 0 \\ 0 & \sin^{-2}\theta \end{bmatrix},$$

$$\mathrm{Tr}(\widehat{\rho}_0 \, \widehat{\rho}^{\,-1}) = 2, \quad \widehat{\rho}_0' = \frac{\widehat{\rho}^{\,-1/2} \, \widehat{\rho}_0 \, \widehat{\rho}^{\,-1/2}}{\mathrm{Tr}(\widehat{\rho}_0 \, \widehat{\rho}^{\,-1})} = \begin{bmatrix} \dfrac{1}{2} & \dfrac{1}{2} \\[2mm] \dfrac{1}{2} & \dfrac{1}{2} \end{bmatrix}. \qquad (7.2.69)$$

矩阵 $\hat{\rho}_0$ 的本征值为 $\lambda = 1, 0$，最大值 $\lambda_0'^{\max} = 1$，所以有

$$[P(\hat{\rho}_0 \mid \omega_0)]_{\max} = p_0 \mathrm{Tr}(\hat{\rho}_0\,\hat{\rho}^{-1})\lambda_0'^{\max} = \frac{1}{3} \times 2 \times 1 = \frac{2}{3}. \quad (7.2.70)$$

这就完成了最大可信概率的计算.

下面再来确定平方根测量算子的具体形式. 对 $\hat{\Pi}_i = a_i \mid \varphi_i\rangle\langle\varphi_i \mid$ 来说，任意选择 a_i 都不构成 POVM，即 $\sum_i \hat{\Pi}_i \neq I$. 算子具体表示为

$$\mid \varphi_0\rangle\langle\varphi_0 \mid = \begin{bmatrix} \sin^2\theta & \sin\theta\cos\theta \\ \sin\theta\cos\theta & \cos^2\theta \end{bmatrix} \sim \mid \varphi_0\rangle = \sin\theta \mid 0\rangle + \cos\theta \mid 1\rangle,$$

$$\mid \varphi_1\rangle\langle\varphi_1 \mid = \begin{bmatrix} \sin^2\theta & \mathrm{e}^{-2\pi i/3}\sin\theta\cos\theta \\ \mathrm{e}^{2\pi i/3}\sin\theta\cos\theta & \cos^2\theta \end{bmatrix} \sim \mid \varphi_1\rangle = \sin\theta \mid 0\rangle + \mathrm{e}^{2\pi i/3}\cos\theta \mid 1\rangle,$$

$$\mid \varphi_2\rangle\langle\varphi_2 \mid = \begin{bmatrix} \sin^2\theta & \mathrm{e}^{2\pi i/3}\sin\theta\cos\theta \\ \mathrm{e}^{-2\pi i/3}\sin\theta\cos\theta & \cos^2\theta \end{bmatrix} \sim \mid \varphi_2\rangle = \sin\theta \mid 0\rangle + \mathrm{e}^{-2\pi i/3}\cos\theta \mid 1\rangle,$$

$$(7.2.71)$$

算子和为

$$\sum_i \hat{\Pi}_i = \sum_i a_i \mid \varphi_i\rangle\langle\varphi_i \mid = (a_0 + a_1 + a_2)\begin{bmatrix} \sin^2\theta & 0 \\ 0 & \cos^2\theta \end{bmatrix}. \quad (7.2.72)$$

显然，任意 $(a_0 + a_1 + a_2)$ 都不能使得 $\sum_i \hat{\Pi}_i = I$. 除非令 $\theta = \pi/4$，有

$$\sum_i \hat{\Pi}_i = \sum_i a_i \mid \varphi_i\rangle\langle\varphi_i \mid = (a_0 + a_1 + a_2)\begin{bmatrix} \sin^2\theta & 0 \\ 0 & \cos^2\theta \end{bmatrix}$$

$$= \frac{1}{2}(a_0 + a_1 + a_2)\begin{bmatrix} 1 & 0 \\ 0 & 1 \end{bmatrix} \Rightarrow a_0 + a_1 + a_2 = 2. \quad (7.2.73)$$

为了使得算子和为 I，这里就要求引入不确定算子 $\hat{\Pi}_?$，使得 $\sum_i \hat{\Pi}_i + \hat{\Pi}_? = I$. 不确定算子 $\hat{\Pi}_?$ 为

$$\hat{\Pi}_? = I - \sum_i \hat{\Pi}_i = I - (a_0 + a_1 + a_2)\begin{bmatrix} \sin^2\theta & 0 \\ 0 & \cos^2\theta \end{bmatrix}$$

$$= \begin{bmatrix} 1 - (a_0 + a_1 + a_2)\sin^2\theta & 0 \\ 0 & 1 - (a_0 + a_1 + a_2)\cos^2\theta \end{bmatrix}, \quad (7.2.74)$$

不确定算子的概率为

$$P(?) = \mathrm{Tr}(\hat{\rho}\,\hat{\Pi}_?)$$

$$= \mathrm{Tr}\left\{ \begin{bmatrix} \cos^2\theta & 0 \\ 0 & \sin^2\theta \end{bmatrix} \left(I - (a_0+a_1+a_2)\begin{bmatrix} \sin^2\theta & 0 \\ 0 & \cos^2\theta \end{bmatrix} \right) \right\}$$

$$= \mathrm{Tr}\left(\begin{bmatrix} \cos^2\theta & 0 \\ 0 & \sin^2\theta \end{bmatrix} \right) - (a_0+a_1+a_2)\,\mathrm{Tr}\left(\begin{bmatrix} \cos^2\theta & 0 \\ 0 & \sin^2\theta \end{bmatrix}\begin{bmatrix} \sin^2\theta & 0 \\ 0 & \cos^2\theta \end{bmatrix} \right)$$

$$= 1 - 2(a_0+a_1+a_2)\sin^2\theta\cos^2\theta$$

$$= 1 - \frac{1}{2}(a_0+a_1+a_2)\sin^2 2\theta. \tag{7.2.75}$$

因为 a_i 正定非负，$P(?)$ 随 $\theta\in[0,\pi/4]$ 增加而单调减小. 求 $P(?)$ 最小值，同时受 $\hat{\Pi}_? \geqslant 0$ 正定非负的限制. 对 $\hat{\Pi}_? \geqslant 0$ 的要求为

$$1 - (a_0+a_1+a_2)\sin^2\theta > 0, \quad 1 - (a_0+a_1+a_2)\cos^2\theta \geqslant 0$$

$$\Rightarrow a_0+a_1+a_2 < \frac{1}{\sin^2\theta}, \quad a_0+a_1+a_2 \leqslant \frac{1}{\cos^2\theta}. \tag{7.2.76}$$

由于 $\theta\in[0,\pi/4]$，有 $\dfrac{1}{\cos^2\theta} \leqslant \dfrac{1}{\sin^2\theta}$. 当 $a_0+a_1+a_2 \leqslant \dfrac{1}{\cos^2\theta}$，$a_0+a_1+a_2 < \dfrac{1}{\sin^2\theta}$ 时，自动满足上述要求，因此选 $a_0+a_1+a_2 \leqslant \dfrac{1}{\cos^2\theta}$. 同时，为了使得 $P(?) > 0$，则要求

$$1 - 2(a_0+a_1+a_2)\sin^2\theta\cos^2\theta > 0, \tag{7.2.77}$$

且 $P(?)$ 数值最小. 令 $a_0=a_1=a_2$，由 $1-(a_0+a_1+a_2)\cos^2\theta = 0$ 得

$$a_0 = a_1 = a_2 = (3\cos^2\theta)^{-1}. \tag{7.2.78}$$

这样，有

$$\hat{\Pi}_? = \begin{bmatrix} 1-(a_0+a_1+a_2)\sin^2\theta & 0 \\ 0 & 1-(a_0+a_1+a_2)\cos^2\theta \end{bmatrix}$$

$$= (1-\tan^2\theta)\,|0\rangle\langle 0|, \tag{7.2.79}$$

相应的不确定概率为

$$P(?) = 1 - 2(a_0+a_1+a_2)\sin^2\theta\cos^2\theta = \cos 2\theta \geqslant 0. \tag{7.2.80}$$

文献[31]采用三个线性相关的量子态举例说明 MCD 方案，下面给出总结.

量子系统描述为 $\rho = \sum_{i=1}^{N} \eta_i \rho_i, i = 1, 2, \cdots, N$, 定义测量算子为

$$M_i, M_0 \geqslant 0, \quad \sum_{i=1}^{N} M_i + M_0 = I, \quad \rho_i M_j \neq 0, \quad \rho_i M_0 \neq 0, \quad (7.2.81)$$

其中 $i, j = 1, 2, \cdots, N$. 正确概率定义为

$$P_{\text{cor}}^{\langle \text{MCD} \rangle} = \text{Tr} \Big[\sum_{i=1}^{N} (\eta_i \rho_i M_i) \Big], \quad (7.2.82)$$

错误概率定义为

$$P_{\text{err}}^{\langle \text{MCD} \rangle} = \text{Tr} \Big[\sum_{\substack{i,j=1 \\ i \neq j}}^{N} (\eta_j \rho_j M_i) \Big], \quad (7.2.83)$$

不确定概率定义为

$$Q^{\langle \text{MCD} \rangle} = \text{Tr} \Big[\sum_{j=1}^{N} (\eta_j \rho_j M_0) \Big], \quad (7.2.84)$$

最大可信概率定义为

$$P^{\langle \text{MCD} \rangle} = \frac{P_{\text{cor}}^{\langle \text{MCD} \rangle}}{1 - Q^{\langle \text{MCD} \rangle}}. \quad (7.2.85)$$

MCD 方案中, 概率关系为

$$P_{\text{cor}}^{\langle \text{MCD} \rangle} + P_{\text{err}}^{\langle \text{MCD} \rangle} + Q^{\langle \text{MCD} \rangle} = 1. \quad (7.2.86)$$

在上述三态时, 可以使用 MED 方案, 其算子为[56]

$$| M_1^{\langle \text{MED} \rangle} \rangle = \frac{1}{\sqrt{2}} (| 0 \rangle + | 1 \rangle),$$

$$| M_2^{\langle \text{MED} \rangle} \rangle = \frac{1}{\sqrt{2}} (| 0 \rangle + e^{i2\pi/3} | 1 \rangle),$$

$$| M_3^{\langle \text{MED} \rangle} \rangle = \frac{1}{\sqrt{2}} (| 0 \rangle + e^{-i2\pi/3} | 1 \rangle). \quad (7.2.87)$$

在 MED 方案中, $Q = 0$, 最大可信概率(正确概率)为

$$P_{\text{cor}}^{\langle \text{MED} \rangle} = P^{\langle \text{MCD} \rangle} = \frac{1}{3} (1 + \sin 2\theta). \quad (7.2.88)$$

使用 MCD 方案, 算子由式 (7.2.60) 和式 (7.2.79) 确定, 最大可信概率为 $P^{\langle \text{MCD} \rangle} = \frac{2}{3}$, 这说明 MCD 方案优于 MED 方案.

以上量子测量是在理论上使用半正定算子测量(POVM)和平方根测量(SRM), 并得到最优测量概率, 那么如何在实验中实现这两种测量呢? 在实

验操作中,所有的物理测量都必须是 von Neumann 测量,如何将 POVM 测量和 SRM 测量转化为 PM 测量呢? 实际上,利用概率量子克隆可以非常容易地获得上述结果,且概率量子克隆为上述案例提供了一种实验上可行的POVM 测量.

7.2.4 两个量子态的分辨

对无限多同样拷贝的未知量子态的测量,可以精确地判断未知量子态.利用概率量子克隆,可以对输入态进行无限多次复制,然后对复制的输入态测量便可以知道未知量子态. 如果概率克隆是最优的,则量子态分辨就是最优的.

对输入概率为 η_1 和 $\eta_2 = 1 - \eta_1$ 的两个非正交量子态 $|\psi_1\rangle$ 和 $|\psi_2\rangle$,设 $\langle\psi_1|\psi_2\rangle = s\mathrm{e}^{\mathrm{i}\varphi}$,$|\langle\psi_1|\psi_2\rangle| = s$,其中 $s \in (0,1)$,$\varphi \in [0,2\pi)$. 定义 $1 \to M$ 概率量子克隆的幺正变换[65]为

$$|\psi_1\rangle \to \sqrt{p_1}\,|\psi_1\rangle^{\otimes M}\,|1\rangle_a + \sqrt{1-p_1}\,|\psi_2\rangle^{\otimes M}\,|2\rangle_a,$$
$$|\psi_2\rangle \to \mathrm{e}^{\mathrm{i}\varphi}(\sqrt{p_2}\,|\psi_2\rangle^{\otimes M}\,|2\rangle_a + \sqrt{1-p_2}\,|\psi_1\rangle^{\otimes M}\,|1\rangle_a),\quad(7.2.89)$$

其中,$p_1,p_2 \in (0,1)$ 分别是复制 $|\psi_1\rangle$ 和 $|\psi_2\rangle$ 的成功系数,$|1\rangle_a$ 和 $|2\rangle_a$ 是进行 PM 测量的辅助系统. 经过量子克隆后,利用 PM 测量,得到坍缩态 $|\psi_1\rangle^{\otimes M}$ 或 $|\psi_2\rangle^{\otimes M}$. 对它们再次测量,当 M 为无穷大时,可以精确判断坍缩态. 当以概率 $(1-p_1)$ 获得坍缩态并对 $|\psi_2\rangle^{\otimes M}$ 进行测量时,会认为输入态是 $|\psi_1\rangle$,所以测量 $|\psi_1\rangle$ 的出错概率为 $p_1(1-p_1)$. 因此,MED 测量的出错概率为

$$P_{\mathrm{err}}^{\langle\mathrm{MED}\rangle} = \sum_{i=1}^{2}\eta_i(1-p_i),\quad(7.2.90)$$

由式(7.2.89)的内积,可得

$$s = \sqrt{p_1(1-p_2)} + \sqrt{p_2(1-p_1)}.\quad(7.2.91)$$

在约束条件[式(7.2.91)]下求式(7.2.90)的最小值,可以很容易得到概率系数:

$$p_1 = \frac{1}{2} + \frac{1-2\eta_2 s^2}{2\sqrt{1-4\eta_1\eta_2 s^2}},\ p_1 = \frac{1}{2} + \frac{1-2\eta_1 s^2}{2\sqrt{1-4\eta_1\eta_2 s^2}}.\quad(7.2.92)$$

代入式(7.2.90)即可得到 Helstrom 界限[51]

$$P_{\text{err}}^{\langle\text{MED}\rangle} = \frac{1}{2}(1 - \sqrt{1 - 4\eta_1\eta_2|\langle\psi_1|\psi_2\rangle|^2}). \quad (7.2.93)$$

对 OUD 测量,定义 $1 \to M$ 概率量子克隆的幺正变换为

$$|\psi_1\rangle \to \sqrt{p_1}\,|\psi_1\rangle^{\otimes M}\,|1\rangle_a + \sqrt{1-p_1}\,|1\rangle^{\otimes M}\,|3\rangle_a,$$
$$|\psi_2\rangle \to \mathrm{e}^{\mathrm{i}\varphi}(\sqrt{p_2}\,|\psi_2\rangle^{\otimes M}\,|2\rangle_a + \sqrt{1-p_2}\,|1\rangle^{\otimes M}\,|3\rangle_a). \quad (7.2.94)$$

如果辅助系统测量基 $|1\rangle_a$ 和 $|2\rangle_p$ 被测量,可以测量坍缩态 $|\psi_1\rangle^{\otimes M}$ 和 $|\psi_2\rangle^{\otimes M}$. 当 M 为无穷大时,可以精确判断坍缩态. 但是,当 $|3\rangle_a$ 被测量时,完全不知道输入态. OUD 测量的成功概率为

$$P_{\text{suc}}^{\langle\text{OUD}\rangle} = \eta_1 p_1 + \eta_2 p_2. \quad (7.2.95)$$

当 M 为无穷大时,由式(7.2.94)的内积关系得到

$$s = \sqrt{(1-p_1)(1-p_2)}. \quad (7.2.96)$$

在约束条件[式(7.2.96)]下求式(7.2.95)的最大值,可以得到概率系数为

$$p_1 = 1 - s\sqrt{\frac{\eta_2}{\eta_1}}, \quad p_2 = 1 - s\sqrt{\frac{\eta_1}{\eta_2}}. \quad (7.2.97)$$

由于成功概率 $\gamma_1, \gamma_2 \in (0,1)$,因此要求 $p_1 \in \left(\dfrac{s^2}{1+s^2}, \dfrac{1}{1+s^2}\right)$,最优成功概率为

$$P_{\text{suc}}^{\langle\text{OUD}\rangle} = 1 - 2s\sqrt{\eta_1\eta_2}. \quad (7.2.98)$$

由于高维量子系统较难在物理实验中实现,这里给出二维空间的幺正变换. 根据约束条件[式(7.2.89)],可以给出 MED 测量的幺正变换为

$$|\psi_1\rangle \to \sqrt{p_1}\,|1\rangle + \sqrt{1-p_1}\,|2\rangle, \quad |\psi_2\rangle \to \mathrm{e}^{\mathrm{i}\varphi}(\sqrt{p_2}\,|2\rangle + \sqrt{1-p_2}\,|1\rangle).$$
$$(7.2.99)$$

根据约束条件[式(7.2.96)],可以给出 OUD 测量的幺正变换为

$$|\psi_1\rangle\,|1\rangle \to \sqrt{p_1}\,|11\rangle + \sqrt{1-p_1}\,|12\rangle,$$
$$|\psi_2\rangle\,|1\rangle \to \mathrm{e}^{\mathrm{i}\varphi}(\sqrt{p_2}\,|21\rangle + \sqrt{1-p_2}\,|12\rangle). \quad (7.2.100)$$

式(7.2.100)是对直积态进行两次测量.

7.2.5　多个量子态的分辨

在这里,首先给出基于概率量子克隆的三个量子态的 OUD 方案. 设三

个量子态内积为 $\langle \psi_i \mid \psi_j \rangle = s_{ij} \mathrm{e}^{\mathrm{i}\varphi_{ij}} = s_k \mathrm{e}^{\mathrm{i}\varphi_k}$，引入最一般的最优 $1 \rightarrow M$ 概率量子克隆的幺正变换[66,67]

$$U(\mid \psi_i \rangle \mid \Sigma \rangle \mid 0 \rangle_{a_1} \mid 0 \rangle_{a_2}) = \sqrt{1-q_i} \, \mathrm{e}^{\mathrm{i}\delta_i} \mid \psi_i \rangle^{\otimes M} \mid \alpha_i \rangle_{a_1} \mid 0 \rangle_{a_2} + \sqrt{q_i} \mid \tilde{\psi}_i \rangle \mid 1 \rangle_{a_2},$$

$$(7.2.101)$$

其中 α_1 是辅助系统，给出辅助克隆态 $\mid \alpha_k \rangle_{a_1}$，$\alpha_2$ 是测量系统，测量算子为

$$M = \mid 0 \rangle_{a_2} \langle 0 \mid + \mid 1 \rangle_{a_2} \langle 1 \mid.\qquad(7.2.102)$$

这个幺正变换给出内积关系

$$s_{ij} \mathrm{e}^{\mathrm{i}\varphi_{ij}} = \sqrt{1-q_i} \, \sqrt{1-q_j} \, \mathrm{e}^{\mathrm{i}(\delta_i - \delta_j)} s_{ij}^M \mathrm{e}^{\mathrm{i}M\varphi_{ij}} \langle \alpha_i \mid \alpha_j \rangle + \sqrt{q_i q_j} \langle \tilde{\psi}_i \mid \tilde{\psi}_j \rangle.$$

$$(7.2.103)$$

直接求解概率量子克隆的成功系数是很困难的，即使在两个量子态的情况下，目前也没有给出解析解[68]. 当 $M \rightarrow \infty$ 时，可以对 M 拷贝进行测量以分辨量子态. 这样，式(7.2.103)变为

$$s_{ij} \mathrm{e}^{\mathrm{i}\varphi_{ij}} = \sqrt{q_i q_j} \langle \tilde{\psi}_i \mid \tilde{\psi}_j \rangle.\qquad(7.2.104)$$

为了能使式(7.2.104)成立，设 $\langle \tilde{\psi}_i \mid \tilde{\psi}_j \rangle = \widetilde{S}_{ij} \mathrm{e}^{\mathrm{i}\varphi_{ij}}$，这样就得到

$$\frac{s_{ij}}{\widetilde{S}_{ij}} = \sqrt{q_i q_j}.\qquad(7.2.105)$$

个体失败概率越小越好，这显然要求 $\widetilde{S}_{ij}$ 越大越好. 根据式(7.2.104)内积关系，可以构建三个量子态的 OUD 方案，幺正变换为

$$\mid \psi_i \rangle \mid \Sigma \rangle_p \rightarrow \sqrt{1-q_i} \mid \Pi \rangle \mid i \rangle_p + \sqrt{q_i} \mid \tilde{\psi}_i \rangle \mid 0 \rangle_p.\qquad(7.2.106)$$

如果以概率 $(1-q_i)$ 测量到 $\mid i \rangle_p$，就可以知道输入态是 $\mid \psi_i \rangle$；如果以概率 q_i 测量到 $\mid 0 \rangle_p$，则不知道输入态. 因此，失败概率为

$$Q = \sum_{i=1}^{3} \eta_i q_i.\qquad(7.2.107)$$

OUD 方案只能应用于线性无关的量子态，对线性相关的量子态无效. 这显然要求 $\mid \tilde{\psi}_i \rangle$ 是线性相关的；否则，将对 $\mid \tilde{\psi}_i \rangle$ 实施 OUD 方案，直至失败态为线性相关.

线性相关的量子态 $\mid \tilde{\psi}_i \rangle$ 之间的内积 $C_{ij} = \langle \tilde{\psi}_i \mid \tilde{\psi}_j \rangle = \widetilde{S}_{ij} \mathrm{e}^{\mathrm{i}\varphi_{ij}} = \dfrac{s_{ij}}{\sqrt{q_i q_j}} \mathrm{e}^{\mathrm{i}\varphi_{ij}}$

构成的 Gram 矩阵 $|\tilde{C}_{ij}(3)|$ 的行列式 $\det[\tilde{C}_{ij}(3)]$ 为 0，即

$$\det[\tilde{C}_{ij}(3)] = q_1 q_2 q_3 - q_3 s_{12}^2 - q_1 s_{23}^2 - q_2 s_{31}^2 + 2 s_{12} s_{23} s_{31} \cos \varphi_3^{(1)} = 0 \tag{7.2.108}$$

其中 $\varphi_3^{(1)} = \varphi_{12} + \varphi_{23} + \varphi_{31}$ 是 Berry 相[16]，这是唯一的约束条件.

在 $\det[\tilde{C}_{ij}(3)] = 0$ 的条件下求 $Q = \sum\limits_{i=1}^{3} \eta_i q_i$ 的最小值，得到的结果符合文献[68]给出的结果，这里不再列出具体的分析解.

$N = 4$ 时，约束条件为

$$\begin{aligned}
\det[\tilde{C}_{ij}(4)] &= q_1 q_2 q_3 q_4 - q_3 q_4 s_{12}^2 - q_2 q_4 s_{31}^2 - q_2 q_3 s_{41}^2 - q_1 q_4 s_{23}^2 - q_1 q_3 s_{24}^2 - q_1 q_2 s_{34}^2 + \\
&\quad 2 q_4 s_{12} s_{23} s_{31} \cos \varphi_4^{(1)} + 2 q_3 s_{12} s_{24} s_{42} \cos \varphi_4^{(2)} + 2 q_2 s_{13} s_{34} s_{41} \cos \varphi_4^{\langle 3 \rangle} + \\
&\quad 2 q_1 s_{23} s_{34} s_{42} \cos(\varphi_4^{(1)} - \varphi_4^{(2)} + \varphi_4^{\langle 3 \rangle}) - 2 s_{12} s_{23} s_{34} s_{41} \cos(\varphi_4^{(1)} - \varphi_4^{(2)}) - \\
&\quad 2 s_{12} s_{24} s_{31} s_{34} \cos(\varphi_4^{(1)} + \varphi_4^{\langle 3 \rangle}) - 2 s_{23} s_{31} s_{24} s_{41} \cos(\varphi_4^{(2)} - \varphi_4^{\langle 3 \rangle}) + \\
&\quad s_{14}^2 s_{23}^2 + s_{13}^2 s_{24}^2 + s_{12}^2 s_{34}^2 = 0
\end{aligned} \tag{7.2.109}$$

时，其中有 7 个 Berry 相，以 7 个方程[式(7.2.110)]表示，但只有 3 个是独立的.

$$\begin{aligned}
&\varphi_{12} + \varphi_{23} + \varphi_{31} = \varphi_4^{(1)}, \quad \varphi_{12} + \varphi_{24} + \varphi_{41} = \varphi_4^{(2)}, \quad \varphi_{13} + \varphi_{34} + \varphi_{41} = \varphi_4^{\langle 3 \rangle}, \\
&\varphi_{23} + \varphi_{34} + \varphi_{42} = \varphi_4^{(1)} - \varphi_4^{(2)} + \varphi_4^{\langle 3 \rangle}, \quad \varphi_{23} + \varphi_{31} - \varphi_{24} - \varphi_{41} = \varphi_4^{(1)} - \varphi_4^{(2)}, \\
&\varphi_{12} + \varphi_{23} + \varphi_{34} + \varphi_{41} = \varphi_4^{(1)} + \varphi_4^{\langle 3 \rangle}, \quad \varphi_{12} + \varphi_{24} + \varphi_{31} - \varphi_{34} = \varphi_4^{(2)} - \varphi_4^{\langle 3 \rangle}.
\end{aligned} \tag{7.2.110}$$

对于确定的量子态个数 N，可以根据 $\det[\tilde{C}_{ij}(N)]$ 确定 Berry 相的数量.

本文的方法可以直接推广到 N 个线性无关的量子态分辨. 对于线性无关量子态集合 $S = \{\eta_i, |\psi_i\rangle\}_{i=1}^N$，实施 OUD 方案，在 $\det[C_{ij}(N)] = 0$ 的条件下，最小不确定概率为 $Q_{\text{opt}}(N) = \min(\sum\limits_{i=1}^{N} \eta_i q_i)$. 当 $i \neq j$ 时，矩阵元为 $C_{ij}(N) = \langle \psi_i | \psi_j \rangle / \sqrt{q_i q_j}$ 和 $C_{ii}(N) = 1$.

最后，考虑 MCD 方案.

对于三个等概率的输入态 $|\Psi_0\rangle = \cos\theta |0\rangle + \sin\theta |1\rangle$，$|\Psi_1\rangle = \cos\theta |0\rangle + e^{2\pi i/3} \sin\theta |1\rangle$，$|\Psi_2\rangle = \cos\theta |0\rangle + \sin\theta e^{-2\pi i/3} |1\rangle$，设先验概率为

$p_i = 1/3(i = 0,1,2)$,$1 \rightarrow M$ 概率量子克隆的幺正变换[69]为

$$|\psi_0\rangle |0\rangle^{\otimes(M-1)} |0\rangle_p \rightarrow p_{00} |\psi_0\rangle^{\otimes M} |0\rangle_p + p_{01} |\psi_1\rangle^{\otimes M} |1\rangle_p +$$
$$p_{02} |\psi_2\rangle^{\otimes M} |2\rangle_p + q_0 |\Phi\rangle |3\rangle_p,$$

$$|\psi_1\rangle |0\rangle^{\otimes(M-1)} |0\rangle_p \rightarrow p_{10} |\psi_0\rangle^{\otimes M} |0\rangle_d + p_{11} |\psi_1\rangle^{\otimes M} |1\rangle_p +$$
$$p_{12} |\psi_2\rangle^{\otimes M} |2\rangle_p + q_1 |\Phi\rangle |3\rangle_p,$$

$$|\psi_2\rangle |0\rangle^{\otimes(M-1)} |0\rangle_p \rightarrow p_{20} |\psi_0\rangle^{\otimes M} |0\rangle_p + p_{21} |\psi_1\rangle^{\otimes M} |1\rangle_p +$$
$$p_{22} |\psi_2\rangle^{\otimes M} |2\rangle_p + q_2 |\Phi\rangle |3\rangle_p, \quad (7.2.111)$$

其中输入系统的量子态 $|0\rangle_p$ 是四维空间的辅助系统;输出系统的量子态 $|k\rangle_p (k = 0,1,2,3)$ 是测量态;概率量子克隆系数 p_{ij} 和 q_i 是复数,且满足归一化条件

$$\sum_{j=0}^{2} |p_{ij}|^2 + |q_i|^2 = 1, i = 0,1,2. \quad (7.2.112)$$

根据幺正变换的幺正性,它们之间的内积关系为

$$\sum_{j,k=0}^{2} p_{ji} p_{ki} + q_j q_k = s_{jk} e^{i\varphi_{jk}}. \quad (7.2.113)$$

以概率 $|p_{ii}|^2$ 测量到 $|i\rangle_p$ 而获得坍缩态 $|\psi_i\rangle^{\otimes M}$,经过对 $M \rightarrow \infty$ 个拷贝的测量,认为输入态为 $|\psi_i\rangle$,这是正确的;但是,以 $|p_{ji}|^2$ 测量到 $|i\rangle_p$ 而获得坍缩态 $|\psi_j\rangle^{\otimes M}$,经过对 $M \rightarrow \infty$ 个拷贝的测量,认为输入态为 $|\psi_j\rangle$,这是错误的;当测量到 $|3\rangle_p$ 时,不能确定输入态,概率量子克隆就失败了.因此,正确概率为

$$P_{cor} = \frac{1}{3} \sum_{i=0}^{2} |p_{ii}|^2, \quad (7.2.114)$$

错误概率为

$$P_{err} = \frac{1}{3} \sum_{\substack{i,j=0 \\ i \neq j}}^{2} |p_{ij}|^2, \quad (7.2.115)$$

失败概率为

$$Q = \frac{1}{3} \sum_{i=0}^{2} |q_i|^2. \quad (7.2.116)$$

显然,上述三个概率满足关系

$$P_{cor} + P_{err} + Q = 1. \quad (7.2.117)$$

最大可信概率定义为

$$P_{opt}^{\langle MCD \rangle} = \max\left(\frac{P_{cor}}{1-Q}\right) = \max\left(\frac{P_{cor}}{P_{cor} + P_{err}}\right). \quad (7.2.118)$$

MCD 方案可以描述为，在 $\sum\limits_{j=0}^{2}|p_{ij}|^2+|q_i|^2=1$ 和 $\sum\limits_{j,k=0}^{2}p_{ji}p_{ki}+q_jq_k=s_{jk}\mathrm{e}^{\mathrm{i}\varphi_p}$ 的条件下求解 $P_{\mathrm{opt}}^{\langle\mathrm{MCD}\rangle}$. 经过求解，可以得到具体的幺正变换为

$$|\psi_0\rangle|0\rangle^{\otimes(M-1)}|0\rangle_p\to\sqrt{2\sin^2\theta}\Big(\sqrt{\frac{2}{3}}|\psi_0\rangle^{\otimes M}|0\rangle_p+\sqrt{\frac{1}{6}}\mathrm{e}^{-\mathrm{i}\frac{\pi}{3}}|\psi_1\rangle^{\otimes M}|1\rangle_p+$$

$$\sqrt{\frac{1}{6}}\mathrm{e}^{\mathrm{i}\frac{\pi}{3}}|\psi_2\rangle^{\otimes M}|2\rangle_p\Big)+\sqrt{\cos2\theta}|\Phi\rangle|3\rangle_p,$$

$$|\psi_1\rangle|0\rangle^{\otimes(M-1)}|0\rangle_p\to\sqrt{2\sin^2\theta}\Big(\sqrt{\frac{1}{6}}\mathrm{e}^{\mathrm{i}\frac{\pi}{3}}|\psi_0\rangle^{\otimes M}|0\rangle_p+\sqrt{\frac{2}{3}}|\psi_1\rangle^{\otimes M}|1\rangle_p+$$

$$\sqrt{\frac{1}{6}}\mathrm{e}^{-\mathrm{i}\frac{\pi}{3}}|\psi_2\rangle^{\otimes M}|2\rangle_p\Big)+\sqrt{\cos2\theta}|\Phi\rangle|3\rangle_p,$$

$$|\psi_2\rangle|0\rangle^{\otimes(M-1)}|0\rangle_p\to\sqrt{2\sin^2\theta}\Big(\sqrt{\frac{1}{6}}\mathrm{e}^{\mathrm{i}\frac{\pi}{3}}|\psi_0\rangle^{\otimes M}|0\rangle_p+\sqrt{\frac{1}{6}}\mathrm{e}^{\mathrm{i}\frac{\pi}{3}}|\psi_1\rangle^{\otimes M}|1\rangle_p+$$

$$\sqrt{\frac{2}{3}}|\psi_2\rangle^{\otimes M}|2\rangle_p\Big)+\sqrt{\cos2\theta}|\Phi\rangle|3\rangle_p,\tag{7.2.119}$$

正交测量的幺正变换可以选择为

$$U|\psi_0\rangle|0\rangle_p=\sqrt{2\sin^2\theta}\Big(\sqrt{\frac{2}{3}}|00\rangle_p+\sqrt{\frac{1}{6}}\mathrm{e}^{-\mathrm{i}\frac{\pi}{3}}|11\rangle_p+\sqrt{\frac{1}{6}}\mathrm{e}^{\mathrm{i}\frac{\pi}{3}}|22\rangle_p\Big)+$$

$$\sqrt{\cos2\theta}|01\rangle_p,$$

$$U|\psi_1\rangle|0\rangle_p=\sqrt{2\sin^2\theta}\Big(\sqrt{\frac{1}{6}}\mathrm{e}^{\mathrm{i}\frac{\pi}{3}}|00\rangle_p+\sqrt{\frac{2}{3}}|11\rangle_p+\sqrt{\frac{1}{6}}\mathrm{e}^{-\mathrm{i}\frac{\pi}{3}}|22\rangle_p\Big)+$$

$$\sqrt{\cos2\theta}|01\rangle_p$$

$$U|\psi_2\rangle|0\rangle_p=\sqrt{2\sin^2\theta}\Big(\sqrt{\frac{1}{6}}\mathrm{e}^{-\mathrm{i}\frac{\pi}{3}}|00\rangle_p+\sqrt{\frac{1}{6}}\mathrm{e}^{\mathrm{i}\frac{\pi}{3}}|11\rangle_p+\sqrt{\frac{2}{3}}|22\rangle_p\Big)+$$

$$\sqrt{\cos2\theta}|01\rangle_p,\tag{7.2.120}$$

对两个粒子进行测量，测量正交基分别为

$$|00\rangle_p,|11\rangle_p,|22\rangle_p,|01\rangle_p.\tag{7.2.121}$$

最大可信概率为

$$P_{\mathrm{opt}}^{\langle\mathrm{MCD}\rangle}=\frac{2}{3},\tag{7.2.122}$$

这正好与文献[31]的结果一致.

利用概率量子克隆研究量子态分辨,得到的结果符合以往利用不同理论方案所得到的结果.此外,这里还给出了在实验中可以利用物理系统实现的正交测量.

7.3　量子态估测

量子力学有一个基本假设:对一个未知量子系统,如果给予无穷多个相同的拷贝,则可以确定这个量子系统.这个假设一般不在量子力学教材中特别说明,因为这个假设是公理性的,无法利用量子力学的基本原理来证明,但可以在哲学上利用反证法来说明.如果对无穷多个相同的未知量子系统的拷贝进行测量,还是不能确定该系统,则量子系统是不可知的,因此世界是不可知的.这个基本假设在实验中也是无法完成的,因为真实的实验只能取有限个拷贝.

1995 年,Massar 和 Popescu 从理论上提出量化这个问题[70]:①对于有限个同样制备的未知量子态,在进行量子测量后,可以获得多少有关未知量子态的信息? ②用什么物理量来作为获得未知量子态信息的标准? ③当拷贝数量增加时,可以多大的"速度"获得未知量子态的信息? 这个研究方向具有实际意义,称为**量子态估测**(quantum state estimation, QSE).文献[70]利用保真度作为获取未知量子态信息的标准,对二维空间 N 个相同的未知量子态进行量子测量,给出可以测量出来的最大保真度为

$$F_{\text{meas}}(N) = \frac{N+1}{N+2}. \tag{7.3.1}$$

显然,当拷贝数量无穷大时,保真度为 1.在这里,简要说明一下文献[70]采用保真度作为获取未知量子态信息标准的原因.在量子态分辨中,无论被测量的量子态集合里的量子态是线性无关的还是线性相关的,量子态集合里的量子态数目是有限的,因此可以用概率作为量子测量的标准.对于量子态估测,需要测量的未知量子态的数目是未知的,也可以说是无穷多的,因此只能采用保真度作为量子测量的标准.文献[70]利用电子自旋系统作为二维空间给出保真度推导的过程.

设 $|i\rangle$ 是正交归一基，$|\psi_0\rangle_{MD}$ 是对初始未知量子态的测量装置. 第一步，使量子测量装置和量子态相互作用. 假设量子测量作用在正交归一基过程，即

$$|i\rangle|\psi_0\rangle_{MD} \rightarrow \sum_f |f\rangle|\psi_f^i\rangle_{MD}, \qquad (7.3.2)$$

则该装置对任意未知量子态 $|\varphi\rangle = \sum_i \langle i|\varphi\rangle|i\rangle$ 的作用为

$$|\varphi\rangle|\psi_0\rangle_{MD} \rightarrow \sum_{i,f} \langle i|\varphi\rangle|f\rangle|\psi_f^i\rangle_{MD}. \qquad (7.3.3)$$

式(7.3.3)是最一般的量子演化. 潜在要求是量子测量装置的空间要足够大(大于被测量子系统)，这也是完备性要求. 比如，对于二维空间的未知量子态，可以用三维空间的量子测量装置；如果使用一维空间的量子测量装置，即使有无穷多个相同的拷贝，也不能准确地知道被测未知量子态. 对于测量系统 $|\psi_f^i\rangle_{MD}$，可以不要求归一化，甚至不要求正交，唯一的要求是幺正性给出的限制

$$\sum_f \langle \psi_f^i | \psi_f^{i'} \rangle = \delta_{ii'}. \qquad (7.3.4)$$

第二步，对输出系统进行正交测量. 设正交完全集的投影算符为 $\{P_\xi\}$，则对未知量子态 $|\varphi\rangle$ 测量 ξ 的概率为

$$P(\varphi,\xi) = \sum_{i,i',f} \langle \varphi|i'\rangle \langle i|\varphi\rangle_{MD} \langle \psi_f^{i'}|P_\xi|\psi_f^i\rangle_{MD}. \qquad (7.3.5)$$

可以理解为：未知量子态 $|\varphi\rangle$ 处于确定量子态 $|\xi\rangle$ 的概率为 $P(\varphi,\xi)$. 这样，通过量子测量便可获得有关未知量子态 $|\varphi\rangle$ 的信息. 这个信息可以用一个函数 $S(\xi,\varphi)$ 来表示. 于是，对任意未知量子态，通过量子测量后，可以获得这个未知量子态信息的平均值为

$$S = \sum_\xi \int D\varphi P(\varphi,\xi)S(\xi,\varphi), \qquad (7.3.6\text{-a})$$

其中 $D\varphi$ 是未知量子态的分布. 上式可以写成常用的积分表达式

$$S = \sum_\xi \int P(\varphi,\xi)S(\xi,\varphi)\,\mathrm{d}\varphi. \qquad (7.3.6\text{-b})$$

单纯从数学角度来看，获得未知量子态信息的函数 $S(\xi,\varphi)$ 可以认为是概率函数 $P(\varphi,\xi)$ 的权重因子. 此时，函数 $S(\xi,\varphi)$ 的具体物理意义很模糊，但是，平均值 S 的表达式是符合数学要求的，在数学上是明确的，即求出平均值 S 的最大值，这需要利用量子力学中的量子态来表示函数 $S(\xi,\varphi)$ 的意义.

设测量算符集合为 $\langle\,|\,e_\xi\rangle\rangle$,$N$ 个自旋 $|\uparrow\rangle$ 的量子态 (θ,φ) 为

$$|\,N_{\theta,\varphi}\rangle = \underbrace{|\,\uparrow_{\theta,\varphi}\cdots\uparrow_{\theta,\varphi}\rangle}_{N} = |\,\uparrow_{\theta,\varphi}\rangle^{\otimes N}. \tag{7.3.7}$$

N 个自旋态构成的空间可以分解为自旋子空间 $(S = N/2, N/2-1, \cdots)$ 之和,子空间的基矢可以写为 $|\,m\rangle$,$m = -N/2, \cdots, N/2$. 幺正变换式(7.3.2)可以写为

$$|\,m\rangle\,|\,\psi_0\rangle_{MD} \rightarrow |\,v^m\rangle = \sum_{f=1}^{2^N} |\,f\rangle\,|\,\psi_f^m\rangle_{MD}, \tag{7.3.8}$$

其中 $|\,f\rangle$ 是 N 个自旋态的基矢,共有 2^N 个. 测量概率式(7.3.5)可以写为

$$P(N_{\theta,\varphi},\xi) = \sum_{m,m'=-N/2}^{N/2}\sum_{f=1}^{2^N}\langle N_{\theta,\varphi}\,|\,m\rangle\langle\psi_f^m\,|\,e_\xi\rangle\times\langle e_\xi\,|\,\psi_{f}^{m'}\rangle\langle m'\,|\,N_{\theta,\varphi}\rangle. \tag{7.3.9}$$

假设测量方向 (θ_ξ,φ_ξ) 和未知量子态方向 (θ,φ) 的夹角为 $\alpha/2$,则可以得到它们内积的模平方

$$S(\theta,\varphi;\theta_\xi,\varphi_\xi) = \cos^2(\alpha/2). \tag{7.3.10}$$

很明显,这个数值就是二维空间最优 $N \rightarrow M$ 普适量子克隆的保真度. 于是,量子态估测式(7.3.6-b)就可以写成具体的数学表达式

$$S_N = \sum_\xi\int P(N_{\theta,\varphi};\xi)S(\theta,\varphi;\theta_\xi,\varphi_\xi)\frac{\sin\theta\mathrm{d}\theta\mathrm{d}\varphi}{4\pi}. \tag{7.3.11}$$

在幺正变换限制式(7.3.4)的条件下求 S_N 平均值的最大值

$$\langle v^m\,|\,v^{m'}\rangle = \sum_\xi\sum_{f=1}^{2^N}\langle\psi_f^m\,|\,e_\xi\rangle\langle e_\xi\,|\,\psi_{f}^{m'}\rangle = \delta^{mm'}. \tag{7.3.12}$$

对于式(7.3.12),显然有

$$\sum_{m=-N/2}^{N/2}\langle v^m\,|\,v^m\rangle = \sum_{m=-N/2}^{N/2}\sum_\xi\sum_{f=1}^{2^N}\langle\psi_f^m\,|\,e_\xi\rangle\langle e_\xi\,|\,\psi_f^m\rangle = N+1. \tag{7.3.13}$$

下面具体求平均值式(7.3.11)的极值. 式(7.3.13)加上拉格朗日数乘 λ 后,再代入式(7.3.11),可得一系列线性方程

$$\langle e_\xi\,|\,\psi_{f}^{m'}\rangle[M_{mm'}(\theta_\xi,\varphi_\xi) - \lambda\delta_{mm'}] = 0, \tag{7.3.14}$$

其中

$$M_{mm'}(\theta_\xi,\varphi_\xi) = \int\langle N_{\theta,\varphi}\,|\,m\rangle\langle m'\,|\,N_{\theta,\varphi}\rangle S(\theta,\varphi;\theta_\xi,\varphi_\xi)\frac{\sin\theta\mathrm{d}\theta\mathrm{d}\varphi}{4\pi}. \tag{7.3.15}$$

用 $\langle \psi_f^m \mid e_\xi \rangle$ 乘以式(7.3.14),再对 m,f 和 ξ 求和,可以得到 S_N 的极值为

$$S_{N\ \text{extremum}} = \lambda(N+1). \tag{7.3.16}$$

式(7.3.14)的平庸解为 $\langle e_\xi \mid \psi_f^m \rangle = \langle e_\xi \mid \psi_f^{m'} \rangle = 0$. 这表示一个具体的方向,或者量子态或测量算符 $\mid e_\xi \rangle$ 与所有 $\mid \psi_f^m \rangle$ 正交. 这个解只是数学解,不可能在物理上实现. 根据球对称性质,可以选择一个特殊的角度(如 $\theta_\xi = 0$)作为**表示**(representation)来代表坐标旋转的一般性. 在 $SU(2)$ 群的**自伴表示**(adjoint representation)中,可以通过旋转变换

$$M(\theta_\xi, \varphi_\xi) = U(\theta_\xi, \varphi_\xi) M(\theta_\xi = 0) U^\dagger(\theta_\xi, \varphi_\xi), \tag{7.3.17}$$

使得 $M(\theta_\xi = 0) \to M(\theta_\xi, \varphi_\xi)$. $U(\theta_\xi, \varphi_\xi)$ 是所属 $SU(2)$ 群中 $N+1$ 维空间不可约化幺正表示中的元. 式(7.3.17)说明,可以将一个初始方向通过旋转变换而转向任意一个方向 $(\theta_\xi, \varphi_\xi)$. 显然,这个本征值 λ 是与 $(\theta_\xi, \varphi_\xi)$ 无关的. 选取 $\theta_\xi = 0$,可以直接计算出本征值为

$$\lambda = \frac{1}{N+2}. \tag{7.3.18}$$

于是,所获得未知系统的信息为

$$S_{N\ \text{extremum}} = \frac{N+1}{N+2}. \tag{7.3.19}$$

这个值是二维空间最优 $N \to M \mid_{M \to \infty}$ 普适量子克隆的保真度的最大值,但是,如何在物理体系中实现这个值的测量当时还不清楚.

文献[70]利用自旋态给出保真度的推导,而文献[71]推广了上述算法,给出计算量子态估测的一般计算方法. 由于量子克隆可以复制无穷多的拷贝,理论上可以对无穷多拷贝进行测量,进而获得原拷贝的信息,因此很容易将量子克隆和量子态估测联系起来. 文献[72]是利用**收缩因子**(shrinking factor)将量子克隆和量子态估测联系在一起的.

对于二维空间的任意量子纯态,其密度矩阵可以表示为

$$\rho^{\text{in}} = \mid \psi \rangle^{\text{in}} \langle \psi \mid = \frac{1}{2}(I + \vec{s}^{\,\text{in}} \cdot \vec{\sigma}), \tag{7.3.20}$$

其中,I 是恒等算符(单位矩阵);$\vec{s}^{\,\text{in}}$ 是量子态的方向矢量,$\vec{s}^{\,\text{in}} = x\vec{i} + y\vec{j} + z\vec{k}$,其长度为 $|\vec{s}^{\,\text{in}}| = \sqrt{x^2 + y^2 + z^2} = 1$;$\vec{\sigma}$ 是泡利矩阵,$\vec{\sigma} = \sigma_x \vec{i} + \sigma_y \vec{j} + \sigma_z \vec{k}$,作为 $SU(2)$ 群的生成元. 经过量子克隆后,这个量子态的方向不变,但是长

度却收缩了. 二维空间对称 $N \to M$ 普适量子克隆的输出态可以表示为

$$\rho^{\text{out}} = \frac{1}{2}[I + \eta(N,M)\vec{s}^{\text{in}} \cdot \vec{\sigma}] = \eta(N,M)\rho^{\text{in}} + \frac{1}{2}[1 - \eta(N,M)]I,$$

(7.3.21)

其中 $\eta(N,M)$ 称为收缩因子. 这个结果可以直接推广到 d 维空间. 任意量子纯态可以表示

$$\rho^{\text{in}} = \frac{1}{d}I_d + \frac{1}{2}\vec{\lambda} \cdot \vec{\tau} = \frac{1}{d}I_d + \frac{1}{2}\sum_{i=1}^{d^2-1} \lambda_i \tau_i.$$

(7.3.22)

τ_i 是 $SU(d)$ 群的生成元,具有性质

$$\text{Tr}(\tau_i) = 0, \ \text{Tr}(\tau_i\tau_j) = 2\delta_{ij}.$$

(7.3.23)

方向矢量 $\vec{\lambda}$ 的长度为

$$|\vec{\lambda}| = \sqrt{2\left(1 - \frac{1}{d}\right)}.$$

(7.3.24)

需要量子克隆的 d 维空间的未知量子态经过 $N \to M$ 量子克隆后,输出态可以用收缩因子 $\eta_d(N,M)$ 表示为

$$\rho^{\text{out}} = \eta_d(N,M)\rho^{\text{in}} + \frac{1}{d}[1 - \eta_d(N,M)]I_d.$$

(7.3.25)

于是,拷贝的保真度可以表示为

$$F = \text{Tr}(\rho^{\text{in}}\rho^{\text{out}}) = \frac{1}{d}[1 + (d-1)\eta_d(N,M)].$$

(7.3.26)

由式(7.3.26)可以看出,收缩因子越大,拷贝保真度就越大. 因此,求取收缩因子最大值是量子克隆的一个关键. 据文献[72]报道,任意最优量子态估测的幺正变换可以使得输入态发生变化,这个变化可以用量子态估测的收缩因子 $\eta_{\text{meas}}^{\text{opt}}(N)$ 来表示. 这个量子态估测的收缩因子和 $N \to \infty$ 量子克隆的收因子 $\eta_{\text{QCM}}^{\text{opt}}(N,\infty)$ 相等,这说明量子克隆是一种最优的量子态估测.

文献[72]首先给出连续的量子克隆步骤. ①若直接进行 $N \to L$ 量子克隆,则有收缩因子 $\eta(N,L)$;②若先经过 $N \to M$ 量子克隆,则具有收缩因子 $\eta(N,M)$,再对 M 个拷贝经过 $M \to L$ 量子克隆,则具有收缩因子 $\eta(M,L)$. 对于最优量子克隆,两个过程得出的结果是相同的. 于是,有第一个论断

$$\eta_{\text{QCM}}^{\text{opt}}(N,L) = \eta_{\text{QCM}}^{\text{opt}}(N,M)\eta_{\text{QCM}}^{\text{opt}}(M,L).$$

(7.3.27)

否则,定义的最优量子克隆就不是最优的.

第二个论断为

$$\eta_{\mathrm{QCM}}^{\mathrm{opt}}(N,\infty) = \bar{\eta}_{\mathrm{meas}}^{\mathrm{opt}}(N). \tag{7.3.28}$$

对于任意量子克隆,由第一个论断可知

$$\eta(N,M)\eta(M,\infty) \leqslant \eta_{\mathrm{QCM}}^{\mathrm{opt}}(N,\infty). \tag{7.3.29}$$

这里给出 $N \to M$ 量子克隆收缩因子的下限,即

$$\eta(N,M) \leqslant \frac{\eta_{\mathrm{QCM}}^{\mathrm{opt}}(N,\infty)}{\eta_{\mathrm{QCM}}^{\mathrm{opt}}(M,\infty)}. \tag{7.3.30}$$

这就将确定 $N \to M$ 量子克隆的问题转化为确定 $N \to \infty$ 量子克隆的问题了.

根据第二个论断,可以得到

$$\eta_{\mathrm{QCM}}^{\mathrm{opt}}(N,M) = \frac{\bar{\eta}_{\mathrm{meas}}^{\mathrm{opt}}(N)}{\bar{\eta}_{\mathrm{meas}}^{\mathrm{opt}}(M)} = \frac{N}{M}\frac{M+2}{N+2}, \tag{7.3.31}$$

拷贝的保真度为

$$F_{\mathrm{QCM}}^{\mathrm{opt}}(N,M) = \frac{NM+N+M}{M(N+2)}. \tag{7.3.32}$$

由此可知,量子克隆和量子态估测存在一定的关系,可以通过量子克隆确定量子态估测,也可以通过量子态估测确定最优量子克隆. 当然,就量子克隆而言,其幺正变换是最具说服力的.

上述两个论断很重要,下面给出证明过程. 首先证明第一个论断. 设 $N \to M$ 量子克隆幺正变换可以由完全正定映射 C_{NM} 描述,初始量子态 $(|\psi\rangle^{\mathrm{in}}\langle\psi|)^{\otimes N}$ 经过量子克隆机后,约化掉辅助系统和 $M-1$ 个拷贝,拷贝的密度矩阵为

$$\rho^{\mathrm{out}} = \mathrm{Tr}_{M-1}\left[C_{NM}\left(|\psi\rangle^{\mathrm{in}}\langle\psi|\right)^{\otimes N}\right]$$

$$= \eta(N,M)|\psi\rangle^{\mathrm{in}}\langle\psi| + \left[1-\eta(N,M)\right]\frac{1}{2}I. \tag{7.3.33}$$

注意:输入态和拷贝的方向矢量是同向的. 由于输入态的方向是任意的,有无穷多个,可以认为是各向同性的. 幺正变换适用于所有输入态的方向矢量,或者可以理解为与输入态方向矢量无关,因而必然有输入态和拷贝的方向矢量同向的结果;否则,幺正变换对输入态方向矢量就有取向性,那么这种量子克隆就不是普适的了. 从这一点可以看出,普适量子克隆是最容易求解的. 除普适量子克隆外,其他量子克隆的输入态都是受限制的,对方向矢量具有取向性,求解非常困难.

设 ρ_N 是由 N 个量子比特构成的算符,其空间是全空间 2^N 维的子空间. 它总可以由其空间中的任意量子态 $(\mid \psi_i \rangle \langle \psi_i \mid)^{\otimes N}$ 线性叠加而成,即

$$\rho_N = \sum_i \alpha_i (\mid \psi_i \rangle \langle \psi_i \mid)^{\otimes N}, \tag{7.3.34}$$

其中 $\sum_i \alpha_i = 1$. $N \rightarrow M$ 量子克隆的拷贝可以表示为

$$\rho' = \mathrm{Tr}_{M-1}[C_{NM}(\rho_N)] = \mathrm{Tr}_{M-1}[\rho'_M] = \eta(N,M)\rho + [1 - \eta(N,M)]\frac{1}{2}I,$$
$$\tag{7.3.35}$$

其中 $\rho = \mathrm{Tr}_{N-1}[\rho_N]$ 是单个未知量子态的密度矩阵. 对这 M 拷贝(非纯态)进行 $M \rightarrow L$ 量子克隆. 对于 $N \rightarrow M \rightarrow L$ 量子克隆,最终的拷贝可以表示为

$$\rho'' = \mathrm{Tr}_{L-1}[C_{ML}(\rho'_M)] = \mathrm{Tr}_{L-1}[\rho''_L] = \eta(M,L)\rho' + [1 - \eta(M,L)]\frac{1}{2}I.$$
$$\tag{7.3.36}$$

将式(7.3.35)代入式(7.3.36),可以得到

$$\rho'' = \eta(N,M)\eta(M,L)\rho + [1 - \eta(N,M)\eta(M,L)]\frac{1}{2}I. \tag{7.3.37}$$

显然,对于 $N \rightarrow L$ 量子克隆,最终的拷贝可以表示为

$$\rho = \eta(N,L)\rho + [1 - \eta(N,L)]\frac{1}{2}I. \tag{7.3.38}$$

比较式(7.3.37)和式(7.3.38),可以得到

$$\eta(N,L) = \eta(N,M)\eta(M,L). \tag{7.3.39}$$

这就证明了第一个论断. 由于 $\rho_N = \sum_i \alpha_i (\mid \psi_i \rangle \langle \psi_i \mid)^{\otimes N}$ 是 N 重任意未知量子态叠加,因此式(7.3.39)适用于任意量子态.

下面证明第二个论断. 假设对 N 重任意未知量子态 $(\mid \psi \rangle \langle \psi \mid)^{\otimes N}$ 的测量是 POVM 测量 $\{P_\mu\}$,根据文献[70]可知最好的平均保真度为 $\bar{F}(N) = (N+1)/(N+2)$. 根据保真度和收缩因子之间的关系式(7.3.26), 可得收缩因子为

$$\bar{\eta}(N) = \frac{N}{N+2}. \tag{7.3.40}$$

用 POVM 算子集合 $\{P_\mu\}$ 测量 $(\mid \psi \rangle \langle \psi \mid)^{\otimes N}$,测量概率为

$$p_\mu(\psi) = \mathrm{Tr}[P_\mu(\mid \psi \rangle \langle \psi \mid)^{\otimes N}], \tag{7.3.41}$$

相应的平均保真度为

$$\overline{F}_{\mathrm{meas}}(N) = \sum_{\mu} p_{\mu}(\psi) |\langle \psi \mid \psi_{\mu} \rangle|^2 = \langle \psi \mid \overline{\rho} \mid \psi \rangle, \quad (7.3.42)$$

其中

$$\overline{\rho} = \sum_{\mu} p_{\mu}(\psi) |\psi_{\mu}\rangle\langle\psi_{\mu}|. \quad (7.3.43)$$

在量子态估测中,平均保真度并不依赖未知量子态 $|\psi\rangle$,因此 $\overline{\rho}$ 可写为

$$\overline{\rho} = \overline{\eta}_{\mathrm{meas}}^{\mathrm{opt}}(N) |\psi\rangle\langle\psi| + [1 - \overline{\eta}_{\mathrm{meas}}^{\mathrm{opt}}(N)] \frac{1}{2} I. \quad (7.3.44)$$

量子克隆可看成一种对未知的测量,而最优 $N \to \infty$ 量子克隆可作为最好的测量,因为可以产生无穷多个拷贝以提供测量. 于是有

$$\overline{\eta}_{\mathrm{meas}}^{\mathrm{opt}}(N) \leqslant \eta_{\mathrm{QCM}}^{\mathrm{opt}}(N,M), \quad (7.3.45)$$

$M \to \infty$ 时取等号. 这就证明了第二个论断.

文献[70,72]证明量子克隆和量子态估测存在一定关系. 但是,单纯从量子态估测观点来看,文献[70]给出的一系列推导并不能直接看出一些定义的物理意义,更没有方法从实验室实现量子态估测. 渐进量子克隆(输出拷贝数目无穷大)[73]的保真度就是量子态估测的平均保真度. 文献[73]给出的渐进量子克隆就是量子态估测,这从物理上提出可以实现的依据. 量子态估测从理论上说明可以获得以保真度为指标的未知量子系统的上限,具有一定的理论价值. 此外,量子态估测理论中,也有以其他物理量作为指标,用以衡量可以获得未知量子系统的信息. 由于其他的量子态估测方案和量子克隆关联不大,在这里就不做介绍了.

渐进量子克隆等价于量子态估测,这为我们的研究提供了方便. 对于部分已知的未知量子系统信息,量子克隆很难求解. 比如,相位态和实数态以及混合态等的量子克隆,其求解比较困难. 如果能以量子态估测作为辅助,研究量子系统的相位估测、振幅估测以及概率估测等,可能有利于简化问题的求解过程. 如何最大限度地提取非完全已知的量子系统的信息,不仅是量子力学中一个有理论研究价值的问题,也是量子信息科学中(如信息的识别和信息的操控等)一个具有现实意义的问题.

▌参考文献

［1］E. F. Galvão and L. Hardy，Cloning and quantum computation［J］，Physical Review A 62:022301(2000).

［2］S. L. Braunstein，V. Bužek and M. Hillery，quantum-information distributors: quantum network for symmetric and asymmetric cloning in arbitrary dimension and continuous limit［J］，Physical Review A 63:052313(2001).

［3］S. Dasgupta and G. S. Agarwal，Improving the fidelity of quantum cloning by field-induced inhibition of the unwanted transition［J］，Physical Review A 64:022315(2001).

［4］N. J. Cerf，M. Bourennane，A. Karlsson and N. Gisin，Security of quantum key distribution using d-Level systems［J］，Physical Review Letters 88:127902(2002).

［5］D. Bruß and C. Macchiavello，Optimal eavesdropping in cryptography with three-dimensional quantum states［J］，Physical Review Letters 88:127901(2002).

［6］P. T. Cochrane，T. C. Ralph and A. Dolińska，Optimal cloning for finite distributions of coherent states［J］，Physical Review A 69:042313(2004).

［7］R. Filip，Quantum partial teleportation as optimal cloning at a distance［J］，Physical Review A 69:052301(2004).

［8］A. Mizel，Mimicking time evolution within a quantum ground state:ground-state quantum computation，cloning，and teleportation［J］，Physical Review A 70:012304(2004).

［9］J. Fiurášek，Optimal probabilistic cloning and purification of quantum states［J］，Physical Review A 70:032308(2004).

［10］M. Horodecki，A. Sen(De) and U. Sen，Dual entanglement measures based on no local cloning and no local deleting［J］，Physical Review A 70:052326(2004).

［11］A. Niederberger，V. Scarani and N. Gisin，Photon-number-splitting versus cloning attacks in practical implementations of the Bennett-Brassard 1984 protocol for quantum cryptography［J］，Physical Review A 71:042316(2005).

［12］S. J. vanEnk，Relations between cloning and the universal NOT derived from conservation laws［J］，Physical Review Letters 95:010502(2005).

［13］M. Ricci，F. Sciarrino，N. J. Cerf，R. Filip，J. Fiurášek，and F. De Martini，Separating the classical and quantum information via quantum cloning［J］，Physical Review Letters 95:090504(2005).

［14］S-B. Zheng and G-C. Guo，Entangling and cloning machine with increasing robustness against decoherence as the number of qubits increases［J］，Physical Review A 72:064303(2005).

［15］L. Masullo，M. Ricci and F. De Martini，Generalized universal cloning and purification in quantum information by multistep state symmetrization［J］，Physical Review A 72:060304(R)(2005).

[16] R. Namiki, M. Koashi and N. Imoto, Cloning and optimal Gaussian individual attacks for a continuous-variable quantum key distribution using coherent states and reverse reconciliation [J], Physical Review A 73:032302(2006).

[17] T. Brougham, E. Andersson and S. M. Barnett, Cloning and joint measurements of incompatible components of spin [J], Physical Review A 73:062319(2006).

[18] J. Bae and A. Acín, Asymptotic quantum cloning is state estimation [J], Physical Review Letters 97:030402(2006).

[19] B. Roubert and D. Braun, Role of interference in quantum cloning [J], Physical Review A 78:042311(2008).

[20] F. De Martini, F. Sciarrino and N. Spagnolo, Decoherence, environment-induced superselection, and classicality of a macroscopic quantum superposition generated by quantum cloning [J], Physical Review A 79:052305(2009).

[21] A. Kay, D. Kaszlikowski and R. Ramanathan, Optimal cloning and singlet monogamy [J], Physical Review Letters 103:050501(2009).

[22] P. Sekatski, N. Brunner, C. Branciard, N. Gisin and C. Simon, Towards quantum experiments with human eyes as detectors based on cloning via stimulated emission [J], Physical Review Letters 103:113601(2009).

[23] N. Spagnolo, F. Sciarrino and F. De Martini, Resilience to decoherence of the macroscopic quantum superpositions generated by universally covariant optimal quantum cloning [J], Physical Review A 82:032325(2010).

[24] A. Ferenczi and N. Lütkenhaus, Symmetries in quantum key distribution and the connection between optimal attacks and optimal cloning [J], Physical Review A 85:052310(2012).

[25] K. Bartkiewicz, K. Lemr, A. Černoch, J. Soubusta and A. Miranowicz, Experimental eavesdropping based on optimal quantum cloning [J], Physical Review Letters 110:173601(2013).

[26] E. Woodhead, Quantum cloning bound and application to quantum key distribution [J], Physical Review A 88:012331(2013).

[27] K. Bartkiewicz, A. Černoch, K. Lemr, J. Soubusta and M. Stobińska, Efficient amplification of photonic qubits by optimal quantum cloning [J], Physical Review A 89:062322(2014).

[28] Y. Yao, L. Ge, X. Xiao, X. Wang and C. Sun, Multiple phase estimation in quantum cloning machines [J], Physical Review A 90:022327(2014).

[29] N. Gisin, G. Ribordy, W. Tittel and H. Zbinden, Quantum cryptography [J], Reviews of Modern Physics 74:145(2002).

[30] C. H. Bennett and G. Brassard, Quantum crytography: public key distribution and coin tossing[M] // Proceedings of IEEE International Conference on Computers, System and Signals Processing, Bangalore, India(IEEE, New York, 1984), p. 175.

[31] P. W. Shor and J. Preskill, Simple proof of security of the BB84 quantum key distribution protocol [J], Physical Review Letters 85:441(2000).

[32] C. H. Bennett, Quantum cryptography using two nonorthogonal States [J], Physical Review Letters 68:3121(1992).

[33] K. Tamaki, M. Koashi and N. Imoto, Unconditionally secure key distribution based on two nonorthogonal states [J], Physical Review Letters 90:167904(2003).

[34] H. Bechmann-Pasquinucci and A. Peres, Quantum cryptography with 3-state systems [J], Physical Review Letters 85:3313(2000).

[35] J-C. Boileau, K. Tamaki, J. Batuwantudawe, R. Laflamme and J. M. Renes, Unconditional security of a three state quantum key distribution protocol [J], Physical Review Letters 94:040503(2005).

[36] D. Bruß, Optimal eavesdropping in quantum cryptography with six states [J], Physical Review Letters 81:3018(1998).

[37] V. Karimipour, A. Bahraminasab and S. Bagherinezhad, Quantum key distribution for d-level systems with generalized Bell states [J], Physical Review A 65: 052331(2002).

[38] C. A. Fuchs, N. Gisin, R. B. Griffiths, C-S. Niu and A. Peres, Optimal eavesdropping in quantum cryptography. I. Information bound and optimal strategy [J], Physical Review A 56:1163(1997).

[39] P. Navez and N. J. Cerf, Cloning a real d-dimensional quantum state on the edge of the no-signaling condition [J], Physical Review A 68:032313(2003).

[40] W-H. Zhang, T. Wu, L. Ye and J-L. Dai, Optimal real state cloning in d dimensions [J], Physical Review A 75:044303(2007).

[41] W-H. Zhang and L. Ye, Optimal asymmetric phase-covariant and real state cloning in d dimensions [J], New Journal of Physics 9:318(2007).

[42] C. S. Niuand and R. B. Griffiths, Two-qubit copying machine for economical quantum eavesdropping [J], Physical Review A 60:2764(1998).

[43] D. Bruβ, M. Cinchetti, G. M. D'Ariano and C. Macchiavello, Phase-covariant quantum cloning [J], Physical Review. A 62:012302(2000).

[44] G. M. D'Ariano and C. Macchiavello, Optimal phase-covariant cloning for qubits and qutrits [J], Physical Review A 67:042306(2003).

［45］J. Fiurášek, Optical implementations of the optimal phase-covariant quantum cloning machine ［J］, Physical Review. A , 67:052314(2003).

［46］W-H. Zhang, L-B. Yu and L. Ye, Optimal asymmetric phase-covariant quantum cloning ［J］, Physics Letters A 356:195-198(2006).

［47］I. Csiszár and J. Körner, Broadcast channels with confidential messages ［J］, IEEE Trans. Inf. Theory 24:339(1978).

［48］C. H. Bennett, G. Brassard, C. Crépeau and U. M. Maurer, Generalized privacy amplification ［J］, IEEE Trans. Inf. Theory 41:1915(1995).

［49］K. Życzkowski and H. Sommers, Average fidelity between random quantum states ［J］, Physical Review A 71:032313(2005).

［50］N. Gisin, G. Ribordy, W. Tittel and H. Zbinden, Quantum cryptography ［J］, Reviews of Modern Physics 74:145(2002).

［51］C. W. Helstrom, Quantum detection and estimation theory ［M］. Academic Press, 1976.

［52］G. Jaeger, A. Shimony, Optimal distinction between two non-orthogonal quantum states ［J］, Physics Letters A 197:83-87(1995).

［53］D. Dieks, Overlap and distinguishability of quantum states ［J］, Physics Letters A 126:303-306(1988).

［54］A. Peres, How to differentiate between non-orthogonal states ［J］, Physics Letters A 128:19-19(1988).

［55］A. Chefles, Unambiguous discrimination between linearly-independent quantum states ［J］, Physics Letters A 239:339(1998).

［56］S. Croke, E. Andersson, S. M. Barnett, C. R. Gilson and J. Jeffers, Maximum confidence quantum measurements ［J］, Physical Review Letters 96:070401(2006).

［57］S. M. Barnettl and S. Croke, Quantum state discrimination ［J］, Advances in Optics and Photonics 1:238-278(2009).

［58］M. Sedlák, Quantum theory of unambiguous measurements ［J］, acta physica slovaca 59(6):653-792(2009).

［59］J. Bae and L-C. Kwek, Quantum state discrimination and its applications ［J］, Journal of Physics A:Mathematical and Theoretical 48:083001(2015).

［60］K. Kraus, States, effects and operations. Lecture Notes in Physics. Berlin: Springer, 1983.

［61］A. Peres, Quantum theory: concepts and methods ［M］. Kluwer Academic Publishers 1993.

［62］P. Busch, M. Grabowski and P. Lahti, Operational quantum physics. Berlin: Springer, 1995.

［63］J. A. Bergou，U. Futschik and E. Feldman，Optimal unambiguous discrimination of pure quantum states ［J］，Physical Review Letters 108：250502(2012).

［64］H-W. Zhang，L-B. Yu，Z-L. Cao and L. Ye，Optimal unambiguous discrimination of purequdits ［J］，Quantum Information Processing 13：503-511(2014).

［65］张文海，戴结林，曹卓良，杨名，基于概率克隆的量子态区分定理［J］，中国科学：物理学 力学 天文学 41(7)：850-854(2011).

［66］O. Jiménez，J. Bergou and A. Delgado，Probabilistic cloning of three symmetric states ［J］，Physical Review A 82：062307(2010).

［67］X-F. Zhou，Q. Lin，Y-S. Zhang and G-C. Guo，Physical accessible transformations on a finite number of quantum state ［J］，Physical Review A 75：012321(2007).

［68］V. Yerokhin，A. Shehu，E. Feldman，E. Bagan and J. A. Bergou，Probabilistically perfect cloning of two pure states：geometric approach ［J］，Physical Review Letters 116：200401(2016).

［69］W-H. Zhang，L-B. Yu，Z-L. Cao and L. Ye，Maximum confidence measurements via probabilistic quantum cloning ［J］，Chinese Physics B 22(3)：030312(2013).

［70］S. Massar and S. Popescu，Optimal extraction of information from finite quantum ensembles ［J］，Physical Review Letters 74：1259(1995).

［71］R. Derka，V. Bužek and A. K. Ekert，Universal algorithm for optimal estimation of quantum states from finite ensembles ［J］，Physical Review Letters 80：1571(1998).

［72］D. Bruss，A. Ekert and C. Macchiavello，Optimal universal quantum cloning and state estimation ［J］，Physical Review Letters 81：2598(1998).

［73］J. Bae and A. Acín，Asymptotic quantum cloning is state estimation ［J］，Physical Review Letters 97：030402(2006).